目の前にある問題はもちろん、

人生の問いや、

社会の課題を自ら見つけ、

挑み続けるために、人は学ぶ。

「学び」で、

少しずつ世界は変えてゆける。

いつでも、どこでも、誰でも、

学ぶことができる世の中へ。

旺文社

鎌田真彰・土田 薫 共著

旺文社

はじめに

大学受験Doシリーズ（化学）で私が関わった講義編は，大学受験で十分な合格点を取るために必要な化学の知識とその使い方を紹介し，それらを体系的に説明することを目的として執筆しました。それに対して本書『大学受験Doシリーズ　鎌田の化学問題集　理論 無機 有機　改訂版』は，「実際の入試で，どのような知識がどういう形で問われ，どのように運用して解答にたどり着けばよいのか」を演習形式で学ぶことを目的としています。

これまで多くの問題集や演習教材の執筆に関わってきたので，それらと差別化するために本書を書くにあたっては次の３つの制約を設けました。

❶　基礎〜応用まで含め，様々なテーマや設問に対応できるように網羅性を高くする。
❷　穴埋め，正誤問題，文章説明，計算問題など設問形式にバリエーションをつける。
❸　大学受験Doシリーズ（化学）講義編の内容とリンクさせる。

【❶と❷について】

知識とその運用力は，一度聞いただけでは身につきにくいものです。いろいろな方向から検証する経験を積むことで向上し，問題に対して臨機応変なアプローチができるようになります。

本書では，読者に様々な経験を積んでもらうために，古今東西の入試問題でテーマパークを造るつもりで問題を選びました。知識のチェックや典型的な問題を網羅した上で，型にハマったアプローチでは処理しにくい問題や高得点を取りたい人なら経験したほうがよい少し難しい問題も載せてあります。

初学者なら(発展)マークの問題を飛ばして進めたり，苦手な分野だけ短期集中で取り組んだりしてもよいでしょう。ある程度学習が進んでいる人なら，知識問題や平易な問題は答えを頭に浮かべたらすぐ解答を確認してどんどん潰し，計算問題や(発展)マークがついている問題はじっくり解くというやり方で利用するのもいいと思います。

【❸について】

できるだけ大学受験Doシリーズ（化学）講義編に沿った形で問題を並べ，併用すると効果的になるように参照ページを付けました。講義編をもっている人は問題を選ぶときや理解しにくい内容に遭遇したときは，参照するとよいでしょう。

もちろん大学受験Doシリーズ（化学）講義編をもっていない人や手元にない人も，本書単独で十分に演習書として使えるように解答と解説をつけています。参照ページは気にせず利用してください。

最後になりましたが，途中何度も心が折れそうになりながらも執筆前に頭に浮かべていた形にできたのは担当編集の鈴木明香さんをはじめ関係者の皆さんのおかげです。ありがとうございました。

本書が読者の受験勉強の良きパートナーになれば幸いです。

鎌田真彰　土田薫

本書の特長と使い方

本書は，大学受験生が化学（化学基礎・化学）の全範囲を効率的に学習し，今後の入試にしっかり対応できる力を養えるように構成されています。

掲載問題は，絶対に取り組んでおきたい定番問題や，今後出題頻度が高くなると思われる問題，類題の出題が予想される問題，実力強化に役立つ問題など，いわゆる良問です。はじめから順に解いていくのもよいですし，基礎に自信のない人，単元はまず

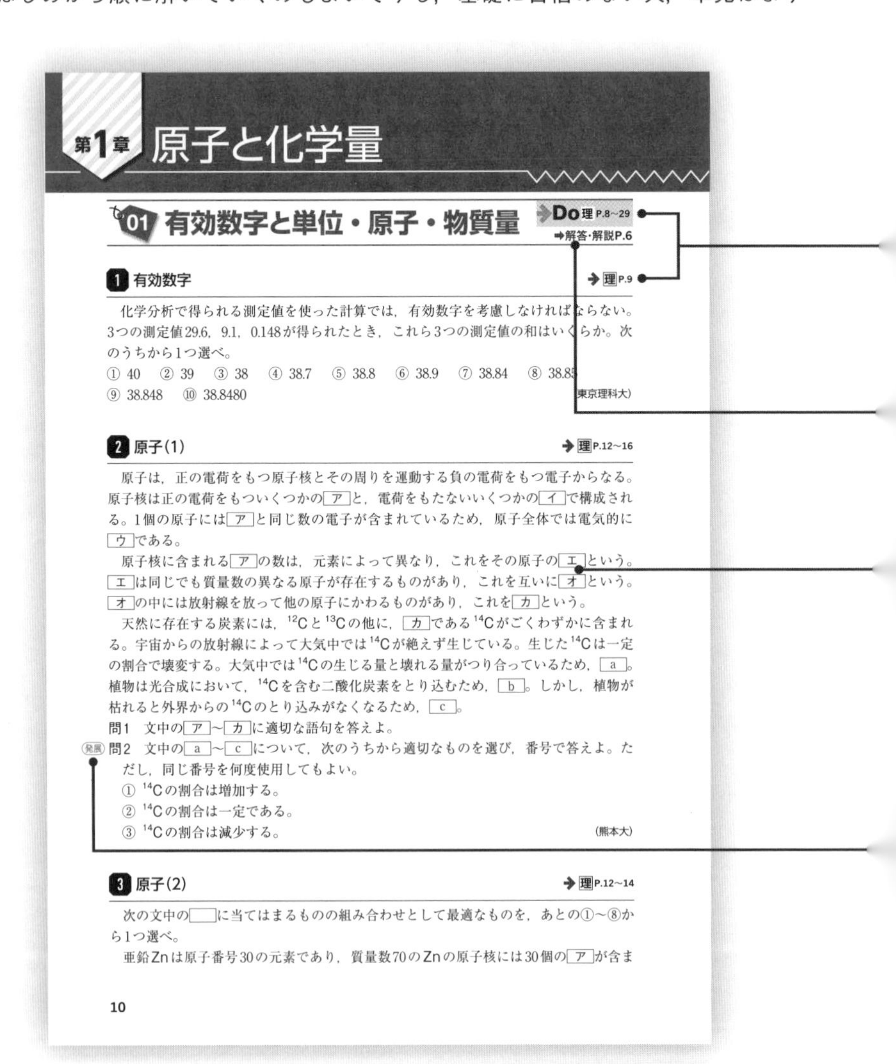

第1章 原子と化学量

01 有効数字と単位・原子・物質量　→Do 理 P.8～29　→解答・解説P.6

1 有効数字　→理 P.9

化学分析で得られる測定値を使った計算では，有効数字を考慮しなければならない。3つの測定値29.6，9.1，0.148が得られたとき，これら3つの測定値の和はいくらか。次のうちから1つ選べ。

① 40　② 39　③ 38　④ 38.7　⑤ 38.8　⑥ 38.9　⑦ 38.84　⑧ 38.85
⑨ 38.848　⑩ 38.8480

（東京理科大）

2 原子(1)　→理 P.12～16

原子は，正の電荷をもつ原子核とその周りを運動する負の電荷をもつ電子からなる。原子核は正の電荷をもついくつかの［ア］と，電荷をもたないいくつかの［イ］で構成される。1個の原子には［ア］と同じ数の電子が含まれているため，原子全体では電気的に［ウ］である。

原子核に含まれる［ア］の数は，元素によって異なり，これをその原子の［エ］という。［エ］は同じでも質量数の異なる原子が存在するものがあり，これを互いに［オ］という。［オ］の中には放射線を放って他の原子にかわるものがあり，これを［カ］という。

天然に存在する炭素には，^{12}Cと^{13}Cの他に，［カ］である^{14}Cがごくわずかに含まれる。宇宙からの放射線によって大気中では^{14}Cが絶えず生じている。生じた^{14}Cは一定の割合で壊変する。大気中では^{14}Cの生じる量と壊れる量がつり合っているため，［a］。植物は光合成において，^{14}Cを含む二酸化炭素をとり込むため，［b］。しかし，植物が枯れると外界からの^{14}Cのとり込みがなくなるため，［c］。

問1　文中の［ア］～［カ］に適切な語句を答えよ。

発展 問2　文中の［a］～［c］について，次のうちから適切なものを選び，番号で答えよ。ただし，同じ番号を何度使用してもよい。

① ^{14}Cの割合は増加する。
② ^{14}Cの割合は一定である。
③ ^{14}Cの割合は減少する。

（熊本大）

3 原子(2)　→理 P.12～14

次の文中の［　］に当てはまるものの組み合わせとして最適なものを，あとの①～⑧から1つ選べ。

亜鉛Znは原子番号30の元素であり，質量数70のZnの原子核には30個の［ア］が含ま

10

「(発展)なし」の問題から，理解を深める学習に進みたい人，単元は「(発展)あり」の問題も取り組むなど，目的やペースにあわせて適宜使い分けることもできます。
　なお，姉妹書「大学受験Doシリーズ　鎌田の理論化学の講義　三訂版」「大学受験Doシリーズ　福間の無機化学の講義　五訂版」「大学受験Doシリーズ　鎌田の有機化学の講義　五訂版」とともに学習すると，より効果がUPします。

姉妹書への参照ページです。本書だけでも学習することができますが，
姉妹書を学習してから本書に取り組むと，よりスムーズに学習が進みます。
➔Do 理 P.○，➔理 P.○：「大学受験Doシリーズ　鎌田の理論化学の講義　三訂版」のp.○参照
➔Do 無 P.○，➔無 P.○：「大学受験Doシリーズ　福間の無機化学の講義　五訂版」のp.○参照
➔Do 有 P.○，➔有 P.○：「大学受験Doシリーズ　鎌田の有機化学の講義　五訂版」のp.○参照

解答と解説を見つけやすくするため，
別冊(解答と解説)への参照ページを示しました。

学習効果が高い良問(今後出題頻度が高くなると思われる問題，
類題の出題が予想される問題，実力強化に役立つ問題など)だけで
構成されています。

なし：学習のプロセスの中で，初めにやっておいたほうが良い問題です。
　　解けるようになるまで繰り返してください。
(発展)：基礎を深く理解していないと解きづらい問題です。１週目は飛ばしても
　　かまいません。次のステップ(理解を深める学習)に進みたい人は，
　　チャレンジしてください。

※本書では効率よく学習できるように，必要に応じて，問題文を適宜改題しています。

目次

第12章 芳香族化合物

第13章 天然有機化合物と合成高分子化合物

第 1 編

理論化学

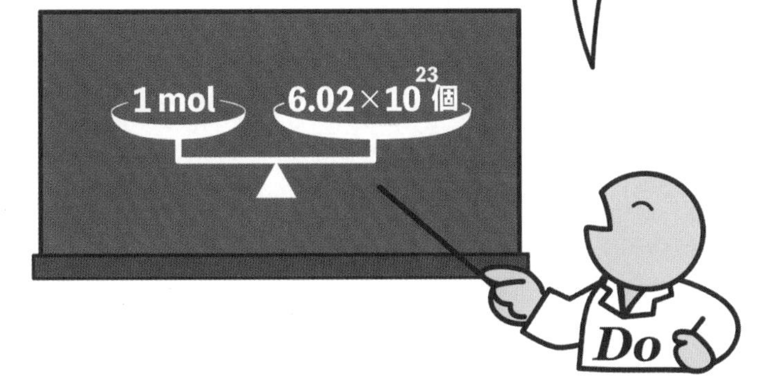
化学式や数値で表された世界と、
自分のイメージが合致するまで
何度も練習しましょう
1 mol
6.02×10 23 個
Do

第1章 原子と化学量

01 有効数字と単位・原子・物質量

→Do 理 P.8~29
→解答・解説P.6

1 有効数字

→ 理 P.9

化学分析で得られる測定値を使った計算では，有効数字を考慮しなければならない。3つの測定値29.6，9.1，0.148が得られたとき，これら3つの測定値の和はいくらか。次のうちから1つ選べ。

① 40　② 39　③ 38　④ 38.7　⑤ 38.8　⑥ 38.9　⑦ 38.84　⑧ 38.85
⑨ 38.848　⑩ 38.8480

(東京理科大)

2 原子(1)

→ 理 P.12~16

原子は，正の電荷をもつ原子核とその周りを運動する負の電荷をもつ電子からなる。原子核は正の電荷をもついくつかの［ア］と，電荷をもたないいくつかの［イ］で構成される。1個の原子には［ア］と同じ数の電子が含まれているため，原子全体では電気的に［ウ］である。

原子核に含まれる［ア］の数は，元素によって異なり，これをその原子の［エ］という。［エ］は同じでも質量数の異なる原子が存在するものがあり，これを互いに［オ］という。［オ］の中には放射線を放って他の原子にかわるものがあり，これを［カ］という。

天然に存在する炭素には，^{12}Cと^{13}Cの他に，［カ］である^{14}Cがごくわずかに含まれる。宇宙からの放射線によって大気中では^{14}Cが絶えず生じている。生じた^{14}Cは一定の割合で壊変する。大気中では^{14}Cの生じる量と壊れる量がつり合っているため，［a］。植物は光合成において，^{14}Cを含む二酸化炭素をとり込むため，［b］。しかし，植物が枯れると外界からの^{14}Cのとり込みがなくなるため，［c］。

問1　文中の［ア］～［カ］に適切な語句を答えよ。

発展 問2　文中の［a］～［c］について，次のうちから適切なものを選び，番号で答えよ。ただし，同じ番号を何度使用してもよい。

① ^{14}Cの割合は増加する。
② ^{14}Cの割合は一定である。
③ ^{14}Cの割合は減少する。

(熊本大)

3 原子(2)

→ 理 P.12~14

次の文中の［　］に当てはまるものの組み合わせとして最適なものを，あとの①～⑧から1つ選べ。

亜鉛Znは原子番号30の元素であり，質量数70のZnの原子核には30個の［ア］が含まれている。また，ビスマスBiは原子番号83の元素であり，質量数209のBiの原子核には［イ］個の中性子が含まれている。2004年，日本の理化学研究所は，質量数70のZnの原子核と質量数209のBiの原子核を反応させて，ニホニウムNhの原子核を生成することに成功した。この反応の前後で陽子の総数は変わらないので，Nhの原子番号は［ウ］である。

	ア	イ	ウ
①	陽子	83	113
②	陽子	83	156
③	陽子	126	113
④	陽子	126	156
⑤	中性子	83	113
⑥	中性子	83	156
⑦	中性子	126	113
⑧	中性子	126	156

(東京都市大)

4 放射性同位体

➔ 理 P.15, 16

〔Ⅰ〕 同位体に関する記述として最も適切なものを，次の①～⑤のうちから一つ選べ。

① すべての元素には複数の安定同位体があるので，その相対質量の加重平均を元素の原子量としている。

② 放射性同位体がβ崩壊すると，質量数が減少する。

③ α粒子はヘリウムの原子核である。

④ 放射性同位体の半減期は元素によらず一定である。

⑤ X線は放射線ではない。

(獨協医科大)

発展 〔Ⅱ〕 放射性同位体である^{212}Pbは，α壊変とβ壊変をそれぞれ何回起こすと，安定な^{208}Pbに変化するか。当てはまる数が順に並んでいるものを1つ選べ。

① 0, 4　② 1, 0　③ 1, 2　④ 1, 4　⑤ 2, 2　⑥ 2, 4　⑦ 2, 8　⑧ 3, 6　⑨ 3, 8　⑩ 3, 10

(北里大(医))

5 同位体と原子量

➔ 理 P.18～20

問1 $^{12}_{6}$C原子1個の質量を12.0とすると，塩素には，相対質量が35.0の$^{35}_{17}$Clと37.0の$^{37}_{17}$Clが存在する。自然界のClの原子量は35.5である。$^{35}_{17}$Clと$^{37}_{17}$Clの存在比を求めよ。

発展 問2 自然界の炭素原子には$^{12}_{6}$C，$^{13}_{6}$C，$^{14}_{6}$C，酸素原子には$^{16}_{8}$O，$^{17}_{8}$O，$^{18}_{8}$Oが存在する。自然界に存在する二酸化炭素の分子は何種類存在するか，また，質量数の和が48の二酸化炭素分子は何種類存在するかを答えよ。

(香川大)

6 アボガドロ定数の測定

→ 理 P.24

〔Ⅰ〕 放射性同位体であるラジウムRa(原子番号88)はα粒子を放出して壊変する。おのおののα粒子はヘリウム原子に変化する。

いま，1.00gのラジウムは1秒間に3.4×10^{10}個のヘリウム原子を放出するとする。1.00gのラジウムを1.2×10^{10}分間放置すると，ヘリウムが0℃，1013hPaの標準状態で866cm^3生成した。これよりアボガドロ定数を有効数字2桁で求めよ。0℃，1013hPaの標準状態の気体のモル体積を22.4L/molとする。

(静岡大)

〔Ⅱ〕 ステアリン酸のベンゼン溶液(1.0×10^{-3}mol/L)0.10mLを水面上に滴下したところベンゼンは急速に蒸発し，ステアリン酸は水面上にすき間のない均一な単分子膜を形成した。この膜の面積は$1.20 \times 10^{-2} m^2$であった。ステアリン酸1分子が水面上で占める面積を$2.0 \times 10^{-19} m^2$として，これよりアボガドロ定数を有効数字2桁で求めよ。

(千葉大)

7 新しいモルの定義

→ 理 P.24, 25

次の文章を読み，あとの問いに答えよ。

2019年5月20日に国際単位系(SI)である質量と物質量の基本単位(それぞれキログラムとモル)が再定義された。キログラム(kg)の従来の定義では，「国際キログラム原器(イリジウムIrと白金Ptからなる合金の分銅)の重さを1kgとする」とされていた。また，ⓐモル(mol)の従来の定義では，「質量数12の炭素^{12}C 0.012kgの中に含まれる粒子の数(つまりアボガドロ定数)を1molとする」とされていた。これに対し，ⓑ新しいモルの定義では「1molは正確に$6.02214076 \times 10^{23}$個の構成粒子を含み，この値がアボガドロ定数($N_A$)〔/mol〕となる」となった。この$N_A$の値は，質量数28のケイ素^{28}Siの結晶をもちいた実験により算出された。このような基本単位の再定義には，日本の産業技術総合研究所が大きく貢献した。

問 モルの従来の定義と新しい定義についての下線部ⓐやⓑの内容と，質量数，原子量，相対質量などに関連する次の①～④のうち，誤っているものをすべて選び，記号で答えよ。

① 従来の定義や新しい定義において，質量数1の水素^{1}Hの相対質量は1よりもわずかに大きい値である。

② 水素の原子量は，^{1}Hの相対質量と同じである。

③ 新しい定義の導入によって，^{12}Cのモル質量はg/molの単位で12(整数値)となった。

④ 従来の定義では，国際キログラム原器の重さが変化すると，アボガドロ定数も変化してしまう恐れがあった。

(名古屋大)

8 物質量(1)

➔ 理 P.24~27

水素に関連して，次の問いに答えよ。原子量はH＝1.0，C＝12.0，O＝16.0とし，有効数字2桁で答えよ。

問1　1気圧での水素の沸点は－253℃であり，この温度での液体水素の密度は0.0708g/cm^{3}である。－253℃の液体水素1.0L中の水素分子の物質量は何molか。

問2　水素は，パルミチン酸などの高級脂肪酸中にも存在している。パルミチン酸$C_{16}H_{32}O_2$の融点は約63℃であり，この温度での液体のパルミチン酸の密度は0.85g/cm^{3}である。63℃の液体のパルミチン酸1.0L中に含まれている水素原子の質量は何gか。　(富山県立大)

9 物質量(2)

➔ 理 P.24~27

鉄5.641gを酸素で酸化して酸化鉄(Ⅲ)8.065gを得た。酸素の原子量を16.00とし，鉄はすべて酸化鉄(Ⅲ)に変化したものとする。

問1　この反応に使われた酸素の体積は，0℃，1.013×10^5Paの標準状態の体積に換算すると何Lになるか，有効数字2桁で答えよ。ただし，0℃，1.013×10^5Paの標準状態の気体のモル体積を22.4L/molとする。

問2　鉄の原子量はいくらか，有効数字3桁で答えよ。　(大阪市立大)

発展 10 物質量(3)

問1 ➔ 理 P.19　問2 ➔ 理 P.27

次の問いに有効数字3桁で答えよ。ただし，0℃，1.013×10^5Paの標準状態の気体のモル体積は22.4L/molとする。

問1　^{12}C，^{13}Cと^{16}O，^{17}O，^{18}Oの相対原子質量と存在比を次の表1のように仮定する。表1から得られる原子量を用いてCO_2の分子量を計算せよ。

元素	相対原子質量	存在比〔%〕
^{12}C	12.0	80.0
^{13}C	13.0	20.0
^{16}O	16.0	70.0
^{17}O	17.0	20.0
^{18}O	18.0	10.0

(注) 表の数値は天然の存在比と異なる

表1

問2　問1のCO_2が，0℃，1.013×10^5Paの標準状態において112Lの体積であったとき，^{13}Cを含む分子は何gになるか。　(宮崎大)

02 電子配置と周期表・イオン化エネルギーと電子親和力

➡Do 理 P.30～50
➡解答・解説P.9

11 電子配置(1)

➡ 理 P.30～31, 43～46

電子配置に関する次の記述の中から正しいものをすべて選び，㋐～㋔の記号で五十音順に答えよ。ただし，該当するものがない場合には×と答えよ。

㋐ 電子は内側から順にM殻，K殻，L殻…などとよばれる電子殻に入る。

㋑ 炭素，アルミニウム，リンのうち最外電子殻の電子数が一番多いものはアルミニウムである。

㋒ カリウムイオンとネオンの電子配置は同じである。

㋓ 内側からn番目の電子殻には最大で$2n^2$個の電子を収容することができる。

㋔ 最外殻電子は価電子といい，原子がイオンになったり，結合するときに必ず重要な働きを示す。

(帝京大(医))

12 電子配置(2)

➡ 理 P.30～32

Feの原子番号は26である。Fe_2O_3において，鉄イオンのK殻，L殻，M殻に含まれる電子数をそれぞれ記せ。

(東京大)

13 電子配置(3)

➡ 理 P.30～40

原子の電子殻は原子核に近いものからK殻，L殻，M殻，N殻などがある。それぞれの電子殻には，さらにエネルギーの異なる電子軌道(副殻)があり，1つのs軌道，3つのp軌道，5つのd軌道，7つのf軌道などがある。1つの電子軌道には最大で2個の電子が入る。K殻はs軌道のみ，L殻にはs軌道とp軌道，M殻にはs軌道，p軌道，d軌道があり，N殻にはs軌道，p軌道，d軌道，f軌道がある。これらのことから，K殻，L殻，M殻，N殻などのそれぞれの電子殻に入る電子の最大数が定まっていることがわかる。L殻に入る電子の最大数は［ア］個，N殻に入る電子の最大数は［イ］個である。内側からn番目の電子殻(K殻は$n=1$，L殻は$n=2$)に入る電子の最大数をnを用いて表すと［ウ］となる。

一般に電子は内側の電子殻から順に配置されてゆくが，(a)元素によってはM殻のd軌道よりも先にN殻のs軌道に入るものがある。(b)第4周期の遷移元素の原子の場合，N殻に1個または2個の電子があり，M殻には，5つのd軌道をひとまとめにして数えると，1個以上10個以下の電子がある。

問1 ［ア］～［ウ］に適当な数値や数式を答えよ。

問2 第4周期1族の元素の原子は下線部(a)の性質をもつ。この原子のM殻とN殻にある電子数を答えよ。

(発展) 問3 下線部(b)の性質をもつ第4周期の遷移元素の原子で，N殻に2個，M殻のd軌道に2個の電子をもつ遷移元素は何か。元素記号で答えよ。

発展 問4　第4周期10族の元素の原子(N殻の電子は2個)は，K殻，L殻，M殻にそれぞれ何個の電子をもつか。また，この元素名を元素記号で答えよ。　(早稲田大(教育))

14 周期表

➔ 理 P.38〜40

メンデレーエフ(19世紀のロシアの化学者)は，すべての元素について，その当時知られていた原子量をもとに，小さいものから順番に並べていくと，同じような性質をもった元素が，同じ列に配列できることに気がついた。次に示した表1は，このようにしてメンデレーエフが分類した周期表の一部を改訂したものである。下の問1〜5に答えよ。

	Ⅰ族	Ⅱ族	Ⅲ族	Ⅳ族	Ⅴ族	Ⅵ族	Ⅶ族	Ⅷ族
1	H＝1							
2	Li＝7	Be＝9.4	B＝11	C＝12	N＝14	O＝16	F＝19	
3	Na＝23	Mg＝24	Al＝27.3	Si＝28	P＝31	S＝32	Cl＝35.5	
4	K＝39	Ca＝40	__＝44	Ti＝48	V＝51	Cr＝52	Mn＝55	Fe＝56，Co＝59 Ni＝59，Cu＝63
5	(Cu＝63)	Zn＝65	__＝68	E＝□	As＝75	Se＝78	Br＝80	
6	Rb＝85	Sr＝87	?Yt＝88	Zr＝90	Nb＝94	Mo＝96	__＝100	Ru＝104，Rh＝104 Pd＝106，Ag＝108
7	(Ag＝108)	Cd＝112	In＝113	Sn＝118	Sb＝122	Te＝128	I＝127	
8	Cs＝133	Ba＝137	?Di＝138	?Ce＝140	—	—	—	

(注)　?および__の空欄はメンデレーエフが当時まだ発見されていなかった元素を予測したものである。また，一部の元素記号は現在の元素記号と異なる。

表1　メンデレーエフの周期表の一部

問1　元素の周期性から考えると，表1の網かけで示した未知の元素Eの最外殻電子の予想される数は何個か。

問2　メンデレーエフは，化学的性質が類似している元素は同じ「族」に分類でき，未知の元素の化学的性質を予測できると考えた。メンデレーエフが予測した元素Eの酸化物および塩化物の一般式を書け。なお，例として酸化物の場合は，E_2O_3のように書け。

発展 問3　メンデレーエフは，元素Eの原子量を，前後の数値の連続性から類推した。予想される元素Eの原子量と，その計算過程を書け。ただし，計算方法により算出される原子量はいくつか考えられるが，その内の1つだけでよい。

問4　メンデレーエフの周期表では，まったく抜け落ちている「族」がある。抜け落ちた理由としては，それらの元素が気体であることに加えて，もう1つの理由がある。考えられる理由を，15字以内で書け。

問5　原子量の順番から考えると，テルル(Te)とヨウ素(I)の順番は逆転している。しかし，メンデレーエフは，元素の化学的な性質の類似性から，テルルはⅥ族，ヨウ素はⅦ族に配列されると考えた。現在では，この配列が正しかったことがわかっている。原子量の順番が逆転している理由を15字以内で説明せよ。　(中央大)

15 イオン化エネルギーと電子親和力

➔ 理 P.43〜50

次のうち正しいのはどれか。

A：同一周期では族番号が増加するにつれてイオン化エネルギーは減少する。
B：同族元素では原子番号が増加するにつれてイオン化エネルギーは減少する。
C：同じ電子配置のイオンでは原子番号が増加するにつれてイオン半径は減少する。
D：電子親和力は1価の陽イオンに電子を1個与えたときに放出されるエネルギーに等しい。

㋐ AとB　㋑ AとC　㋒ BとC　㋓ BとD　㋔ CとD

(自治医科大)

16 電子配置とイオン化エネルギー

➔ 理 P.43〜46, 52

問1　次の文中の[　　]にあてはまる適切な語句を答えよ。

原子がイオンになるときや，原子どうしが結合するときに重要な役割を果たす，最も外側の電子殻にある電子を[ア]という。ただし，[イ]のもつ電子配置は安定なため，その最外殻の電子は化学変化に関係せず，[ア]とは見なされない。[ア]の数が同じ元素は，お互いによく似た化学的性質を示し，その数は原子番号とともに周期的に変化するので，<u>元素の化学的性質は原子番号とともに周期的に変化する</u>。

問2　問1の下線部のような周期的に変化を示す化学的性質の例として第一イオン化エネルギーを挙げることができる。アルカリ金属の第一イオン化エネルギーが小さい理由を40字以内で説明せよ。

(神戸大)

17 原子番号と元素の性質の変化

➔ 理 P.20, 45, 52

図1の(a)〜(d)は，原子番号1〜20の原子の(ア)原子量，(イ)価電子の数，(ウ)イオン化エネルギー，(エ)原子半径のいずれかをグラフで表したものである。(a)〜(d)のグラフはそれぞれ(ア)〜(エ)のどれに相当するか。正しい組み合わせを次ページの[**解答群**]①〜⑧から1つ選べ。

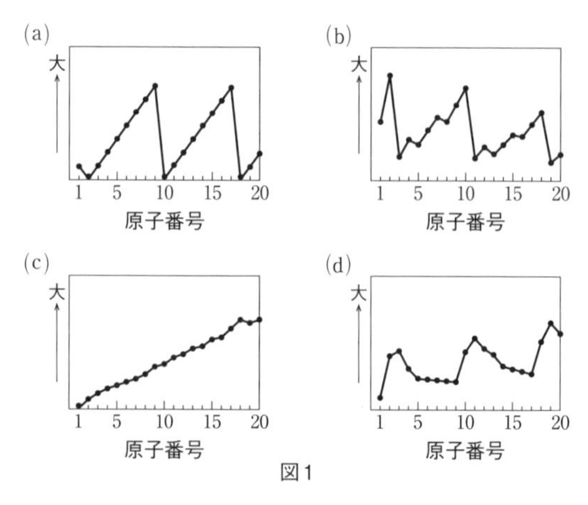

図1

［解答群］

	①	②	③	④	⑤	⑥	⑦	⑧
(a)	(ア)	(ア)	(イ)	(イ)	(ウ)	(ウ)	(エ)	(エ)
(b)	(イ)	(ウ)	(ウ)	(エ)	(エ)	(ア)	(ア)	(ウ)
(c)	(ウ)	(エ)	(ア)	(ウ)	(ア)	(エ)	(イ)	(ア)
(d)	(エ)	(イ)	(エ)	(ア)	(イ)	(イ)	(ウ)	(イ)

(中央大)

18 イオン半径

➔ 理 P.49

同じ電子配置であるCl^-，K^+，Ca^{2+}のイオン半径の大小を以下の(例)にならって等号もしくは不等号を用いて答えよ。また，同じ電子配置のイオンのイオン半径が異なる理由を40～80字程度で説明せよ。

(例) $Al^{3+} < Cu^+ = Zn^{2+}$

(福島大)

発展 19 電子の軌道

➔ 理 P.30～37, 72～75

一般の原子では，電子は［ア］殻，［イ］殻，［ウ］殻などとよばれる電子殻に入っている。［ア］殻は，1つの1s軌道からなり，［イ］殻は，1つの2s軌道と3つの2p軌道からなり，［ウ］殻は，1つの3s軌道，3つの3p軌道，5つの3d軌道からなる。例えば，［a］原子の軌道には，1s軌道に［エ］個，2s軌道に［オ］個と2p軌道に［カ］個，および3s軌道に［キ］個の合計11個の電子が入っている。また，［b］原子の軌道には合計8個，［c］原子の軌道には合計20個の電子が入っている。

An electron is in one of <u>two spin states</u>. Only two electrons can exist in one orbital※, and these electrons must have opposite spins. When there are multiple orbitals of the same energy level, every orbital of the same energy level is singly occupied before any orbital is doubly occupied. All of the electrons in singly occupied orbitals have the same spin.

メタン，アンモニア，水の分子中では，C，N，およびO原子の2s軌道と3つの2p軌道は混じり合って，4つの等しい軌道(sp^3混成軌道)になり，sp^3混成軌道にある不対電子がH原子の不対電子と共有結合をつくる。非共有電子対は結合相手がないため他の電子対との反発がやや大きい。

※orbital：軌道

問1 ［ア］～［キ］にあてはまる電子殻の名前，もしくは電子の個数，また，［a］～［c］にあてはまる元素記号を答えよ。

問2 He原子の電子が占有する軌道を次ページの表1に示す。He原子の例に従って，［a］原子および［b］原子は基底状態で，どのように電子が軌道に入っているかを記せ。

He原子(例)	a 原子	b 原子
[⥮] 1s	[ ] [ ] [ ][ ][ ] [ ] 1s 2s 2p 3s	[ ] [ ] [ ][ ][ ] 1s 2s 2p

表1　He原子，a 原子および b 原子の電子状態
英文中の下線部"two spin states"は，↿および⇂で示される。

問3　メタン分子中の2個のH−C結合がなす角(∠H−C−H)，アンモニア分子中の2個のH−N結合がなす角(∠H−N−H)，および水分子中の2個のH−O結合がなす角(∠H−O−H)を大きい順に並べよ。

(東京工業大(生命理工学部，後期))

第2章 結合と結晶

03 化学結合と電気陰性度・共有結合と分子・金属結合と金属・イオン結合・分子間で働く引力

Do 理 P.52～92
➡解答・解説P.12

20 原子の化学的性質

➡ 理 P.52～58

次の文章を読み，イ～リに最も適した語句を下の[語群]の中から選べ。ただし，同じ語句を2回以上選んでもよい。

元素の周期律は，原子番号の増加とともに原子の価電子の数が周期的に変化することと関係している。最外電子殻が同じである元素の間では，原子番号順に原子核のイの数が多くなり，最外殻電子に対する原子核の正電荷の電気的ロが強くなる。その結果，原子半径が少しずつハなり，原子から1個のニをとりさり陽イオンをつくり出すために必要なホは，途中で逆転しているところもあるが，全体としては原子番号とともに大きくなる。従って，周期表の左方向にある元素ほどホがヘなり，陽イオンになりやすい。一方，原子が1個の電子を受け入れ，トになるときに放出するエネルギーをチといい，そのエネルギーの大きい原子ほどトになりやすい。

陽イオンになりやすい元素を陽性の元素，陰イオンになりやすい元素を陰性の元素という。陽性と陰性をあわせて考え，共有結合をしている原子が共有電子対を引きつける強さを表す尺度をリという。分子の極性は結合原子間のリの差と原子の配置に関係がある。

[語群]　分子間力　電子親和力　溶解度　電離度
電気陰性度　陽イオン　陰イオン　陽子
電子　イオン化エネルギー　活性化エネルギー
結合エネルギー　原子半径　引力
斥力　小さく　大きく

(福島県立医科大)

21 価電子・電子対

➡ 理 P.52, 53, 59～63

次の問1～3に答えよ。解答は，次ページの[解答群]㋐～㋕から，それぞれ1つ選べ。ただし，同じ記号を何度選んでもよい。

問1　次の(a)～(c)の原子1個に含まれる価電子の数を多い順に並べると，どのような順序になるか。

(a) O　(b) F　(c) Ne

問2　次の(a)～(c)の分子またはイオン1個中に含まれる共有電子対の数を多い順に並べると，どのような順序になるか。

(a) H_2O_2　(b) CH_3OH　(c) NH_4^+

問3　次の(a)～(c)の分子またはイオン1個中に含まれる非共有電子対の数を多い順に並べると，どのような順序になるか。

(a) CO_2　(b) CN^-　(c) OH^-

［解答群］ ㋐ (a)＞(b)＞(c)　㋑ (a)＞(c)＞(b)　㋒ (b)＞(a)＞(c)
㋓ (b)＞(c)＞(a)　㋔ (c)＞(a)＞(b)　㋕ (c)＞(b)＞(a)　(千葉工業大)

22 イオン化エネルギー・電子親和力・電気陰性度

➔ 理 P.55〜58

〔Ⅰ〕 次の文章を読み，文中のア〜カについて，｛ ｝内の適切な語句を選び，その番号を答えよ。

電気陰性度はイオン化エネルギーならびに電子親和力とも関係している。原子のイオン化エネルギーは，原子が電子を｛ア：①得て，②失って｝イオンに変わる反応の際に｛イ：①必要な，②放出する｝エネルギーである。電子親和力は，原子が電子を｛ウ：①得て，②失って｝イオンに変わる反応の際に｛エ：①必要な，②放出する｝エネルギーである。よって，イオン化エネルギーが｛オ：①大きく，②小さく｝，電子親和力が｛カ：①大きい，②小さい｝元素ほど電気陰性度は大きくなる傾向がある。(京都大)

発展〔Ⅱ〕 2つの異なる原子からつくられる共有結合において，それぞれの原子が共有電子対を引きつける強さの指標を電気陰性度とよび，電気陰性度に差のある2つの原子からなる結合は極性をもつ。ポーリングは，原子AとBのつくる結合A−Bの極性の大きさと結合エネルギーの相関に注目した。ここで，原子AとBがつくり得る3種類の結合A−A，B−BおよびA−Bについて，結合エネルギーがそれぞれD(A−A)，D(B−B)，D(A−B)であるとする。極性をもつ結合A−Bでは，部分的なイオン性による安定化があるため，結合エネルギーが大きくなるとポーリングは考えた。その考えによれば，結合A−Bの極性が大きいほど，(1)式に示すD(A−B)と，D(A−A)およびD(B−B)の平均値との差Δは大きくなる。そこで，AとBの電気陰性度をそれぞれx_Aおよびx_Bとし，その差を(2)式によって定量化した。

$$\Delta = D(\mathrm{A-B}) - \frac{D(\mathrm{A-A}) + D(\mathrm{B-B})}{2} \text{〔kJ/mol〕} \quad \cdots(1)$$

$$(x_A - x_B)^2 = \frac{\Delta}{96} \quad \cdots(2)$$

例えば，H_2，Cl_2およびHClの結合エネルギーは，それぞれ432kJ/mol，239kJ/molおよび［あ］kJ/molであることから，$|x_H - x_{Cl}| = 0.98$ となる。ここで，$x_H = 2.05$ とすると，$x_{Cl} =$［い］となる。

問1 ［あ］にあてはまる値を有効数字2桁で答えよ。

問2 ［い］にあてはまる値を小数第2位まで求めよ。(北海道大)

23 電気陰性度と化学結合

→ 理 P.55〜58

次の文章を読み，文中の[ア]〜[ウ]に入る最も適切な領域を，図1中の三角形内の領域①，②，③，④から選び，それぞれ記号で答えよ。

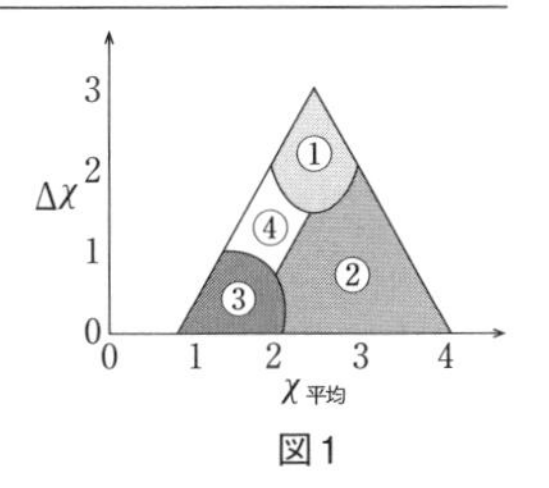

図1

電気陰性度 χ は，化合物中の原子が電子を引きつける強さを表す。貴ガスを除く単体および異なる2つの元素からなる化合物において，その化学結合は，図1に示す元素間の電気陰性度の差 $\Delta\chi$ と平均の電気陰性度 $\chi_{平均}$ にもとづく三角形(ケテラーの三角形とよばれる)の中の①〜④の領域におよそ分類される。図1中の三角形内の領域[ア]は金属結合を，領域[イ]は共有結合をそれぞれ形成する領域である。また，イオン結合が支配的な領域は[ウ]である。

(東北大)

24 分子(1)

→ 理 P.59〜61, 別冊P.5〜7

次の分子の中で，三重結合をもつものをすべて選べ。

① アセチレン(エチン)　② アンモニア　③ エチレン(エテン)　④ シアン化水素
⑤ メタン　⑥ リン酸　⑦ 塩化水素　⑧ 過酸化水素
⑨ 窒素　⓪ 二酸化炭素

(金沢医科大)

25 分子の極性

→ 理 P.67〜71

H_2 や N_2 では2個の原子の不対電子が原子間で電子対をつくることによって[ア]結合が形成される。同じ原子からなる二原子分子の結合には極性がないが，HClのように異なる原子間で化学結合が生成するときには，電子対の一部がどちらかの原子に引き寄せられて極性を生じる。2原子間の結合の極性の程度を表すために，図1に示すように電荷 $\delta+$ と $\delta-$ が距離 L 離れて存在すると考えて，$\mu = L \cdot \delta \cdot e$ という量を定義し，$\delta+$ から $\delta-$ に向いた矢印で示すことにする。ここで e は，電子の電荷の大きさ(1.61×10^{-19}C)である。実測された μ が $L \cdot e$ と一致する場合は $\delta = 1$，また μ が0であれば $\delta = 0$ である。一般には δ が大きくなるにつれて[イ]結合の性質が大きくなる。

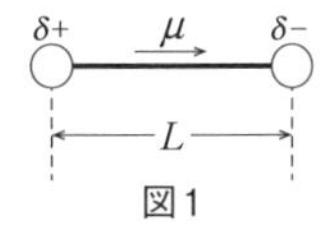

図1

化合物	L〔10^{-10}m〕	μ〔10^{-30}C·m〕	δ
LiF	1.56	21.1	0.85
NaCl	2.36	30.0	0.79
HF	0.917	6.09	δ_1
HCl	1.27	3.70	δ_2
HBr	1.41	2.76	δ_3
HI	1.61	1.50	δ_4

表2

表2には，いくつかの分子の化学結合の長さ L と μ の値を示す。これらは二原子分子として存在する希薄な気体の状態で測定されたものである。ここに示すように，μ の値は物質に依存し化学結合における δ の値が異なる。

3原子以上からなる分子全体の極性は，個々の化学結合の極性と分子の形から決定される。二酸化炭素では2つの酸素原子と炭素原子がO=C=Oのように一直線上に並ぶので，炭素原子と酸素原子の結合には極性はあるが分子全体としては極性を生じない。このような分子は［ウ］とよばれる。一方，水分子は酸素原子を頂点とする折れ曲がった構造をとるので，分子全体として極性を有する。

問1　文中の［　］に入る語句を記せ。

問2　δの値の大小を決める原子の重要な性質を記せ。

発展 問3　表2に示したハロゲン化水素化合物は，それぞれ異なるδの値をもつ。この中で，最大のδと最小のδをもつ化合物名を，それぞれのδの値とともに答えよ。δは有効数字2桁で求めよ。

問4　次の分子の中で，全体として極性をもつものを化学式ですべて記せ。
エチレン(エテン)，アセチレン(エチン)，アンモニア，四塩化炭素，三フッ化ホウ素，メタノール，クロロメタン　（大阪大・改）

26 金属結合

→ 理 P.76〜79

〔Ⅰ〕　金属には，展性・延性がある。その理由を説明せよ。(60字以内)　（大分大(医)）

〔Ⅱ〕　銅の電気伝導性は温度が上昇すると低下する。その理由を簡明に記せ。　（札幌医科大）

〔Ⅲ〕　次の物質を融点の低いものから順に並べよ。
Fe，Hg，NaCl，W　（奈良県立医科大）

27 イオン結合

→ 理 P.80〜85

NaCl，BaS，MgOはすべてNaCl型の結晶構造をもつイオン結晶である。これらの融点を低い順に並べたものはどれか。次に示した，これらの結晶中のイオンのイオン半径の値を参考にして答えよ。ただし，イオン間のクーロン力Fの大きさは，下に示した式で表されるものとする。

【イオン半径〔nm〕】Na：0.116，Ba：0.149，Mg：0.086，Cl：0.167，O：0.126，S：0.170

$$F = k\frac{|q_1 \times q_2|}{(a+b)^2} \quad \left(\begin{array}{l} q_1,\ q_2：イオンの電荷,\ a,\ b：イオン半径, \\ k：イオンの種類によらない比例定数 \end{array} \right)$$

① BaS＜MgO＜NaCl　② BaS＜NaCl＜MgO　③ MgO＜BaS＜NaCl
④ MgO＜NaCl＜BaS　⑤ NaCl＜BaS＜MgO　⑥ NaCl＜MgO＜BaS
（北里大(医)）

28 分子(2)

➔ 理 P.59～66, 86～92

水分子中では，水素原子と酸素原子がそれぞれ不対電子を出しあって［ア］電子対をつくり，［ア］結合している。(a)水分子中の酸素原子は［イ］電子対をもち，これを水素イオンに提供して［ア］結合を形成し，オキソニウムイオンとなる。このようにしてできる［ア］結合を，特に［ウ］結合という。

一般に，異なる原子間で［ア］結合が形成されると，電子対はどちらか一方の原子のほうに，より引きつけられる。この電子対を引きつける強さを示す尺度を原子の［エ］といい，結合している原子間に電荷の偏りがあることを結合に極性があるという。(b)分子中の結合に極性があっても，分子全体では極性が打ち消しあって，極性をもたない分子もある。

分子の間には［オ］とよばれる弱い引力が働き，分子どうしが互いに集合しようとする傾向がある。一般には分子量が大きくなると［オ］が強くなり沸点が高くなる。

問1　文中の［ア］～［オ］に当てはまる最も適当な語句を記せ。

問2　下線部(a)について，オキソニウムイオンの電子式を，(例)にならって記せ。

(例) H:H

問3　プロパンとエタノールは同程度の分子量をもつにもかかわらず，エタノールの沸点のほうが異常に高い。この理由を50字以内で記せ。

(群馬大)

29 分子間力

➔ 理 P.86～92

右表はハロゲン化水素の分子量と沸点をまとめたものである。A君はこの表をみて，「フッ化水素の沸点は，他の3つの化合物の沸点から予想される値よりも異常に高い。」と考えた。以下の問1～3に答えよ。

ハロゲン化水素	分子量	沸点〔℃〕
HF	20.0	20
HCl	36.5	−85
HBr	80.9	−67
HI	128	−35

〈ハロゲン化水素の沸点〉

問1　A君はフッ化水素の沸点をおよそ何℃と予想したであろうか。上の表を右のグラフに書き，その中に推定点を示せ。

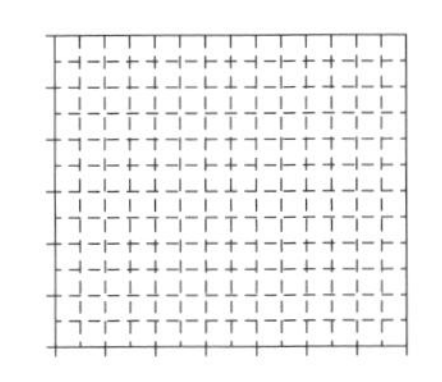

問2　沸騰について，次の語句を用いて説明せよ。【分子間力】

問3　フッ化水素の沸点が他のハロゲン化水素から予想される値よりも異常に高い理由を述べよ。ただし，次の語句を必ず用いること。【電気陰性度】

(滋賀医科大)

30 水素結合

➔ 理 P.90〜92

1個の水分子には，［ア］組の非共有電子対が酸素原子上にあり，2個の水素原子があるので，1個の水分子は［イ］個までの他の水分子との間に水素結合を形成することが可能である。氷中のすべての酸素原子と水素原子が水素結合を形成しているとすると，水分子1molからなる氷には，アボガドロ数Nを用いて［ウ］本の水素結合があることになる。［ア］〜［ウ］に当てはまるものが順に並んでいるものはどれか。

① 1，2，2N　② 1，2，3N　③ 1，3，4N　④ 1，4，2N　⑤ 1，4，4N
⑥ 2，2，2N　⑦ 2，2，3N　⑧ 2，3，4N　⑨ 2，4，2N　⑩ 2，4，4N

（北里大（医））

04 結晶・金属結晶・イオン結晶・共有結合の結晶・分子結晶

Do 理 P.93～118
➡解答・解説P.16

31 結晶の分類

➡ 理 P.93～118 無 P.16

物質の結晶は主に結合の種類によって4つに分類される。[ア]結合や[イ]の力よりもはるかに弱い力が[ウ]の間に働くことにより規則正しく配列してできるのが[ウ]結晶であり，電気を通さないものが多い。一方，[エ]の単体では，原子の価電子は離れやすく，特定の原子に固定されず自由に動き回ることができるため，電気をよく通す結晶ができる。このような自由電子が結晶を構成するすべての原子間に共有されてできる結合を[エ]結合という。また，構成粒子どうしが静電気的な引力で引き合う[ア]結合でできる結晶は，固体では電気を通さないが，融解すると電気を通すようになる。

	[ア]結晶	[イ]の結晶	[ウ]結晶	[エ]結晶
構成粒子	[ア]	原子	[ウ]	原子(自由電子を含む)
機械的性質	かたくもろい	非常にかたい	やわらかい	展性・延性がある
電気の伝導性	融解すると通す	通さないものが多い	通さないものが多い	よく通す
融点・沸点	高い	きわめて高い	低い	さまざまな値
結合の種類	[ア]結合	[イ]	[ウ]間力による結合	[エ]結合
物質の例	[オ]	[カ]	[キ]	[ク]

表1　結晶の分類

問1　[ア]～[エ]に適切な語句を記せ。

問2　それぞれの結晶の例として次のⓐ～ⓓの物質が挙げられる。

ⓐ 二酸化ケイ素　ⓑ 塩化ナトリウム　ⓒ ドライアイス　ⓓ ナトリウム

(1)　物質ⓐ～ⓓから単体を選び，記号で記せ。

(2)　物質ⓐ～ⓓをそれぞれ化学式で記せ。

(3)　[オ]～[ク]に当てはまる物質をⓐ～ⓓから選び，それぞれ記号で記せ。

(法政大)

32 格子内原子数と組成式

➡ 理 P.93～94

3種類の元素R，M，Xからなり，右の図1に示す単位格子の結晶構造(ペロブスカイト構造)をもつ物質の組成式は，次の①～⑤のうちのどれか。

① R_2MX　② R_3MX　③ R_2MX_2　④ R_3MX_2
⑤ RMX_3

(立教大)

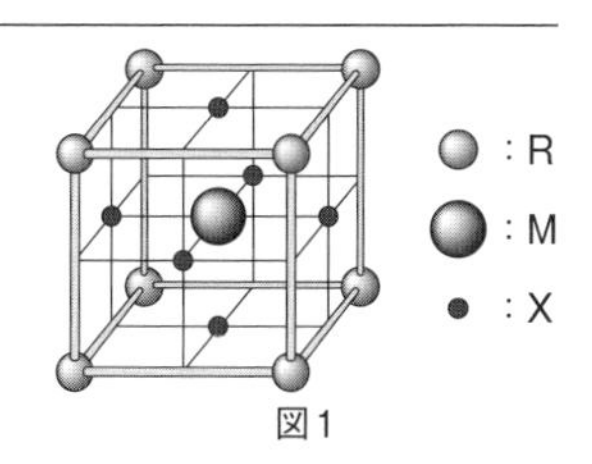

図1

33 金属結晶(1)

→ 理 P.93〜101

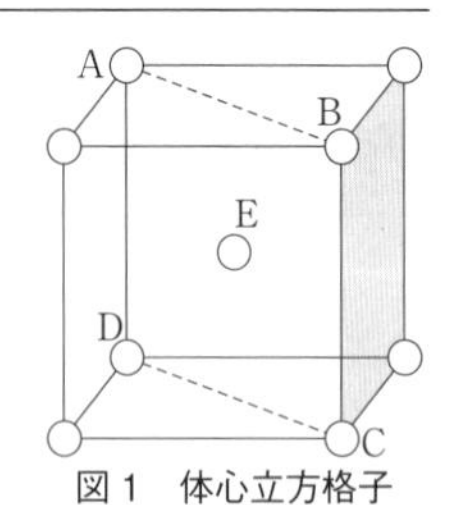

図１　体心立方格子

固体を構成する原子が規則正しく配列しているとき，これを結晶という。金属の単体は，固体では金属結晶をつくっているが，その結晶構造には，体心立方格子，面心立方格子，六方最密構造などがある。

体心立方格子は，図１に示すように，立方体形をした単位格子の中心と各頂点に金属原子が配置された結晶格子である。なお，図中のEは単位格子の中心に位置している原子を表している。原子は球と見なすことができ，各原子は最も近くに位置している原子と接しているように考えてよいから，単位格子の断面図ABCDは図２のように示される。この図において，aは単位格子の一辺の長さ，rは原子半径であり，三平方の定理を用いて，$r = \frac{\sqrt{(\ ア\ )}}{(\ イ\ )}a$が導かれる。

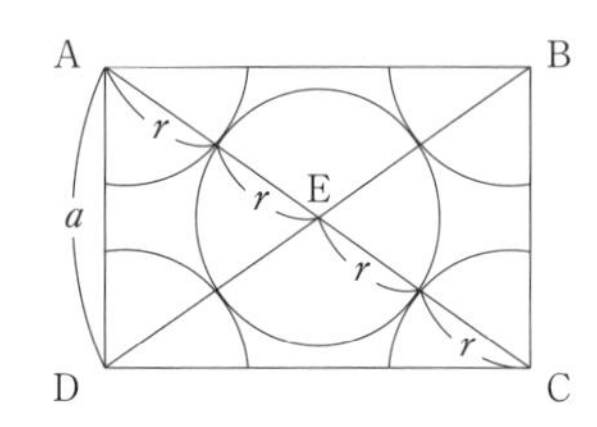

図２　体心立方格子の断面図

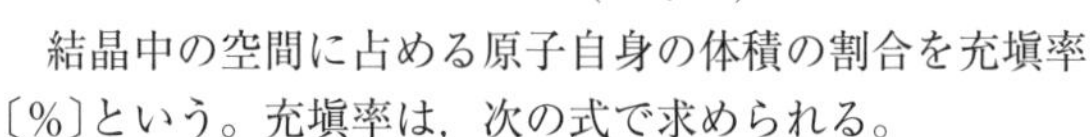

結晶中の空間に占める原子自身の体積の割合を充塡率〔%〕という。充塡率は，次の式で求められる。

$$充塡率 = \frac{原子1個の体積 \times 単位格子1個に含まれる原子数}{単位格子1個の体積} \times 100$$

この式を用いて体心立方格子の充塡率を求めると，

$\frac{\sqrt{(\ ウ\ )}}{(\ エ\ )}\pi \times 100 \fallingdotseq 68\%$となる。

面心立方格子は，立方体形をした単位格子の各面の中心と各頂点に金属原子が配置された結晶格子である。面心立方格子の充塡率を，体心立方格子の場合と同様に求めると，

$\frac{\sqrt{(\ オ\ )}}{(\ カ\ )}\pi \times 100 \fallingdotseq 74\%$となる。

問1　下線部について，1個の原子に接している原子の数を何というか。

問2　(　ア　)〜(　カ　)に当てはまる10以下の整数を記せ。　(愛知医科大)

34 金属結晶(2)

→ 理 P.93〜101

鉄の結晶構造は，常温では体心立方格子であるが，910〜1400℃では面心立方格子へと変化する。このとき，体心立方格子の単位格子中に含まれる鉄原子数は[a]で，配位数は[b]であり，面心立方格子の単位格子中に含まれる鉄原子数は[c]で，配位数は[d]である。

問1　[a]〜[d]に当てはまる数として最も適切なものを，次の㋐〜㋕から1つずつ選べ。

㋐ 2　㋑ 4　㋒ 6　㋓ 8　㋔ 10　㋕ 12

問2　鉄の原子半径をr〔cm〕とすると，体心立方格子における単位格子の一辺の長さ

a〔cm〕，面心立方格子における単位格子の一辺の長さb〔cm〕は，それぞれどのような式で表されるか。最も適切なものを，次の㋐～㋕から1つずつ選べ。

㋐ $\dfrac{\sqrt{2}}{4}r$　㋑ $\dfrac{\sqrt{3}}{4}r$　㋒ $\dfrac{3\sqrt{3}}{4}r$　㋓ $\dfrac{4\sqrt{2}}{3}r$　㋔ $\dfrac{4\sqrt{3}}{3}r$　㋕ $2\sqrt{2}r$

問3　鉄の結晶構造が，体心立方格子から面心立方格子へと変化すると，密度は何倍に変化するか。最も近い値を，次の㋐～㋕から1つ選べ。ただし，鉄の原子半径rは一定であるとし，必要であれば，$\sqrt{6}=2.45$を用いよ。

㋐ 1.01　㋑ 1.03　㋒ 1.05　㋓ 1.07　㋔ 1.09　㋕ 1.11　(千葉工業大)

35 最密構造(1)

➔ 理 P.97～103

金属結晶では，金属原子は，規則正しく配列している。マグネシウム金属結晶では，原子は，六方最密構造の三次元的くり返し配列をとっており，最近接原子間距離は3.21×10^{-8}cmである。なお，以下の問いでは，金属結晶中では，完全剛体球の原子どうしが接触しあっているものとし，アボガドロ定数は6.02×10^{23}mol^{-1}，マグネシウムの原子量は24.31，$\sqrt{2}=1.41$，$\pi=3.14$とせよ。

問1　結晶の充塡率は何%か。有効数字3桁で求めよ。

問2　結晶の密度を有効数字3桁で求めよ。　(慶應義塾大(医))

発展 36 最密構造(2)

➔ 理 P.97～103

家庭用品として使われるアルミニウム箔は，高純度の金属アルミニウムを，ローラーで圧延してつくられる。

金属アルミニウムは，圧延しても最密に並んだ球形のアルミニウム原子の層が重なった構造をなしているとし，箔の厚さを1.7×10^{-3}cmとするとき，これはアルミニウム原子層の何層に相当するか。アルミニウムの原子半径$=1.43\times10^{-8}$cm，$\sqrt{2}=1.41$，$\sqrt{3}=1.73$とし，有効数字2桁で求めよ。　(東京大)

37 イオン結晶(1)

➔ 理 P.104～109

右の図は閃亜鉛鉱型の結晶構造の単位格子を表したものである。イオンを球と考えて，隣り合う異符号のイオンどうしが接し，かつ隣り合う同符号のイオンどうしが接するとき，陽イオン(半径r)と陰イオン(半径R)の半径の比$\dfrac{r}{R}$として最も適切なものを，下の①～⑥のうちから一つ選べ。ただし，$r<R$とする。

●：陽イオン
○：陰イオン

① $\dfrac{\sqrt{3}-\sqrt{2}}{\sqrt{3}}$　② $\dfrac{\sqrt{3}-\sqrt{2}}{\sqrt{2}}$　③ $\dfrac{\sqrt{2}-1}{\sqrt{3}}$　④ $\dfrac{\sqrt{3}-1}{\sqrt{2}}$

⑤ $\sqrt{2}-1$　⑥ $\sqrt{3}-1$　(獨協医科大)

38 イオン結晶(2)

➜ 理 P.104〜109

右図は立方体の単位格子をもつ二つの結晶構造を示しており，白丸(陽イオン)と黒丸(陰イオン)はイオンの位置がわかりやすいように小さく描かれているが，実際には，最近接の黒丸と白丸はすべて接触している。なお，$\sqrt{2}=1.41$，$\sqrt{3}=1.73$とせよ。

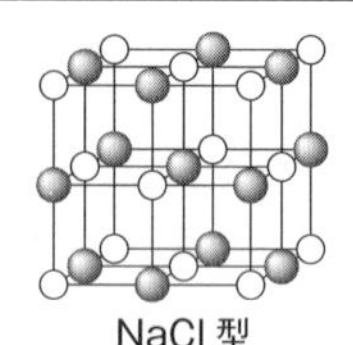

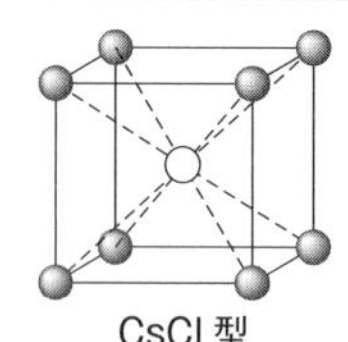

問1　CsCl型構造をもつ，あるイオン結晶XYが，NaCl型構造へ変化したとすると密度は何倍に変化するか。小数第2位まで示せ。なお，構造が変化するとき，イオン半径は変わらないものとする。

(発展) 問2　イオンの間に働く静電気力による相互作用エネルギーは，イオン間の中心距離をr，電荷をeとすると，異符号間のイオンでは$-\dfrac{e^2}{r}$，同符号間のイオンでは$+\dfrac{e^2}{r}$で表されるとする。塩化ナトリウムの結晶中の最近接のNa^+とCl^-の中心距離をRとして，特定の一つのNa^+に働く周囲の静電相互作用エネルギーの合計を，eとRを用いた文字式で表せ。ただし，周囲とは特定のNa^+から4番目に近いイオンまでとする。また，文字式中の数値は小数第2位まで記せ。　(東京慈恵会医科大)

39 イオン結晶(3)

➜ 理 P.104〜109

イオン結晶をつくる代表的なものにNaClがある。その単位格子は図1-aで表される。隣り合う陽イオンと陰イオンの間の距離はすべて等しく，また，陽イオンどうし，陰イオンどうしも等距離にある。しかし，陽イオンの価数と陰イオンの価数が等しくない化合物の結晶では，イオンの配置は異なる。例えば，CaF_2はNaClと同様に立方格子となるが(図1-b)，一方のイオン(A)の配置がNaClと同じであるのに対して，もう一方のイオン(B)は，単位格子の$\dfrac{1}{8}$の立方体の中心に位置している。あとの問いに答えよ。
F = 19.0，Ca = 40.0，アボガドロ定数 = 6.0×10^{23} /molとする。

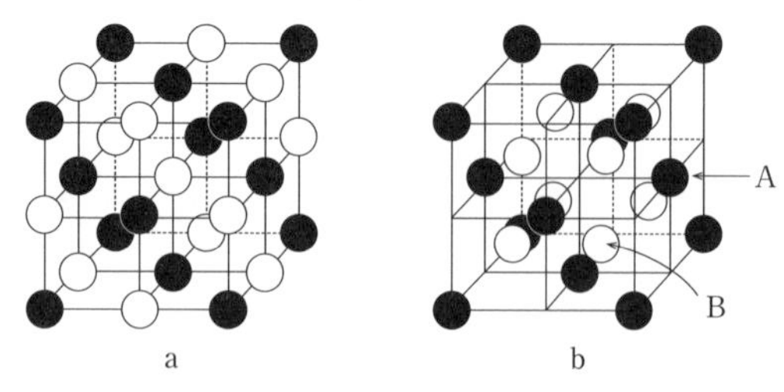

図1　NaClの単位格子(a)とCaF_2の単位格子(b)
ただし，図中の球の大きさはイオンの実際の大きさを表すものではない。

問1　図1-bのCaF_2の構造中で，F^-はA，Bのいずれか。

問2　単位格子の一辺を5.5×10^{-8}cmとすると，CaF_2の密度〔g/cm^3〕はいくらになるか。有効数字2桁で答えよ。

(北海道大)

40 チタンの酸化物の結晶格子

➔ 理 P.94, 95

チタンの酸化物にはいろいろな化合物がある。そのうちの1つの結晶構造を図1に示す。結晶格子は直方体であり，小さな黒球がチタン原子，大きな白球が酸素原子を表す。Ti(1)，O(1)，O(2)，Ti(2)という文字で印をつけた4個の原子は一直線上にある。

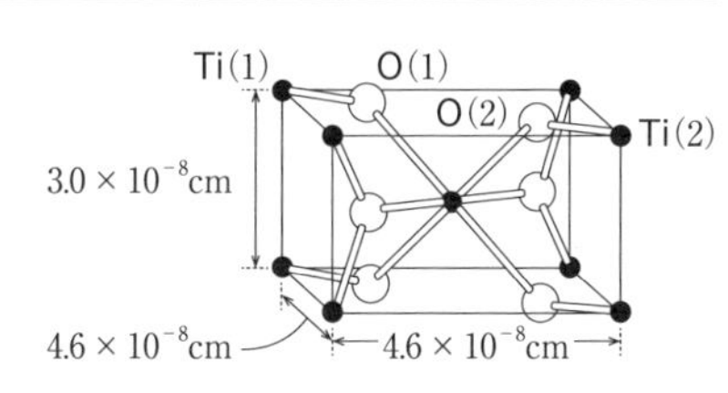

図1　あるチタン酸化物の結晶構造

問1　この化合物の化学式をTi_xO_yとしたとき，$\dfrac{y}{x}$はいくらになるか答えよ。

問2　この化合物の1cm^{3}あたりの質量〔g/cm^3〕を有効数字2桁で答えよ。チタンと酸素の原子量を48と16，アボガドロ定数は6.0×10^{23}/molとする。

(発展) 問3　直方体の中心にあるチタン原子は，6個の酸素原子によってとり囲まれている。Ti(1)という文字で印をつけたチタン原子は，何個の酸素原子によってとり囲まれているか。

(神戸大)

41 ダイヤモンド

➔ 理 P.110〜112

図はダイヤモンドの結晶格子の単位格子を示したもので，一辺の長さはa〔nm〕である。ただし，格子中の球は炭素原子の位置のみを表し，大きさは表していない。また，炭素原子は球として考え，最も近い位置にある原子どうしは互いに接しているものとする。なお，$\pi = 3.14$，$\sqrt{3} = 1.73$とせよ。

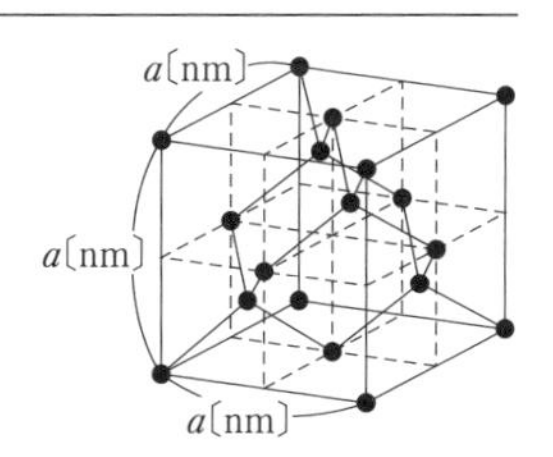

問1　この単位格子内に炭素原子は何個含まれているか記せ。

問2　この単位格子内において，炭素原子が占める体積の割合〔%〕を整数で記せ。

(東京慈恵会医科大)

42 黒鉛

→ 理 P.113

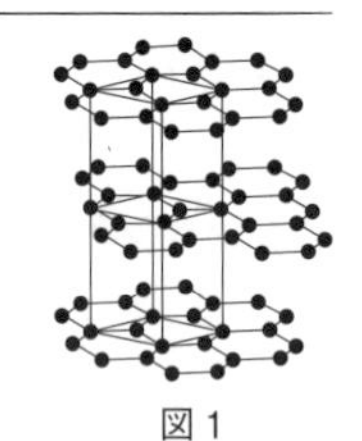
図1

黒鉛は正六角形にならんだ炭素原子の平面が積み重なった図1のような結晶構造をもつ。平面内の炭素原子は[　　]結合で結ばれている。一方，原子面どうしはファンデルワールス力で結合している。黒鉛の単位格子は，図2に示すように，面間隔dの2倍の高さをもつ四角柱であり，底面に位置するひし形の面積は5.23×10^{-16}cm^{2}である。

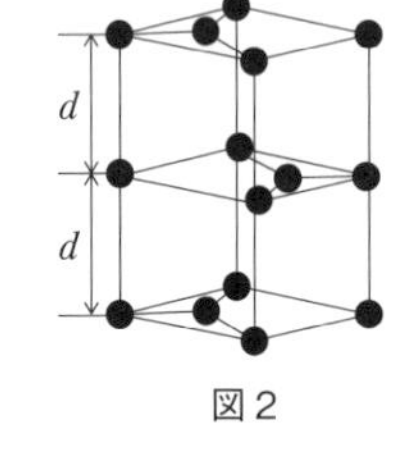

図2

問1　[　　]に当てはまる最も適切な語句を答えよ。

問2　次の㋐～㋕のうち，黒鉛の性質として正しいものには○を，誤っているものには×を記せ。

㋐　電気を導く　㋑　融点が高い　㋒　層状にはがれる
㋓　酸に溶解する　㋔　光沢がある　㋕　延性がある

問3　問2で○を付けた性質のうち，下線部の説明と最も関係が深いものを一つ選び，㋐～㋕の記号で答えよ。

問4　黒鉛の単位格子には，何個分の炭素原子が含まれるか，その数を答えよ。

問5　黒鉛の密度は2.27g/cm^{3}である。面間隔dを有効数字3桁まで求めよ。炭素の原子量は12.0，アボガドロ定数は6.02×10^{23}mol^{-1}とする。　（近畿大(医)）

43 分子結晶

→ 理 P.115～118

CO_2の結晶(ドライアイス)は，一辺が0.56nmの立方体の単位格子からなり，炭素原子は立方体の頂点と各面の中心(面心)にある。また，CO_2分子内の酸素原子の中心間の距離は0.23nmである。CO_2の結晶中で最も近い炭素原子の中心間の距離は，CO_2分子内の炭素原子と酸素原子の中心間の距離の何倍となっているか，有効数字2桁で求めよ。$\sqrt{2} = 1.41$，$\sqrt{3} = 1.73$とする。　（東京大）

第3章 基本的な化学反応と物質量計算

05 化学反応式と物質量計算の基本・水溶液の性質と濃度

Do 理 P.120〜133
➡解答・解説P.24

44 化学反応式と物質量(1)

➡ 理 P.120〜126

密閉容器内で，一酸化炭素とプロパンの混合気体に酸素1.0Lを加えて，完全燃焼させた。残った気体には9.6×10^{-3}molの酸素が含まれており，また，0.36gの水が生じていた。はじめの混合気体の体積は何Lか，有効数字2桁で答えよ。ただし，気体の体積はすべて0℃，1.013×10^5Paの標準状態で測定した値とし，生じた水への気体の溶解は無視できるものとする。また，原子量はH = 1.0，C = 12，O = 16とし，0℃，1.013×10^5Paの標準状態の気体のモル体積は22.4L/molとする。

(産業医科大)

45 化学反応式と物質量(2)

➡ 理 P.123 無 P.170

次の(1)〜(3)の3段階の反応を利用すると，FeS_2から硫酸をつくることができる。

$4FeS_2 + 11O_2 \longrightarrow 2Fe_2O_3 + 8SO_2$ …(1)

$2SO_2 + O_2 \longrightarrow 2SO_3$ …(2)

$SO_3 + H_2O \longrightarrow H_2SO_4$ …(3)

問1 FeS_2 1.0molから理論上，H_2SO_4は何molできるか。次の㋐〜㋔から，最も近い数値を1つ選べ。

㋐ 0.50 ㋑ 1.0 ㋒ 2.0 ㋓ 3.0 ㋔ 4.0

問2 硫酸をつくるのにFeS_2 12kgを用いると，質量パーセント濃度98％，密度1.8g/cm^{3}の濃硫酸を理論上，何Lつくることができるか。次の㋐〜㋔から，最も近い数値を1つ選べ。ただし，FeS_2の式量は120，H_2SO_4の分子量は98.0とする。

㋐ 9.80 ㋑ 11.1 ㋒ 12.0 ㋓ 14.8 ㋔ 24.6

(千葉工業大)

46 化学反応式と物質量(3)

➡ 理 P.127

メタノールCH_3OHが混入したエタノールC_2H_5OHを完全に燃焼したところ，二酸化炭素6.60gと水4.14gが生成した。この混合物に含まれるメタノールの割合を質量百分率で求めよ。ただし，各元素の原子量はH = 1.0，C = 12，O = 16とする。解答は有効数字2桁で答えよ。

(東京工業大)

47 溶解

➔ 理 P.128, 129

イオン結晶の塩化ナトリウムは，ヘキサンのような[A]のない溶媒には溶けにくいが，[A]のある溶媒の水には溶けやすい。塩化ナトリウムの結晶を水に加えると，結晶表面から電離して，ナトリウムイオンと塩化物イオンが生じる。ナトリウムイオンに，水分子中の負に帯電した酸素原子が，電気的に引きつけられ結合する。一方，塩化物イオンには，正に帯電した水素原子が結合する。このように水溶液中でイオンなどが水分子と結合する現象を[B]という。

問1　文中の[　]に適当な語句を答えよ。

問2　下線部に関して，次の(a)～(d)の性質に該当する物質をそれぞれ下の㋐～㋗からすべて選べ。

(a)　水によく溶けるが，電離しない。　(b)　水にもヘキサンにも溶けにくい。

(c)　ヘキサンによく溶けるが，水にほとんど溶けない。

(d)　共有結合で結びついた分子であるが，水に溶けて電離する。

㋐ ナフタレン　㋑ 硫酸バリウム　㋒ 塩化銀　㋓ 塩化水素
㋔ エタノール　㋕ グルコース　㋖ ヨウ素　㋗ 硫酸銅(Ⅱ)

(大分大)

48 濃度(1)

➔ 理 P.129～131

溶液の中に含まれている溶質の量をその溶液の濃度といい，質量パーセント濃度やモル濃度がよく使われる。次の問1～3に答えよ。原子量は H＝1.0，Cl＝35.5 とする。

問1　市販されている質量パーセント濃度20％の HCl 水溶液1.0L に含まれる HCl の物質量はいくらか。なお，この水溶液の密度は1.1g/mL とし，有効数字2桁で求めよ。

問2　この市販の20％HCl の水溶液を希釈してモル濃度が0.10mol/L である HCl 水溶液を300mL つくりたい。市販の20％HCl の水溶液は何 mL 必要か。有効数字2桁で求めよ。

問3　この希釈操作を行うときに用いる器具の組み合わせとして，次のⓐ～ⓒから最も適切なものを記号で選べ。

ⓐ
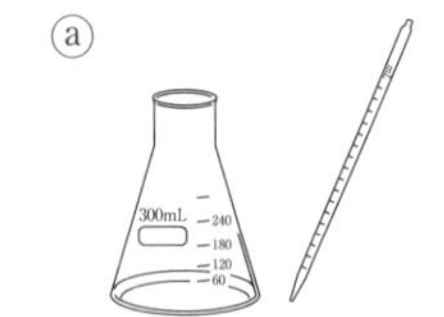

三角フラスコとメスピペット

ⓑ
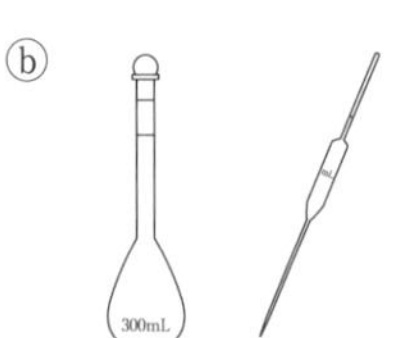

メスフラスコとホールピペット

ⓒ
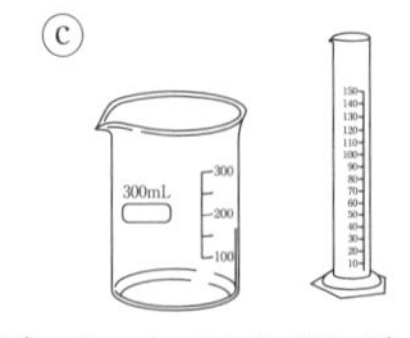

ビーカーとメスシリンダー

(公立鳥取環境大)

49 濃度(2)

➔ 理 P.129, 132

質量パーセント濃度32.0％のメタノール CH_3OH 水溶液の密度は0.950g/cm^{3}である。この水溶液の(1)モル濃度(体積モル濃度)〔mol/L〕と(2)質量モル濃度〔mol/kg〕を求め，有効数字3桁で答えよ。原子量は H＝1.00，C＝12.0，O＝16.0 とする。

(立命館大)

06 酸塩基反応と物質量の計算

Do 理 P.134~158
➡解答・解説P.26

50 酸・塩基の定義

➡ 理 P.134~135

〔Ⅰ〕 酸と塩基については，アレニウスの酸・塩基とか，ブレンステッド・ローリーの酸・塩基というように，数種類の定義がある。

問1　アレニウスの酸・塩基の定義を記せ。

問2　ブレンステッド・ローリーの酸・塩基の定義を記せ。　(久留米大(医))

〔Ⅱ〕 次の①と②の反応では，ブレンステッド・ローリーの酸と塩基の定義に従うと，H_2Oは酸と塩基のいずれとして働いているか。それぞれ記せ。

① 塩化水素HClがH_2Oに溶解して，塩化物イオンCl^-を生成する反応。

② アンモニアNH_3がH_2Oに溶解して，アンモニウムイオンNH_4^+を生成する反応。

(東北大)

51 水のイオン積

➡ 理 P.140

水のイオン積K_Wの値は60℃で1.0×10^{-13}(mol/L)^{2}である。この温度における純水のpHはいくらか。最も適当な数値を次の①~⑥のうちから選べ。

① 6.5　② 6.8　③ 6.9　④ 7.0　⑤ 7.1　⑥ 7.2　(東京医科大)

52 電離度と中和反応

➡ 理 P.135~142

ともに質量パーセント濃度が0.10%で体積が1.0Lの硝酸HNO_3(分子量63)の水溶液Aと酢酸CH_3COOH(分子量60)の水溶液Bがある。これらの水溶液中のHNO_3の電離度を1.0，CH_3COOHの電離度を0.032とし，溶液の密度をいずれも1.0g/cm^{3}とする。このとき，水溶液Aと水溶液Bについて，電離している酸の物質量の大小関係，および過不足なく中和するために必要な0.10mol/Lの水酸化ナトリウムNaOH水溶液の体積の大小関係の組合せとして最も適当なものを，右上の①~⑥のうちから1つ選べ。　(共通テスト)

	電離している酸の物質量	中和に必要なNaOH水溶液の体積
①	A＞B	A＞B
②	A＞B	A＜B
③	A＞B	A＝B
④	A＜B	A＞B
⑤	A＜B	A＜B
⑥	A＜B	A＝B

53 塩

➡ 理 P.145~146

次の化合物の中で，酸性塩で水に溶かすと溶液が塩基性を示すものはどれか。

㋐ $NaHCO_3$　㋑ MgCl(OH)　㋒ NH_4NO_3　㋓ $NaHSO_4$

㋔ CH_3COONa　(自治医科大)

54 ビュレットの使い方

➔ 理 P.148

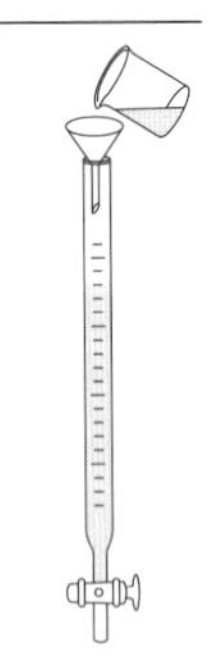

ビュレットを用いる実験操作について以下の問いに答えよ。

問1　ビュレットを用いて実験を行う際に，使用するビュレットの内側が未知の溶液で濡れている場合には一般にどのように対処したらよいか簡潔に書け。

問2　ビュレットをビュレット台に垂直に固定し，右図のようにコックを閉じてから，ろうとを用いて標準試料溶液を入れた。濃度未知の溶液を入れたコニカルビーカーをビュレットの下において滴定を開始するまでに，さらに行わなくてはいけない操作を2つ書け。また，それらの操作を行わなければならない理由も簡潔に書け。

問3　滴定でビュレットの目盛りを読む際に注意しなければならないことを簡潔に書け。

(和歌山県立医科大)

55 滴定曲線

➔ 理 P.149

0.1mol/Lの塩酸または酢酸水溶液20mLを0.1mol/Lの水酸化ナトリウム水溶液で滴定したときの滴定曲線は次のどれか。

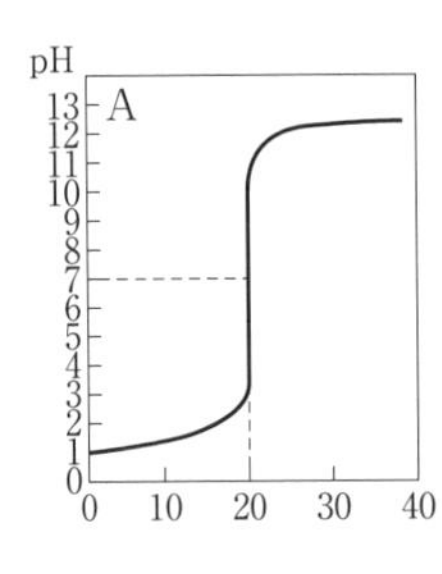

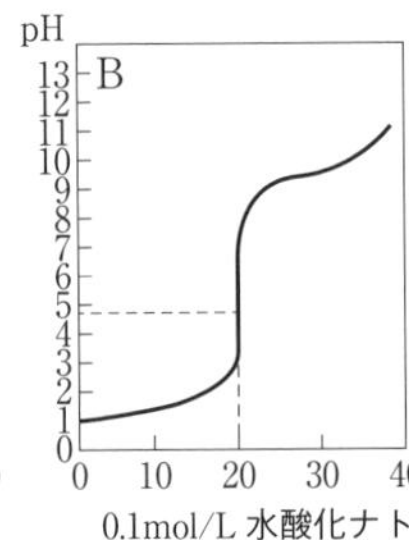

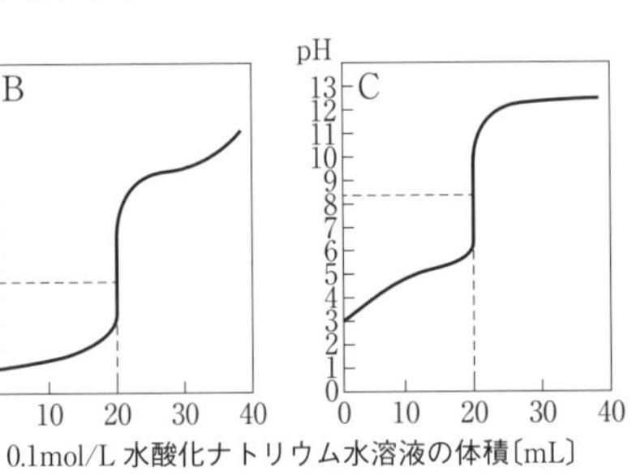

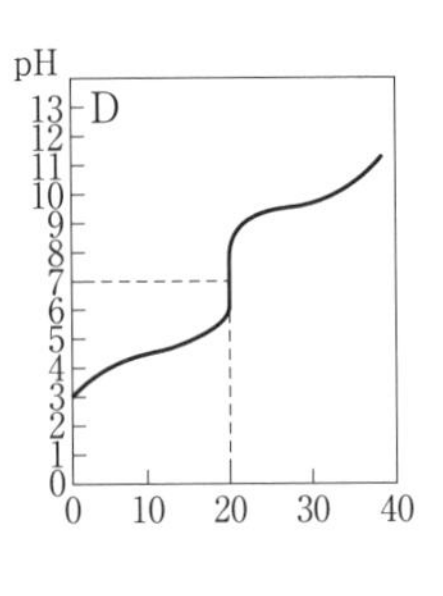

㋐　塩酸の滴定曲線はA，酢酸の滴定曲線はB
㋑　塩酸の滴定曲線はB，酢酸の滴定曲線はC
㋒　塩酸の滴定曲線はC，酢酸の滴定曲線はD
㋓　塩酸の滴定曲線はD，酢酸の滴定曲線はA
㋔　塩酸の滴定曲線はA，酢酸の滴定曲線はC

(自治医科大)

56 中和滴定

➔ 理 P.148～150

市販されている食酢中の酢酸含量を調べるため，次の中和滴定の実験A，Bを行った。食酢中の酸はすべて酢酸であると仮定して，あとの問いに答えよ。

実験A：0.630gのシュウ酸二水和物$(COOH)_2 \cdot 2H_2O$(式量126)をビーカー中で少量の純水に溶かした後，この水溶液とビーカーの洗液を[a]に入れ，純水を加えて正確に100mLにした。このシュウ酸水溶液を[b]で正確に10.0mLはかりとって三角フラスコに入れ，[c]溶液を2～3滴加えた。この三角フラスコ中の溶液を[d]に入れた水酸化ナトリウム水溶液で滴定したところ，12.5mL滴下したところで三角フラスコ中の溶液が淡い赤色になった。

実験B：市販の食酢を純水で正確に10倍に薄めた溶液を10.0mLはかりとり，実験Aと同様の操作により実験Aで用いた水酸化ナトリウム水溶液で滴定したところ，8.75mL滴下したところで中和が完了した。

問1　文中の□に適当な実験器具名あるいは指示薬名を記せ。

問2　実験AおよびBで起こる中和反応の化学反応式をそれぞれ記せ。

問3　実験Aで用いたシュウ酸水溶液および水酸化ナトリウム水溶液のモル濃度を有効数字3桁で求めよ。

問4　10倍に薄めた食酢中の酢酸のモル濃度を有効数字3桁で求めよ。

問5　市販の食酢(10倍に薄める前のもの)の中に含まれる酢酸(分子量60.0)の質量パーセント濃度を四捨五入して小数点以下第1位まで求めよ。ただし，食酢の密度は $1.0g/cm^3$ とする。

(弘前大)

発展 57 空気中の成分の中和滴定による定量

→ 理 P.148, 149, 152, 153

0℃，1.013×10^5Paの標準状態で10.0Lの空気中で，1.00×10^{-2}mol/Lの(a)水酸化バリウム水溶液50.0mLをよく振ると沈殿が生じた。この沈殿を一度ろ過し，(b)残ったろ液を1.00×10^{-1}mol/Lの塩酸で滴定したところ，中和するのに6.50mLを要した。ただし，水酸化バリウム水溶液と振り混ぜる前後での気体の圧力変化はないものとし，ろ過によるろ液の損失はないものとする。また，ろ過や滴定中に起きる空気中の気体との反応は，無視できるものとする。

問1　この反応で下線部(a)の水溶液に吸収される気体の名称を答えよ。

問2　下線部(b)の中和滴定に使用する指示薬として適切なものを，次のあ～うから選び，記号で答えよ。

あ　メチルオレンジ

い　フェノールフタレイン

う　メチルオレンジとフェノールフタレインのいずれでもよい

問3　空気中における，問1の気体の体積百分率〔%〕を有効数字3桁で答えよ。ただし，0℃，1.013×10^5Paの標準状態での気体のモル体積を22.4L/molとする。

(宮崎大)

発展 58 中和滴定と電気伝導率

→ 理 P.148, 151

電解質の水溶液には，電離したイオンが存在し，電気伝導性がある。水溶液中のイオンの種類や濃度に変化があれば，電気伝導性も変化する。溶液中の電気伝導性を表す指標として，電気伝導率が用いられる。水素イオンおよび水酸化物イオンの電気伝導率は他のイオンに比べて非常に大きい。したがって，電気伝導率を測定すれば，指示薬を使わなくても中和点を知ることができる。

0.010mol/Lの水酸化ナトリウム水溶液に電極を入れて，電気伝導率を測定しながら0.010mol/Lの塩酸を加えていったところ，図1の曲線aを得た。塩酸を加える前の水酸化ナトリウム水溶液の電気伝導率は，［1］と［2］の濃度によって決まる。ここに塩酸が加えられると，はじめに存在した［2］は［3］で中和され，［4］が増える。［2］が減ることにより電気伝導率は減少し，中和点で最小になる。中和点を過ぎると，［3］と［4］が増え，電気伝導率は増大する。

図1の曲線bは，塩酸の代わりに酢酸を用いて同様の実験を行った結果である。酢酸は弱酸であるため，塩酸の場合と異なり，中和点を過ぎても電気伝導率は増大しない。これは緩衝作用によるものである。

複数の種類のイオンが存在する希薄溶液の電気伝導率Cは，各イオンの1mol/Lあたりの電気伝導率$C_{イオン}$と各イオンの濃度の積の和で表される。例えば，A^+，B^+，X^-，Y^-からなる電解質溶液の電気伝導率Cは，

$$C = C_{A^+}[A^+] + C_{B^+}[B^+] + C_{X^-}[X^-] + C_{Y^-}[Y^-]$$

と考えてよい。

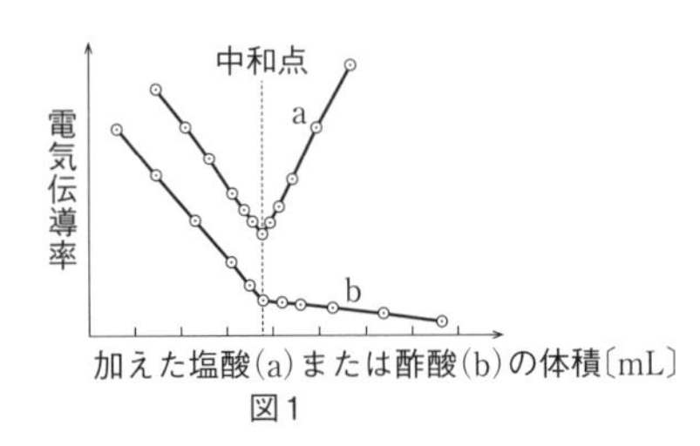

図1

問1　文中の［　］にあてはまる最も適切なイオンをイオン式で記せ。

問2　図1のaの中和点で存在するイオンのうち，濃度の高い2種類をイオン式で記せ。

問3　図1のbの中和点で存在するイオンのうち，濃度の高い2種類をイオン式で記せ。

問4　下線部の緩衝作用を，イオン反応式と酢酸の電離平衡を用いて説明せよ。

問5　0.010mol/Lの水酸化ナトリウム水溶液10mLに0.010mol/Lの塩酸または酢酸を10mL加えたときの電気伝導率は，それぞれ加える前の電気伝導率の何倍になるか。有効数字2桁で答えよ。ただし，イオン1mol/Lあたりの電気伝導率の相対比として，$C_{H^+} : C_{OH^-} : C_{Cl^-} : C_{Na^+} : C_{CH_3COO^-} = 100 : 57 : 22 : 14 : 12$ の値を用いよ。また，純水の電気伝導率は考慮しなくてよい。

(日本女子大)

59 アンモニアの定量

➔理 P.152, 153

タンパク質は窒素を含む高分子化合物であり，肉類や豆類に多く含まれる。タンパク質を含む試料を濃硫酸中で分解すると，タンパク質中の窒素は硫酸アンモニウムに変換される。この反応を利用した食品中のタンパク質定量法が広く用いられている。乾燥牛肉中のタンパク質の質量含有率〔%〕を求めるために，次の操作1～3を行った。なお，乾燥牛肉中の窒素はすべてタンパク質由来とし，原子量はN＝14とする。

操作1：丸底フラスコに乾燥牛肉2.0gをはかり取り，濃硫酸10mLと触媒（硫酸カリウムと硫酸銅（Ⅱ）を9：1で混合したもの）0.5gを加え，6時間放置した。その後，溶液が淡青色になるまでガスバーナーで加熱した。

操作2：操作1で得られた試料溶液を正確に水で100mLに希釈した。

操作3：①希釈した試料溶液10mLに30％水酸化ナトリウム水溶液10mLを添加して加熱したところアンモニアが発生した。②発生したアンモニアを0.050mol/L硫酸水溶液20mLで捕集した。捕集後の溶液を0.050mol/L水酸化ナトリウム水溶液で滴定したところ，18mLを要した。なお，発生したアンモニアはすべて0.050mol/L硫酸水溶液に捕集されたものとする。

問1　下線部①の操作で，アンモニアが発生する反応を化学反応式で示せ。

問2　下線部②のアンモニアが硫酸水溶液に捕集されるときの変化を化学反応式で示せ。

問3　タンパク質が窒素を16％含有するものとして，乾燥牛肉中のタンパク質の質量含有率〔％〕を有効数字2桁で答えよ。

（鹿児島大）

60 NaOHとNa_2CO_3の混合物の定量

➔ 理 P.155～158

水酸化ナトリウムNaOHと炭酸ナトリウムNa_2CO_3の混合水溶液25mLを，5.00×10^{-2}mol/Lの塩酸HClを使って中和滴定したところ，図1の滴定曲線が得られた。

第一中和点はフェノールフタレインで判別することができ，塩酸20.0mLを滴下したところで水溶液が［あ］色から［い］色へと変化した。第二中和点を判別するために混合水溶液にメチルオレンジを加えてさらにV〔mL〕の5.00×10^{-2}mol/L塩酸を滴下したところ，水溶液が黄色から［う］色へと変化した。第一中和点から第二中和点までに起こる反応は次のように表される。

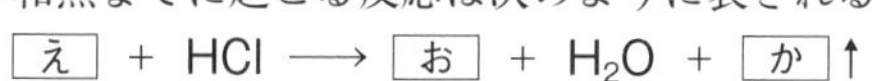

pH　7　第一中和点　フェノールフタレインの変色域　メチルオレンジの変色域　第二中和点　A　20　20＋V
塩酸の滴下量〔mL〕

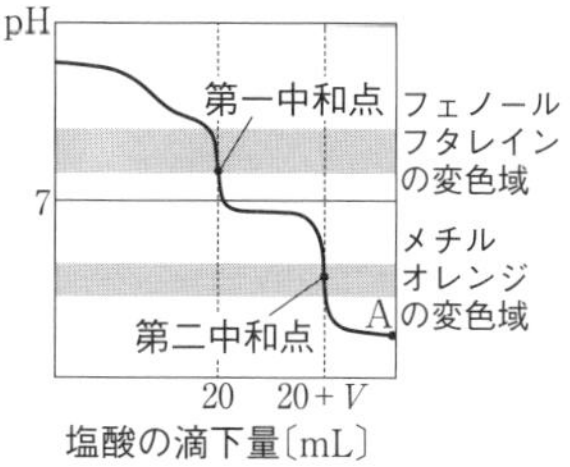

図1

問1　文中の［あ］～［う］にあてはまる適切な語句を答えよ。

問2　文中の［え］～［か］に入る適切な化学式を答えよ。

問3　図1の滴定操作の途中に気体となった［か］と，図1のAの溶液に大過剰の濃塩酸を加えて気体となった［か］の体積の合計は0℃，1.013×10^5Paの標準状態で5.6mLであった。下線部の混合水溶液のNaOHおよびNa_2CO_3のモル濃度を，それぞれ有効数字2桁で答えよ。なお，0℃，1.013×10^5Paの標準状態の気体のモル体積は22.4L/molとする。

（北海道大）

07 酸化還元反応と物質量の計算

➡Do 理 P.159~176
➡解答・解説P.31

61 酸化還元の定義・半反応式

➡ 理 P.159~167

ある物質を構成する特定の原子が電子を失ったとき，[ア]されたといい，逆に電子を受けとったときには[イ]されたという。こうした原子や物質の電子の授受を明確にするため，酸化数という数値が用いられる。例えば，ナトリウム(単体)の原子の酸化数は[ウ]であるが，塩素(気体)と反応すると酸化数は[エ]となり，一方，塩素原子の酸化数は-1となる。よって，ナトリウム(単体)は，その作用から[オ]剤とよばれる。また，次亜塩素酸イオン中の塩素原子の酸化数は[カ]である。

過マンガン酸カリウムや，①二クロム酸カリウムは代表的な酸化剤である。例えば，過マンガン酸カリウムは水によく溶け，過マンガン酸イオンを生じる。このイオンは硫酸で酸性にした水溶液中で強い酸化作用を示し，電子の授受によってMn^{2+}となる。②一方，塩基性および中性条件下では，酸化マンガン(Ⅳ)を生じる。

問1　文中の[　]に，適切な語句あるいは数値を答えよ。

問2　下線部①に示した二クロム酸イオンに塩基を加えると，黄色のイオンに変化する。このイオンのイオン式を示せ。

問3　下線部②について，この変化をイオン反応式で示せ。

(香川大)

62 酸化数(1)

➡ 理 P.160, 161

エタノールは酒類に含まれるアルコールであり，酸化反応により構造が変化して酢酸となる。

```
  H H  炭素原子A          H O  炭素原子B
  | |                     | ||
H-C-C-O-H        ⇨      H-C-C-O-H
  | |                     |
  H H                     H
 エタノール               酢酸
```

エタノール分子中の炭素原子Aの酸化数と，酢酸分子中の炭素原子Bの酸化数は，それぞれいくつか。最も適当なものを，次の①～⑨から1つずつ選べ。ただし，同じものをくり返し選んでもよい。

① +1　② +2　③ +3　④ +4　⑤ 0　⑥ −1　⑦ −2　⑧ −3　⑨ −4

(大学入学共通テスト試行調査)

63 酸化数(2)

➡ 理 P.160, 161

次の各反応のうち，反応の前後で酸化数に変化を生じる原子がないものはどれか。

Ⓐ　$2NO + O_2 \longrightarrow 2NO_2$

Ⓑ　$2KClO_3 \longrightarrow 2KCl + 3O_2$
Ⓒ　$CuO + 2HNO_3 \longrightarrow Cu(NO_3)_2 + H_2O$
Ⓓ　$2KI + H_2O_2 + H_2SO_4 \longrightarrow I_2 + 2H_2O + K_2SO_4$
Ⓔ　$5H_2O_2 + 2KMnO_4 + 3H_2SO_4 \longrightarrow 5O_2 + 2MnSO_4 + K_2SO_4 + 8H_2O$

（北里大(医)）

64 酸化還元反応(1)

➔ 理 P.159～167

次の(1)～(4)で起こる反応を化学反応式で示し，反応による水溶液の色の変化を述べよ。

(1)　硫酸酸性の過マンガン酸カリウム水溶液にシュウ酸を加える。
(2)　硝酸銀水溶液に磨いた銅板を入れる。
(3)　硫酸酸性の過酸化水素水にヨウ化カリウムを加える。
(4)　硫酸酸性の二クロム酸カリウム水溶液に過酸化水素水を加える。

（山梨大）

65 酸化還元反応(2)

➔ 理 P.159～167，無 P.44～52

次の操作①～⑥で起こる反応のうち，酸化還元反応を1つまたは2つ選べ。

①　酸素中で放電する。
②　臭化銀を塗布したフィルムに光を当てる。
③　硫化鉄(Ⅱ)に希塩酸を加える。
④　アセトンにヨウ素と水酸化ナトリウム水溶液を加える。
⑤　エタノールと酢酸の混合物に少量の硫酸を加えて加熱する。
⑥　飽和食塩水に十分にアンモニアを吸収させた後，二酸化炭素を通じる。　（東京工業大）

66 酸化還元滴定(1)

➔ 理 P.172～174

過マンガン酸イオンと過酸化水素との反応を利用し，消毒薬として広く用いられているオキシドールに含まれる過酸化水素の量を決定した。

まず，0.0500mol/Lのシュウ酸水溶液10.0mLをコニカルビーカーにとり，6.00mol/L硫酸10.0mLを加え，純水で約50mLに希釈し，十分な反応速度を得るため適度に加熱した。これに濃度未知の過マンガン酸カリウム水溶液を滴下したところ，8.00mLを滴下した時点で過マンガン酸カリウム水溶液の薄い色がついて消えなくなった。この滴下量から，過マンガン酸カリウム水溶液の濃度を決定した。

続いて，オキシドール10.0mLをメスフラスコにとり，純水で100mLに希釈した。この水溶液10.0mLをコニカルビーカーにとり，上記同様に硫酸を加え純水で希釈した後，濃度を決定した過マンガン酸カリウム水溶液を滴下したところ，16.0mLを滴下した時点で薄い色がついて消えなくなった。

問1　用いた過マンガン酸カリウム水溶液の濃度〔mol/L〕を有効数字3桁で求めよ。

問2　オキシドールを100mLに希釈した後の水溶液10.0mLに含まれる過酸化水素の物質量〔mol〕を求めよ。また，希釈前のオキシドール500mLに含まれる過酸化水素の質量〔g〕を求めよ。いずれも有効数字3桁で答えよ。原子量は$H = 1.00$，$O = 16.0$とする。

(富山大)

67 酸化還元滴定(2)

→ 理 P.172〜174

濃度未知の二クロム酸カリウム水溶液(A液)，濃度未知の硫酸鉄(Ⅱ)アンモニウム水溶液(B液)，濃度がc〔mol/L〕(0.02mol/Lに近い)の過マンガン酸カリウム水溶液(C液)がある。ただし，これらの溶液は硫酸で酸性にしている。まずB液を10mLとりC液で滴定すると終点までにa〔mL〕要した。この反応は次のように書ける。

$$5Fe^{2+} + MnO_4^- + 8H^+ \longrightarrow 5Fe^{3+} + Mn^{2+} + 4H_2O \quad \cdots(1)$$

次に，別にA液10mLをとり，これにB液20mLを加えた。加え終わるまでに二クロム酸イオンによる色は完全に消えた。この反応は次のように書ける。

$$\boxed{ア} + nFe^{2+} + 14H^+ \longrightarrow \boxed{イ} + nFe^{3+} + 7H_2O \quad \cdots(2)$$

この溶液中に残っているFe^{2+}の量を知るために，この溶液をC液で滴定すると終点までにb〔mL〕要した。以上の結果からA液中の二クロム酸イオンの濃度が求まる。

問1　文中の$\boxed{}$を埋めよ。

問2　イオン反応式(2)の係数nに数字を入れよ。

問3　B液のFe^{2+}の濃度〔mol/L〕をa，cを用いて表せ。

問4　A液の二クロム酸イオンの濃度〔mol/L〕をa，b，cを用いて表せ。　(関西学院大)

発展 68 CODの測定

→ 理 P.172〜174

河川や湖沼の水質を表す指標の1つである化学的酸素要求量(COD)を，近くの川の水について測定するとしよう。CODは，水中に含まれる還元性物質(主に有機物質)を酸化するのに必要な酸素の量であり，その量が多いほど水質が悪いということになる。

まず，近くの川に行き，密栓できるポリタンクに十分な量の水を汲んだ。これを実験室にもち帰り，COD測定を行うことにした。測定には，過マンガン酸カリウム$KMnO_4$の酸化還元を利用する。CODの値は1Lの試料水中の還元性物質を酸化するのに必要な酸素のmg数(単位はmg/L)である。測定は以下の操作で行う。

操作Ⅰ：採取した川の水(試料水)100.00mLを三角フラスコにとり，これに固体硫酸銀(Ag_2SO_4)を1.00gと6.00mol/Lの硫酸(H_2SO_4)を10.00mL加える。

操作Ⅱ：操作Ⅰで得られた溶液に5.00×10^{-3}mol/L(予め決定していた濃度)の過マンガン酸カリウム水溶液10.00mLを加える。

操作Ⅲ：操作Ⅱの溶液を，フラスコごと沸騰水中につけ，30分間加熱する。

操作Ⅳ：加熱後の操作Ⅲの溶液に，1.25×10^{-2}mol/Lのシュウ酸ナトリウム水溶液($(COONa)_2$)10.00mLを加える。

操作Ⅴ：操作Ⅳの溶液を60℃に加熱し，5.00×10^{-3}mol/Lの過マンガン酸カリウム水溶液(操作Ⅱと同じもの)を，過マンガン酸カリウムの赤紫色が消えなくなるまで(すなわち過マンガン酸カリウムが消費されなくなるまで)滴下する。

操作Ⅰから操作Ⅴまでの操作を5回くり返す。そうしたところ，操作Ⅴで加えた過マンガン酸カリウムの水溶液の体積の平均は3.22mLであった。

問1　この試料水のCOD〔mg/L〕を有効数字3桁で求めよ。原子量はO＝16.0とする。

問2　操作Ⅰで硫酸銀を試料水に加える理由を25字以内で述べよ。　(和歌山大)

69 ヨウ素滴定(1)

➔ 理 P.174～176

オゾンを過剰のヨウ化カリウム水溶液に加えたところ，完全に反応してヨウ素I_2と酸素O_2が生成した。これにデンプンを加えて青紫色に呈色させ，0.10mol/Lのチオ硫酸ナトリウム水溶液で滴定していくと，次の化学反応式で表される反応が起こり，20.0mL加えたところで無色になった。

$$I_2 + 2Na_2S_2O_3 \longrightarrow 2NaI + Na_2S_4O_6$$

もとのオゾンの物質量〔mol〕を計算し，有効数字2桁で記せ。　(立命館大)

発展 70 ヨウ素滴定(2)

➔ 理 P.174～176

硫化水素と二酸化硫黄を含むある一定量の混合気体を0.050mol/Lのヨウ素水溶液100mLと反応させた後，残存するヨウ素量を求めるため0.10mol/Lのチオ硫酸ナトリウム$Na_2S_2O_3$水溶液で滴定したところ，滴定に要したチオ硫酸ナトリウム水溶液は20mLであった。

一方，同体積の混合気体をあらかじめ酢酸鉛(Ⅱ)水溶液と反応させ，硫化水素のみを完全にとり除いた後，0.050mol/Lのヨウ素水溶液100mLと反応させた。この溶液中に残存するヨウ素量を求めるため0.10mol/Lのチオ硫酸ナトリウム水溶液で滴定したところ，滴定に要したチオ硫酸ナトリウム水溶液は75mLであった。

なお，ヨウ素とチオ硫酸ナトリウムは次式のように，物質量比1：2で反応する。

$$I_2 + 2Na_2S_2O_3 \longrightarrow 2NaI + Na_2S_4O_6$$

問1　この混合気体中に含まれていた硫化水素と二酸化硫黄の総物質量〔mol〕を有効数字2桁で求めよ。

問2　この混合気体中に含まれていた二酸化硫黄の物質量〔mol〕を有効数字2桁で求めよ。

問3　この混合気体中に含まれていた二酸化硫黄の物質量〔mol〕に対する硫化水素の物質量〔mol〕の比を有効数字2桁で求めよ。　(東北大)

71 溶存酸素の定量

➔ 理 P.174～175

水に溶けている溶存酸素とよばれる酸素の量を，以下の方法で求めた。

溶存酸素量を求めたい水(試料水)100mLに，塩化マンガン(Ⅱ)水溶液と塩基性ヨウ化ナトリウムを適量加えると水酸化マンガン(Ⅱ)$Mn(OH)_2$の白色沈殿が生じた。この溶液をよく混合すると，沈殿した水酸化マンガン(Ⅱ)が試料水中のすべての溶存酸素と反応して，褐色沈殿のオキシ水酸化マンガン$MnO(OH)_2$に変化した。次にこの溶液に硫酸を加えて酸性にすると，(1)式で示す反応が起こり，褐色沈殿は完全に溶解し，ヨウ素が遊離した。

$$MnO(OH)_2 + 2I^- + 4H^+ \longrightarrow Mn^{2+} + I_2 + 3H_2O \quad \cdots(1)$$

最後にこの溶液を三角フラスコに移し，遊離したヨウ素をデンプンを指示薬として4.0×10^{-2}mol/Lチオ硫酸ナトリウム水溶液で滴定すると，(2)式で示す反応が起こり，必要なチオ硫酸ナトリウム水溶液は2.5mLであった。

$$2Na_2S_2O_3 + I_2 \longrightarrow 2NaI + Na_2S_4O_6 \quad \cdots(2)$$

問1　下線部について，この反応を化学反応式で書け。

問2　この試料水の1.0Lあたりに溶けている酸素O_2は何mgになるか，有効数字2桁で答えよ。なお，各試薬に含まれる溶存酸素については無視できるものとし，原子量は$O=16$とする。

(岡山県立大)

発展 72 ヨウ素滴定を用いた複合酸化物の組成式の決定

➔ 理 P.79, 160～162, 174～175

原子量は$O=16$，$Cu=64$，$Y=89$，$Ba=137$，$K=39$，$I=127$とし，数値は有効数字2桁まで求めよ。

ある種の物質を極低温まで冷却すると電気抵抗がゼロになる現象を［ A ］という。この状態でコイルに大電流を流すと強力な［ B ］を発生させることができ，これを利用したリニアモーターカーの開発が進められている。特にY(イットリウム)を含む金属酸化物$YBa_2Cu_3O_y$では，物質の冷却に安価な液体窒素を利用できるため，実用化への期待が高い。$YBa_2Cu_3O_y$の特性はその結晶中の含有酸素量(y)に大きく依存する。一般にCuイオンの酸化数は+1または+2であるが，含有酸素量の変化に伴う$YBa_2Cu_3O_y$結晶の電気的中性を保つために，+3になることもある。例えば，(a)$y=6.5$のときCuイオンの酸化数は+2であるが，yの値が6.5より大きくなると，Cu^{2+}とCu^{3+}の2種類のイオンが共存して電気的中性を保っている。そこで，ここでは2種類のイオンの存在割合に応じた酸化数の平均値を平均酸化数とよぶことにする。なお，Cu以外の元素の酸化数は変化しないことがわかっている。

いま，$YBa_2Cu_3O_y$の含有酸素量は6.5より多く，Cuの平均酸化数が+2.0以上である状態を考える。この物質をI^-イオン存在下で塩酸に溶解させると，Cuイオンの［ C ］に伴いI^-は［ D ］されI_2となる。ただし，I^-が過剰に存在する場合，すべてのCuイオンはCu^+まで［ C ］されCuIとして沈殿する。ここではI^-が過剰に存在するとして，これらの反応をイオン反応式で表すと，

反応1　$2Cu^{2+}$ ＋ [1] ⟶ $2CuI$ ＋ [2]
反応2　Cu^{3+} ＋ [3] ⟶ CuI ＋ [4]

となる。したがって，発生するI_2の物質量を決定すれば，$YBa_2Cu_3O_y$結晶中のCuの平均酸化数および含有酸素量を計算することができる。そこで，I_2の物質量を決定するために，以下の実験を行った。

実験　コニカルビーカー中に細かく粉砕した$YBa_2Cu_3O_y$を3.7×10^{-2}g，KIを1.0g入れ，5.0mol/Lの塩酸10.0mLを少しずつ加えながら完全に溶解させた後，蒸留水を加えて20.0mLの溶液を調製した。この溶液に1.0×10^{-2}mol/Lの$Na_2S_2O_3$水溶液をビュレットを用いて滴下していったところ，20.0mL滴下したところで(b)反応は完結した。なお，実験には空気による影響はないものとする。

ここで，$YBa_2Cu_3O_y$に含まれるCuイオンに注目する。1molの$YBa_2Cu_3O_y$に含まれるCu^{2+}とCu^{3+}の物質量をそれぞれa〔mol〕，b〔mol〕，Cuの平均酸化数をxとすると，

[ア] $= 3$　…(1)
[イ] $= x$　…(2)

となる。また，下線部(a)より求められるYの酸化数は[ウ]であるので，$YBa_2Cu_3O_y$結晶中の電気的中性条件をxとyを使って表すと，

[エ] $= 0$　…(3)

となる。さらに，$YBa_2Cu_3O_y$の式量はyを使って[オ]と表されるので，式(1)～(3)と実験結果から $x =$ [カ] と $y =$ [キ] と計算することができる。

問1　[A]～[D]にあてはまる適当な語句を記せ。
問2　[1]～[4]にあてはまる適当な数字や化学式を記せ。
問3　下線部(b)の反応を化学反応式で記せ。
問4　[ア]～[キ]にあてはまる適当な数式や数値を記せ。　（浜松医科大）

第1編 理論化学　第2編 無機化学　第3編 有機化学

第4章 化学反応とエネルギー

08 化学反応とエンタルピー変化・化学反応と光エネルギー・エントロピーとギブスエネルギー

→Do 理 P.178～210
⇒解答・解説P.38

73 反応エンタルピー

→ 理 P.186～189

物質のもつエネルギーはエンタルピー(H)という量を用いて表される。化学反応に伴う熱の出入りをエンタルピーの変化量ΔHで表したものを反応エンタルピーという。例えば，溶質1molを多量の溶媒に溶かしたときのエンタルピーの変化量である［ア］や，酸と塩基が中和して［イ］が1mol生成するときのエンタルピーの変化量である中和エンタルピーがある。その他に，化合物1molがその成分元素の最安定の単体から生成するときのエンタルピーの変化量である生成エンタルピーや，［ウ］である燃焼エンタルピーも反応エンタルピーの例である。

問1　文中の［ア］および［イ］に入る適切な語句をそれぞれ答えよ。ただし，ここでの酸と塩基はアレニウスの定義に従うものとする。

問2　下線部の生成エンタルピーの説明にならって，文中の［ウ］に入る燃焼エンタルピーの説明を簡潔に答えよ。

問3　下線部について，次の(1)～(3)をエンタルピー変化ΔHを付した化学反応式で表せ。ただし，温度25℃，圧力1.013×10^5Paのもとでの反応とし，原子量はC＝12とする。

(1)　プロパンが完全燃焼する反応。ただし，燃焼エンタルピーを－2219kJ/molとし，また生成した水は液体とする。

(2)　窒素と酸素から一酸化窒素が生成する反応。ただし，一酸化窒素の生成エンタルピーを90.3kJ/molとする。

(3)　黒鉛(グラファイト)が完全燃焼する反応。ただし，黒鉛24gが完全燃焼すると788kJの熱が発生する。

(静岡大・改)

74 ヘスの法則

→ 理 P.192～195

ヘスの法則(総熱量保存の法則)とは何か，説明せよ。

(聖マリアンナ医科大)

75 ヘスの法則の応用(1)

→ 理 P.186～195

問1　水酸化ナトリウム4.0gを，ビーカーに入れた25℃の水100gに加えて溶解させたところ，水溶液の温度は次ページの図のように変化した。この実験から求められる水酸化ナトリウムの溶解エンタルピー〔kJ/mol〕はいくらか。ただし，水酸化ナトリウムの式量を40，水溶液の比熱を4.2J/(g・K)とする。

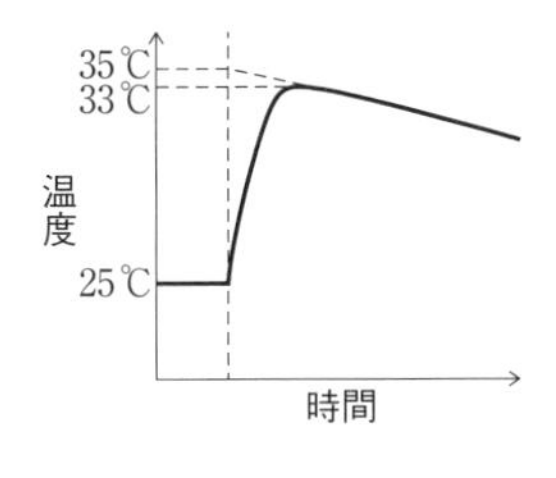

①−0.34　②−0.35　③−0.42　④−0.44
⑤−0.52　⑥−34　⑦−35　⑧−42
⑨−44　⑩−52

問2　断熱性の容器中で，0.50mol/L水酸化ナトリウム水溶液100mLと0.50mol/L塩酸100mLを混合したところ，中和による発熱でT_1〔K〕上昇した。この実験から求められる中和エンタルピー〔kJ/mol〕はいくらか。ただし，混合前の水溶液の密度はいずれも1.0g/mLとし，混合後の水溶液の比熱は4.2J/(g・K)とする。

①$-0.84T_1$　②$-1.7T_1$　③$-3.4T_1$　④$-8.4T_1$　⑤$-17T_1$　⑥$-34T_1$

（北里大・改）

76 ヘスの法則の応用(2)

➜ 理 P.186～195

水(液)，二酸化炭素(気)およびエチレン(気)の生成エンタルピーが，それぞれ−286，−394および52kJ/molのとき，エチレン(気)の燃焼エンタルピーは，何kJ/molか整数で求めよ。

（福井大・改）

77 ヘスの法則の応用(3)

➜ 理 P.186～195

メタンは空気中で点火すると燃焼して多量の熱を発生する。下に示した結合エネルギーのうち必要な値を用いて，メタン100gが完全燃焼したときの発熱量を有効数字3桁で計算せよ。なお，反応に関係する物質はすべて気体状態にあるとする。ただし，CH_4の分子量＝16.0，結合エネルギー〔kJ/mol〕：H−H；436，H−O；463，C−H；413，O−O；139，O=O；490，C−O；352，C=O；804，C−C；348，C=C；607とする。

（慶應義塾大(医)）

78 ヘスの法則の応用(4)

➜ 理 P.186～195

共有結合を切断してばらばらの原子にするのに必要なエネルギーを，その共有結合の結合エネルギーという。結合エネルギーは，結合1molあたりのエンタルピー変化で示される。ケイ素の結晶におけるSi−Si結合の結合エネルギーは225kJ/mol，酸素分子の結合エネルギーは490kJ/mol，二酸化ケイ素(結晶)の生成エンタルピーは−860kJ/molである。二酸化ケイ素のSi−O結合の結合エネルギーE〔kJ/mol〕を求めるためのエンタルピー変化の図を示せ。また，その結合エネルギーの値を有効数字3桁で求めよ。

（大阪府立大・改）

発展 79 ヘスの法則の応用(5)

→ 理 P.196〜197

塩化ナトリウムの結晶において，結晶を構成するNa^+とCl^-を完全に切り離してばらばらにするのに必要なエネルギーを，塩化ナトリウムの格子エネルギー(あるいは格子エンタルピー)という。

次のエンタルピー変化を付した反応式のうち必要なものを用いて，塩化ナトリウムの格子エネルギー〔kJ/mol〕を求めよ。ただし，塩化ナトリウムの水に対する溶解エンタルピーを4kJ/molとする。

$Na(固) + \frac{1}{2}Cl_2(気) \longrightarrow NaCl(固)\quad \Delta H_1 = -412kJ$ …(1)

ΔH_1：NaCl(固)の生成エンタルピー

$Na(固) \longrightarrow Na(気)\quad \Delta H_2 = 109kJ$ …(2) ΔH_2：Na(固)の昇華エンタルピー

$Cl_2(気) \longrightarrow 2Cl(気)\quad \Delta H_3 = 244kJ$ …(3) ΔH_3：Cl−Cl(気)の結合エネルギー

$Na(気) \longrightarrow Na^+(気) + e^-\quad \Delta H_4 = 498kJ$ …(4)

ΔH_4：Na(気)の第一イオン化エネルギー

$Na^+(気) + aq \longrightarrow Na^+aq\quad \Delta H_5 = -405kJ$ …(5) ΔH_5：Na^+(気)の水和エンタルピー

$Cl^-(気) + aq \longrightarrow Cl^-aq\quad \Delta H_6 = -374kJ$ …(6) ΔH_6：Cl^-(気)の水和エンタルピー

(式中のaqは，多量の水を意味する。)

(東京大・改)

発展 80 尿素の溶解エンタルピーの測定実験

→ 理 P.191

発泡ポリスチレン製の容器に水46.0gを入れ，よくかき混ぜながら尿素(分子量60) 4.0gを加えてすべて溶解させた。このとき，液温の変化を調べたところ，図1のような結果が得られた。①点Aで尿素が溶解を開始し，点Bですべての尿素が溶解した。この間，液温は低下した。②点Bから点Cの間では，液温は時間に対して一定の割合で上昇した。容器周囲の温度は20.0℃，点A，B，C，D，Eの温度はそれぞれ，20.0℃，15.8℃，16.4℃，15.2℃，15.5℃であった。

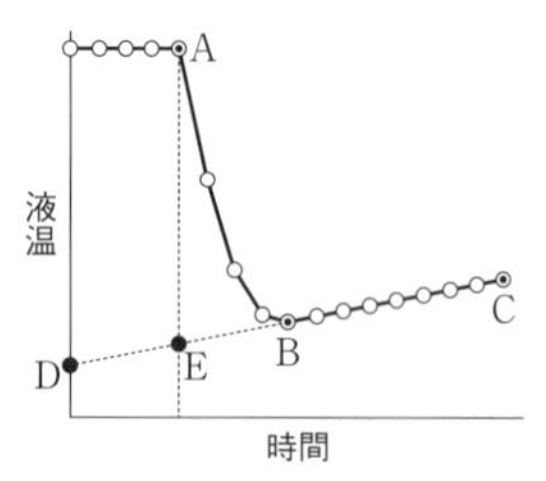

図1 尿素の水への溶解における液温の変化

問1　下線部①，②に関して，図1中の点Aから点Bの間，および点Bから点Cの間でそれぞれ起こっていることとして，適切な記述を次の㋐～㋔からすべて選び，記号で答えよ。同じ記号をくり返し選んでもよい。

㋐　液の周囲への熱の放出

㋑　液の周囲からの熱の吸収

㋒　尿素の水への溶解による発熱

㋓　尿素の水への溶解による吸熱

㋔　中和による発熱

問2　この実験結果から尿素の水への溶解エンタルピーを求めると何kJ/molとなるか。有効数字2桁で答えよ。ただし，液の比熱を4.20J/(g・K)とする。

（岡山大・改）

発展 81 ルミノール反応

➔ 理 P.199～201

ルミノールという分子は，塩基性条件下，鉄などの金属を触媒として，過酸化水素と酸化還元反応をする。ルミノール反応(検査)とよばれているこの反応で観察される特徴的な現象を答えよ。また，その現象と化学エネルギーとの関係を説明せよ。

（埼玉大）

発展 82 光触媒

➔ 理 P.202

酸化チタン(Ⅳ)は安定であり，それ自体は分解せずに光触媒として作用することが知られている。例えば，図1に示すように，希硫酸に浸した酸化チタン(Ⅳ)電極Aと白金電極Bを抵抗で接続し，酸化チタン(Ⅳ)表面に紫外光(紫外線)を照射すると電流が流れる。そのとき，酸化チタン(Ⅳ)電極Aでは酸素が，白金電極Bでは水素が発生する(本多・藤嶋効果)。

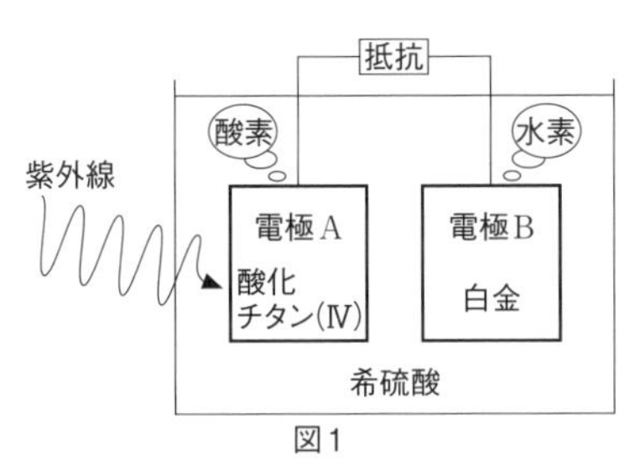

図1

問1　下線部について，電極Aおよび電極Bでは酸素および水素のみがそれぞれ発生した。このときの電極Aおよび電極Bでの反応を，電子e^-を含むイオン反応式で書け。

問2　図1の回路の電極Aに紫外光を3時間13分照射すると，電極Bから水素が発生した。発生した水素の量は0℃，1.013×10^5Paの標準状態での体積に換算すると2.00mLであった。このとき回路に流れた電流〔mA〕を有効数字2桁で求めよ。ファラデー定数を9.65×10^4C/mol，0℃，1.013×10^5Paの標準状態の気体のモル体積を22.4L/molとする。ただし，紫外光照射開始と同時に電流が流れ，照射中の電流は一定であり，照射終了と同時に電流は流れなくなったものとする。 (東北大)

83 光合成とエネルギー

➡ 理 P.202

光合成に関する次の問いに答えよ。原子量はH＝1.0，C＝12，O＝16とする。

問1 植物が光合成によって二酸化炭素と水からグルコースと酸素を生成する反応のエンタルピー変化を付した反応式を書くと，次式のようになる。この反応の反応エンタルピーx〔kJ/mol〕を整数値で求めよ。ただし，炭素（黒鉛）の燃焼エンタルピーを－394kJ/mol，水素の燃焼エンタルピーを－286kJ/mol，固体のグルコース（$C_6H_{12}O_6$）の生成エンタルピーを－1273kJ/molとする。また，水素の燃焼で生じる水は液体であるとする。

$$6CO_2(気) + 6H_2O(液) \longrightarrow C_6H_{12}O_6(固) + 6O_2(気) \quad \Delta H = x\text{〔kJ〕}$$

発展 問2 ある場所では，1年間に照射される太陽光のエネルギーは面積1m^{2}あたり5.0×10^6kJである。また，この場所で，ある植物が1年間に1m^{2}あたり1.8kgのグルコースを生成する。この場合に，太陽光のエネルギーがグルコースの生成に利用される効率を問1で求めたxの値を用いて概算し，次の㋐～㋔から最も近いものを1つ選べ。

㋐ 0.3%　㋑ 0.6%　㋒ 1.0%　㋓ 3.0%　㋔ 6.0% (東北大・改)

発展 84 エントロピー，ギブスエネルギー

➡ 理 P.204～210

［ア］反応のように，生成物のエネルギーのほうが反応物のエネルギーよりも低い場合，ボールが坂道を転がり下りて，低い安定な位置に達するのと同様，反応が進行しやすいことは理解しやすい。しかしながら，［イ］反応のように，反応物よりも生成物のエネルギーのほうが大きい場合でも，反応が進行する場合がある。これは，反応物と生成物のエネルギーの総量だけで反応の進行が決定されている訳ではないことを表している。

化学反応を支配している要因としては，このような熱的なエネルギーの他に，状態の乱雑さが大きく関与していることが明らかになっている。科学の用語では，エントロピーという言葉を使うが，近年では，混沌とした状態や混乱した状態というような社会状態などを表す言葉としても使われ，新聞紙面にも現れる。エントロピーは，19世紀初頭のフランスの科学者サディ・カルノーに因んでSの記号で表される。また，先の反応物と生成物のエネルギーHは，エンタルピーとよばれる。このHは熱を表すことからHeatが由来であるなど諸説がある。さらに，19世紀末にアメリカの科学者ギブスが定温・定圧条件での化学反応から取り出し得るエネルギー量や反応の進行に関する研究を行い，定温・定圧条件で化学反応が進行するかどうかは，この2つの量の兼ね合いで決まることを明らかにし，ギブスエネルギーGという量が導入された。

定温・定圧下において反応物から生成物への状態変化を考える時，先にΔHに加えてエントロピーの変化量ΔS，温度Tを用いてギブスエネルギー変化量ΔGを表すと

$$\Delta G = \Delta H - T\Delta S \quad (1)$$

となり，このΔGが負となる場合，すなわちギブスエネルギーが減少する場合，反応が進行する。したがって，ΔGの符号を考えればその反応が進行するかどうかを検討することができる。

例えば，室温では正反応が進行するアンモニアの合成反応は

$$\frac{1}{2}N_2(g) + \frac{3}{2}H_2(g) \longrightarrow NH_3(g) \quad \Delta H = -46.1\text{kJ} \qquad (2)$$

と表される。この反応のΔSは，-99.4J/Kであり，温度を上昇させると反応を逆転させることができる。すなわち，式(1)を用いると［A］℃以上でアンモニアの解離が進行すると計算できる。

問1　［ア］と［イ］に入る適切な語句を「発熱」または「吸熱」のどちらかを選んで書け。

問2　次のエンタルピー変化を付した化学反応式のエネルギー図の概形を，図の(あ)～(え)の中から選んで書け。

$$NH_4Cl(固) + aq \longrightarrow NH_4^+aq + Cl^-aq \quad \Delta H = 15.9\text{kJ}$$

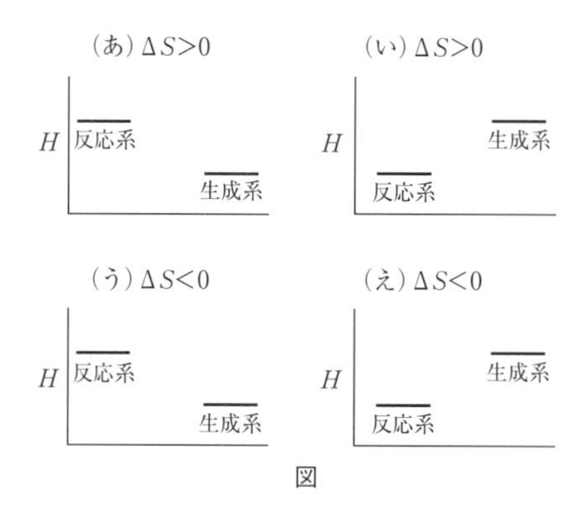

図

問3　［A］の温度(℃)を計算せよ。ΔHやΔSの値は変化しないものとして有効数字2桁で答えよ。

(関西学院大・改)

09 電池・電気分解

⇒解答・解説P.44

85 電池の原理とダニエル型電池

→ 理 P.211~219

〔Ⅰ〕 試験管にとった硝酸銀水溶液に銅板を浸し，しばらく放置すると銀が銅板に析出するとともに，溶液の色は[ア]から[イ]になる。このことから，水溶液中では，銅のほうが銀より陽イオンになりやすく，[ウ]されやすいことがわかる。

金属元素の単体が，水または水溶液中で陽イオンとなる性質の強さを，その金属の[エ]という。金属の単体が陽イオンになるとき，[オ]を他の物質に与えるので[エ]の大きい金属ほど，[ウ]されやすい。

2種類の金属を電解質水溶液に浸して導線でつなぐと，[エ]の大きなほうの金属が[カ]極となり，[エ]の小さなほうの金属が[キ]極となって，電流が流れる。

文中の[　]に適切な語句を入れよ。 (京都大)

〔Ⅱ〕 酸化還元反応を利用する電池は，反応の化学エネルギーを電気エネルギーとして取り出す装置である。電池では還元反応が起こる電極を[ア]極，酸化反応が起こる電極を[イ]極という。

問1 [ア]，[イ]のそれぞれに当てはまる最も適切な語句を記せ。

問2 次の(あ)～(え)の中から正しい記述を一つ選び，記号で記せ。

(あ) 充電できる電池は，一次電池とよばれる。

(い) ダニエル電池の亜鉛板を鉄板に置き換えると，起電力が大きくなる。

(う) アルミニウム板と銀板を電解液に浸して電池をつくると，銀がイオンになって電子を放出する。

(え) ダニエル電池の硫酸銅(Ⅱ)水溶液の濃度を高くすると，電池から取り出せる総電気量が増える。 (広島大)

〔Ⅲ〕 ダニエル電池では，“細孔を有する素焼き板製の隔壁”によって2種類の液が隔てられている。“素焼き板製の隔壁”の役割について説明せよ。 (山梨大)

86 二次電池

→ 理 P.220, 224, 225

二次電池はどれか。

A：(−)Cd | KOHaq | NiO(OH)(+)

B：(−)Pb | H_2SO_4aq | PbO_2(+)

C：(−)Zn | KOHaq | MnO_2(+)

D：(−)Zn | $ZnCl_2$aq，NH_4Claq | MnO_2・C(+)

E：(−)Li | $LiClO_4$＋有機溶媒 | MnO_2(+)

㋐ AとB ㋑ AとE ㋒ BとC ㋓ CとD ㋔ DとE (自治医科大)

87 鉛蓄電池(1)

➔ 理 P.220～221

次の文章を読み，[　]に入る最も適当な語句または＋，－の記号を答えよ。

鉛蓄電池は，自動車のバッテリーに用いられる代表的な二次電池であり，負極活物質に鉛，正極活物質に酸化鉛(Ⅳ)，電解液に希硫酸を用いる。放電時，負極では鉛の[ア]反応が，正極では酸化鉛(Ⅳ)の[イ]反応が起こり，両極の表面に硫酸鉛(Ⅱ)が生じ，電解液の硫酸濃度は低くなっていく。したがって，長時間放電すると，起電力は次第に低下する。そこで起電力を回復するために，外部の直流電源の[ウ]端子を鉛蓄電池の正極に，外部の直流電源の[エ]端子を鉛蓄電池の負極につなぎ，鉛蓄電池の両電極でそれぞれ放電時とは逆向きの反応を起こすことで，鉛蓄電池が充電される。

(京都薬科大)

88 鉛蓄電池(2)

➔ 理 P.220～221

濃度4.00mol/L，密度1.24g/mLの硫酸500mLを用いた鉛蓄電池がある。この鉛蓄電池を4.825×10^4C放電したとき，硫酸の濃度は何％になるか求めよ。ただし，小数点以下第2位を四捨五入して小数点以下第1位まで求めよ。原子量は，H = 1.0，O = 16，S = 32とし，ファラデー定数は9.65×10^4C/molとする。

(岩手医科大)

89 マンガン乾電池

➔ 理 P.222

マンガン乾電池では次の式に示す反応により起電力が得られる。

正極　$MnO_2 + wH_2O + xe^- \longrightarrow MnO(OH) + yOH^-$

負極　$Zn \longrightarrow Zn^{2+} + ze^-$

一方，電解液に水酸化カリウム水溶液を用いるアルカリマンガン乾電池では，負極で生じる物質が[ア]となって溶解するため，負極の電気抵抗を小さく保つことができる。

負極の[イ]は水酸化カリウム水溶液と反応し，自発的に[ア]と[ウ]を生じる。この副反応を防ぐため，アルカリマンガン乾電池では添加剤を加えるという工夫が施されている。

問1　正極および負極の半反応式が適切となるように，文中のw，x，yおよびzにあてはまる数を答えよ。

問2　文中の[ア]～[ウ]に適するものを，次の①～⑩からそれぞれ1つ選び番号で答えよ。

① Zn　② ZnO　③ $ZnCl_2$　④ $[Zn(OH)_4]^{2-}$　⑤ $[Zn(NH_3)_4]^{2+}$　⑥ O_2
⑦ H^+　⑧ MnO_2　⑨ KCl　⑩ H_2

(九州大・改)

発展 90 リチウムイオン電池

→ 理 P.224, 225

リチウムイオン電池では，主に正極活物質にコバルト酸リチウム($LiCoO_2$)などの金属酸化物，負極活物質にリチウムを含む炭素が用いられている。

標準的なリチウムイオン電池の負極では，充電時に黒鉛(C)にリチウムイオンが入り，充電率100％(満充電)でLiC_6になる。また，正極では充電により$LiCoO_2$からリチウムイオンが抜け出す。満充電になるまでに正極の約半分のリチウムが出て負極に移動するが，残りの約半分は満充電でも正極に残った状態になる。正極から負極に移動するリチウムと正極内に残るリチウムが等量であるとした場合，この電池の負極と正極の反応について，それぞれ反応式で示すと次のようになる。

負極　$6C(黒鉛) + Li^+ + e^- \underset{放電}{\overset{充電}{\rightleftarrows}} LiC_6$

正極　$LiCoO_2 \underset{放電}{\overset{充電}{\rightleftarrows}} Li_{0.5}CoO_2 + 0.5Li^+ + 0.5e^-$

上式では，それぞれ左辺が充電率0％，右辺が充電率100％(満充電)の状態に対応している。以上の前提に基づいて，次の問いに答えよ。ただし，ここでは原子量には Li＝7.00，C＝12.0，O＝16.0，Co＝59.0を用いよ。

問1　リチウムイオン電池を使用していたところ，充電率が50％まで減少したため，満充電になるまで充電した。この電池の充電率50％から満充電までの充電について，負極の反応式を記せ。ただし，充電率50％における負極の組成式はLiC_{12}($Li_{0.5}C_6$と表記してもよい)であり，満充電のときの組成式はLiC_6であるとする。

問2　問1で用いた電池において，負極の炭素(黒鉛)の質量が1.44gであった場合，充電率50％から満充電までの充電操作により電池に充電された電気量は何クーロン〔C〕か。整数で答えよ。ただし，ファラデー定数を9.65×10^4C/molとする。

問3　一般的に，リチウムイオン電池は正極と負極の充電容量(蓄えることができる電気量)が正確に一致するように，それぞれの電極活物質の質量を決めてつくられている。負極として黒鉛1.44gを用いた場合，正極活物質として$LiCoO_2$を何g用いれば正極と負極の充電容量が等しくなるか。有効数字3桁で記せ。

(岡山大)

91 燃料電池

→ 理 P.223

図1は太陽電池を電源とする電解槽と，そこから発生する気体を燃料として利用しようとする水素-酸素燃料電池からなる装置を模式的に示したものである。

水素-酸素燃料電池は，水素と酸素の酸化還元反応を電極上で行うことで電気エネルギーを直接とり出すことができる電池である。図1の水素-酸素燃料電池には，電解質としてリン酸水溶液と，白金触媒を付けた多孔質のニッケル電極E，Fが入っている。

電解槽には電解液として希硫酸500mLが入っており，電極として2枚の白金板C，Dが電解液中に挿入され，それぞれ太陽電池のA，B極に接続されている。

いま，図1の装置を用いて，電解槽から生成した気体を燃料電池に送り込み発電する実験を行った。ある時間，太陽電池に光を照射したら，その間一定の電流が流れ，電解槽で電気分解が行われた。電極C，Dから，ともに気体が発生し，発生した気体はすべて燃料電池の電極E，F側にそれぞれ送られた。燃料電池の発電とともに電極Fでは水の生成が観察された。

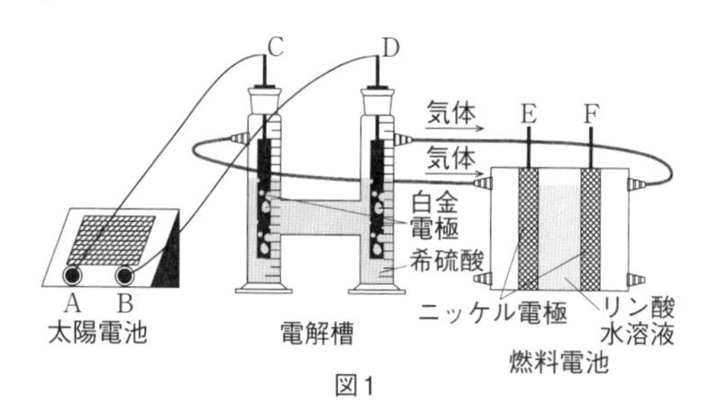

図1

次の問いでは，最も適当なものをⓐ～ⓓからそれぞれ1つ選べ。

問1 負極はどの電極か。

ⓐ A極　ⓑ B極　ⓒ C極　ⓓ D極

問2 陰極はどの電極か。

ⓐ A極　ⓑ B極　ⓒ C極　ⓓ D極

問3 誤っている記述はどれか。

ⓐ 電解槽の電解液を希硫酸にして，C，D極を銅にすると，燃料電池は発電しない。

ⓑ 電解槽の電解液を硫酸銅(Ⅱ)水溶液にして，C，D極を白金にすると，燃料電池は発電しない。

ⓒ 電解槽の電解液を希硫酸にして，C極を金，D極を炭素棒にすると，燃料電池は発電しない。

ⓓ 電解槽の電解液を硝酸銀水溶液にして，C，D極を炭素棒にすると，燃料電池は発電しない。

（上智大）

発展 92 レドックス・フロー電池

➔ 理 P.221～226

近年，バナジウムの新たな用途として注目されている分野に二次電池がある。この電池は次ページの図1のように価数の異なるバナジウムイオンを含む水溶液を正極，負極でそれぞれ循環させて充放電しており，バナジウムの還元(reduction)と酸化(oxidation)反応を用いることからレドックス(redox)フロー電池とよばれる。正極，負極の反応はそれぞれ式(1)，式(2)で示される。

正極：$VO^{2+} + H_2O \rightleftarrows VO_2^{+} + 2H^{+} + e^{-}$ …式(1)

負極：$V^{3+} + e^{-} \rightleftarrows V^{2+}$ …式(2)

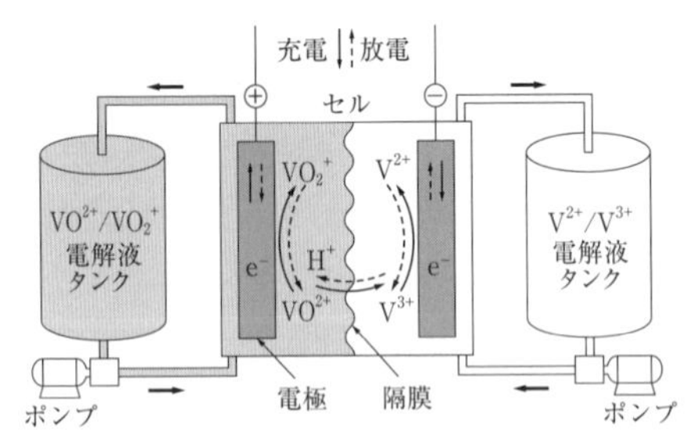

図1　レドックスフロー電池の原理・構成

問1　式(1)においてVO^{2+}，$VO_2{}^+$イオンにおけるバナジウムの酸化数はそれぞれいくらか。

問2　正極に1.0mol/Lの濃度の$VO_2{}^+$水溶液を100L，負極に1.0mol/Lの濃度のV^{2+}水溶液を100L用いた場合，式(1)および(2)の反応が完全に終了するものとして最大何クーロンの電気量を取り出せるか。有効数字2桁で求めよ。なお，ファラデー定数は9.65×10^4C/molとする。(東京医科歯科大)

発展 93 標準電極電位

➔ 理 P.214〜216

必要ならば，次の値を用いよ。ファラデー定数$F = 9.65 \times 10^4$C/mol，$\log_{10}2 = 0.30$，$\log_{10}3 = 0.48$，$\log_{10}5 = 0.70$，$\log_{10}7 = 0.85$

金属をその金属イオンを含む溶液に浸すと，金属と水溶液の間に電位差が生じる。この電位差は金属のイオンへのなりやすさの指標になるが，これを独立に測定することはできない。そこで，ある特定の電極を決めてその電位を0Vとすれば，この電極を用いて他の電極の相対的な電位を定めることができる。

25℃で水素イオン濃度が1mol/Lの水溶液に白金板を浸し，1atm$(1.013 \times 10^5$Pa)のH_2を吹き込んだ電極(標準水素電極とよばれ，以下SHEと略す)は，基準電極として用いられる。この条件下で進行するH^+の還元反応の電位を正確に0Vと見なす。

$$2H^+ + 2e^- \longrightarrow H_2 \qquad E^0 = 0\,V$$

上付き記号の「^{0}」は，標準状態の条件(溶液の場合は溶質が1mol/L，気体の場合は25℃，圧力が1atm)を表しており，E^0は標準電極電位とよぶ。SHEを用いると他の電極の標準電極電位を測定することができる。Znの標準電極電位の測定を考えてみよう。

まず，Znを1mol/LのZn^{2+}の溶液に浸し，これとSHEを用いて右の図のような電池(ガルバニ電池)を作製する。

この電池の場合，Zn電極の質量が減少することから，Zn電極が負極であることが予想できる$(Zn \longrightarrow Zn^{2+} + 2e^-)$。この

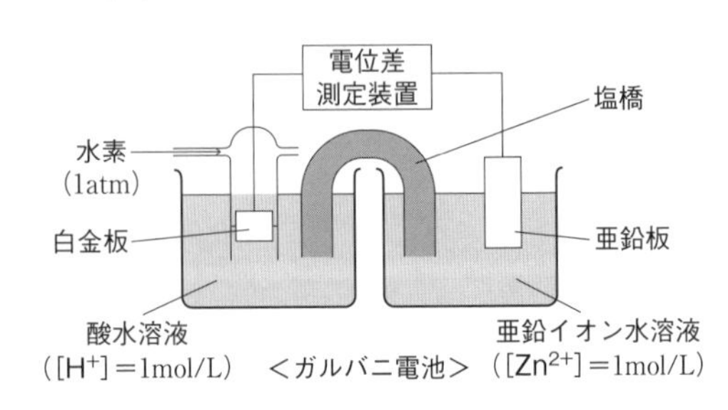

<ガルバニ電池>

電池の起電力を電圧計で測定すると0.76Vとなる。この起電力は標準起電力E^0_{cell}と呼ばれ，慣例的に次のように定義されている。

$$E^0_{cell} = E^0_{正極} - E^0_{負極}$$

$E^0_{正極}$および$E^0_{負極}$はそれぞれ正極，負極の標準電極電位である。よって，Zn−SHE電池に対しては

$$E^0_{cell} = E^0_{H^+/H_2} - E^0_{Zn^{2+}/Zn}$$

$$0.76 = 0 - E^0_{Zn^{2+}/Zn} \qquad よって，E^0_{Zn^{2+}/Zn} = -0.76\ V$$

となる。ここで，下付き記号の「H^+/H_2」は $2H^+ + 2e^- \longrightarrow H_2$ を，「Zn^{2+}/Zn」は $Zn^{2+} + 2e^- \longrightarrow Zn$ を意味する。同様に，Cuの標準電極電位の測定では，Cuを1mol/LのCu^{2+}の溶液に浸し，これとSHEを用いてCu−SHE電池を作製する。この電池の場合，Cu電極の質量が増加することから，Cu電極が正極であることが予想でき($Cu^{2+} + 2e^- \longrightarrow Cu$)，起電力を測定すると0.34Vとなる。したがって，Cuの標準電極電位は

$$E^0_{cell} = E^0_{Cu^{2+}/Cu} - E^0_{H^+/H_2}$$

$$0.34 = E^0_{Cu^{2+}/Cu} - 0 \qquad よって，E^0_{Cu^{2+}/Cu} = 0.34\ V$$

となる。

以上のデータを用いると，ダニエル電池 Zn | Zn^{2+}(1mol/L) | Cu^{2+}(1mol/L) | Cu の標準起電力E^0_{cell}が1.10Vと求められる。

右の表は，25℃におけるさまざまな物質の標準電極電位である。イオン化列はこの表に基づいてつくられている。表において，半電池反応式がSHEより上方に記された電極ほど，その標準電極電位は絶対値の大きな負の値となり，右向きの反応が［ア］ことを表している。よって，SHEより上にある半電池反応式の右辺の物質は，上にいくほど［イ］として強いことになる。一方，半電池反応式がSHEより下方に記された電極ほど，大きな正の標準電極電位をもち，右向きの反応が［ウ］ことを表している。よって，SHEより下にある半電池反応式の左辺の物質は，下にいくほど［エ］として強いことになる。なお，左向きの反応のE^0は，絶対値は等しいが符号が逆になる。しかし，半電池反応式を整数倍してもE^0の値は変わらない。このことは，E^0は電極の大きさや存在する溶液の量に依存しないことを意味している。

半電池反応式	E^0〔V〕
$Li^+ + e^- \longrightarrow Li$	−3.05
$K^+ + e^- \longrightarrow K$	−2.93
$Zn^{2+} + 2e^- \longrightarrow Zn$	−0.76
$Cr^{3+} + 3e^- \longrightarrow Cr$	−0.74
$Fe^{2+} + 2e^- \longrightarrow Fe$	−0.44
$Cd^{2+} + 2e^- \longrightarrow Cd$	−0.40
$Co^{2+} + 2e^- \longrightarrow Co$	−0.28
$Pb^{2+} + 2e^- \longrightarrow Pb$	−0.13
$2H^+ + 2e^- \longrightarrow H_2$	0.00
$Cu^{2+} + 2e^- \longrightarrow Cu$	+0.34
$Ag^+ + e^- \longrightarrow Ag$	+0.80

〈25℃における主な標準電極電位〉

以上は標準状態(25℃，1atm)における反応であるが，標準状態でない条件下における電池の起電力Eについては，次のNernstの式が知られている。

$$E = E^0 - \frac{RT}{nF}\log_e Q$$

Rは気体定数，Tは絶対温度，nはやりとりされる電子の物質量，Fはファラデー定数である。これを25℃(298K)における式にすると，

$$E = E^{0}_{\mathrm{cell}} - \frac{0.0257}{n}\log_e Q$$

となる。また，常用対数に変換すると，

$$E = E^{0}_{\mathrm{cell}} - \frac{0.0592}{n}\log_{10} Q$$

となる。Qは反応商とよばれ，濃度と分圧が必ずしも平衡における値ではないということを除いて，平衡定数の式と同じ形式になる。例えば，ダニエル電池ならば，全体の反応式が

$$Zn + Cu^{2+} \longrightarrow Zn^{2+} + Cu$$

であるので，

$$Q = \frac{[Zn^{2+}]}{[Cu^{2+}]}$$

となる。

問1　文中の ア ～ エ に入る語句の組み合わせとして最も適切なものを，次の①～⑧のうちから一つ選べ。

	ア	イ	ウ	エ
①	起きやすい	酸化剤	起きやすい	還元剤
②	起きやすい	還元剤	起きやすい	酸化剤
③	起きにくい	酸化剤	起きにくい	還元剤
④	起きにくい	還元剤	起きにくい	酸化剤
⑤	起きやすい	酸化剤	起きにくい	還元剤
⑥	起きやすい	還元剤	起きにくい	酸化剤
⑦	起きにくい	酸化剤	起きやすい	還元剤
⑧	起きにくい	還元剤	起きやすい	酸化剤

問2　1.0mol/Lの$Cd(NO_3)_2$溶液中のCd電極と，1.0mol/Lの$Cr(NO_3)_3$溶液中のCr電極からなるガルバニ電池がある。25℃におけるこの電池の標準起電力の数値として最も適切なものを，次の①～⑨のうちから一つ選べ。

①　−1.42V　②　−0.34V　③　−0.28V　④　0.28V　⑤　0.34V

⑥　1.14V　⑦　1.42V　⑧　2.68V　⑨　3.02V

問3　濃淡電池では，濃度が大きいほうが正極，小さいほうが負極として働く。生物の細胞を濃淡電池とみることにより，その膜電位を計算することができる。膜電位は筋肉細胞や神経細胞などのさまざまな種類の細胞において，膜を隔てて存在する電位差で，神経伝達や心臓の拍動に関係している。同じ種類のイオンの濃度が細胞の外側と内側で等しくないときには必ず膜電位が生じる。いま，25℃，1atmにおいて，ある神経細胞の内側と外側のK^+濃度がそれぞれ400mmol/L，15mmol/Lのとき，発生する膜電位の数値として最も適切なものを，次の①～⑥のうちから一つ選べ。

①　−84mV　②　−30mV　③　−29mV　④　29mV　⑤　30mV

⑥　84mV

問4　25℃において，$Co + Fe^{2+} \longrightarrow Co^{2+} + Fe$ の反応が，正反応方向に自発的

に進行するためには，$[Co^{2+}]$と$[Fe^{2+}]$の比 $x=\dfrac{[Co^{2+}]}{[Fe^{2+}]}$ が，どのような範囲である必要があるか。最も適切なものを次の①～⑧のうちから一つ選べ。

① $x>10^{-24}$　② $x<10^{-24}$　③ $x>10^{-5.4}$　④ $x<10^{-5.4}$
⑤ $x>10^{-2.7}$　⑥ $x<10^{-2.7}$　⑦ $x>10^{5.4}$　⑧ $x<10^{5.4}$

(獨協医科大)

94 電気分解(1)

→ 理 P.227～233

電気分解について誤っているのはどれか。

㋐ 通常，水溶液の電気分解では，陽極で硫酸イオンは酸化されない。
㋑ 希硫酸の電気分解では，陰極で起こる反応は，陰極が炭素棒または白金であっても変化しない。
㋒ 一般に，陽極では最も酸化されやすい物質が電子を失う。
㋓ 粗銅を精錬するために，粗銅板を陽極，純銅板を陰極として硫酸銅(Ⅱ)水溶液を電気分解する。
㋔ ナトリウムの単体は，陰極に鉄，陽極に炭素棒を用いた塩化ナトリウム水溶液の電気分解によって得られる。

(自治医科大)

95 電気分解(2)

→ 理 P.227～233

白金電極を用いて，薄い水酸化ナトリウム水溶液を電気分解した。9.65Aの電流を8分20秒流したとき，両極に生じる気体物質の総量は0℃，1.013×10^5Paの標準状態で何mLか。最も適当な数値を，次の①～⑥のうちから選べ。0℃，1.013×10^5Paの標準状態の気体のモル体積を22.4L/mol，ファラデー定数$F=9.65\times10^4$ C/molとする。

① 420　② 560　③ 840　④ 1120　⑤ 1680　⑥ 2240

(東京医科大)

96 電気分解(3)

→ 理 P.227～233

電解質の水溶液(電解液)に2つの電極を浸し，外部電源(電池)で直流の電流を流すと電極表面で電解液中の物質または電極自身が化学反応を起こす。これを電気分解という。電気分解では，電池の正極につながっている電極を[ア]極，電池の負極につながっている電極を[イ]極という。[ア]極では[ウ]反応が起こり，[イ]極では[エ]反応が起こる。

図1のように3つの電解槽Ⅰ，Ⅱ，Ⅲを接続し，それぞれに硝酸銀水溶液，塩化ナトリウム水溶液，硫酸水溶液を入れた。電解槽Ⅱの電極の間は陽イオン交換膜で仕切ってある。これに2.00Aの電流を28分10秒間流して電気分解を行ったところ，電解槽Ⅰではが2.16g析出した。ただし，電気分解は25℃で行い，流れた電流はすべて電気分解に使用されたものとする。また，発生する気体は水に溶解せず，副反応を起こさず，

理想気体としてとり扱えるものとする。必要ならば，25℃における水のイオン積 $K_w = 1.0 \times 10^{-14}$ (mol/L)^2，ファラデー定数 $= 9.65 \times 10^4$ C/mol，$\log_{10}2 = 0.30$ とせよ。

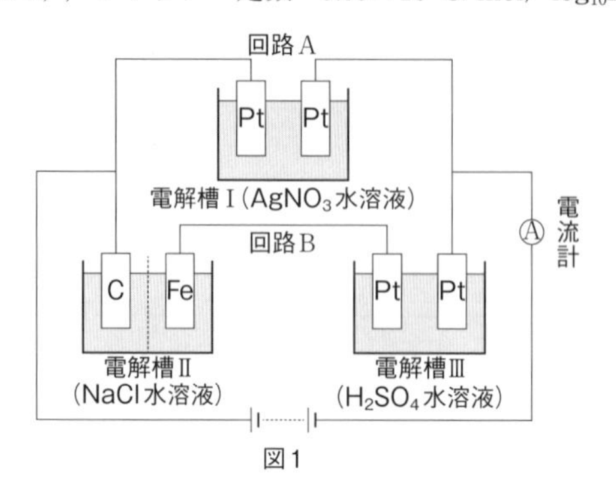

図1

問1　文中の□に適切な語句を答えよ。

問2　回路Aと回路Bに流れた電気量〔C〕はそれぞれいくらか。原子量はAg = 108とし，有効数字3桁で答えよ。

問3　電解槽Ⅰの陽極で起こる反応と電解槽Ⅱの陰極で起こる反応を，それぞれ電子 e^- を用いた式で示せ。

問4　電解槽Ⅲの陽極で発生した気体の体積〔mL〕は0℃，1.013×10^5Paの標準状態でいくらか。0℃，1.013×10^5Paの標準状態での気体のモル体積を22.4L/molとし，有効数字3桁で答えよ。

問5　電解槽Ⅱの陰極側の電解液の体積を500mLとすると，電気分解後の陰極側の電解液のpHはいくらか。小数点以下第1位まで答えよ。

(神戸薬科大)

97 電気分解(4)

➔ 理 P.227〜233

図1のように電解槽Ⅰに硫酸ニッケル(Ⅱ)水溶液を入れ，陽極にニッケル板(A)，陰極に銅板(B)を用いて電気分解を行った。

2.6Aの電流を2970秒流したところ，電解槽Ⅰからは気体の発生は認められなかった。次の問いに有効数字2桁で答えよ。めっきは均一に行われるものとする。

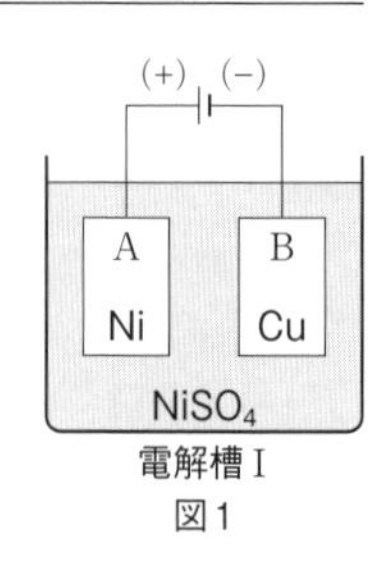

電解槽Ⅰ
図1

問　極板Bは電気分解によってニッケルめっきされる。極板Bの全体の表面積を100cm^{2}とすると，めっきされるニッケルの厚さは何cmか。ニッケルの密度は8.85g/cm^3，原子量はNi = 58.7，ファラデー定数は 9.65×10^4C/molとする。

(千葉大)

第5章 物質の状態

10 理想気体の状態方程式・混合気体・実在気体・状態変化

➡Do 理 P.238～272
➡解答・解説P.51

98 気体の圧力

➡ 理 P.238, 239

気体の圧力は，気体分子が熱運動によって物体の表面に衝突するとき，単位面積あたりにかかる力として定義される。国際単位系での圧力の単位はPa(パスカル)で，1Paは$1m^2$あたりに1N(ニュートン)の力がかかっているときの圧力に相当する($1 Pa = 1 N/m^2$)。

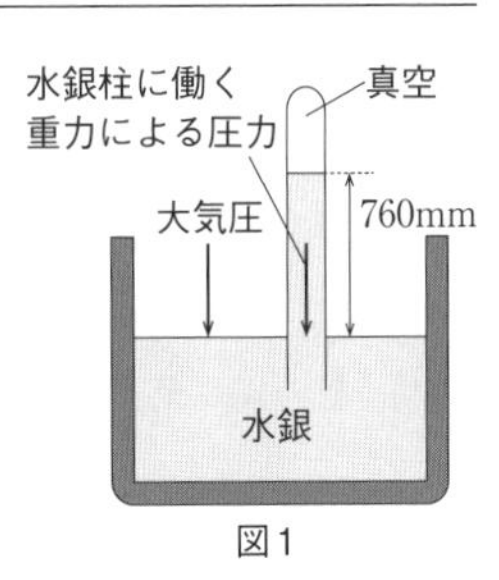

図1

大気圧下で20℃のもと，ガラス管の一端を閉じて水銀を満たし，図1に示したように水銀槽に倒立させると，ガラス管の上端が真空となって水銀槽の水銀面から測って760mmの水銀柱が管内に残り，大気圧と水銀柱に働く重力による圧力がつり合った状態となった。水銀の密度を$1.36 \times 10^4 kg/m^3$とする。また，水銀の蒸気圧は無視できるものとする。

問1　図1に示したガラス管断面の内側の面積をS〔m^2〕とするとき，760mmの水銀柱の質量M〔kg〕は，Sを用いて次のように表すことができる。

$$M = \square \times S$$

□にあてはまる数値を有効数字3桁で求めよ。

問2　1N(ニュートン)は，質量1kgの物体に$1m/s^2$の加速度を生じさせる力の大きさであり，$1 N = 1 kg \cdot m/s^2$ と表される。地上では，物体に$9.81m/s^2$の加速度(重力加速度)を生じさせる力(重力)が働いており，M〔kg〕の水銀柱に働く重力は，M〔kg〕$\times 9.81 m/s^2 = 9.81M$〔N〕と計算される。(1)，(2)に答えよ。

(1)　水銀柱に働く重力による圧力P〔Pa〕を水銀柱の質量M〔kg〕とガラス管断面の内側の面積S〔m^2〕を用いて表した式はどれか。次のⓐ～ⓕから選べ。

ⓐ $\dfrac{S}{9.81M}$　ⓑ $\dfrac{9.81M}{S}$　ⓒ $\dfrac{S^2}{9.81M}$

ⓓ $\dfrac{9.81M}{S^2}$　ⓔ $9.81M \cdot S$　ⓕ $9.81M \cdot S^2$

(2)　圧力Pは何Paか，有効数字3桁で求めよ。

(東京薬科大)

99 理想気体の状態方程式

➡ 理 P.241～245

〔I〕 図は，理想気体について，ボイル・シャルルの法則を3次元グラフに表したものである。ただし，実線(a)～(c)は体積軸を，(d)～(f)は圧力軸を，(g)～(i)は温度軸をそれぞれ四等分する位置にある。このグラフを見て，問1～3に答えよ。なお，図の注釈「ボイル・シャルルの法則を満たす点がつくる曲面」とは，影つき部分だけではなく，影のない部分を含めたすべての曲面である。

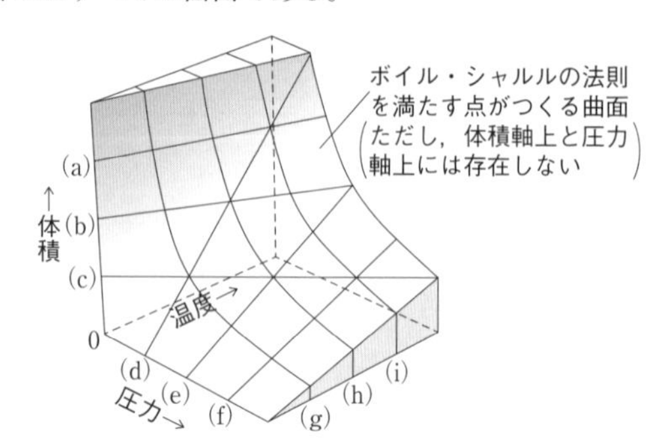

問1　上の3次元グラフを適切な方向から見た2次元グラフにかき直し，ボイルの法則を説明せよ。ただし，実線(a)～(i)はすべて書き入れること。また，グラフの縦軸と横軸の名称も記すこと。

問2　上の3次元グラフを適切な方向から見た2次元グラフにかき直し，シャルルの法則を説明せよ。ただし，実線(a)～(i)はすべて書き入れること。また，グラフの縦軸と横軸の名称も記すこと。

【解答欄（問1～3）】

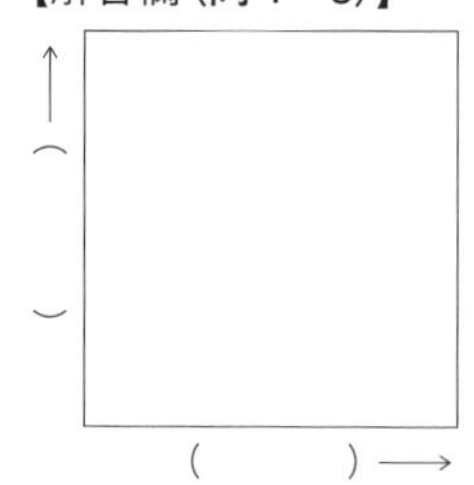

問3　上の3次元グラフを適切な方向から見た2次元グラフにかき直すと，ボイルの法則とシャルルの法則以外の関係を表すことができる。そのグラフをかき，理想気体のどのような性質が説明できるか，記せ。ただし，実線(a)～(i)はすべて書き入れること。また，グラフの縦軸と横軸の名称も記すこと。

（大分大（医））

〔Ⅱ〕　物質を構成する粒子はたえず不規則な運動をくり返している。粒子のこのような運動を［1］といい，その運動の活発さは温度に依存する。［1］によって粒子が自然に散らばっていく現象を［2］という。

気体では，同じ温度でもすべての分子が同じ速さで運動しているのではないが，高温ほど平均の［3］エネルギーが大きく，［1］は活発である。

分子が［1］している理想気体において，その状態は，四つの変数［4］，［5］，［6］，［7］のうち三つが決まれば，定まる。

［8］の法則によると，同じ状態の気体には，気体の種類に関係なく同数の分子が含まれる。気体のモル体積は0℃，1.013×10^5Paで22.4Lを占め，そこに含まれる分子の数は6.0×10^{23}個である。

問4　文中の［　］に，適切な語句を入れよ。

問5　0K以下の温度は存在しない。このことを説明せよ。

（滋賀医科大）

100 混合気体(1)

➜ 理 P.246〜249

台所にガス漏れ警報器を設置したい。都市ガスとプロパンガスについて，天井付近または床面付近のいずれに設置すべきかを，計算式と理由を示して答えよ。ただし，台所の湿度は0%とし，乾燥空気，可燃性ガスの主成分とその体積%は上表のとおりとする。

乾燥空気		都市ガス		プロパンガス	
窒素	78.0	メタン	90.0	プロパン	95.0
酸素	21.0	エタン	6.0	ブタン	5.0
アルゴン	1.0	プロパン	3.0		
		ブタン	1.0		

H = 1.0, C = 12.0, N = 14.0, O = 16.0, Ar = 40.0

(聖マリアンナ医科大)

101 混合気体(2)

➜ 理 P.246〜249

0℃，1.0×10^5Paで，(a)メタンCH_4，水素H_2および窒素N_2の混合物20mLに，空気100mLを加えて120mLとした。これに点火してCH_4とH_2を完全に燃焼させた後，再び0℃，1.0×10^5Paにしたところ気体の全体積は95mLであった。次に，この燃焼後の気体をNaOH水溶液に通じてCO_2を全部吸収させたところ，(b)その体積は0℃，1.0×10^5Paで90mLになった。ただし，反応によって生じたH_2Oは，0℃，1.0×10^5Paですべて液体または固体となり，その体積は0mLと見なしてよいものとし，また，空気中のN_2とO_2の体積比は4：1とする。

問1 下線部(a)の混合物中のH_2とN_2は，0℃，1.0×10^5Paでそれぞれ何mLか。有効数字2桁で答えよ。

問2 下線部(b)の気体中に残っているO_2は，0℃，1.0×10^5Paで何mLか。有効数字2桁で答えよ。

(岩手大)

102 混合気体(3)

➜ 理 P.246〜249

右図のように，体積1.00Lと2.00Lの耐圧容器A，Bの中間にコックを付けた装置がある。コックが閉じた状態で，Aにはメタン0.0500mol，Bには酸素0.250molが入っており，ともに温度が27℃で保たれている。気体はすべて理想気体とし，容器A，Bは独立して温度設定ができるものとする。解答は有効数字3桁とし，気体定数は8.31×10^3Pa・L/(mol・K)とする。

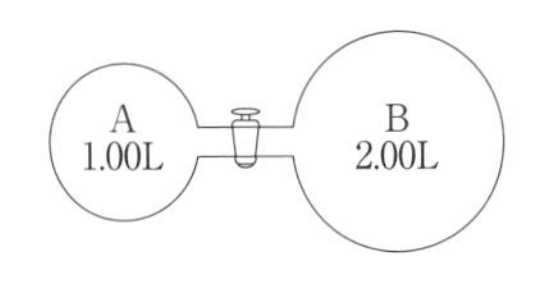

問1 上記の状態での容器A，Bのそれぞれの内圧〔Pa〕はいくらか。

問2 温度を27℃に保ったまま，コックを開けて気体を混合し，同一組成にした。このときの内圧〔Pa〕はいくらか。

問3 コックを開けた状態で，容器Aを27℃に保ち，容器Bを127℃に保った。十分に時間が経過した後，容器Aと容器Bの内圧が一定となった。このときの容器Bの内圧〔Pa〕はいくらか。また，容器Bの混合気体の物質量〔mol〕はいくらか。この状態でメタンと酸素は反応しないものとする。

問4　さらに，コックを閉じてから，容器B内で点火した後，容器の温度を127℃に保った。このとき生成した二酸化炭素の分圧〔Pa〕はいくらか。　　（昭和大(医)）

103 実在気体

→ 理 P.255〜259

物質量が1molの水素，メタンおよび二酸化炭素について，温度Tが400Kの条件で圧力P〔Pa〕を変化させながら体積V〔L〕を測定した。この実験結果について，圧力Pを横軸に，$\dfrac{PV}{RT}$を縦軸にとると図1のグラフのようになった。ここで，Rは気体定数である。

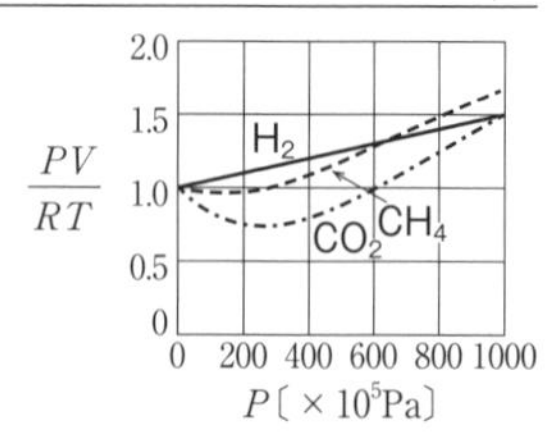

図1　気体の圧力と体積の関係を示すグラフ

問1　理想気体の場合，Pと$\dfrac{PV}{RT}$の関係を図1のグラフに表すと，どのようになるか，25字程度で説明せよ。

問2　図1において，水素分子では，圧力の増加とともに$\dfrac{PV}{RT}$が増加している。その主な理由を25字程度で説明せよ。

問3　図1において，メタンおよび二酸化炭素では，圧力の増加とともに$\dfrac{PV}{RT}$がいったん減少し，再び増加している。$\dfrac{PV}{RT}$がいったん減少する主な理由を25字程度で説明せよ。

問4　実在気体のふるまいを理想気体に近づけるには温度，圧力をどのようにすればよいか，理由とともに40字程度で説明せよ。　　（埼玉大）

発展 問5　実在気体の状態方程式として，下式に示すようなファンデルワールスの状態式がある。

$$\left(P+\frac{n^2a}{V^2}\right)(V-nb)=nRT$$

上式においてVは体積を，nは物質量を表す。定数a，bはそれぞれどのような物理的意味をもつか。簡単に答えよ。　　（横浜市立大(医)）

104 状態図

→ 理 P.260〜266

物質のとる状態は温度や圧力に応じて変化するが，これは物質を構成する粒子の運動や集合状態と関係している。物質の状態に関して，問1〜4に答えよ。

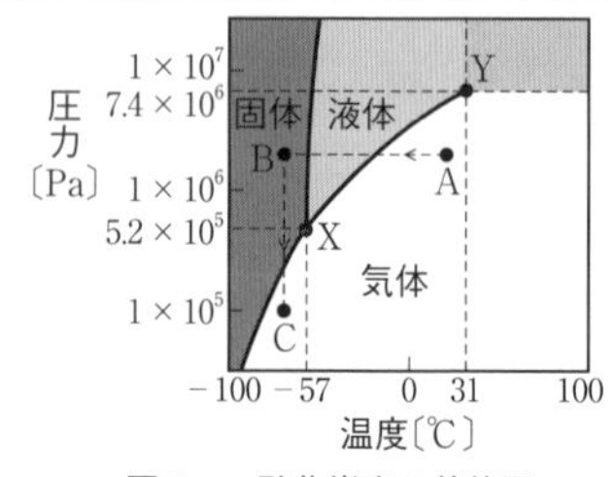

図1　二酸化炭素の状態図

問1　図1は二酸化炭素の状態図であり，気体，液体，固体の3つの領域の境界線を実線で示している。境界線の交点X（温度−57℃，圧力5.2×10^5Pa）

においては，気体，液体，固体の3つの状態が共存できる。この点Xの名称を答えよ。

問2　気体と液体の境界線は点Y(31℃，7.4×10^6Pa)で途切れている。この点Yの名称を答えよ。また，点Yに関する説明で最もふさわしいものを次の①～④から1つ選び，番号で答えよ。

①　それ以上の温度や圧力では，分解反応が起こる。
②　それ以上の温度や圧力では，密度変化が不連続的になる。
③　それ以上の温度や圧力では，気体と液体の区別がつかなくなる。
④　それ以上の温度や圧力では，蒸発する分子と凝縮する分子が同数となる。

問3　密閉容器に二酸化炭素を入れ，20℃，2.0×10^6Paの状態にした(図1の状態A)。続いて，容器内の圧力を一定に保ったまま，−70℃まで冷却した(図1の状態B)。この間に起きた二酸化炭素の体積変化を表すグラフとして，最もふさわしいものを次の①～⑥から1つ選び，番号で答えよ。なお，グラフでは状態Aのときの体積を1として，体積変化を比率で表している。また，二酸化炭素は液体よりも固体の方が高密度となる。

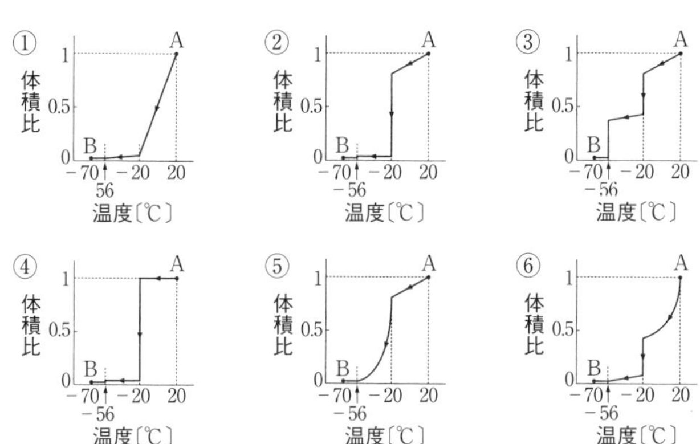

問4　問3の操作に続けて，状態Bから温度を一定に保ったままで，容器内の圧力を1.0×10^5Paまで下げた(図1の状態C)。この操作の間に観察される状態変化の名称を答えよ。
(秋田大)

105 水の状態変化

問1 ➔ 理 P.189　問2 ➔ 理 P.261

水は1気圧のもとでは沸点100℃，融点0℃であり，4℃のときに水の密度は最大となる。水(液)の生成エンタルピーは−286kJ/mol，蒸発エンタルピーは25℃では44.0kJ/mol，100℃では40.7kJ/mol，凝固エンタルピーは−6.01kJ/mol，および比熱は4.18J/(g・K)とし，また，分子量は$H_2O=18$とする。

問1　0℃の氷90.0gを加熱して，すべてを100℃の水(気)とするのに必要な熱量〔kJ〕を有効数字3桁で求めよ。ただし，水はすべて100℃で蒸発するものとする。

問2　次ページの図1のように，両端に重りをつけた糸は氷を切断することなく上端から下端へゆっくり通り抜ける。その理由を書け。

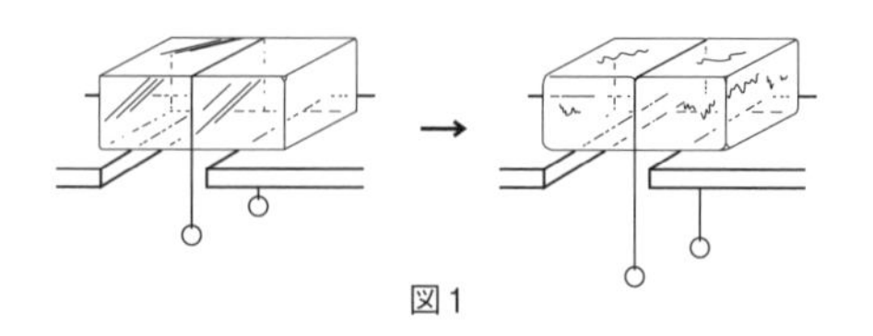
図1

(山口大・改)

106 飽和蒸気圧

➔ 理 P.262～266

〔Ⅰ〕 飽和蒸気圧に関する次の記述①～⑤のうち，正しいものを選び，番号で答えよ。

① 温度が高くなるほど飽和蒸気圧は小さくなる。
② 一定温度のもとで，他の気体が存在すると飽和蒸気圧は小さくなる。
③ 一定温度のもとでは，分子間力の強い液体ほど飽和蒸気圧は大きい。
④ 沸点における飽和蒸気圧は大気圧と等しい。
⑤ 一定温度のもとで，不揮発性の物質を溶かすと飽和蒸気圧は大きくなる。

(福岡大(医))

〔Ⅱ〕 一方の端を封じた長さ約90cmのガラス管に水銀を満たし，水銀を入れた容器の中に逆さに立てた(右図)。ガラス管内の水銀柱の高さは水銀の面からh_0で，真空部分の容積はv_0であった。スポイトを使って少量の水をガラス管の下の端に注入したら，水銀柱の高さはh_1に低下し，水銀柱の上の容積はv_1となった。次に，ガラス管を水銀容器の中に押し下げ，水銀柱上部が，かすかに水で湿ってきたところで止めた。このとき水銀柱の高さはh_2で，水銀柱上部の容積はv_2であった。

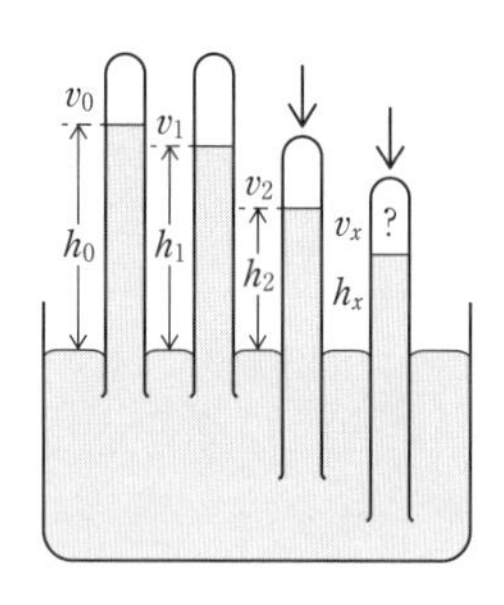

問1 水を注入したために起こった水銀柱の高さの低下量 $h_0 - h_1$ は，何を表しているか。

問2 $h_0 - h_2 = p_2$ とすると，この圧力p_2のことを何というか。

問3 h_2，v_2の状態から，さらにガラス管を水銀容器の中に押し下げたときの水銀柱の高さをh_x，水銀柱の上の容積をv_xとすると，h_x，v_xはh_2，v_2と比べてどう変化するか。次の㋑～㋬の中から選び，記号で示せ。

㋑ $h_x = h_2$　　㋺ $h_x < h_2$　　㋩ $h_x > h_2$
㋥ $v_x = v_2$　　㋭ $v_x < v_2$　　㋬ $v_x > v_2$

(久留米大(医))

〔Ⅲ〕 寒い日には呼気が白く見えることがある。この現象を簡単に説明せよ。なお，その説明文には，下記の[語群]より最も適切な語句を2個選び，その語句を説明文中に用いよ。

[語群]潮解，凝縮，昇華，沸点上昇，凝固点降下，飽和蒸気圧，水和

(関西医科大)

107 水上置換と蒸気圧

➔ 理 P.262～266

試験管に入れた亜鉛と希硫酸を反応させたところ，気体Aが発生した。このAをあらかじめ試験管内で十分発生させてから，水上置換によってメスシリンダーに捕集した。その後，メスシリンダーの中と外の水面の高さをそろえたところ，25℃，大気圧 $p_{atm} = 1.010 \times 10^5$Pa において，メスシリンダーの中の気体の体積は596mLであった。

問1　メスシリンダーの中のAの圧力をp_A，水蒸気圧をp_Wとするとき，p_{atm}，p_A，p_Wの間に成り立つ関係式を記せ。

問2　(1)　表1は，純物質①～⑤の各温度における蒸気圧を示している。水は①～⑤のどれか，番号で答えよ。

純物質	蒸気圧〔kPa〕					
	0℃	25℃	50℃	75℃	100℃	125℃
①	1.590	7.889	29.45	88.69	226.2	505.7
②	0.6107	3.167	12.34	38.55	101.3	232.1
③	0.009777	0.08335	0.4629	1.882	6.059	16.29
④	24.68	71.22	170.2	353.0	655.6	1116
⑤	45.24	123.0	280.9	561.7	1013	1684

表1

(2)　表1の値を用いて，メスシリンダーに捕集されたAの物質量を有効数字3桁で求めよ。ただし，Aは理想気体とし，気体定数Rは8.31×10^3Pa・L/(mol・K)とする。

（広島大）

発展 108 混合気体と蒸気圧

➔ 理 P.262～266

2.0molの水素と9.0molの酸素を，容積が一定の密閉容器の中で反応させ，水蒸気を生成させた。反応前の気体の全圧は1.1×10^5Paであった。反応による熱は容器の外に出ていき，反応前と反応後の気体の温度は同じT_0〔K〕であった。反応後も容器内には気体のみが存在していたが，水素は含まれていなかった。反応後の気体をゆっくりと冷却したとき，密閉容器内壁に水が出現した。水が出現しない最低の温度は313Kであり，温度がわずかでも313Kより低いときには水が存在していた。気体はすべて理想気体であるとし，次の問いに答えよ。

問1　温度T_0〔K〕における反応後の気体の全圧〔Pa〕を有効数字2桁で求めよ。

問2　温度T_0〔K〕における反応後の酸素の分圧〔Pa〕を有効数字2桁で求めよ。

問3　313Kにおける水の蒸気圧は7.5×10^3Paであるとして，313Kにおける密閉容器内の酸素の分圧〔Pa〕，および温度T_0〔K〕の値を有効数字2桁で求めよ。

問4　図1の実線は，反応後の密閉容器を冷却し，温度313Kに近づけたときの気体の圧力の変化を，313K以上の範囲で示したものである。温度が313K以下での圧力

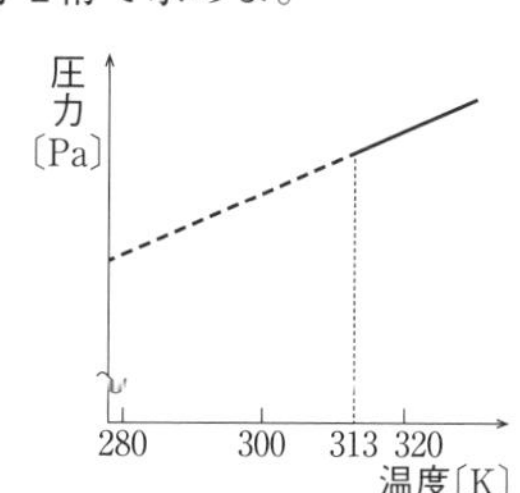

図1　気体の冷却と圧力変化

の変化の概略を図1の図中に実線で描け。なお，図1の点線は，実線を直線で延長したものである。 (同志社大)

109 気体の反応と蒸気圧

→ 理 P.267

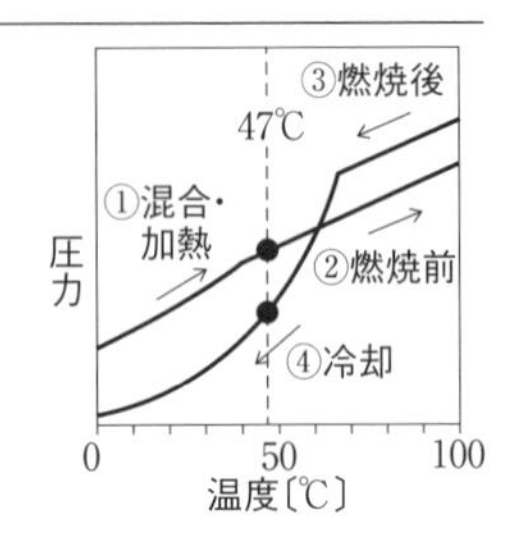

トルエンの燃焼に関する次の文を読み，以下の問1～問3に答えよ。気体定数＝8.31×10^3Pa・L/(mol・K)とする。

体積が10Lの容器に，トルエン0.025molと酸素0.275molを混合して密閉し，容器の中の圧力を測定しながら，温度を室温から徐々に上げていった。100℃をこえたところで気体に点火し，トルエンを完全燃焼させた。容器全体の温度が一定になるまで待ってから容器の中の圧力の測定を再開し，温度が室温に下がるまで冷却した。右図は，その一連の過程における圧力変化の様子を気体の温度に対してグラフに表したものである。

気体は理想気体として振舞うものとする。燃焼により生じた二酸化炭素の水への溶解，および，液体の体積は無視し，47℃におけるトルエンの蒸気圧を1.1×10^4Pa，水の蒸気圧を1.0×10^4Paとして，有効数字2桁で答えよ。

問1　燃焼前，47℃における容器の中の圧力〔Pa〕はいくらか。

問2　燃焼後，47℃における水蒸気の分圧〔Pa〕はいくらか。

問3　燃焼後，47℃における容器の中の圧力〔Pa〕はいくらか。 (近畿大(医))

発展 110 理想気体の状態方程式を用いた分子量の決定実験(1)

→ 理 P.243

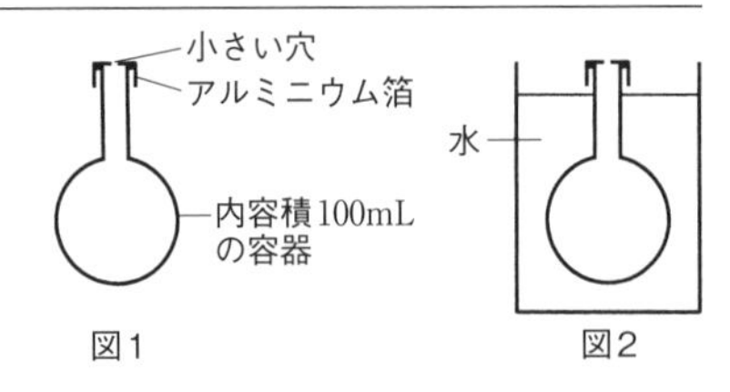

図1　　図2

常温・常圧で液体である純物質Xの分子量を次の実験から求めた。

小さい穴をあけたアルミニウム箔でふたをした内容積100mLの容器(図1)を乾燥させ，室温(27℃)で質量をはかったところ49.900gであった。<u>この容器に約2mLのXを入れ，</u>容器を図2のように水に浸して加熱を始めた。30分加熱すると容器内の液体が見られなくなり，容器内はXの蒸気で満たされた。このときの水温は97℃，大気圧は1.00×10^5Paであった。容器をとり出して外側に付着した水を乾いた布でよく拭きとり，その容器を室温(27℃)まで放冷して再び質量をはかったところ50.234gであった。

Xの蒸気を理想気体と見なし，気体定数を8.31×10^3Pa・L/(K・mol)とする。放冷後に容器内で凝縮したXの体積は無視できるものとする。Xの蒸気圧は，27℃で0.20×10^5Pa，97℃で2.00×10^5Paであり，空気の平均分子量は28.8とする。

問1　下線部で物質Xの質量を測定する必要がない理由を50字以内で記せ。

問2　Xの蒸気圧を考慮せずに分子量を求め，整数値で答えよ。

問3　Xの蒸気圧を考慮して分子量を求め，整数値で答えよ。 (大阪府立大)

発展 111 理想気体の状態方程式を用いた分子量の決定実験(2)

➔ 理 P.243

図1は，分子量の測定に実際に用いられてきた装置の略図である。

AとBは細管でつながっている。Aの部分は一定の高温 T_1〔K〕に保たれ，それ以外の部分は室温 T_2〔K〕である。Bは気体の体積をはかるガスビュレットで，水銀だめCを上下して，中の空気の圧力を大気圧に合わせる。

室温では液体，T_1〔K〕では気体である化合物の一定量を，ガラス小球に封入し，D部からAの底に落として割る。ガラス球を割る前と，化合物が蒸発した後の，ガスビュレットの読みの差から，気体の体積増加量を測定する。

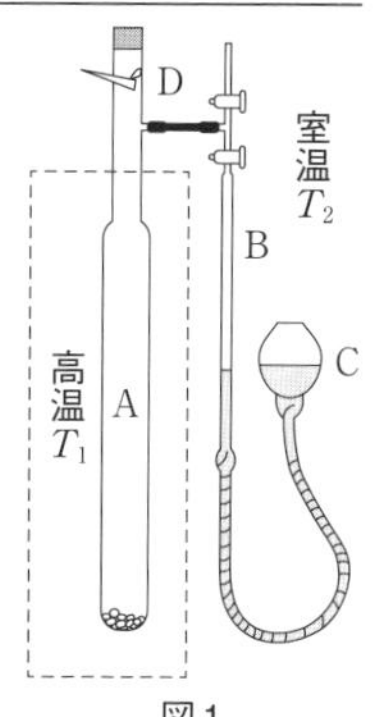

図1

問1　化合物の質量を m，気体の体積増加量を v，大気圧を p，気体定数を R として，分子量 M を表す式を答えよ。なお，気体は理想気体とする。

問2　Cの部分に水銀ではなく水を用いた場合には，この方法を適用しうる化合物の範囲と，分子量を求める式の組み合わせとして正しいものを，次の㋐～㋕から選び，記号で答えよ。

分子量を求める式＼適用化合物の範囲	水銀を用いた場合と変わらない	水に溶けない化合物にのみ適用できる
水銀を用いた場合と変わらない	㋐	㋓
圧力 p から水の蒸気圧を差し引く	㋑	㋔
圧力 p に水の蒸気圧を加える	㋒	㋕

（東京大）

➔Do 理 P.273～307
➡解答・解説P.60

112 固体の溶解度(1)

➔ 理 P.273～279

一般に，固体の溶解度は飽和溶液に含まれる溶媒100gあたりに溶解している溶質の質量の数値で表される。溶解度およびその温度特性は溶質と溶媒の組み合わせに特有である。

図1に示されている物質A～物質Eの溶解度曲線に基づき，次の問いに答えよ。

問1　物質A～物質Eの中で再結晶に最も適していないものを選び，その記号を答えよ。また，その理由を20字程度で説明せよ。

問2　80℃で調製した物質Eの飽和溶液110gを40℃に冷却するときに析出する結晶の質量〔g〕を，有効数字2桁で答えよ。なお，析出する結晶は水和水を含まないとする。

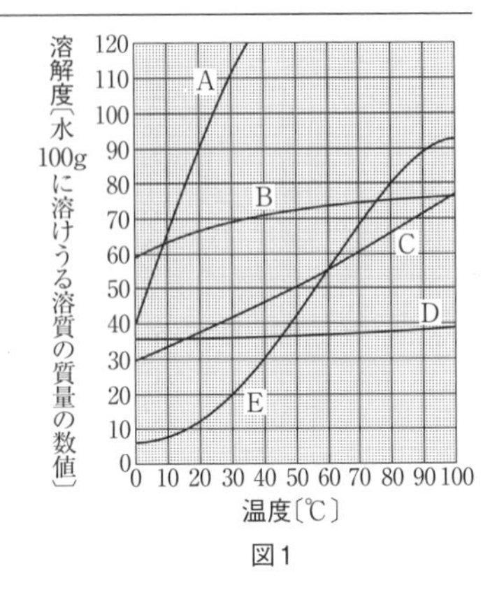

図1

(岩手大)

113 固体の溶解度(2)

➔ 理 P.273～279

60.0gの硫酸銅(Ⅱ)五水和物を60℃の水100gに溶かし，この水溶液を20℃まで冷やしたとき，何gの硫酸銅(Ⅱ)五水和物が析出するか。ただし，水に対する硫酸銅(Ⅱ)の溶解度は60℃で40.0g，20℃で20.0gである。原子量はH＝1.0，O＝16，S＝32，Cu＝64とする。

(名城大)

発展 114 固体の溶解度(3)

➔ 理 P.273～279

次の溶解度の値を利用して，問1～3に答えよ。表にない中間温度での溶解度は温度に比例するものとして比例配分して求めよ。また，複数の溶質が共存していても，それぞれの溶解度の値は変わらないものとする。原子量は，C＝12，O＝16，H＝1とし，解答は小数点以下第1位まで求めよ。

溶質＼温度〔℃〕	0	10	20	25	30	40	50	60	70	80
硝酸カリウム	13.3	21.0	31.5	38.2	45.6	63.9	85.7	109.9	138.0	169.0
硝酸ナトリウム	72.7	79.0	88.0	92.5	96.5	104.9	114.0	124.7	136.0	148.0
シュウ酸(無水物)	3.54	6.08	9.52	11.9	14.2	21.5	31.5	44.3	61.1	84.5

〈水に対する溶解度(100gの水に溶ける溶質の質量〔g〕)〉

問1　硝酸カリウム50gと，硝酸ナトリウム45gの混合物を80℃に保った水50gに溶かし，これを徐々に冷却してゆくときに最初に析出しはじめる物質はどちらか。そして，その物質だけの析出が続くのは何℃までか。

問2　前問のはじめの混合溶液を80℃に保ったまま水を蒸発させてゆくと，何gの水が蒸発したとき最初の析出が起こりはじめるか。またその物質は何か。

問3　シュウ酸の結晶($(COOH)_2 \cdot 2H_2O$)を29.4gとり，これに100gの水を加えて60℃に熱し完全に溶解した。この溶液を20℃まで冷却し，析出した結晶をろ過し，得られた結晶から水和水を完全に除いたとき何gのシュウ酸の無水物が得られるか。

(和歌山県立医科大)

115 ヘンリーの法則(1)

➔ 理 P.280～282

下の表は，水に対する気体の溶解度を表したものであり，それぞれの数値は1.013×10^5Paにおける水1Lに溶ける気体の体積〔mL〕を0℃，1.013×10^5Paの標準状態に換算したものである。これについて，次の問1～3に答えよ。0℃，1.013×10^5Paの標準状態の気体のモル体積を22.4L/molとし，計算値は有効数字2桁で答えよ。また，気体は理想気体とし，ヘンリーの法則が成り立つものとする。

温度〔℃〕	水素	窒素	酸素
a	16	11	21
b	18	15	31
c	21	23	49

問1　表中のa，b，cは，0℃，20℃，50℃のいずれかを示している。0℃は，どの記号に該当するか。

問2　0℃，4.052×10^5Paの水素が水200mLに接しているとき，この水に溶けている水素の体積は，この条件下で何mLか。

問3　窒素と酸素の体積比が4：1である空気が，20℃，1.013×10^5Paで水1Lと接しているとき，この水に溶けている酸素のモル濃度〔mol/L〕を求めよ。

(藤田医科大)

116 ヘンリーの法則(2)

➔ 理 P.280～282

気体の溶解度に関する以下の問いに答えよ。ただし，1.00Lの水に対し，0℃，1.013×10^5Paの標準状態において，O_2は0.0490L，H_2は0.0220L溶解する。O_2とH_2は理想気体としてふるまい，いずれもヘンリーの法則に従うものとする。また，各々の気体の溶解度は混合気体でも変わらないものとする。なお，水の蒸気圧は無視し，水は凍らないものとする。各元素の原子量は$H = 1.00$，$O = 16.0$，0℃，1.013×10^5Paの標準状態の気体のモル体積は22.4L/molとする。

問1　容積一定の密閉容器内に水10.0LとO_2 0.100molを入れて温度を0℃としたところ，容器内の圧力が1.013×10^5Paとなった。このとき，水中に溶けているO_2は何gか。解答は小数点以下第3位を四捨五入して，右の形式により示せ。　【0.□□g】

発展 問2　問1で調整した容器に，さらにH_2を0.300mol加え，温度を0℃とした。このとき，水中に溶けているH_2は何gか。解答は有効数字3桁目を四捨五入して，次の形式により示せ。　【□.□ × 10^{-2}g】

(東京工業大)

発展 **117** ## ヘンリーの法則(3)

➔ 理 P.280〜283

一定量の二酸化炭素がピストンのついた容器に入っている(図1(a)〜(e))。二酸化炭素の占める体積は，(a)おもりのないとき100mL，(b)おもりを1つのせたとき60mL，(c)同じ質量のおもりを2つのせたときx〔mL〕であった。この容器に二酸化炭素の量は一定のまま水を加えると，気体の占める体積は，(d)おもりのないとき70mL，(e)おもりを1つ加えたときy〔mL〕であった。

温度は一定とし，ボイルの法則，ヘンリーの法則が成立するものとしてx，yを求めよ。ただし，水蒸気圧は無視できるものとし，小数点以下第1位を四捨五入して整数で答えよ。

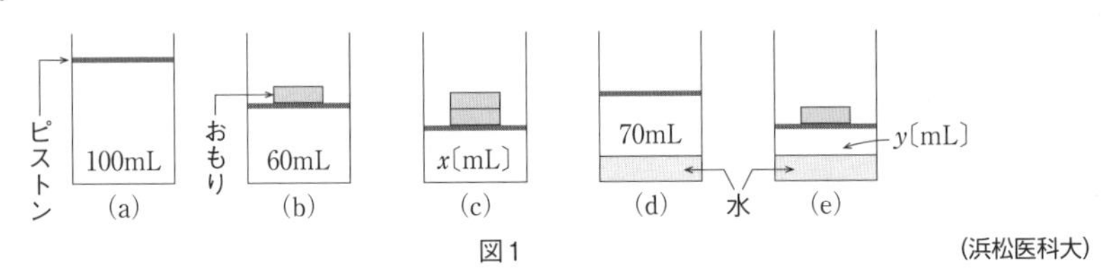

図1

(浜松医科大)

118 ## 蒸気圧降下(1)

➔ 理 P.286〜288

ラウールは溶媒の蒸気圧p_0，不揮発性物質の溶液の蒸気圧p，溶媒の物質量N，溶質の物質量nの間に関係式①が成り立つことを見出した。

$$\frac{p}{p_0}=\frac{N}{N+n} \quad \cdots ①$$

図のように容器1，容器2に100gずつの水を入れ，容器1，容器2のどちらかに14.6gの塩化ナトリウムを溶かした。塩化ナトリウムはすべて電離するものとする。排気操作を行った後，温度を30℃に保ったところ，水銀の液面差が生じ，容器1側の水銀の液面が高くなった。塩化ナトリウムを加えたほうの容器を，容器1，容器2のいずれかで答え，30℃の水の蒸気圧を31.8mmHgとして水銀の液面差h〔mm〕を有効数字3桁で求めよ。原子量は，H = 1.01，O = 16.0，Na = 23.0，Cl = 35.5とする。

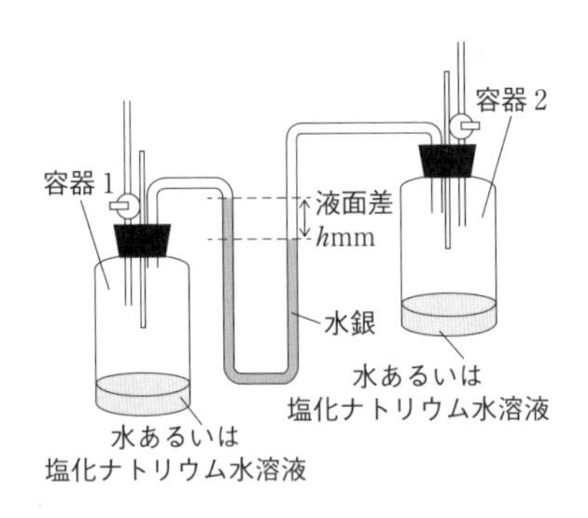

(京都府立医科大)

発展 **119** ## 蒸気圧降下(2)

➔ 理 P.286〜288

図1のように，密閉容器内に設置した2つのビーカーの一方に水溶液Xを，もう一方に水溶液Yを入れた。

水溶液X：150mLの水に0.234gの塩化ナトリウムNaClが溶解した水溶液

水溶液Y：300mLの水に3.42gのスクロース$C_{12}H_{22}O_{11}$が溶解した水溶液

室温(20℃)で平衡状態に達するまで放置したところ，2つのビーカーの水溶液の量が変化した。

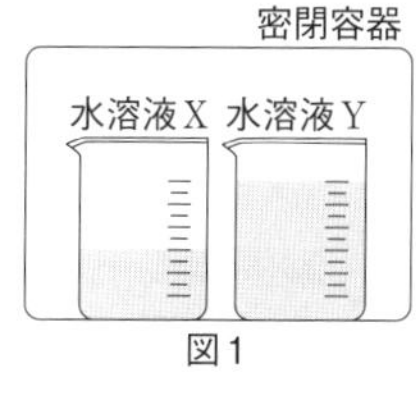

図1

平衡状態における塩化ナトリウム水溶液の質量モル濃度〔mol/kg〕および水の増加量〔mL〕を有効数字2桁で答えよ。ただし，水の密度は1.0g/mLであり，密閉容器内に水蒸気として存在する水の量は無視できるものとする。また，塩化ナトリウムは水溶液中で完全に電離しているとし，原子量はH＝1.0，C＝12，O＝16，Na＝23，Cl＝35.5とする。

(北海道大)

120 沸点上昇

➔ 理 P.288～290

水100gにスクロースを0.0400mol溶かした溶液の沸点上昇度が0.208Kであった。このとき，0.800mol/kgの塩化ナトリウム水溶液の沸点は何℃か。指数表記($a \times 10^n$)で表さず，必要ならば四捨五入して，小数点以下第2位まで答えよ。ただし，溶液は希薄溶液と見なし，塩化ナトリウムの電離度は1とし，水の沸点は100.00℃とする。(帝京大(医))

121 溶液の沸点

➔ 理 P.288～290

塩化ナトリウム水溶液(約0.5mol/kg)を標準大気圧の下で，一定の熱を加えながら蒸留した。蒸留時における水溶液の温度変化の概略を示すグラフとして，最も適当なものを次の①～⑥から選べ。ただし，いずれの図においても，t_0は沸騰がはじまった時点で，t_1はおよそ半分の水が留出した時点である。

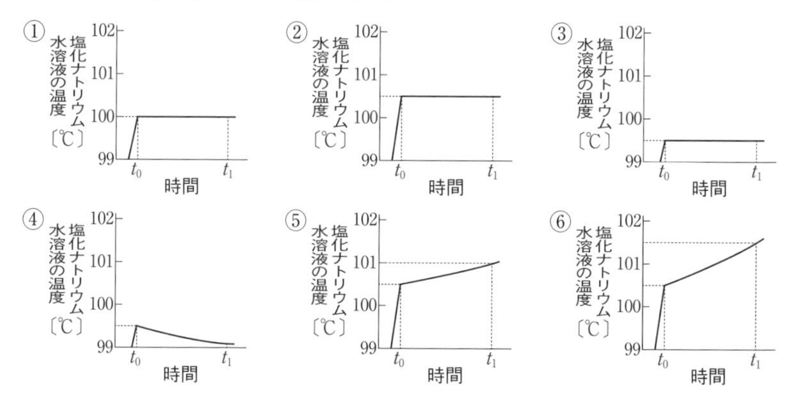

(神戸大)

122 凝固点降下(1)

➔ 理 P.290

3.00gの塩化カルシウムを水100gに溶かしたとき，1.01×10^5Paにおける水溶液の凝固点〔℃〕を求めよ。計算結果は，小数点以下2桁とする。水のモル凝固点降下は

1.85K・kg/mol，塩化カルシウムは水溶液中で完全に電離しているものとし，原子量は Cl = 35.5，Ca = 40とする。

(慶應義塾大(薬))

123 凝固点降下(2)

➔ 理 P.290

塩化ナトリウム3.51gを水100gに溶解した溶液を調製し，冷却したところ，−2.22℃から水が凝固しはじめた。さらに冷却を進めると，純粋な氷と溶液が共存する状態がみられた。この溶液を，−2.74℃まで冷却した時には，まだ，純粋な氷と溶液が共存する状態であるが，この温度に達するまでに凝固した氷は何gか。有効数字2桁で求めよ。なお，溶液は希薄溶液とし，原子量はNa = 23，Cl = 35.5とする。

(東京慈恵会医科大)

124 凝固点の測定実験

➔ 理 P.292〜294

次の文章を読み，あとの問1〜5に答えよ。原子量はH = 1.00，C = 12.0，O = 16.0とする。

一般に，溶液の凝固点は，純溶媒の凝固点よりも低くなる。ベンゼンの凝固点を測定する実験を行った。ベンゼンのモル凝固点降下は5.12K・kg/molである。

実験1　ベンゼン100gを1.01×10^5Paのもとで常温からゆっくりと冷却した。そのときの溶液の温度と時間との関係を図1に示す。凝固点は5.500℃であった。

実験2　ベンゼン50.0gにナフタレンを溶解し，実験1と同様に凝固点を測定する実験を行った。そのときの溶液の温度と時間との関係を図2に示す。凝固点は5.170℃であった。

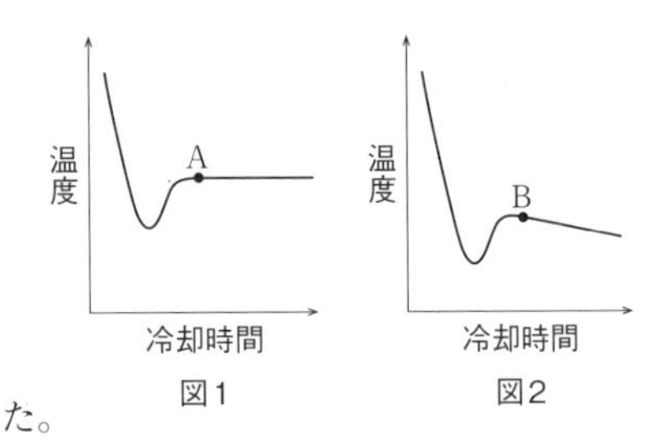

図1　　図2

実験3　ベンゼン37.0gに安息香酸0.550gを溶解し，実験1と同様に凝固点を測定する実験を行った。凝固点は5.180℃であった。

問1　実験2において溶解させたナフタレンの量〔g〕を有効数字2桁で答えよ。

問2　図1の点A付近では温度は一定であるが，図2の点B付近では時間とともに温度は下がっている。この理由を50字以内で説明せよ。

問3　実験3のベンゼン溶液中において，安息香酸は1分子の状態と2分子が会合した状態の両方が存在し，両者の間に平衡が成り立っている。

$$2C_7H_6O_2 \rightleftarrows (C_7H_6O_2)_2$$

安息香酸2分子はベンゼン溶液中でどのような状態で会合していると考えられるか，構造を右の(例)にならい記せ。なお，会合に使われている結合は点線で表すこと。

(例)　$C_6H_5-CH_2-\overset{\displaystyle O}{\overset{\|}{C}}-CH_3$

問4　実験3の凝固点から計算される安息香酸の見かけの分子量を有効数字3桁で答えよ。

問5　実験3のベンゼン溶液中において，安息香酸の何%が1分子の状態で存在しているかを有効数字2桁で答えよ。

(静岡県立大)

発展 125 H_2O－NaCl混合物の相平衡図

➔ 理 P.292～294

H_2O－NaCl混合物は，NaCl含有率と温度によって，液体と固体が単独で存在または共存するいろいろな状態をとる。それぞれの状態は，図1に示す1気圧での相平衡図のいくつかの実線で囲まれた領域で示される。NaClの結晶は，H_2Oとの共存下において0.15℃以下では2分子の水和水(結晶水)をもつNaCl・$2H_2O$が安定となり，NaCl含有率が23.3%以上のNaCl水溶液を冷却すると，NaCl・$2H_2O$の溶解度が下がりその結晶が析出する。2つの曲線が交差する黒丸の点を共晶点(きょうしょうてん)とよび，それ以下の温度では，NaCl・$2H_2O$の結晶と氷が混在した共晶状態となる。この共晶点の温度(－21.1℃，共晶温度とよばれる)が，塩化ナトリウムの作用により到達できる最も低い凝固点となる。

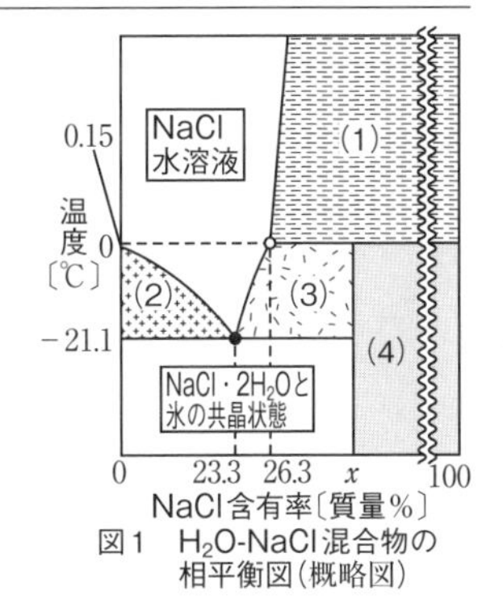

図1　H_2O-NaCl混合物の相平衡図(概略図)

問1　図1の(1)～(4)の領域は，次の㋐～㋓の共存状態にある。それぞれどの共存状態かを答えよ。

㋐　NaCl結晶とNaCl・$2H_2O$結晶が共存

㋑　NaCl水溶液とNaCl結晶が共存

㋒　NaCl水溶液と氷が共存

㋓　NaCl水溶液とNaCl・$2H_2O$結晶が共存

問2　図1のxで示したNaCl含有率〔質量%〕を有効数字3桁で求めよ。原子量はH＝1.0，O＝16，Na＝23，Cl＝35.5とする。

(山口大)

126 浸透圧(1)

➔ 理 P.295～299

問1　浸透とは何か。逆浸透との違いがわかるように説明せよ。

問2　浸透圧とは何か，説明せよ。

問3　正しい記述を[選択肢]からすべて選び，記号で答えよ。使用する半透膜は水分子のみが通過できるものとする。ただし，いずれも該当しない場合は，㋖とせよ。

[選択肢]

㋐　濃度の異なるスクロース(ショ糖)の水溶液を半透膜で隔てると，濃度の高い側から低い側へ，より多くの水分子が膜を透過する。

㋑　凝固点の異なるスクロースの水溶液を半透膜で隔てると，凝固点の低い側から高い側へ，より多くの水分子が膜を透過する。

㋒　浸透圧の異なるスクロースの水溶液を半透膜で隔てると，浸透圧の高い側から低い側へ，より多くの水分子が膜を透過する。

㋓ 水溶液の中の溶質のモル濃度が同じなら，溶質の分子量が大きいほど水溶液の浸透圧は高い。

㋔ 純水の浸透圧は37℃で0Paである。

㋕ 水溶液の浸透圧は温度が上昇しても変化しない。 (聖マリアンナ医科大)

127 浸透圧(2)

→ 理 P.295～299

すべての溶液の密度は1.00g/mL，気体定数は8.30kPa・L/(K・mol)とし，次の文中の□にあてはまる数値を有効数字3桁で答えよ。

医療現場では，グルコース(ブドウ糖)や塩化ナトリウムを含む水溶液が輸液として使われることがある。5.04%(質量パーセント濃度)のグルコース(分子量180)を含む水溶液は，血清とほぼ同じ浸透圧を示す。この溶液のモル濃度は［1］mol/Lで，27℃での浸透圧は［2］kPaとなる。同じ浸透圧を示す塩化ナトリウム(式量58.5)水溶液を100mLつくるには，［3］gの塩化ナトリウムが必要である。なお，塩化ナトリウムの電離度は1.00とする。 (東京理科大)

128 浸透圧(3)

→ 理 P.295～299

次の文章を読み，文中の□に最も適当なものを，下の[語群]㋐～㋔から，それぞれ1つ選べ。

中東諸国や離島では，海水から淡水を得るのに逆浸透圧法が使われている。この方法では，半透膜を隔てて［A］圧力をかける。27℃の海水1Lから100mLの淡水をこの方法で得るためには，少なくとも約［B］$\times 10^5$Paの圧力をかける必要がある。ただし，海水は3.3%の塩化ナトリウムだけを含み，すべて電離しているとする。淡水の密度は1.00g/cm^3，淡水を得る過程では海水の密度は1.02g/cm^3(27℃)で一定であるとし，気体定数$R = 8.3 \times 10^3$Pa・L/(mol・K)とする。また原子量はNa＝23.0，Cl＝35.5とする。

[Aの語群] ㋐ 海水側に浸透圧よりも大きい ㋑ 海水側に浸透圧よりも小さい
㋒ 淡水側に海水の浸透圧よりも大きい ㋓ 淡水側に海水の浸透圧よりも小さい
㋔ 海水側にも淡水側にも海水の浸透圧に等しい

発展 [Bの語群] ㋐ 8 ㋑ 16 ㋒ 21 ㋓ 25 ㋔ 32 (早稲田大(理工))

129 タンパク質の分子量の測定実験

→ 理 P.295～299

図1に示すような，断面積が1.0cm^{2}のU字管の中央に半透膜を固定し，片方に純水を入れた。もう一方に，あるタンパク質0.061gを溶かした水溶液8.0mLを入れて液面の高さが同じになるようにし，27℃で長時間放置すると液面の高さの差が4.0cmになった。次の問いに答えよ。ただし，純水とタンパク質水溶液の密度を1.0g/cm^{3}と仮定し，数値は有効数字2桁で求めよ。

問1 純水とタンパク質水溶液のどちらの液面が高くなったか答えよ。

問2　下線部におけるタンパク質水溶液の浸透圧〔Pa〕を答えよ。
ただし，これらの液体の高さが1.0cmのときの液柱の圧力を1.0×10^2Paとする。

発展 問3　このタンパク質の分子量を答えよ。ただし，気体定数$R = 8.31 \times 10^3$Pa・L/(mol・K)とする。

問4　下線部におけるタンパク質水溶液の凝固点降下度を答えよ。
ただし，水のモル凝固点降下K_fは1.85K・kg/molとする。

純水　水溶液　半透膜

図1

問5　このようなタンパク質水溶液を用いて分子量を決定するためには，浸透圧を測定する方法と凝固点降下度を測定する方法のどちらが適しているか答えよ。また，その判断の理由を50字程度で答えよ。　　(佐賀大)

130 コロイド(1)

→ 理 P.300～307

コロイドは分散質と分散媒の状態の組み合わせにより，いくつかに区分される。

分散質＼分散媒	固体	液体	気体
固　体	①	②	③
液　体	④	⑤	⑥
気　体	⑦	⑧	⑨

問1　次の(ア)～(ウ)を右表の適切な位置に区分し，それぞれ①～⑨の番号で答えよ。ただし，コロイドに相当しない場合は，⓪と答えよ。
(ア)　霧　　(イ)　牛乳　(ウ)　墨汁

問2　表中①～⑨のうち，コロイドとしてあり得ないものがある。その番号を答えよ。

(名古屋市立大(医))

131 コロイド(2)

→ 理 P.300～307

塩化鉄(Ⅲ)の濃い水溶液を沸騰水中に滴下すると，赤褐色のコロイド溶液Aが得られた。Aについて，誤りはどれか。

㋐　疎水コロイドに分類される。
㋑　分散コロイドに分類される。
㋒　セロハン膜に包み蒸留水中に浸した後，蒸留水にBTB溶液を加えたところ黄色を呈した。
㋓　U字管に入れ，直流電圧をかけるとAに含まれる粒子は陰極側に移動した。
㋔　ゼラチン溶液を加えて撹拌した後，少量の電解質を加えると沈殿を生じた。

(自治医科大)

132 コロイド(3)

→ 理 P.300～307

次の説明文のうち，正しいものをすべて選び，㋐～㋖の記号で答えよ。ただし，該当するものがない場合には×を記入せよ。

㋐　卵白水溶液に少量の電解質を加えると凝析が起こる。
㋑　親水コロイドが凝析しにくいのは，水分子と強く水和しているためである。

㋒　粘土で濁った川の水を浄化するには，硫酸アルミニウムのほうが硫酸ナトリウムよりも有効である。

㋓　セッケン水に横から光束をあてるとチンダル現象を示すが，これはコロイド粒子が光を強く吸収するためである。

㋔　金はそのままでは水に溶けないが，コロイド粒子の大きさに分割して水に混ぜると，沈殿せずにコロイド溶液となる。

㋕　疎水コロイドを凝析するためには，コロイド粒子と同じ符号の電荷をもつ多価イオンを含む塩を用いると効率がよい。

㋖　疎水コロイドである炭素のコロイドに，にかわを加えたものが墨汁である。この墨汁に少量の電解質を加えると，容易に凝析が起こる。　(帝京大(医))

133 コロイド(4)

➔ 理 P.300～307

直径が［　　］m程度の大きさの粒子が分散した溶液をコロイド溶液という。コロイドには分散コロイドや分子コロイドなどの種類がある。

疎水コロイドが帯びる電荷の正負は，コロイド溶液のpHによって変化する。粘土のコロイドでは，pHが低いときはコロイド粒子の表面に化学結合した一部のヒドロキシ基(－OH)が水素イオンを受けとる。一方，pHが高いときは，図1のようにその一部は電離する。

そのため，コロイド粒子が帯びる電荷の符号はあるpHを境に逆転する。<u>粘土の一種であるカオリナイトのコロイドでは，このpHはおよそ4</u>である。

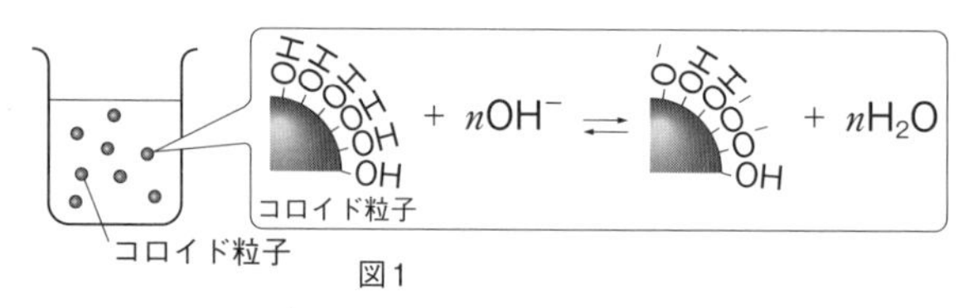

図1

問1　文中の［　　］にあてはまる最も適切なものを次の㋐～㋓から選び，記号で答えよ。

㋐ 10^{-13}～10^{-10}　㋑ 10^{-9}～10^{-7}　㋒ 10^{-6}～10^{-4}　㋓ 10^{-3}～10^{-1}

問2　下線部について，カオリナイトを純水に分散したpH＝7のコロイド溶液にそれとは別の溶液を少しずつ加えたときに，最も少ない滴下量で沈殿が生じるのは，次の㋐～㋓のどの水溶液か，記号で答えよ。なお，各物質のモル濃度はすべて同じである。

㋐ 塩化ナトリウム水溶液　㋑ 塩化カルシウム水溶液　㋒ 硫酸ナトリウム水溶液

㋓ グルコース水溶液

(北海道大)

12 反応速度・化学平衡

➡Do 理 P.310~336
➡解答・解説P.72

134 反応速度(1)

➡ 理 P.310~320

次の記述のうち，正しいものはどれか。記号で答えよ。ただし，一つとは限らない。

① $a\mathrm{A} + b\mathrm{B} \longrightarrow c\mathrm{C} + d\mathrm{D}$ なる反応の反応速度vは，　$v = k[\mathrm{A}]^a[\mathrm{B}]^b$　で表される。

② 前文の反応が進むとき，微小時間(Δt)の間に減少するAおよびBの濃度の間には，

$$\frac{1}{a}\frac{\Delta[\mathrm{A}]}{\Delta t} = \frac{1}{b}\frac{\Delta[\mathrm{B}]}{\Delta t}$$ の関係がある。

③ ある反応の反応速度定数は，温度や圧力にかかわらず，その反応に固有の値である。

④ 触媒を用いると反応の経路が変わるので反応エンタルピーも変化する。

(東京医科大・改)

135 反応速度(2)

➡ 理 P.310~320

過酸化水素水に少量の塩化鉄(Ⅲ)を加え，25℃に保つと，水と酸素に分解される。過酸化水素の濃度を一定時間おきに測定して調べた結果と，測定時間ごとの平均濃度と平均速度を計算した値を表1に示した。

経過時間〔min〕	0		1		4		6		9
濃度[H_2O_2]〔mol/L〕	0.542		0.497		0.384		0.324		0.250
平均濃度〔mol/L〕		0.520		(A)		0.354		0.287	
平均速度〔mol/(L・min)〕		0.045		(B)		0.030		0.025	

表1

問1　経過時間1分と4分の間の平均濃度(A)，平均速度(B)を求めよ。有効数字は(A)を3桁，(B)を2桁とする。

問2　次の文中の□に適当な用語，数字または式を入れよ。有効数字は2桁とする。

(1)　測定時間間隔ごとの平均速度を平均濃度で割った値を求めると以下のような値になる。

0~1分ではその値は[ア]，1~4分では[イ]，4~6分では[ウ]，6~9分では[エ]となり，その単位は[オ]となる。これらの値(k)と反応速度(V)と過酸化水素の濃度[H_2O_2]との関係を表す式は[カ]となることがわかる。kは反応速度定数とよばれる。

(2)　平均速度を縦軸に，平均濃度を横軸にとってグラフに表した場合，正しいものは次ページの①~⑤のうち[キ]となる。また反応速度定数(k)はこのグラフの[ク]に相当することがわかる。

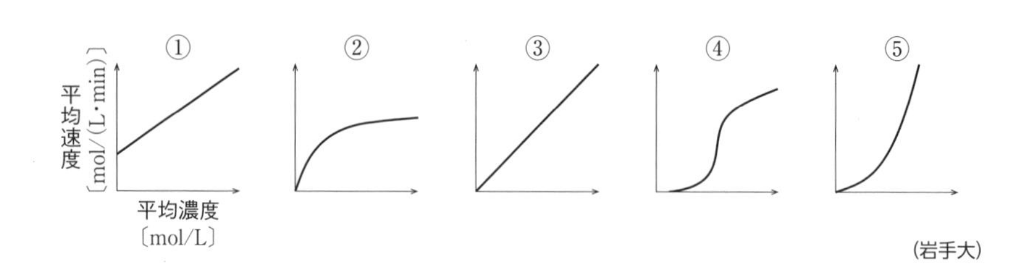

(岩手大)

136 反応速度(3)

➔ 理 P.316～317

$a\text{A} + b\text{B} \longrightarrow c\text{C}$

(a, b, cは係数)

で表される反応がある。

表1のように，AとBの濃度を変えて，反応初期のCの生成速度vを求めた。

実験	[A]〔mol/L〕	[B]〔mol/L〕	v〔mol/(L・s)〕
1	1.0	0.40	3.0×10^{-2}
2	1.0	0.80	6.0×10^{-2}
3	2.0	0.80	2.4×10^{-1}
4	4.0	1.6	v_4

表1

問1　表1の結果より反応速度定数kと反応物A，Bの濃度[A]，[B]を用いて，この反応の反応速度式を書け。

問2　実験1の結果を用いて，反応速度定数kの値を単位とともに求めよ。

問3　実験4の条件でのCの生成速度v_4〔mol/(L・s)〕の予測される値を有効数字2桁で求めよ。

問4　Cの生成速度に対する温度の影響を調べるために，温度を10K上げて実験を行ったところ，Cの生成速度が3倍に増加した。考えられる理由を分子の運動エネルギーの観点から50字以内で述べよ。

(信州大)

137 アレニウスの式と活性化エネルギー

➔ 理 P.312～317

化学反応の反応速度定数は，温度などの反応条件が一定であれば一定の値であるが，温度の上昇とともに急激に増加する。例えば，ヨウ化水素の分解反応では，温度が647Kから716Kになると，反応速度定数は約30倍になる。アレニウスはいくつかの反応で反応速度定数が，

$$k = Ae^{-\frac{E_a}{RT}} \quad \cdots①$$

で表されることを示した。ここで，Aは比例定数，E_a〔J/mol〕は活性化エネルギー，T〔K〕は絶対温度，R〔J/(mol・K)〕は気体定数である。

問1　①式の両辺の自然対数をとることにより，反応の活性化エネルギーE_aを求めることができる。その方法を簡潔に述べよ。

問2　下線部において，温度T_1(647K)とT_2(716K)で反応速度定数を測定したところ，それぞれ$k_1 = 8.6 \times 10^{-5}$ L/(mol・s)と$k_2 = 2.5 \times 10^{-3}$ L/(mol・s)であった。問1の結果を用いてこの反応の活性化エネルギーE_a〔kJ/mol〕を有効数字2桁で求めよ。ただし，速度定数k_1とk_2の値を自然対数で表すと $\log_e k_1 = -9.3$ と $\log_e k_2 = -6.0$ となる。

また気体定数Rは8.31J/(mol・K)である。　(横浜市立大(医))

発展 **138** 半減期　➔ 理 P.320～321

〔Ⅰ〕 一次反応の反応速度は反応物の量xに比例する。この比例定数をkとすると，時間tにおける反応物の量は次式で与えられる。

$$x = x_0 e^{-kt} \quad (e：自然対数の底)$$

ここで，x_0は反応の初期($t = 0$)における反応物の量である。

問1 初期量x_0が既知であるとして，反応物の現存量から現在までの経過時間tを求める式を答えよ。

問2 反応物が初期量x_0のちょうど半分に減少するまでに要する時間を半減期とよび，$t_{\frac{1}{2}}$と表す。$t_{\frac{1}{2}}$をkの関数として表せ。これから，一次反応に特有な性質としてどのようなことがいえるか，30字以内で答えよ。

〔Ⅱ〕 炭素は，99%の^{12}Cと1%の^{13}Cの2種類の安定同位体のほかに，宇宙線によって絶えず生成される半減期5730年の放射性同位体^{14}Cをごく微量含んでいる。宇宙線によってつくられた^{14}Cは，すみやかに大気圏および水圏に拡散して均一な同位体分布を示す。植物はこの均一な同位体分布をもつCO_2を光合成によってとり込む。とり込まれた^{14}Cは一次反応則に従って壊れる。

問3 残存する^{14}Cの量を測定すれば，〔Ⅰ〕に述べた原理にもとづいて，数千年前の文化財の年代が決定できるのはなぜか。30字以内で答えよ。

(大阪大・改)

139 化学平衡　➔ 理 P.322～328

褐色の気体である二酸化窒素は，ある一定の温度・圧力のもとで，2分子が結合した無色の気体である四酸化二窒素と，化学平衡の状態にある。この反応は次のように表される。

$$2NO_2(気) \rightleftarrows N_2O_4(気) \quad \Delta H = -57.2kJ$$

問1 化学平衡の状態とはどのような状態か。説明せよ。

問2 先端をゴム栓でふさいだ注射器に，二酸化窒素と四酸化二窒素の混合気体が入っている。温度を一定に保ちながら注射器のピストンをすばやく押し下げた。このときの注射器内の気体の色調の変化の様子を，理由とともに書け。

問3 一方，圧力一定で温度を下げたとき，化学平衡の移動の方向について考察せよ。

(滋賀医科大・改)

140 化学平衡の法則と平衡定数　➔ 理 P.322～328

酢酸にエタノールを加えて放置すると酢酸エチルと水が生成し，次ページの①式のような平衡状態に達する。

$$C_2H_5OH + CH_3COOH \rightleftarrows CH_3COOC_2H_5 + H_2O \quad \cdots\cdots①$$

常温においてこの反応が平衡に達するには長時間を要するため，触媒を用いることが多い。以下の問いに答えよ。なお，①で生成する以外の水は無視してよい。

(操作)　エタノール1.00molと酢酸0.50molの混合物に濃硫酸1.0mLを加えると全量87mLとなった。この溶液を25℃で平衡に達するまで反応させた(溶液1)。

問　溶液1に含まれている酢酸エチルは何molか。有効数字2桁で答えよ。ただし，反応中，反応液の体積は一定であると仮定する。なお，25℃における①式の平衡定数は4.00である。必要に応じて，$\sqrt{2} = 1.41$，$\sqrt{3} = 1.73$を用いよ。　(奈良県立医科大)

141 反応速度と化学平衡

➔ 理 P.325

H_2とI_2が反応してHIが生成する(a)式の気体反応は，可逆反応である。

$$H_2 + I_2 \rightleftarrows 2HI \quad \cdots(a)$$

この反応において，正反応の反応速度v_1はH_2およびI_2の濃度に比例し，逆反応の反応速度v_2はHIの濃度の2乗に比例することが知られている。

問1　(a)式の可逆反応の平衡定数Kを，正反応の速度定数k_1および逆反応の速度定数k_2を用いて表せ。

発展 問2　容積一定の密閉容器にH_2 30.0molとI_2 20.0molを入れて高温に保ったところ，平衡状態となりHIの物質量は36.0molとなった。

(1)　容器内の温度を保ったままI_2を追加したところ，新しい平衡状態となり，このときのv_2は，下線部の平衡状態でのv_2の2.25倍であった。容器に追加したI_2の物質量は何molか。解答は小数点以下第1位を四捨五入して示せ。

(2)　(1)で，下線部の平衡状態にI_2を追加した直後のv_1は，そのときのv_2の何倍か。解答は小数点以下第1位を四捨五入して示せ。　(東京工業大)

142 平衡移動とルシャトリエの原理

➔ 理 P.326〜328

10Lの容器に0.10molの酸素と過剰量の天然の黒鉛を入れ密閉した後，750℃に加熱したところ，酸素はすべて反応し，次の平衡状態に達した。

$$CO_2 + C(\text{黒鉛}) \rightleftarrows 2CO \quad \Delta H = 170\text{kJ} \quad \cdots(a)$$

問1　平衡に達した状態において，次の(1)〜(3)の操作を行うと，(a)式の平衡はどちらに移動するか。「左」，「右」または「移動しない」で答えよ。ただし，容器の体積は10Lで一定とし，(1)，(2)では温度は750℃のまま一定とする。

(1)　一酸化炭素を加える　　(2)　アルゴンを加える　　(3)　温度を下げる

発展 問2　平衡に達した状態において，黒鉛を加えても(a)式の平衡は移動しない。^{13}Cからなる黒鉛を加えたとき，二酸化炭素に含まれる^{13}Cの割合は，増えるか，減るか，あるいは変わらないか，理由とともに答えよ。　(島根大・改)

143 圧平衡定数

➔ 理 P.333～336

無色の四酸化二窒素N_2O_4は一部が解離し，赤褐色の二酸化窒素NO_2を生じ，次の式①のような平衡状態になる。

$$N_2O_4(気) \rightleftarrows 2NO_2(気) \quad \cdots\cdots①$$

容積を変えることができるピストン付の真空容器にN_2O_4を5.00×10^{-2}mol封入し，温度328K，圧力1.00×10^5Paに保ち平衡に到達させたところ，その体積は2.00Lとなった。気体は理想気体とし，気体定数$R = 8.31 \times 10^3$Pa・L/(K・mol)とする。

問1　このときのN_2O_4の解離度を求め，有効数字2桁で答えよ。なお，解離度とは最初に封入したN_2O_4の物質量に対する解離したN_2O_4の物質量の割合であり，0と1の間の値をとる。

問2　このときの圧平衡定数K_Pの値を求め，有効数字2桁で答えよ。

問3　温度328Kに保ったまま，ピストンを押して圧力を上げていったとき，N_2O_4の解離度ははじめの解離度と比較してどうなるか。次の㋐～㋒のうちから選び，記号で記せ。

㋐ 大きくなる　　㋑ 小さくなる　　㋒ 変わらない

問4　温度328Kに保ったまま，ピストンを押して圧力を2.2×10^5Paにした。このときのN_2O_4の解離度を求め，有効数字1桁で答えよ。 (愛知医科大)

発展 144 抽出と分配平衡

➔ 理 P.333～336

互いにまざり合わずに2液層をなしている2つの液体に他の物質が溶けるとき，その物質が両液層中で同じ分子として存在するなら，一定の温度ではその物質の両液層中での濃度の比は一定である。水と四塩化炭素とは互いにまざり合わずに2液層をなす。これに25℃でヨウ素を溶かすと，水に対するヨウ素の濃度(C_1)と，四塩化炭素に対するヨウ素の濃度(C_2)との比は85，すなわち $k = \dfrac{C_2}{C_1} = 85$ である。

問1　100mL中に0.100gのヨウ素を含む水溶液がある。これに20mLの四塩化炭素を加えてよく振り混ぜた後，静置して水層と四塩化炭素層に分離すると水層に残っているヨウ素は何gか。有効数字2桁で答えよ。ただし，このときの温度は25℃とする。

問2　問1の四塩化炭素20mLのかわりに，10mLの四塩化炭素で2回，問1の操作をくり返したとき水層に残っているヨウ素は何gか。有効数字2桁で答えよ。 (札幌医科大)

13 酸と塩基の電離平衡

➡Do 理 P.337〜355
➡解答・解説P.78

145 強塩基の水溶液のpH

➡ 理 P.337〜340

次の文中の□にあてはまる式を答えよ。なお，水のイオン積K_wは$[H^+][OH^-]=K_w$〔$(mol/L)^2$〕とする。

モル濃度がC〔mol/L〕のNaOH水溶液1.0Lでは，強塩基であるNaOHは水溶液中で完全に電離していると考えられるので，NaOHから［ア］〔mol〕のOH^-が生じる。また，水分子の電離により生じたH^+およびOH^-はそれぞれs〔mol〕とする。［ア］がsに比べて非常に大きい場合は，$[OH^-]=$［イ］〔mol/L〕と見なすことができるため，このNaOH水溶液のpHはCおよびK_wを用いて次の式で表すことができる。

pH = ［ウ］

一方，［ア］がsに比べて十分に大きくない場合は，$[H^+]=$［エ］〔mol/L〕，$[OH^-]=$［オ］〔mol/L〕となる。したがって，pHはCおよびK_wを用いて次の式で表すことができる。

pH = ［カ］（発展）

（東京理科大）

（発展） 146 酢酸の電離平衡

➡ 理 P.341〜343

濃度C〔mol/L〕の酢酸水溶液中で$CH_3COOH \rightleftarrows CH_3COO^- + H^+$の平衡がなりたっているとき，水のイオン積$K_w=[H^+][OH^-]$と酢酸の電離定数

$$K_a=\frac{[H^+][CH_3COO^-]}{[CH_3COOH]}$$

を用いて，$[H^+]$を表すことができる。陽イオンと陰イオンの電荷のつり合いの条件が

$[H^+]=$［ア］＋［イ］

を満たすこと，および濃度Cが

$C=$［ウ］＋［エ］

で表されることを考慮すれば$[H^+]$以外の分子やイオンの濃度を消去することにより，$[H^+]$に関する三次方程式

$[H^+]^3+($［オ］$)[H^+]^2+($［カ］$)[H^+]+($［キ］$)=0$

が得られる。

なお，濃度Cが高いときには，水の電離の影響を無視できるので$K_w=0$の近似が許され，三次方程式を二次方程式

$[H^+]^2+K_a[H^+]-K_aC=0$

へと変形することができる。この方程式の解$[H^+]$は，高濃度の極限において$\sqrt{K_aC}$で近似できる。

問1　空欄［ア］〜［エ］にあてはまる分子やイオンのモル濃度を答えよ。

問2　空欄［オ］〜［キ］をK_a，K_w，ならびにCを用いて表せ。

（大阪大・改）

147 アンモニア水のpH

➡ 理 P.341〜343

C〔mol〕のアンモニアを水に溶解して，1Lとした水溶液のpHを，アンモニアの電離定数K_b〔mol/L〕，Cおよび水のイオン積K_w〔mol^2/L^2〕を用いて示せ。なお，アンモニアの電離度は十分小さく，また，アンモニアの溶解に伴う水の体積変化はないものとする。

（北海道大）

148 リン酸の電離平衡

➡ 理 P.337〜345

リン酸は三価の酸であり，その電離平衡および電離定数は次式のようになる。

$H_3PO_4 \rightleftarrows H^+ + H_2PO_4^-$ ：電離定数$K_1 = 7.08 \times 10^{-3}$mol/L ……(1)

$H_2PO_4^- \rightleftarrows H^+ + HPO_4^{2-}$ ：電離定数$K_2 = 6.31 \times 10^{-8}$mol/L ……(2)

$HPO_4^{2-} \rightleftarrows H^+ + PO_4^{3-}$ ：電離定数$K_3 = 4.47 \times 10^{-13}$mol/L ……(3)

濃度C〔mol/L〕のリン酸水溶液のpHを測定すると2.00であった。このリン酸水溶液ではK_2やK_3の値はK_1に比べて極めて小さい。したがって(2)式と(3)式の電離は無視でき，(1)式の電離平衡のみを考えればよいので，$[H^+] = [H_2PO_4^-]$と見なせる。ただし，このときの電離度αは，1に対して無視できない。

このことを考慮して電離度αとリン酸濃度Cを有効数字3桁で求めよ。（岡山大）

発展 149 硫酸の電離平衡

➡ 理 P.337〜345

硫酸は2価の酸であり，水溶液中では次の①式および②式のように二段階で電離している。

$H_2SO_4 \longrightarrow H^+ + HSO_4^-$ …①

$HSO_4^- \rightleftarrows H^+ + SO_4^{2-}$ …②

25℃において pH = 2.0 となる硫酸水溶液のモル濃度〔mol/L〕を有効数字2桁で求めよ。なお，25℃における②式の電離定数は1.0×10^{-2}mol/Lとし，温度にかかわらず①式の電離度は1.0とする。

（広島大）

150 指示薬の電離定数と変色域

➡ 理 P.337〜338

中和滴定に用いる指示薬は，水溶液中のpHの変化に伴って色が変化する物質である。フェノールフタレイン分子をHAで表すと，異なった色を示す化学種HAとA^-について，水溶液中で次の電離平衡（電離定数$K = 3.0 \times 10^{-10}$mol/L）が成り立つ。

$HA \rightleftarrows H^+ + A^-$

問1　この平衡について，化学種のモル濃度を[HA]，$[H^+]$，$[A^-]$とし，電離定数Kを式で示せ。

問2　容器中の水素イオン濃度が大きくなると，平衡はどちらに移動するか答えよ。

問3　指示薬の色は，[HA]と$[A^-]$の比$\left(\dfrac{[HA]}{[A^-]}\right)$が0.1以下もしくは10以上になるとき，

片方の色のみを目視できる。$\frac{[HA]}{[A^-]}$が0.1と10のときのpHを$\log_{10}3 = 0.477$として，小数点以下第2位までそれぞれ求めよ。

問4　HAとA^-はそれぞれ何色を示すか答えよ。　（信州大）

発展 151 炭酸の電離平衡

➔ 理 P.341〜345

CO_2を溶解させた水溶液中では，（Ⅰ）式から（Ⅲ）式に示すように，CO_2，炭酸H_2CO_3，炭酸水素イオンHCO_3^-および炭酸イオンCO_3^{2-}が化学平衡の状態にある。

$$CO_2 + H_2O \rightleftarrows H_2CO_3 \quad \cdots(\text{I})$$
$$H_2CO_3 \rightleftarrows HCO_3^- + H^+ \quad \cdots(\text{II})$$
$$HCO_3^- \rightleftarrows CO_3^{2-} + H^+ \quad \cdots(\text{III})$$

水溶液中におけるCO_2，H_2CO_3，HCO_3^-，CO_3^{2-}，H_2OおよびH^+のモル濃度〔mol/L〕をそれぞれ$[CO_2]$，$[H_2CO_3]$，$[HCO_3^-]$，$[CO_3^{2-}]$，$[H_2O]$および$[H^+]$とする。また，（Ⅱ）式および（Ⅲ）式の電離定数をそれぞれK_{a1}およびK_{a2}とする。なお，（Ⅰ）式の反応では，H_2Oの濃度変化が十分に小さいため，$[H_2CO_3]$と$[CO_2]$の比は定数Kを用いて（Ⅳ）式のように表せる。

$$K = \frac{[H_2CO_3]}{[CO_2]} \quad \cdots(\text{IV})$$

問1　水溶液中に存在するCO_2，H_2CO_3，HCO_3^-およびCO_3^{2-}のモル濃度の和C〔mol/L〕をK，K_{a1}，K_{a2}，$[H^+]$および$[CO_2]$を用いて表せ。

問2　CO_2を溶解させた水溶液のpHが8.0のとき，水溶液中の$[CO_2]$，$[H_2CO_3]$，$[HCO_3^-]$および$[CO_3^{2-}]$を大きい順に並べよ。ただし，$K = 4.0 \times 10^{-3}$ mol/L，$K_{a1} = 1.5 \times 10^{-4}$ mol/L，$K_{a2} = 5.0 \times 10^{-11}$ mol/L とする。

（名古屋大）

152 塩の加水分解

➔ 理 P.347〜349

アンモニア水溶液中では次の電離平衡反応の式が成り立ち，その平衡定数は$K_b = 4.0 \times 10^{-5}$ mol/Lとする。

$$NH_3 + H_2O \rightleftarrows NH_4^+ + OH^-$$

ただし，水のイオン積を $K_w = 1.0 \times 10^{-14}$ mol^2/L^2，$\log_{10}2 = 0.30$ とする。

問1　塩化アンモニウムを水に溶かして，濃度0.10mol/Lの塩化アンモニウム水溶液100mLをつくった。この水溶液中での加水分解反応のイオン反応式を示せ。

問2　0.10mol/L塩化アンモニウム水溶液のpHとして最も近い数値を，次のⓐ〜ⓔから1つ選べ。

ⓐ 5.0　ⓑ 5.3　ⓒ 5.8　ⓓ 6.3　ⓔ 6.8

（立教大）

153 緩衝作用

➔ 理 P.351〜354

塩化アンモニウムとアンモニアの混合水溶液は緩衝作用を示す。

問1　緩衝作用とは何か，簡単に説明せよ。

問2　0.20mol/Lの塩化アンモニウムと0.10mol/Lのアンモニアを含む混合水溶液の25℃における水素イオン濃度を求めよ。ただし，アンモニアの電離定数K_bは1.7×10^{-5}mol/Lとし，水のイオン積K_wは1.0×10^{-14}mol^2/L^{2}とする。

問3　問1の溶液が緩衝作用を示す理由を説明せよ。　　(横浜市立大(医))

154 緩衝液のpH

➔ 理 P.351〜354

酢酸および酢酸ナトリウムは共に水溶液中で電離するが，酢酸ナトリウムは水溶液中でほぼ完全に電離するのに対し，弱酸である酢酸の電離度は非常に小さいことが知られている。酢酸ナトリウムの電離度を1として，以下の問いに答えよ。ただし，温度条件はすべて25℃とし，25℃での酢酸の電離定数K_aを2.7×10^{-5}mol/Lとする。また，必要があれば，$\log_{10}2 = 0.30$，$\log_{10}3 = 0.48$ の値を使用し，解答は小数点以下第1位まで求めよ。

問1　濃度0.10mol/Lの酢酸水溶液150mLに，濃度0.10mol/Lの水酸化ナトリウム水溶液を50mL加えた。得られた溶液のpHを求めよ。

問2　問1の混合溶液200mLに0.50mol/Lの塩酸を2.5mL加えた時の混合溶液のpHを求めよ。

(久留米大(医))

14 溶解度積

Do 理 P.356〜363
⇒解答・解説P.84

155 溶解度積(1)

➔ 理 P.356〜359

クロム酸バリウム$BaCrO_4$は水にわずかに溶解して(1)式の平衡に到達する。

$$BaCrO_4(固) \rightleftarrows Ba^{2+} + CrO_4^{2-} \quad \cdots(1)$$

(1)式の平衡が成立している水溶液にBa^{2+}またはCrO_4^{2-}を加えると平衡が左に移動する。これを［ア］効果という。(1)式に化学平衡の法則を適用するとき，沈殿の量は平衡に影響を与えないので，平衡定数K_{sp}は，K_{sp} =［イ］となる。K_{sp}は温度が変わらなければ常に一定となる。

上の文中の［　］に入る適切な用語や式を記せ。また，0.050mol/L K_2CrO_4水溶液1Lに対する$BaCrO_4$の溶解度〔mol/L〕を求め，有効数字2桁で答えよ。ただし，$BaCrO_4$のK_{sp}を$1.2 \times 10^{-10} mol^2/L^2$とし，$K_2CrO_4$は水溶液中ですべて電離している。

（明治薬科大）

156 溶解度積(2)

➔ 理 P.356〜359

塩化銀の溶解度積を$1.0 \times 10^{-10} (mol/L)^2$としたとき，AgClの飽和水溶液1.0Lに溶けているAgClの量は，0.01mol/Lの塩酸水溶液1.0Lに溶けるAgClの量の何倍か。最も適当な数値を，次の①〜⑥のうちから一つ選べ。

① $\frac{1}{1000}$　② $\frac{1}{100}$　③ $\frac{1}{10}$　④ 10　⑤ 100　⑥ 1000

（東京医科大）

157 溶解度積(3)

➔ 理 P.356〜359

硫化水素H_2Sは水溶液中で次のように2段階で電離する。

$$H_2S \rightleftarrows H^+ + HS^- \quad \cdots① \qquad HS^- \rightleftarrows H^+ + S^{2-} \quad \cdots②$$

式①と②のそれぞれの平衡定数K_1，K_2は，$K_1 = 1.0 \times 10^{-7}$mol/L，$K_2 = 1.0 \times 10^{-14}$mol/L である。濃度$2.0 \times 10^{-4}$mol/Lのカドミウムイオンを含む水溶液に硫化水素を通じるとき，硫化カドミウムが沈殿するpH範囲はどれか。次の中から最も適切なものを一つ選べ。ただし，溶液中の硫化水素の濃度は0.1mol/L，硫化カドミウムの溶解度積$K_{sp} = [Cd^{2+}][S^{2-}]$は$2.0 \times 10^{-20} (mol/L)^2$ とする。（東海大(医)）

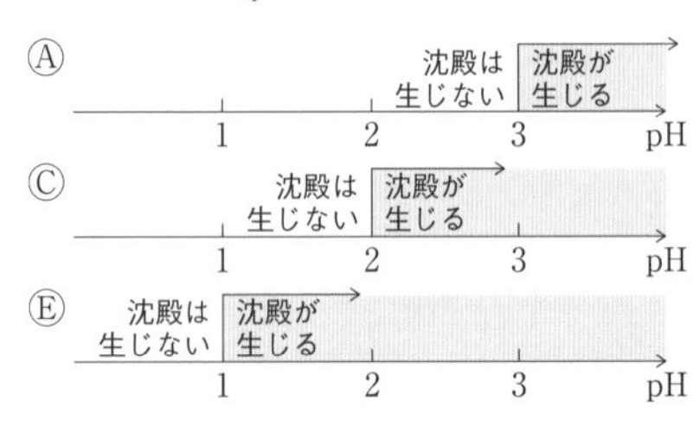

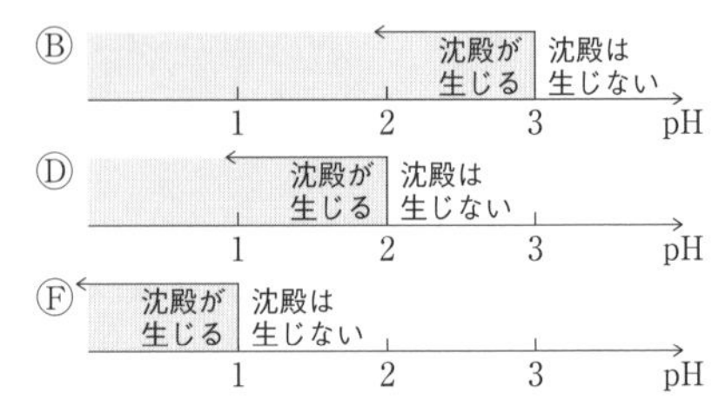

158 溶解度積(4)

➔ 理 P.356～359

二クロム酸カリウムの結晶を蒸留水に溶解して0.30mol/L水溶液を調製した。この二クロム酸カリウム水溶液に0.60mol/L水酸化カリウム水溶液を過不足なく加えて，クロム酸カリウム水溶液を得た。これを溶液Aとする。

溶液Aと同体積の0.80mol/L硫酸カリウム水溶液を混合した後，この混合溶液を蒸留水で5倍に希釈して溶液Bを得た。

溶液Bを攪拌しながら，0.040mol/L塩化バリウム水溶液を徐々に加えた。CrO_4^{2-}およびSO_4^{2-}は加水分解しないものとして，問1～問4に答えよ。ただし，$BaCrO_4$および$BaSO_4$の溶解度積をともに$1.2 \times 10^{-10}(mol/L)^2$とし，沈殿の生成にもとづく溶液の体積変化は無視できるものとする。

問1　CrO_4^{2-}とSO_4^{2-}のどちらが先に沈殿を生じるか。

発展 問2　溶液Bに，それと同体積の0.040mol/L塩化バリウム水溶液が加えられたとき，一方の陰イオンの沈殿だけが生じた。溶液中のBa^{2+}の濃度は何mol/Lになっているか。有効数字2桁で求めよ。

問3　溶液Bに0.040mol/L塩化バリウム水溶液を加えていき，溶液全体の体積が溶液Bのa倍になったとき，もう一方の陰イオンの沈殿が生じはじめた。このときの溶液中のBa^{2+}のモル濃度を，aを用いて表せ。

問4　問3の時点において，問2で沈殿を生じた陰イオンの何%が沈殿になっているか。物質量の百分率〔%〕を有効数字2桁で求めよ。　(日本医科大)

159 沈殿滴定と溶解度積

➔ 理 P.361～363　無 P.77, 83～85, 97

K_2CrO_4水溶液に$AgNO_3$水溶液を加えていくと，やがて暗赤色の沈殿が生じた。さらに，$AgNO_3$水溶液を加え続けながら，銀イオンとクロム酸イオンの濃度を測定した。沈殿が生じている際の銀イオンとクロム酸イオンの濃度(○)を両対数のグラフに描くと，図1に示すように直線(A)の関係が得られた。

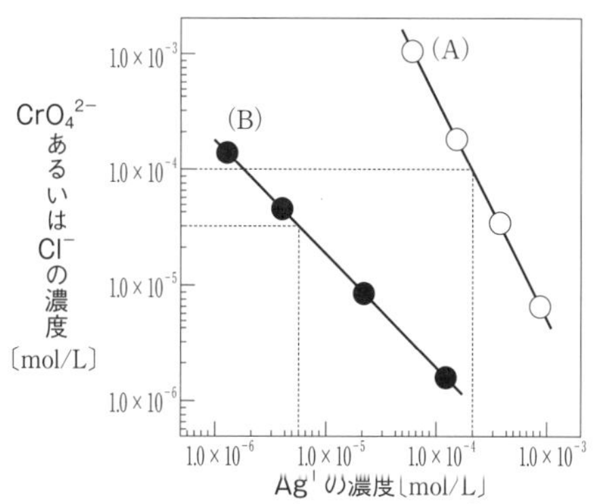

図1　沈殿が生じている際のAg^+の濃度とCrO_4^{2-}あるいはCl^-の濃度との関係
(破線は数値を読みとるための補助線である)

また，NaCl水溶液に$AgNO_3$水溶液を加えていくと，やがてAgClの白色沈殿が生じた。沈殿が生じている際の銀イオンと塩化物イオンの濃度(●)を図1のグラフに描くと，直線(B)の関係が得られた。溶液の温度は一定であった。

問1　暗赤色沈殿が生じた反応をイオン反応式で示せ。

問2　この暗赤色沈殿の溶解度積K_{sp}を求めよ。

(発展) 問3　濃度がわからないNaCl水溶液100mLと濃度2.0×10^{-2}mol/LのK_2CrO_4水溶液100mLを混合した後，$AgNO_3$水溶液を滴下すると，はじめにAgClの白色沈殿が生じ，さらに滴下を続けると暗赤色沈殿が生じた。$AgNO_3$水溶液の滴下による混合水溶液の体積変化は無視できるとして次の問いに答えよ。

(1)　白色沈殿が生じはじめた際の銀イオンの濃度は3.0×10^{-6}mol/Lであった。混合前のNaCl水溶液の濃度〔mol/L〕を求めよ。

(2)　暗赤色沈殿が生じはじめた際，$AgNO_3$水溶液滴下前の塩化物イオンのうち何%がAgClとして沈殿していたか求めよ。　(東京農工大)

第2編

無機化学

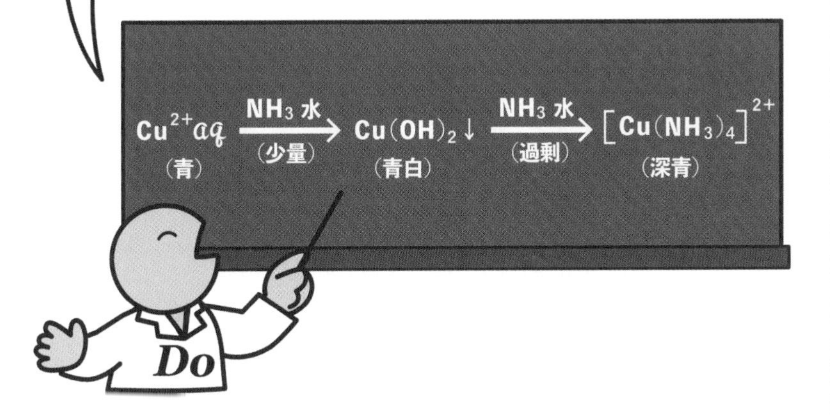

物質の色、状態、性質、つくり方。
忘れやすい内容が多いので、
繰り返し見直しましょう
$Cu^{2+}aq$ (青) $\xrightarrow[\text{(少量)}]{NH_3\text{水}}$ $Cu(OH)_2\downarrow$ (青白) $\xrightarrow[\text{(過剰)}]{NH_3\text{水}}$ $[Cu(NH_3)_4]^{2+}$ (深青)
Do

第7章 無機化合物の分類・各種反応・イオン分析・気体の製法と性質

15 無機化合物の分類・各種反応

Do 無 P.8～86
⇒解答・解説P.88

160 単体と化合物

→ 無 P.22

問1　次のうちで，混合物のみ，または化合物のみからなる組み合わせはどれか。

A：オゾン，塩酸，花こう岩　　B：石油，石灰水，空気

C：水，ドライアイス，アンモニア

D：黒鉛，エタノール，塩化ナトリウム　　E：スクロース(ショ糖)，海水，食酢

㋐ AとB　㋑ BとC　㋒ CとD　㋓ DとE　㋔ AとE

問2　次のうち，下線部が単体ではなく元素の意味に用いられているものはどれか。

A：人間の体重の約65％は酸素である。

B：金は延性が大きい。

C：負傷して酸素吸入を受ける。

D：カリウムは水と激しく反応するので石油の中に保存する。

E：ダイヤモンドとフラーレンは，炭素の同素体である。

㋐ AとB　㋑ CとD　㋒ BとC　㋓ DとE　㋔ AとE　(自治医科大)

161 酸化物

→ 無 P.31～36

酸素は化学的に活性で，種々の元素と結合して酸化物を生成する。酸化物は，酸，塩基，水などとの反応の特徴から

(ⅰ)酸性酸化物
(ⅱ)塩基性酸化物
(ⅲ)両性酸化物

に分類できる。

第4周期のある遷移金属元素は酸素と結合して酸化物Aを生成する。Aは黒色で磁石に強くひきつけられる。また，Aは酸化数が＋2と酸化数が＋［ア］である金属イオンを［イ］：［ウ］の割合で含む。粉末状のAを空気中，温度1000℃で加熱すると赤褐色(赤色)の酸化物Bが生成する。一方，空気中，温度200℃で長時間加熱すると黒褐色の酸化物Cが生成する。得られた酸化物BとCの質量を測定すると，どちらも出発物質Aに対し同じ割合で質量増加が観測される。酸化物Cはマグヘマイトとよばれ，磁気録音テープ用材料などに広く使用されている。

問1　次の酸化物①～⑥を(ⅰ)～(ⅲ)のいずれか1つに分類し，番号で記せ。

① MgO　② Al_2O_3　③ SO_3　④ P_4O_{10}　⑤ Na_2O　⑥ SiO_2

問2　問1の酸化物①～⑥に含まれる酸性酸化物の中に，水に溶解すると2価の強酸を生じる物質がある。該当する酸化物と水との反応を化学反応式で記せ。

問3　問1の酸化物①～⑥に含まれる塩基性酸化物の中に，水とほとんど反応しないが，塩酸とは反応して，溶解する物質がある。該当する酸化物と塩酸との反応を化学反応式で記せ。

問4　文中の□に適切な整数値を入れよ。

発展 問5　酸化物A，B，Cの組成式を記せ。

（京都大）

162 オキソ酸

➔ 無 P.34, 65, 160

(a)塩素の単体は水に少し溶け，その一部が反応し塩化水素と次亜塩素酸を生じる。次亜塩素酸のように，分子中に酸素を含む酸をオキソ酸という。

一般に，酸性酸化物が水と反応するとオキソ酸を生じる。例えば，(b)塩素の酸化物であるCl_2O_7を水に溶かすと過塩素酸が生じる。

問1　下線部(a)に関して，この反応の化学反応式を記せ。

問2　下線部(b)に関して，次の(1)，(2)に答えよ。

(1)　この反応の化学反応式を記せ。

(2)　同じモル濃度の次亜塩素酸と過塩素酸の水溶液ではどちらがより強い酸か答えよ。また，そのように判断した理由を，酸化数の大きさに注目して簡潔に記せ。

（静岡大）

163 金属の反応

➔ 無 P.55～61

7種類の金属元素（Ag，Al，Cu，Fe，Mg，Na，Zn）がある。これらの元素を，それぞれの単体の性質によって図1のように ア ～ キ に分類した。 ア ～ キ に該当する金属元素の元素記号を，1つずつ答えよ。

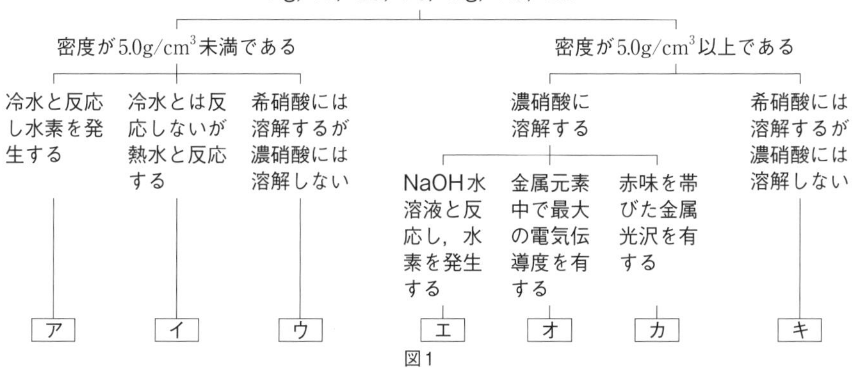

図1

（静岡県立大）

164 水和水を含む塩の質量分析

→ 無 P.70

水和水(結晶水)を含むシュウ酸カルシウムAを1.00g採取し，乾燥した窒素ガスを通しながら徐々に高温にしたところ，質量は図1の実線のように減少した。また，水和水を含むシュウ酸マグネシウムEの1.00gについて同様の実験を行ったところ，質量は図1の破線のように減少した。この間にシュウ酸カルシウムAは物質B，C，Dに変化し，シュウ酸マグネシウムEは物質F，Gに変化した。原子量はH＝1.0，C＝12，O＝16，Mg＝24，Ca＝40とする。

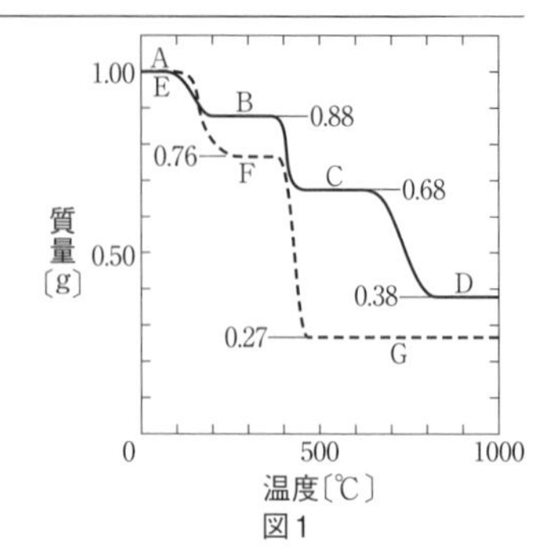

図1

問1　100℃から250℃の間は水和水の脱離が起こる。物質Aおよび物質Eの水和水の数を求め，整数で答えよ。

問2　400℃以上で存在する物質C，DおよびGの化学式を記せ。

問3　B→CおよびC→Dに変化するときに発生する気体の名称を記せ。　(名古屋工業大)

165 両性水酸化物

→ 無 P.83

3価のAlイオンは，溶液中では水分子H_2Oあるいは水酸化物イオンOH^-が配位した錯イオン$[Al(H_2O)_m(OH)_n]^{(3-n)+}$($m$，$n$は整数，$m+n=6$)および沈殿$Al(OH)_3$(固)として存在し，それらが平衡状態にあるとする。平衡状態における錯イオンの濃度のpH依存性が下の図のように表されるとき，錯イオンの濃度の合計が最も低くなり，$Al(OH)_3$(固)が最も多く得られるpHを整数で答えよ。

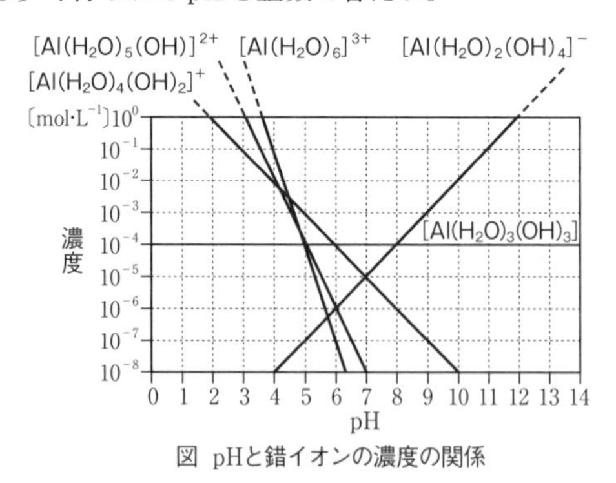

図　pHと錯イオンの濃度の関係

(東京大)

16 イオンの反応と分析・気体の製法と性質

Do 無 P.72〜114
⇒解答・解説P.90

166 イオンの反応(1)

無 P.74, 83

次の各金属イオン(a)〜(e)の水溶液について，下の問1，2それぞれにあてはまる場合は○を，あてはまらない場合は×を記せ。

(a) Al^{3+}　(b) Cu^{2+}　(c) Zn^{2+}　(d) Fe^{3+}　(e) Pb^{2+}

問1　水酸化ナトリウムの水溶液を少量加えると沈殿を生じ，過剰に加えると沈殿は溶解する。

問2　アンモニア水を少量加えると沈殿を生じ，過剰に加えると沈殿は溶解する。

(立教大)

167 イオンの反応(2)

無 P.80〜84

次の文章を読み，[ア]，[イ]に適した数値を，[a]〜[d]には適した数，語句，または化学式を答えよ。$\sqrt{2.8} = 1.67$，$\sqrt{17} = 4.12$とし，数値は有効数字2桁で解答せよ。また，溶液をつくるときの体積変化は無視せよ。

アンモニア分子は，[a]電子対を有しており，金属イオンと[b]を生じる。銅(Ⅱ)イオンCu^{2+}を含む水溶液に多量のアンモニア水を加えると溶液は深青色を呈するが，これはCu^{2+}が(1)式のようにアンモニアと反応して[b]を生じるためである。

$$Cu^{2+} + \boxed{c}\,NH_3 \longrightarrow \boxed{d} \quad \cdots(1)$$

また，水に溶けにくい塩もアンモニア水によく溶ける場合が多いが，これも[b]の生成による。例えば，塩化銀は水には溶けにくいが，アンモニア水にはよく溶ける。この例について考えよう。

塩化銀は飽和水溶液中で(2)式の平衡状態にある。

$$AgCl(固体) \rightleftarrows Ag^+ + Cl^- \quad \cdots(2)$$

このとき，銀イオンのモル濃度$[Ag^+]$と塩化物イオンのモル濃度$[Cl^-]$との積は一定で，その値は(3)式であたえられる。

$$[Ag^+][Cl^-] = 2.8 \times 10^{-10}\ (mol/L)^2 \quad \cdots(3)$$

したがって，塩化銀の飽和水溶液1L中のAg^+の量は[ア]molである。この溶液にアンモニアを加えると，Ag^+はアンモニアと反応し，(4)式の平衡が成り立つようになる。

$$Ag^+ + 2NH_3 \rightleftarrows [Ag(NH_3)_2]^+ \quad \cdots(4)$$

この反応の平衡定数の値は，(5)式であたえられる。

$$K = \frac{[[Ag(NH_3)_2]^+]}{[Ag^+][NH_3]^2} = 1.7 \times 10^7\ (mol/L)^{-2} \quad \cdots(5)$$

$[NH_3]$が1.0mol/Lであるように条件をととのえると，溶液中のAg^+のモル濃度$[Ag^+]$と$[Ag(NH_3)_2]^+$のモル濃度$[[Ag(NH_3)_2]^+]$の和に相当した塩化銀が溶解するが，その和は，(3)式と(5)式から[イ]発展mol/Lと求めることができる。

(京都大)

168 イオンの反応(3)

➔ 無 P.74～80

次の(1)～(6)の文は，下記の陽イオンからなる化合物の性質を述べたものである。それぞれの文に該当する陽イオンを選び，下線部の化合物の化学式を書け。

(1) 水酸化物の沈殿は白色で水に難溶であり，過剰の水酸化ナトリウム水溶液にも溶けない。しかし，硫酸塩は水によく溶ける。

(2) 水酸化物の沈殿は白色で水に難溶であるが，過剰の水酸化ナトリウム水溶液に溶けて錯イオンを生成する。しかし，硫酸塩は水や塩酸には溶けない。

(3) 硫酸塩の沈殿は白色で水だけでなく，塩酸や過剰の水酸化ナトリウム水溶液にも溶けない。

(4) 水酸化物の沈殿は灰緑色で水に溶けないが，これに水酸化ナトリウム水溶液と過酸化水素水を加えて熱すると，黄色のイオンを生成して溶解する。

(5) 水酸化物の沈殿は白色で水や過剰のアンモニア水には溶けないが，過剰の水酸化ナトリウム水溶液に溶けて錯イオンを生成する。また，塩酸に溶けて陽イオンとなる。

(6) 水酸化物の沈殿は白色で水に溶けないが，過剰の水酸化ナトリウム水溶液に溶ける。また，過剰のアンモニア水にも溶けて錯イオンを生成する。

〈陽イオン名〉 銀(Ⅰ)　鉄(Ⅲ)　亜鉛(Ⅱ)　コバルト(Ⅱ)　アルミニウム(Ⅲ)
銅(Ⅱ)　マグネシウム(Ⅱ)　鉛(Ⅱ)　クロム(Ⅲ)　バリウム(Ⅱ)

(日本医科大)

169 錯イオンの構造

➔ 無 P.80

①塩化コバルト(Ⅱ)，塩化アンモニウム，アンモニア水と過酸化水素を反応させた後，塩酸を加えると，化合物Aの紫色沈殿を生じた。Aを分離，精製して分析したところ，コバルトの原子1個に対しアンモニア分子5個，塩化物イオン3個を含むイオン性の化合物であることがわかった。Aを構成する②陽イオンの構造を調べたところ，アンモニア分子と塩化物イオン合わせて6個がコバルトイオンに配位結合した八面体構造であることがわかった。③配位結合していない塩化物イオンは，化合物の水溶液に硝酸銀水溶液を加えるとBとなってほとんど完全に沈殿した。

発展 問1 下線部①における化合物Aの合成反応は次式で与えられる(塩酸は反応式には含まれない)。[a]～[e]に当てはまる数値とAの化学式を答えよ。

$$\boxed{a}\,CoCl_2 + \boxed{b}\,NH_4Cl + \boxed{c}\,NH_3 + H_2O_2 \longrightarrow \boxed{d}\,A + \boxed{e}\,H_2O$$

問2 下線部②の陽イオンが何価のイオンであるかを答えよ。またその構造を，次の(例)にならって立体的に図示せよ。

(例)
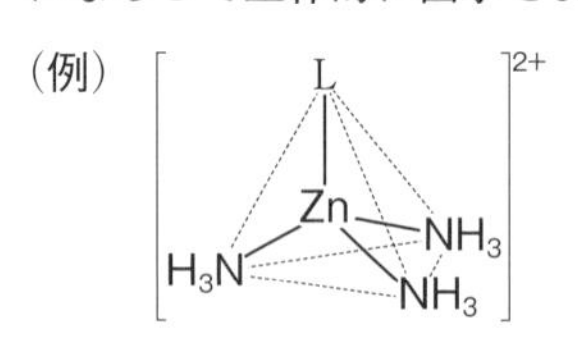

問3　下線部③において，化合物A 2.5gの水溶液に十分に硝酸銀水溶液を加えたときに得られる沈殿Bの化合物名を答え，その質量〔g〕を有効数字2桁で求めよ。原子量は H＝1.00，N＝14.0，Cl＝35.5，Co＝58.9，Ag＝107.9とする。

発展 問4　化合物A中のアンモニア分子2個が分子L 2個に置換した化合物について，すべての異性体の陽イオンの構造を，問2の(例)にならって立体的に図示せよ。

（東京大）

発展 170 沈殿反応を利用した滴定

→ 無 P.88～93

次の実験は，採水試料中の塩化物イオン濃度を測定する方法である。

実験Ⅰ　採取した水25mLに6mol/L硝酸を5mL加え，よくかき混ぜた後，0.100mol/L硝酸銀溶液をビュレットで徐々に加えた。その結果，①白色沈殿Aが生じた。さらに0.100mol/L硝酸銀溶液を加え，新たに沈殿が生じなくなった後，数mL過剰に加えた。その結果，最終的に加えた硝酸銀溶液の体積は15.00mLとなった。ろ過によってろ液と沈殿に分離した後，ろ紙上に残った白色沈殿を少量の水で洗浄した。

実験Ⅱ　ろ液と沈殿を洗浄した液を集めた溶液に，鉄(Ⅲ)イオンを含む酸性水溶液を少量添加し，0.100mol/Lチオシアン酸カリウム標準溶液で滴定した。この溶液中では，チオシアン酸イオン SCN^- は銀イオンと難溶性の白色沈殿 $AgSCN$ を生じる。溶液中の銀イオンがすべて $AgSCN$ となったとき，②溶液が赤橙色(血赤色)となる。この赤橙色が消えなくなったところを滴定の終点とした。このときの滴定値は5.20mLであった。

問1　白色沈殿Aの組成式を書け。

問2　実験Ⅰで最終的に生じた下線部①の質量はどれだけであったか，有効数字3桁で求めよ。原子量はCl＝35.5，Ag＝108とする。

問3　白色沈殿Aを，日光に長時間当てると沈殿の色は何色に変化するか，また，このときの化学変化を化学反応式で書け。

問4　白色沈殿Aにチオ硫酸ナトリウムを添加すると沈殿は溶解した。このときの化学反応の反応式を書け。

問5　下線部②で赤橙色(血赤色)となる理由を簡潔に述べよ。

（埼玉大）

発展 171 錯体形成反応を利用した滴定

→ 理 P.351　無 P.74, 83

エチレンジアミン四酢酸(EDTA)の二ナトリウム二水和物は分子量372.25で，右に示した構造式をもつ。このEDTAの二ナトリウム二水和物は多くの金属イオンときわめて安定な水溶性化合物(キレート錯体という)を

$$\left[\begin{array}{c} NaO-C(=O)-CH_2 \\ HO-C(=O)-CH_2 \end{array}\!\!>N-CH_2-CH_2-N<\!\!\begin{array}{c} CH_2-C(=O)-ONa \\ CH_2-C(=O)-OH \end{array}\right]\cdot 2H_2O$$

EDTAの二ナトリウム二水和物の構造式

形成するので，金属イオンを直接滴定することができる。以下の金属イオン滴定に関する問1〜3に答えよ。原子量は，Cu = 63.5 とする。また，解答の数値は有効数字2桁で求めよ。

問1　この滴定を行うためには，滴定される金属イオンの種類に応じて，pHを調整する必要があり，緩衝液を加えてpHを調整する。銅(Ⅱ)イオンを滴定するには，どの緩衝液を用いたらよいか。次のⓐ〜ⓒの緩衝液のうち最も適切なものを選び，緩衝液として用いられている化合物を化学式で書け。また，それを選んだ理由について簡単に述べよ。

ⓐ　水酸化ナトリウムとリン酸アンモニウムの水溶液

ⓑ　アンモニア水と塩化アンモニウムの水溶液

ⓒ　希硫酸と硫酸アンモニウムの水溶液

問2　銅(Ⅱ)イオンの水溶液30.0mLに問1で選んだ緩衝液と指示薬を加え，0.040mol/LのEDTAの二ナトリウム二水和物の水溶液で滴定すると51.0mLを要した。この銅(Ⅱ)イオンの水溶液の濃度〔mol/L〕を求めよ。EDTAの二ナトリウム塩は，次の反応式のように銅(Ⅱ)イオンと 1：1 の物質量の比で結合し，キレート錯体を形成する。

$$H_2Y^{2-} + 2Na^+ + Cu^{2+} \longrightarrow CuY^{2-} + 2Na^+ + 2H^+$$

ここでは，EDTAの二ナトリウム塩の組成式をNa_2H_2Yで表した。また，EDTAの二ナトリウム塩は，水溶液中で次の反応式のように解離する。

$$Na_2H_2Y \longrightarrow H_2Y^{2-} + 2Na^+$$

問3　この銅(Ⅱ)イオンの水溶液40mL中に含まれる銅(Ⅱ)イオンは何gになるか。

(福島県立医科大)

172 イオン分析

→ 無 P.88〜97

次の問いにおいて，最も適するイオンを㋐〜㋔から1つずつ選べ。ただし，イオンはすべて水溶液で存在し，反応は示してあるイオンについてのみ考える。

問1　アンモニア水を過剰に加えても，生じた沈殿が溶けずに残っている。

㋐ Ca^{2+}　㋑ Zn^{2+}　㋒ Cu^{2+}　㋓ Al^{3+}　㋔ Ni^{2+}

問2　硝酸を加えても沈殿しないが，硫酸を加えると沈殿が生じる。

㋐ Cd^{2+}　㋑ Pb^{2+}　㋒ Ni^{2+}　㋓ Cu^{2+}　㋔ Zn^{2+}

問3　過剰のアンモニア水を加えても沈殿しないが，過剰の水酸化ナトリウム溶液を加えると沈殿が生じる。

㋐ Zn^{2+}　㋑ Fe^{3+}　㋒ Ag^+　㋓ Al^{3+}　㋔ Pb^{2+}

問4　過剰のアンモニア水を加えても沈殿しないが，塩酸を加えると白色の沈殿が生じる。

㋐ Al^{3+}　㋑ Ag^+　㋒ Zn^{2+}　㋓ Ni^{2+}　㋔ Cu^{2+}

問5　硫化水素を通じると，酸性では沈殿しないが，塩基性では沈殿が生じる。

㋐ Cu^{2+}　㋑ Hg^{2+}　㋒ Fe^{2+}　㋓ Ca^{2+}　㋔ Mg^{2+}

問6　硫化水素を通じると，黒色の沈殿が生じるが，この沈殿を生じた溶液にさらにシアン化カリウム溶液を過剰に加えると溶解する。

㋐ Ag^+　㋑ Zn^{2+}　㋒ Cd^{2+}　㋓ Al^{3+}　㋔ Mn^{2+}

問7　アンモニア水を加えても沈殿しないが，硫酸ナトリウム溶液を加えると沈殿が生じる。

㋐ Zn^{2+}　㋑ Co^{2+}　㋒ Cu^{2+}　㋓ Ba^{2+}　㋔ Fe^{2+}

問8　硝酸銀溶液を加えると白色の沈殿を生じるが，この沈殿を生じた溶液にさらに過剰のアンモニア水を加えると溶解する。

㋐ I^-　㋑ Cl^-　㋒ S^{2-}　㋓ $CrO_4{}^{2-}$　㋔ $SO_4{}^{2-}$

(神奈川大)

173 陽イオンの系統分析

→ 無 P.94

4種類の金属イオンを含む水溶液Aに，以下の(i)～(viii)の操作を順番に行って，各種金属イオンを分離した。なお，水溶液AにはMn^{2+}が含まれていることがわかっている。Mn^{2+}以外の3種類の金属イオンは，Na^+，Al^{3+}，Ca^{2+}，Fe^{2+}，Cu^{2+}，Zn^{2+}，Ag^+，Ba^{2+}，Pb^{2+}の9種類のうちのいずれかである。

(i)　水溶液Aに塩酸を加えたが，沈殿は生じなかった。

(ii)　塩酸酸性の水溶液Aに硫化水素を吹き込むと，黒色の沈殿Bが生じた。沈殿Bとそのろ液Cを分離した。

(iii)　ろ液Cを煮沸した後，硝酸を加えて再び加熱した。その溶液に，塩化アンモニウムとアンモニア水を加えて塩基性にすると，白色の沈殿Dが生じた。沈殿Dとろ液Eを分離した。

(iv)　塩基性のろ液Eに硫化水素を吹き込むと，淡桃色の沈殿Fが生じた。淡桃色の沈殿Fとろ液Gを分離した。

(v)　ろ液Gを煮沸して水溶液Hを得た。

(vi)　水溶液Hに炭酸アンモニウム水溶液を加えると，白色の沈殿Iが生じた。沈殿Iとろ液Jを分離した。

(vii)　沈殿Iに塩酸を加えて溶かし，水溶液Kを調製した。水溶液Kは炎色反応を示し，炎は黄緑色であった。

(viii)　ろ液Jは炎色反応を示さなかった。

以上の操作により，水溶液AにはMn^{2+}の他に，3種類の金属イオン[ア]，[イ]，[ウ]が含まれていることがわかった。[　]に適当なものを次の①～⑨から選べ。ただし，解答の順番は問わない。

① Na^+　② Al^{3+}　③ Ca^{2+}　④ Fe^{2+}　⑤ Cu^{2+}　⑥ Zn^{2+}　⑦ Ag^+
⑧ Ba^{2+}　⑨ Pb^{2+}

(明治大)

174 気体の製法と性質

➔ 無 P.103～113

次の(ア)～(オ)は気体の製法を示したものである。あとの問いに答えよ。

(ア) 濃硝酸に銅片を加える。

(イ) 塩化アンモニウムに水酸化カルシウムを加えて加熱する。

(ウ) 酸化マンガン(Ⅳ)に濃塩酸を加えて加熱する。

(エ) 硫化鉄(Ⅱ)に希硫酸を加える。

(オ) 塩化ナトリウムに濃硫酸を加えて加熱する。

問1 生成する気体をそれぞれ化学式で示せ。また，それぞれの気体の性質として最も適当な記述をあとの①～⑥から選び，番号で答えよ。

① ヨウ化カリウムデンプン紙を青紫色(青色)に変える。

② 濃アンモニア水を近づけると白煙を生じる。

③ 湿った赤色リトマス紙を青変する。

④ 赤褐色の気体で水に溶けて強い酸性を示す。

⑤ 酢酸鉛(Ⅱ)水溶液をしみ込ませたろ紙を黒変する。

⑥ 石灰水に通すと，白濁する。

問2 図1の装置を用いる気体の製法はどれか。また，キップの装置(図2)を用いることができる気体の製法はどれか。それぞれ(ア)～(オ)から適切な製法をすべて選び，記号で答えよ。

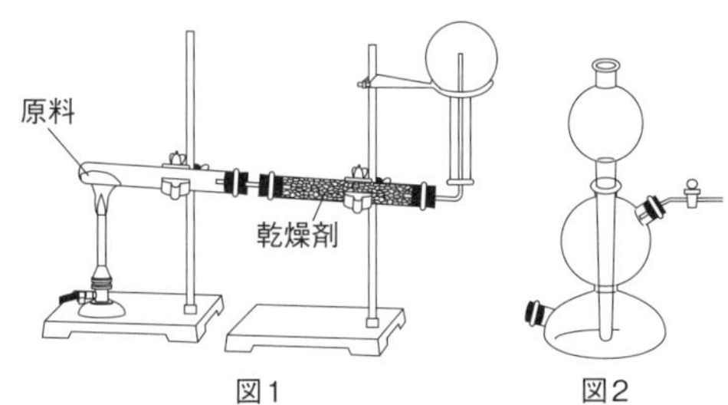

図1　　図2

問3 操作(ア)において銅のかわりにアルミニウムを加えると，どのような現象が観察されるか，簡単に述べよ。

(明治薬科大)

175 気体の発生方法

➔ 無 P.103～113

次のページの図1の装置を用いてある気体を発生させ，捕集しようとした。あとの問いに答えよ。

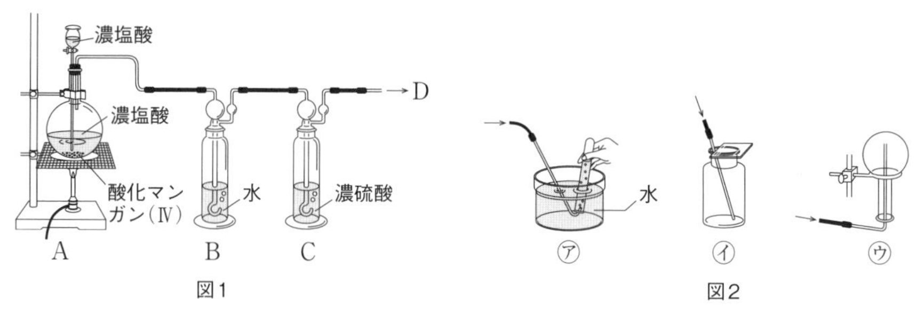

図1　　図2

問1　装置BおよびCの役割について，それぞれ20字以内で説明せよ。

問2　Dにでてくる気体の捕集法として，最も適切なものを図2の㋐～㋒から選べ。またその理由を30字以内で述べよ。

問3　装置Aのフラスコで起こる反応(反応1とする)における酸化マンガン(Ⅳ)の役割は，酸化マンガン(Ⅳ)に過酸化水素水を加えたときに起こる反応(反応2とする)での酸化マンガン(Ⅳ)の役割と異なっている。反応1および反応2における酸化マンガン(Ⅳ)の役割の異なる点を，50字以内で説明せよ。 (岩手大)

17 1族・2族・13族

➔Do 無 P.116〜141
➡解答・解説P.97

176 アルカリ金属元素(1)

➔ 無 P.116, 117

次の①〜⑤の記述の中で，誤りを含むものはいくつあるか，答えよ。

① アルカリ金属の単体は，アルカリ金属の化合物の溶融塩電解によって得られる。
② アルカリ金属の酸化物は，いずれも塩基性酸化物である。
③ 固体の水酸化ナトリウムを空気中に放置すると，水分を吸収して溶解する。
④ アルカリ金属の炭酸水素塩の一つである炭酸水素ナトリウムは，水にわずかに溶け，その水溶液は弱酸性を示す。
⑤ アルカリ金属の単体は，空気中の酸素や水と反応しやすいので，石油中に保存する。

(千葉工業大)

発展 177 アルカリ金属元素(2)

➔ 無 P.116, 117

アルカリ金属のリチウム，ナトリウム，カリウムに関する次の文章を読み，[ ]にあてはまる順序を，下のⓐ〜ⓕから選べ。

リチウム，ナトリウム，カリウムの単体は空気中ですみやかに酸化され，また水と激しく反応する。このような反応性は[1]の順で高くなる。リチウム，ナトリウム，カリウム単体の融点は[2]の順で高くなる。また，第一イオン化エネルギーは[3]の順で大きくなり，1価の陽イオンのイオン半径は[4]の順で大きくなるが，イオン化傾向は[5]の順で大きくなる。

ⓐ Li＜Na＜K　ⓑ Li＜K＜Na　ⓒ Na＜Li＜K　ⓓ Na＜K＜Li
ⓔ K＜Li＜Na　ⓕ K＜Na＜Li

(奈良女子大)

発展 178 アルカリ金属元素(3)

➔ 無 P.116, 117

細胞内外へのNa^+やK^+イオンの移動は生命現象にとって重要である。アルカリ金属イオンの結晶中でのイオン半径は $K^+ > Na^+ > Li^+$ であるが，水中における移動速度は $K^+ > Na^+ > Li^+$ である。水の抵抗を受けにくいと考えられるイオン半径の小さなほうが移動速度は遅い。この不一致の理由を記せ。

(札幌医科大)

179 NaOHの工業的製法

➔ 無 P.119, 120　理 P.234

図1は，水酸化ナトリウムを得るために使用する塩化ナトリウム水溶液の電気分解実

験装置を模式的に示したものである。電極の間は，陽イオンだけを通過させる陽イオン交換膜で仕切られている。一定電流を1時間流したところ，陰極側で2.00gの水酸化ナトリウムが生成した。流した電流は何Aであったか。最も適当な数値を，あとの①～⑤から1つ選べ。原子量はH＝1.0，O＝16，Na＝23，ファラデー定数は$F=9.65\times10^4$ C/molとする。

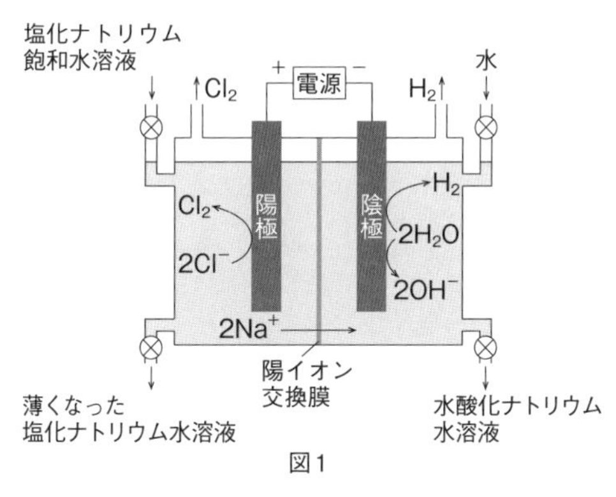

図1

① 0.804　② 1.34　③ 8.04　④ 13.4　⑤ 80.4

180 アンモニアソーダ法(ソルベー法)

➔ 無 P.121～123

図1は炭酸ナトリウムの工業的製造法であるアンモニアソーダ法(ソルベー法)の概要を示している。実線は製造工程，点線は回収工程を表す。

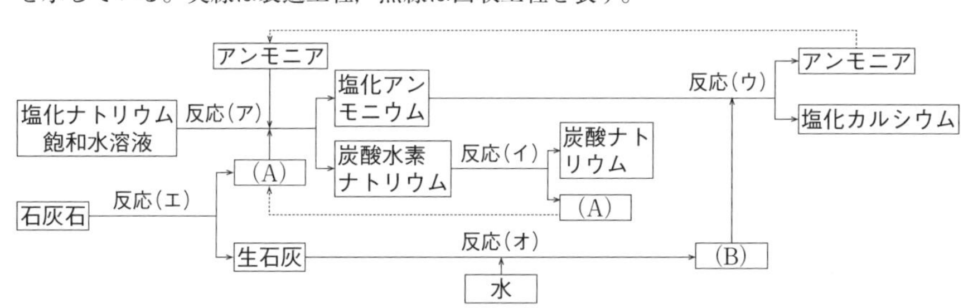

図1　炭酸ナトリウムの工業的製造法

問1　反応(ア)において，生成物である塩化アンモニウムと炭酸水素ナトリウムを分離するのに，両者のどのような性質の違いを利用しているか。最も適切なものを，次の①～⑥から1つ選べ。

① 融点　② 沸点　③ 溶解度　④ 分子量　⑤ 密度　⑥ 比熱

問2　化合物(B)の化学式を書け。

問3　反応(ア)，(イ)の化学反応式を書け。

発展 問4　反応(ア)で使用する(A)のうち，反応(エ)で発生する(A)は何%を占めるか。有効数字2桁で答えよ。ただし，反応(イ)で発生する(A)は100%回収し利用できるものとする。

発展 問5　炭酸ナトリウムの無水物を10.6kg製造するためには，原料となる塩化ナトリウム飽和水溶液が少なくとも何L必要か。有効数字2桁で答えよ。ただし，塩化ナトリウム飽和水溶液の質量パーセント濃度を26.5％，密度を1.2g/cm^{3}とし，各反応は完全に進行するものとする。原子量はH＝1.0，C＝12，O＝16，Na＝23，Cl＝35.5とする。

（中央大）

181 2族(1)

→ 無 P.126, 127

アルカリ土類金属のうち，ベリリウムと元素Aを除く，元素B，元素C，カルシウムおよびラジウムの4種類は化学的性質がよく似ている。

Aとこの4種類との間には，さまざまな性質の違いが認められる。例えば，Aの硫酸塩は水によく溶けるが，BやCの硫酸塩は水に溶けにくい。(a)Bの硫酸塩は，酸にも溶けにくくX線（エックス）をよく吸収するため，消化器系レントゲン撮影の造影剤として使用されている。また，白金線の先にAを含む水溶液をつけ，ガスバーナーの外炎の中に入れても視覚的な変化は認められないが，(b)Cを含む水溶液をつけ，外炎の中に入れると炎の色が紅（深赤）色に変化する。

問1　AおよびCの元素名を記せ。

問2　下線部(a)の化合物はBの水酸化物の水溶液に希硫酸を加えることで沈殿として得られる。この沈殿の色と得られた化合物の化学式を答えよ。

問3　下線部(b)について，Bを含んだ水溶液を用いた場合に生じる炎の色を答えよ。

（京都薬科大）

182 2族(2)

→ 無 P.128

ドライアイスに小さなくぼみをつくりその中にMgの粉末を入れてMgに火をつけた。直ちに別のドライアイスの塊（かたまり）でくぼみにふたをし，反応が終わるのを待った。反応後，くぼみの中には白色と黒色の粉末が残っていた。この反応の反応式を書け。また，この反応でドライアイスはどのような働きをしているか答えよ。

（京都府立医科大）

183 2族(3)

→ 無 P.126〜130

カルシウムの単体は，室温で銀白色の金属光沢をもつやわらかい固体である。(a)常温の水にカルシウムの金属片を入れると気体を発生して溶け，［ア］の水溶液となる。［ア］は，しっくいの原料である。しっくいを壁に塗ると［ア］が徐々に空気中の二酸化炭素と反応して水に溶けにくい炭酸カルシウムに変わり，美しい白色の壁ができる。また［ア］の飽和水溶液は石灰水とよばれる。(b)石灰水に二酸化炭素を通じると沈殿が生じるが，(c)さらに二酸化炭素を通じ続けると沈殿は溶解する。この溶液を加熱すると気泡が発生し，炭酸カルシウムが沈殿する。(d)炭酸カルシウムは石灰石の主成分であり，これを熱分解すると[イ]と二酸化炭素が生成する。[イ]は塩酸と反応すると[ウ]となる。[ウ]の無水物の結晶は潮解性があり，乾燥剤や凍結防止剤などに用いられる。また，[イ]とコークスの混合物を電気炉で高温に加熱すると，炭化カルシウムが生成する。(e)炭化カルシウムは水と反応して気体を発生すると同時に[ア]を生じる。

問1　文中の[　]に入る化学式を答えよ。

問2　下線部(a)～(e)の反応を化学反応式で答えよ。

(東北大)

184 2族(4)

→ 無 P.129, 130

次の下線部に関して，鍾乳洞および鍾乳石や石筍が形成される原因となる反応を化学反応式で答えよ。

石灰石が豊富に分布する地域では，地下に鍾乳洞が形成され，その内部には鍾乳石や石筍が発達することがある。

(早稲田大(教育))

185 アルミニウムAl

→ 無 P.134～140

アルミニウムは地殻に酸素，ケイ素に次いで多く存在する。アルミニウムを含む主な鉱物としてはボーキサイト(主成分$Al_2O_3 \cdot nH_2O$)がある。これを純粋な酸化アルミニウムAl_2O_3とした後，[ア]して金属アルミニウムを得る。(a)酸化アルミニウムの融点は約2050℃と高いが，氷晶石を混ぜると，約1000℃で融解する。炭素棒を電極として電流を通じると，金属アルミニウムは[イ]極に析出し，酸素は[ウ]極の炭素と反応して[エ]や[オ]となる。したがって，氷晶石は形式的には反応にあずかっていない。

金属アルミニウムの粉末は，酸素中で点火すると，光を放って燃え，多量の熱を発生する。(b)酸化鉄(Ⅲ)の粉末とアルミニウムの粉末とを混合して点火すると，融解した鉄が遊離する。この反応は，[カ]反応とよばれる。

また，(c)金属アルミニウムは酸にも塩基にも溶けて，[キ]ガスを発生する。このように，酸，塩基のいずれとも反応する金属を[ク]という。

問1　文中の[　]にあてはまる適当な語句または化学式を答えよ。

問2　下線部(a)の陽極および陰極での反応と下線部(b)の反応の反応式を答えよ。

問3　下線部(c)について，酸として塩酸，塩基として水酸化ナトリウム水溶液を用いたときのそれぞれの化学反応式を答えよ。

問4　金属アルミニウムを900kg製造するには，電圧5.00V，電流2.00×10^4Aの条件では，理論上何時間必要か。有効数字3桁で求めよ。ただし，消費された電流のすべてが金属アルミニウムの生成に使われるとする。原子量は$Al = 27.0$，ファラデー定数は96500C/molとする。

(群馬大)

186 ミョウバン

カリウムミョウバンの水溶液は酸性，中性，塩基性のいずれを示すか。またその理由を簡単に書け。 (慶應義塾大(医))

187 青色発光ダイオード

➔ 無 P.174

青色の発光ダイオードに用いられている元素を二つ選べ。

① Al　② Co　③ F　④ Ga　⑤ Ge　⑥ Mn　⑦ N
⑧ Ni　⑨ O　⑩ S　(金沢医科大)

18 遷移元素

➡Do 無 P.142〜153
➡解答・解説P.101

188 鉄Fe(1)

➡ 無 P.142〜146

〔Ⅰ〕 鉄は遷移元素の中で[ア]族に属し，多様な用途により文明を支えてきた重要な元素の1つである。鉄は地殻中に酸化物や硫化物として多量に含まれており，これらを還元することで単体が得られる。この過程の概略は以下のようになる。

溶鉱炉の上部から鉄鉱石とコークス，石灰石を入れ，下部から熱風を吹き込む。すると，コークスが熱風によって燃焼し，一酸化炭素を生じる。(i)生じた一酸化炭素によって，鉄鉱石が還元されて鉄を生じるが，一酸化炭素は酸化されて二酸化炭素を生じる。この時に得られる鉄は[イ]とよばれ，鉄以外に炭素を含んでいる。融解した[イ]に酸素を吹き込んで炭素を酸化し，一酸化炭素として除去することによって炭素の含有量を低くしたものを[ウ]とよぶ。[ウ]は強じんで弾性があるため，建築材などに用いられる。

問1 [ア]〜[ウ]に最も適切な語句を入れよ。

問2 下線部(i)で，一酸化炭素を用いて赤鉄鉱を還元するときの化学反応式を書け。

(京都府立医科大)

〔Ⅱ〕 次の文中の[A]〜[C]に適する化学式を答えよ。

鉄(Ⅱ)イオンはヘキサシアニド鉄(Ⅲ)酸カリウム(化学式は[A])と反応して濃青色の沈殿を生じる。鉄(Ⅲ)イオンはヘキサシアニド鉄(Ⅱ)酸カリウム(化学式は[B])と反応してやはり濃青色の沈殿を生じる。同じく鉄(Ⅲ)イオンを含む溶液にチオシアン酸カリウム(化学式は[C])の水溶液を加えると水溶液は濃赤色になり，この反応も鉄(Ⅲ)イオンの検出に用いられる。

(自治医科大)

189 鉄Fe(2)

➡ 無 P.142〜146

鉄板(鋼板)に亜鉛をめっきしたものを[A]とよび，鉄板(鋼板)にスズをめっきしたものを[B]とよぶ。

問1 文中の[ ]に適切な語句を答えよ。

問2 [A]と[B]のめっき部分を一部とり除き，鉄を露出させた。その後，鉄が露出した部分を，雨水にさらしたまま放置してしまった。しばらくすると[A]は外側のめっき部分である亜鉛が，[B]は内側の鉄板(鋼板)がさびていた。なぜ，このような違いが生じたか簡潔に説明せよ。説明するときは，鉄，亜鉛，スズの3つの元素名をそれぞれ適切に用いること。

(福島大)

190 クロムCrとマンガンMn

➔ 無 P.77, 89, 97

クロムとマンガンは，周期表で同じ第4周期に属する遷移元素である。これらの元素は，酸化数の違ういろいろな色のイオンや化合物をつくる。酸化物では，顔料に用いられる緑色の酸化クロム(Ⅲ)やマンガン乾電池に用いられる［1］色の酸化マンガン(Ⅳ)などがよく知られている。二クロム酸カリウムや過マンガン酸カリウムは，クロムやマンガンが大きな酸化数をもつ化合物である。二クロム酸カリウムは，水に溶けると［2］を生じて，水溶液は［3］色になる。この水溶液を塩基性にすると［4］が生じ，液は［5］色に変わる。［4］を含む水溶液は，Pb^{2+}，Ba^{2+}やAg^{+}などと反応して難溶性の塩を生じる。一方，過マンガン酸カリウムが水に溶けると［6］を生じるため，水溶液は［7］色になる。また，二クロム酸カリウムや過マンガン酸カリウムの水溶液を硫酸で酸性にした溶液は，強い酸化作用をもつ。

問1　文中の［1］，［3］，［5］，［7］に，次に示した色から適切なものを選んで入れよ。

　白　　黄　　緑　　青　　黒　　淡桃　　橙赤　　赤紫

問2　文中の［2］，［4］，［6］に適切なイオン式を入れよ。　(滋賀医科大)

191 銅Cu

➔ 無 P.148, 149

(1)濃度未知の硫酸銅(Ⅱ)水溶液200mLに，質量パーセント濃度4.0%の水酸化ナトリウム水溶液(密度1.04g/cm^3)を加え，青白色の沈殿を生成させた。(2)この青白色の沈殿を含む水溶液を加熱してすべて黒色の沈殿とし，ろ過，洗浄，乾燥して質量を測定すると0.320gであった。(3)この黒色沈殿を，水素気流中において500℃で加熱すると，質量が20%減少し，銅の単体が生成した。

問1　下線部(1)，(2)，(3)の反応を，化学反応式で示せ。

問2　青色の岩絵具である群青(ぐんじょう)は，銅のさびである緑青(ろくしょう)と同様に，炭酸銅(Ⅱ)と水酸化銅(Ⅱ)を主成分とする。群青を大気中において450℃まで加熱すると，下線部(2)の沈殿と同じ物質の黒色粉末が得られ，質量が31%減少する。群青を炭酸銅(Ⅱ)と水酸化銅(Ⅱ)の混合物と仮定し，群青中の炭酸銅(Ⅱ)のモル分率を有効数字2桁で答えよ。原子量はH＝1.0，C＝12.0，O＝16.0，Cu＝63.6とする。

問3　群青と同様に，硫酸銅(Ⅱ)五水和物も鮮やかな青色を示す。群青と硫酸銅(Ⅱ)五水和物を見分けるためには，どのような化学実験を行ったらよいか。考えられる実験方法のうち2つを，それぞれ72字以内で説明せよ。　(山口大)

192 銅の電解精錬

➔ 無 P.150, 151　理 P.235

次の文中の［　］に適当な数値を有効数字3桁で答えよ。なお，原子量はCu＝64，Zn＝65，Ag＝108，Au＝197，ファラデー定数は$F = 9.65 \times 10^4$C/molとする。

遷移元素の1つである銅Cuの単体について考えてみよう。単体のCuの原料となる主な鉱石は黄銅鉱である。黄銅鉱から得られる粗銅には，Cuの他に亜鉛Zn，銀Ag，金Auなどの金属が不純物として含まれている。この粗銅からより純度の高いCuを得るために，電解精錬が行われている。

いま，単体のCuを得るため，不純物としてZn，Ag，Auのみを含む粗銅板を陽極として用い，硫酸酸性の$CuSO_4$水溶液中で電解精錬を行った。この水溶液に19.3Aの一定電流を8時間20分流して約0.3〜0.4Vの低電圧で電気分解を行うと，陰極にはCuのみが[1]g析出した。このとき，陽極の質量が193g減少しており，陽極泥の質量は0.970gであった。これらのことから，粗銅に含まれる不純物であるZn，Ag，Auのうち，金属イオンとして水溶液中に溶出した金属の物質量は，[2]$\times 10^{-2}$molと計算される。なお，電気分解に要した電流はすべて陽極での粗銅中の金属の溶出および陰極での単体のCuの析出のみに使われたものとする。 (関西大)

発展 193 銀Ag

→ 無 P.149

Aさんは友人と温泉旅行にでかけた。温泉にはいろいろな泉質があるが，今回宿泊した旅館の温泉は硫化水素が含まれる硫黄泉であった。Aさんは，購入したばかりの銀の指輪をうっかりはめたまま温泉に入ってしまい，指輪は輝きを失って黒ずんでしまった。Aさんはお気に入りの指輪が台無しになってしまい，すっかり落ち込んで帰宅した。それを見たAさんのお母さんはアルミホイルと耐熱性のガラス鍋を取り出し，指輪をアルミホイルで包んで水を張った鍋に入れて火をかけた。しばらくして，指輪を取り出すと，指輪がもとに戻っていた。

問1　指輪の黒ずみは何か，化合物名と化学式を示せ。

問2　輝いていた指輪が黒ずみ，その後，また輝きを取り戻した現象について，反応式をまじえて化学的に説明せよ。 (慶應義塾大(医))

194 亜鉛Zn

→ 無 P.135〜138

亜鉛について，次の問いに答えよ。

問1　亜鉛は日常生活においても，いろいろと利用されている。亜鉛またはその化合物が用いられている日常的な例を3つ示せ。

問2　亜鉛は塩酸や水酸化ナトリウム水溶液と反応し，水素を発生しながら溶ける。この2種の反応を，それぞれ化学反応式で示せ。

問3　水酸化亜鉛の沈殿を含む水溶液に，アンモニア水を過剰に加えると沈殿が溶解する。この反応を化学反応式で示せ。 (高知大)

195 水銀Hg

→ 無 P.57, 153

次の文章を読み，問1〜3に答えよ。なお，問2は，有効数字3桁で解答せよ。ただし，原子量はH＝1.01，N＝14.0，O＝16.0，Cl＝35.5，Fe＝55.9，Ag＝108，Au＝197，Hg＝201とする。

水銀Hgは12族に属する元素である。水銀の単体は，銀白色で，融点が低く，常温で唯一の液体の金属で，密度が大きい。水銀の単体は，(ア)<u>塩酸，希硫酸には溶けないが，</u>

酸化力のある硝酸や熱濃硫酸に溶ける。水銀の単体は，(イ)多くの金属をよく溶かし，アマルガムとよばれる合金をつくるが，鉄は溶かさない性質がある。古来より水銀の単体は，温度計，気圧計，水銀灯に，水銀の化合物は，(ウ)顔料や触媒などに用いられてきた。

問1　下線部(ア)に関して，水銀の単体を希硝酸で処理すると，銅と希硝酸との反応に類似した反応を起こす。すなわち，水銀の単体は酸化されて酸化数が＋2となり一酸化窒素NOを発生する。この変化を化学反応式で書け。

問2　下線部(イ)に関して，鉄，銀，金からなる金属M 0.100gを水銀に溶解させたところ，溶けなかった1種類の金属が0.050g残った。アマルガムを熱し，水銀を回収しながら蒸発させたのち，残った金属に硝酸を加えると一部溶解した。溶解しなかった金属を除き，硝酸溶液に塩化物イオンを含む溶液を加えると沈殿を生じた。この沈殿を水洗し乾燥させたところ，その重量は0.025gであった。各操作における反応が完全に進行したとして，金属Mにおける金の含有量(質量パーセント)を求めよ。

問3　下線部(ウ)に関して，朱肉，神社の塗装，壁画の赤色顔料に使用されてきた水銀の化合物の化学式を書け。

(京都府立医科大)

196 遷移元素の単体やイオン

➔ 無 P.148〜153

遷移元素の単体やイオンに関する文章として誤っているものを，次の①〜⑥のうちから一つ選べ。

① 銀の電気伝導性や熱伝導性は金属中で最も高い。
② 硝酸銀は感光性をもつ。
③ 銅と亜鉛の合金は五円硬貨に，銅とニッケルの合金は百円硬貨に，それぞれ用いられている。
④ ヨウ化銀はアンモニア水にはほとんど溶けないが，シアン化カリウム水溶液には溶ける。
⑤ 塩化鉄(Ⅱ)水溶液にチオシアン酸カリウム水溶液を加えると，血赤色を呈する。
⑥ クロムは，濃硝酸には不動態を形成して反応しなくなる。

(国際医療福祉大(医))

197 合金，セラミックス

➔ 無 P.153, 186, 187

次の文中の[　　]に入る最も適当な語句を答えよ。

私たちの身のまわりでは，鉱物から得られる金属・セラミックスなどの材料が広く利用されている。金属は単体で用いるだけでなく，2種類以上の金属を融かし合わせ，合金として利用される。チタンTiと[ア]の合金は，加熱または冷却すると元の形に戻る性質をもつものがある。このような合金を[イ]合金といい，温度センサーや歯列矯正器具に応用されている。また低温で多量の水素を吸収し，温度が上がると水素を放出する性質をもつ合金は[ウ]合金とよばれる。ある温度以下で電気抵抗が0(ゼロ)になる現象を[エ]といい，その性質をもつ合金はリニアモーターカーや核磁気共鳴画像診断装置(MRI)に利用されている。

一方，無機物質を高温に熱してつくられた固体材料がセラミックスであり，主に［オ］塩を原料として製造される。粘土や岩石などの天然の材料をそのまま使用しているものを伝統的セラミックスといい，耐熱性があり硬いという利点と，衝撃に弱いという欠点がある。この欠点を除いたり，特別な性能をもたせたりするために，純度の高い無機物質を原料に用い，精密な反応条件でつくられたものを［カ］セラミックスという。酸化アルミニウムAl_2O_3からつくられる［カ］セラミックスは，耐薬品性や生体適合性があることから，人工骨，人工関節など医療分野を含めたさまざまな用途に利用されている。

（京都薬科大）

19 17族・16族・15族・14族・18族

➡Do 無 P.158～187
➡解答・解説P.106

198 17族(1)

➡ 無 P.158～162

フッ素は周期表の17族に属する元素で，ハロゲンの1つである。車やフライパンの表面コーティングとしてフッ素コーティングなどの文字をちまたで目にするが，実際にコート剤として使用されているのはフッ素を含む有機化合物である。単体のフッ素は二原子分子からなり，特異臭のある(1)淡黄色の気体で猛毒である。また，強い酸化作用があり，水を酸化して［ア］を発生させる。塩素は，工業的には塩化ナトリウム水溶液の電気分解でつくられる。また，(2)塩素は水に少し溶け，その一部が水と反応する。

(3)フッ化水素は，白金容器の中で，ホタル石に濃硫酸を加えて熱すると発生する。フッ化水素の分子量は塩化水素より小さいが，沸点はヨウ化水素より高い。また，フッ化水素は水によく溶け，水溶液は弱酸性を示す。(4)フッ化水素酸は二酸化ケイ素と反応するので，その保存にはガラス容器ではなく，ポリエチレン容器を用いる。塩化水素は，実験室では塩化ナトリウムに濃硫酸を加えて発生させ，穏やかに熱して［イ］置換で捕集する。塩化水素の水溶液を塩酸といい，代表的な強酸として化学工業で広く用いられている。

また，ヨウ素と水素の混合気体を密閉容器に入れて高温に保つとヨウ化水素が生成する。この反応は，一定の温度で十分に時間が経つとみかけ上の変化が認められなくなる。この状態を［ウ］状態という。

問1　文中の［　］に入る適当な語を答えよ。

問2　下線部(1)のようにフッ素は常温で淡黄色の気体である。臭素とヨウ素の常温常圧での色と状態を答えよ。

問3　下線部(2)，(3)，(4)の反応を化学反応式で示せ。

問4　フッ化水素の沸点はヨウ化水素よりも高い。その理由を20字以内で記せ。

(名古屋工業大)

199 17族(2)

➡ 無 P.158～162

ハロゲン化水素を酸の強い順に並べると，どのような順序になるか。最も適切なものを，次の㋐～㋕から1つ選べ。

㋐ HF ＞ HCl ＞ HBr ＞ HI　㋑ HF ＞ HBr ＞ HCl ＞ HI　㋒ HF ＞ HI ＞ HBr ＞ HCl
㋓ HCl ＞ HBr ＞ HI ＞ HF　㋔ HI ＞ HCl ＞ HBr ＞ HF　㋕ HI ＞ HBr ＞ HCl ＞ HF

(千葉工業大)

200 17族(3)

→ 無 P.158~162

NaClOを主成分とする市販の塩素系漂白剤は，HClを主成分とする酸性洗浄剤と混ぜて使うと危険なため，「まぜるな危険」という表示がされている。この理由を述べよ。

(同志社大)

201 16族(O)

→ 無 P.166, 167

次の文中の［　］に適する語句を入れ，また，下線部を表す化学反応式を示せ。

単体の酸素は，実験室では［ア］や［イ］の分解によって得られる。この場合［ウ］として酸化マンガン(Ⅳ)が用いられる。この他，単体の酸素は水を［エ］しても得られる。酸素の［オ］体にオゾンがある。オゾンは，単体の酸素または空気中で［カ］を行うと発生する。オゾンは［キ］作用が強く，ヨウ化カリウム水溶液に通じるとヨウ素を遊離する。したがって，オゾンはヨウ化カリウム［ク］紙で検出でき，［ケ］色を呈する。成層圏のオゾン層は，地球外部から注がれる［コ］のうち人体に有害なものを吸収するフィルターの役目をしている。酸素は非金属元素と反応して［サ］酸化物をつくる。これは［シ］結合からなる分子のものが多く，水と反応すると［ス］性を示すものが多い。酸素は，金属の原子と結合して［セ］結晶をつくり，水と反応して［ソ］物となり，［タ］性を示すものが多い。

(法政大)

202 16族(S)(1)

→ 無 P.168~170

単体の硫黄は火山地帯に多く存在し，石油精製の際にも多量に得られる。硫黄の単体には斜方硫黄，単斜硫黄，ゴム状硫黄などの同素体があり，その中で斜方硫黄および単斜硫黄は［ア］個の硫黄原子が［イ］に結合した分子からなる。硫黄を含む化合物には①二酸化硫黄，硫酸，硫化水素などがある。

硫黄を空気中で熱すると青色の炎をあげて燃焼し，二酸化硫黄を生成する。(a)二酸化硫黄は酸化バナジウム(V) V_2O_5 存在下では空気中の酸素と反応しXを生成する。Xを濃硫酸に吸収させ，その中の水と反応させることで発煙硫酸が得られ，これを希硫酸でうすめて濃硫酸を得る。市販の濃硫酸は濃度約98%で，無色で粘性の高い液体であり，②脱水作用などの特徴がある。加熱した濃硫酸(熱濃硫酸)は強い酸化作用をもつことから，(b)熱濃硫酸には銅は気体を発生しながら溶けるが，希硫酸には銅は溶けない。一方，(c)酸化銅(Ⅱ)は希硫酸に溶ける。

問1　文中の［ア］に入る適切な数値を答えよ。

問2　文中の［イ］に入る最も適切な語句を次のⓐ～ⓔから1つ選び，記号で答えよ。

ⓐ 平面状　ⓑ 管状　ⓒ 環状　ⓓ はしご状　ⓔ 直鎖状

問3　下線部①について，次の3つの化合物(1)～(3)の中の硫黄原子の酸化数を答えよ。なお，酸化数が正の場合は＋を，負の場合は－を付けて答えること。

(1)　二酸化硫黄　(2)　硫酸　(3)　硫化水素

問4　下線部(a)，(b)，(c)の反応をそれぞれ化学反応式で示せ。

問5　下線部②について，次のⓐ～ⓓから濃硫酸の脱水作用による反応をすべて選び，記号で答えよ。

ⓐ　塩化ナトリウムに濃硫酸を加えて熱すると塩化水素が発生した。

ⓑ　スクロースに濃硫酸を加えると炭化した。

ⓒ　濃硫酸に湿った二酸化炭素を通じると乾燥した二酸化炭素が得られた。

ⓓ　エタノールに濃硫酸を加えて約170℃で加熱するとエチレンが生成した。

問6　硫酸を用いる次のⓐ～ⓔの実験操作のうち，不適切な操作をすべて選び，記号で答えよ。

ⓐ　デシケーター中で吸湿性の高い固体試薬を保管するために，乾燥剤として濃硫酸を用いた。

ⓑ　約0.1mol/Lの硫酸を調製するために，濃硫酸に純粋な水を滴下した。

ⓒ　使用前のホールピペットを純粋な水で洗浄後に，すぐに硫酸をはかりとるために100℃の乾燥庫に入れて乾燥した。

ⓓ　滴定実験用に0.1mol/L硫酸から0.01mol/L硫酸を調製する際に，純粋な水で濡れたままのメスフラスコを用いて，希釈した。

ⓔ　0.1mol/L硫酸は十分に希薄なので，実験後に残った0.1mol/L硫酸をそのまま直接下水に流して廃棄した。　(東北大)

203 16族(S)(2)

➔ 無 P.168～171

SO_2やSO_3などの硫黄酸化物はSO_x(ソックス)とよばれ，大気汚染の原因物質となる。石油や石炭を燃やすと，含まれていた硫黄の化合物は硫黄酸化物になる。燃焼によって生じた硫黄酸化物は大気汚染物質であるため，燃焼後にSO_2をとり除く処理が行われる。その一例として，石灰石の粉末に水を加えて泥状にしたものに排煙を吹き込む方法がある。排煙を十分に吹き込んだ後の泥状物質を加熱した結果，得られる物質名と考えられるその用途を答えよ。　(日本女子大)

204 15族(N)(1)

➔ 無 P.176

単体の窒素は，液体空気を［ア］して大量に得られる。窒素分子は2個の窒素原子が［イ］結合で結ばれているため，常温では化学反応を起こしにくい。しかし，工業的には，(a)窒素と水素の混合物を400～600℃，2×10^7～1×10^8Paで，四酸化三鉄を主成分とする［ウ］を使って反応させ，アンモニアを合成している。アンモニア分子はその構造が［エ］形で極性をもっている。(b)アンモニアは，［オ］と反応させて尿素をつくったり，アンモニウム塩や硝酸などをつくる原料として使われる。

問1　文中の［　］に適切な語句を入れよ。

問2　下線部(a)で400～600℃の高温条件および2×10^7～1×10^8Paの高圧条件を用いる理由をそれぞれ簡単に述べよ。

問3　下線部(b)の化学反応式を示せ。　(横浜市立大)

205 15族(N)(2)

➔ 無 P.176, 177

〔Ⅰ〕 硝酸HNO_3や亜硝酸HNO_2のように，分子の中心となる原子に何個かの酸素原子Oが結合し，さらにそのOのいくつかに水素原子Hが結合した構造の酸をオキソ酸という。オキソ酸の中心原子が同じ場合，Hと結合していないOの数が［ア］いほど，強い酸になる傾向がある。HNO_3とHNO_2における窒素原子Nの酸化数を求めると，HNO_3は［イ］，HNO_2は［ウ］である。HNO_3のNの酸化数は，Nの［エ］電子の数と等しいため，HNO_3のNは還元剤としての作用はない。

HNO_3は，肥料や医薬品の製造などに用いられる重要な化合物であり，工業的にはオストワルト法によってつくられる。オストワルト法ではまず，アンモニアNH_3と空気中の酸素O_2から(1)式によってNOを得る。その後，NOを酸化してNO_2とし，水への溶解を経てHNO_3を得る。

$$4NH_3 + 5O_2 \longrightarrow 4NO + 6H_2O \quad \cdots(1)$$

問1 文中の［　］にあてはまる最も適切な語句または数値を記せ。

(発展) 問2 工業的な製造工程では，一般に，エネルギーを効率よく利用する必要があるため，物質の製造にかかわる装置類に工夫がみられる。図1はオストワルト法の(1)式の反応にかかわる工程を表した模式図である。装置Xでは，原料(NH_3とO_2)が通過する配管と，(1)式の生成物(NOとH_2O)とが接触する。次の2つの語句を両方用いて，装置Xの役割を25字以内で説明せよ。

［原料，生成物］

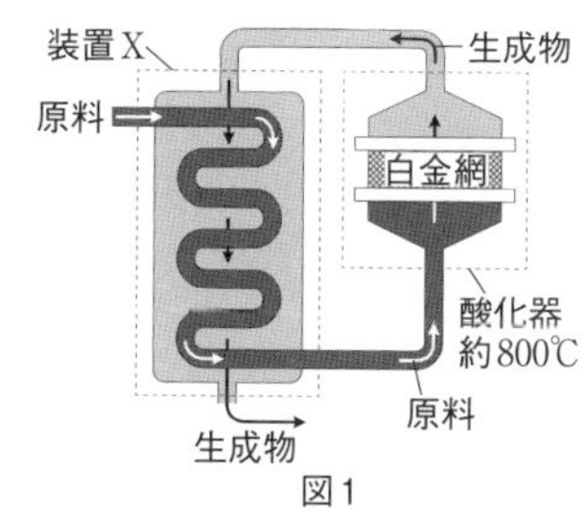

図1

(名古屋大)

〔Ⅱ〕 すべてのアンモニアが硝酸に変わるとして，〔Ⅰ〕の方法で1.0kgのアンモニアを完全に酸化して得られる60%濃硝酸は何kgか。有効数字2桁で答えよ。原子量は，H＝1.0，N＝14，O＝16 とする。

(近畿大(医))

206 15族(P)(1)

➔ 無 P.178, 別冊P.45

次の文中の［1］には整数値，［2］には化学反応式を答えよ。原子量はO＝16，P＝31，Ca＝40とする。

Pの単体の1つである黄リンは，以下のようにして製造される。リン酸カルシウム$Ca_3(PO_4)_2$を主成分とするリン鉱石にケイ砂とコークスを混合し，電気炉で強熱すると，Pが蒸気となって発生する。この蒸気を空気に触れないようにして水中に導くことで黄リンが得られる。いま，$Ca_3(PO_4)_2$を82%(質量パーセント)の純度で含むリン鉱石500gがあるとすると，このリン鉱石から得られる黄リンは［1］gであると計算される。ただし，リン鉱石中に含まれるPはすべて$Ca_3(PO_4)_2$として存在しているものとする。

また，リン鉱石に硫酸H_2SO_4を作用させると，リン鉱石中の$Ca_3(PO_4)_2$がH_2SO_4

と反応し，リン酸二水素カルシウムと硫酸カルシウムの混合物が得られる。この化学反応式は(1)式で表される。この混合物は過リン酸石灰とよばれ，肥料に用いられる。

[2] …(1)

(関西大)

207 15族(P)(2)

➔ 無 P.174, 175

リンには，代表的な2種類の[ア]が存在する。分子式がP_4と示される黄リン(白リン)は，淡黄色のろう状の固体で反応性に富み，空気中では自然発火するため，通常は[イ]中に保存する。一方，[ウ]は赤褐色の粉末であり，多数のリン原子が共有結合した構造をもち，黄リンに比べて反応性が乏しい。リンを空気中で燃焼させると，[エ]が生成する。この粉末に水を加えて加熱すると，リン酸(H_3PO_4)が得られる。リン酸は水中において3段階で電離する。その電離平衡および電離定数は，次のように表される。

$$H_3PO_4 \rightleftarrows H^+ + H_2PO_4^- \quad \cdots(1) \qquad K_1 = \frac{[H^+][H_2PO_4^-]}{[H_3PO_4]} \quad \cdots(2)$$

$$H_2PO_4^- \rightleftarrows H^+ + HPO_4^{2-} \quad \cdots(3) \qquad K_2 = \frac{[H^+][HPO_4^{2-}]}{[H_2PO_4^-]} \quad \cdots(4)$$

$$HPO_4^{2-} \rightleftarrows H^+ + PO_4^{3-} \quad \cdots(5) \qquad K_3 = \frac{[H^+][PO_4^{3-}]}{[HPO_4^{2-}]} \quad \cdots(6)$$

0.10mol/Lのリン酸10mLを純水で100mLに希釈した。この溶液を0.10mol/L水酸化ナトリウム(NaOH)水溶液で滴定する実験を行った。このときの滴定曲線を図1に示した。

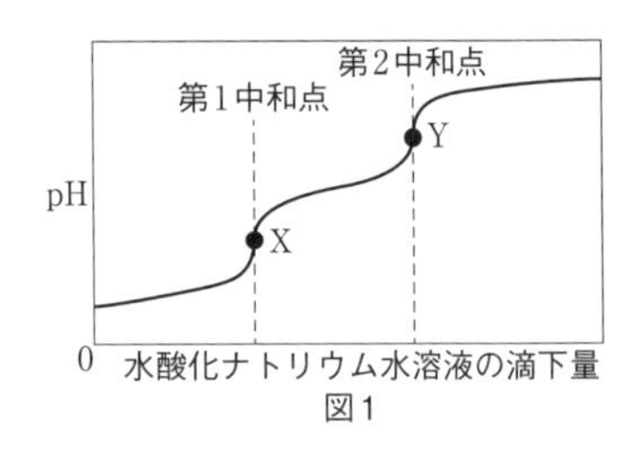

図1

リン酸水溶液に水酸化ナトリウム水溶液を滴下していくと，図1のように急激にpHが上昇する第1中和点(点X)が見られる。点Xにおける0.10mol/L水酸化ナトリウム水溶液の滴下量は，[A]mLである。点Xにおいては，次の(7)式で示される平衡反応が生じ，$[H_3PO_4]=[HPO_4^{2-}]$としてよい。

$$2H_2PO_4^- \rightleftarrows H_3PO_4 + HPO_4^{2-} \quad \cdots(7)$$

したがって，(2)式と(4)式の積と，$[H_3PO_4]=[HPO_4^{2-}]$より，

$$K_1K_2 = \frac{[H^+]^2[HPO_4^{2-}]}{[H_3PO_4]} = [H^+]^2 \quad \cdots(8)$$

という関係が成り立つ。よって，点XにおけるpHは[B]と計算される。0.10mol/L水酸化ナトリウム水溶液をさらに[C]mL滴下すると，第2中和点(点Y)が見られる。点YにおけるpHは，第1中和点と同様に求めると9.6となる。

問1　文中の[ア]～[ウ]にあてはまる語句を，[エ]にあてはまる化学式を答えよ。

発展 問2　文中の[A]～[C]にあてはまる数値をAとCは有効数字2桁で，Bは小数点以下第1位までの数値で答えよ。ただし，$K_1=7.1\times10^{-3}$ mol/L，$\log_{10}K_1=-2.1$，$K_2=6.3\times10^{-8}$ mol/L，$\log_{10}K_2=-7.2$，$K_3=4.5\times10^{-13}$ mol/L，$\log_{10}K_3=-12$ とする。

計算に必要であれば，$\log_{10}(a \times b) = \log_{10} a + \log_{10} b$，$\log_{10} a^n = n\log_{10} a$ の関係式，および $\log_{10} 2.0 = 0.30$，$\log_{10} 3.0 = 0.48$ の値を用いよ。

（神戸大）

208 14族

→ 無 P.182〜184

14族に属する元素に関する次の記述①〜⑥から正しいものを1つまたは2つ選べ。

① 原子番号の増加とともに非金属性が減り，金属性が増す。
② すべての元素は2個の価電子をもつ。
③ 単体の炭素だけが共有結合からなるダイヤモンド型構造をもつ。
④ 単体のケイ素は半導体である。
⑤ スズは酸化数+2と+4の化合物をつくるが，+4より+2のほうが安定である。
⑥ 鉛は酸化数+2と+4の化合物をつくるが，+2より+4のほうが安定である。

（東京工業大）

209 14族(C)

→ 無 P.182, 183

炭素の同素体であるダイヤモンド，グラファイト，フラーレン，カーボンナノチューブのそれぞれの構造を次表の選択肢①〜④から選べ。また，ダイヤモンドとグラファイトの硬度，電気伝導性の違いについて構造を踏まえて説明せよ。

選択肢	①	②	③	④
構造				

（横浜市立大）

210 14族(Si)

→ 無 P.182〜187

〔Ⅰ〕 ケイ素は，地殻中に［ア］に次いで多く存在する元素である。ケイ素の単体は自然界には存在せず，酸化物を還元してつくられる。工業的には，高温の電気炉中で①二酸化ケイ素を炭素で還元することにより製造される。このとき炭素の量が多いと，研磨剤として利用される［イ］が生成する。

ケイ素の単体は半導体の性質を示し，集積回路や太陽電池などの材料に利用されている。

二酸化ケイ素は，シリカともよばれ，石英・水晶・ケイ砂などとして天然に多量に存在する。二酸化ケイ素は，ケイ素原子と酸素原子が交互に結合した立体網目構造をもち，それぞれのケイ素原子は4個の酸素原子と共有結合を形成している。二酸化ケイ素は，ガラスの主成分であり水や酸に対して非常に安定であるが，②フッ化水素酸とは反応して溶ける。この反応は，ガラスの目盛り付けなどに利用されている。一方，二酸化ケイ素は酸性酸化物であり，水酸化ナトリウムや炭酸ナトリウムなどの塩基とともに加熱すると，ケイ酸ナトリウムを生じる。ケイ酸ナトリウムに水を加えて加熱すると，［ウ］とよばれる無色透明の粘性の大きな液体が得られる。この液体の水溶液に塩酸を加えると，ケイ酸の白色ゲル状沈殿が生成する。ケイ酸は，H_2SiO_3や$H_2Si_2O_5$などの組成をもち，図1に示すように，二酸化ケイ素が部分的に加水分解された構造をもつ。ケイ酸を加熱して部分的に脱水させたものはシリカゲルとよばれ，③気体や色素分子などを吸着する性質がある。

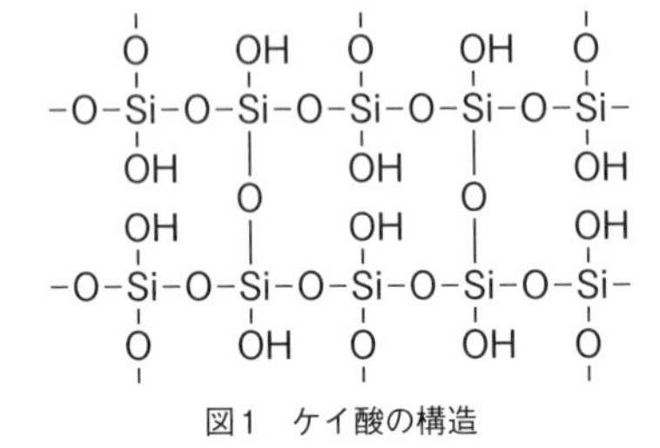

図1　ケイ酸の構造

ケイ素にメチル基などのアルキル基が結合し，ケイ素原子と酸素原子が交互につながった構造をもつ合成高分子化合物はシリコーンとよばれ，潤滑油・絶縁剤などに用いられる。

問1　文中の［　］にあてはまる物質名を答えよ。

問2　下線部①と②の反応の化学反応式を示せ。

問3　下線部③の性質はシリカゲルのどのような構造的特徴によるものかを答えよ。

発展 問4　シリカゲルは水を吸着する性質をもち，シリコーンは水をはじく性質(撥水性)をもつ。それぞれの理由を両者の化学構造に着目して説明せよ。

(大阪府立大)

〔Ⅱ〕　乾燥剤として用いられるシリカゲルには，$CoCl_2$を吸着させたものを混入したものがあり，これは乾燥状態で青色，吸湿状態でピンク色を呈する。

下線部では，コバルト(Ⅱ)イオンに水6分子が配位結合してイオンを形成している。この水和イオンの構造を立体的に図示せよ。　(浜松医科大)

発展 211 18族

→ 無 P.190, 191

元素の周期表で，18族に属するヘリウム(He)からラドン(Rn)までの6元素は貴ガスとよばれる(今回，人工元素オガネソン(Og)は除く)。貴ガスの単体は，空気中に微量に含まれ，いずれも，常温・常圧では無色，無臭の気体で，沸点は非常に低い。放射性元素であるラドンを除き，化学的に極めて安定な元素である。

	原子の電子配置					放電による発光の色	原子量	宇宙における元素の存在割合（Si存在比を6とした常用対数表示）
	K殻	L殻	M殻	N殻	O殻			
He	2					黄白	4.003	9.3
Ne	2	8				橙赤	20.18	6.5
Ar	2	8	8			赤	39.95	5.1
Kr	2	8	18	8		緑紫	83.80	1.7
Xe	2	8	18	18	8	淡緑	131.3	0.72

表1　貴ガスのデータ（ラドンを除く）

	沸点〔℃〕	乾燥空気中の存在割合〔体積%〕		沸点〔℃〕	乾燥空気中の存在割合〔体積%〕
N_2	−196	78.08	CH_4	−161	0.00016
O_2	−183	20.95	Kr	−152	0.00011
Ar	−186	0.934	H_2	−253	0.00005
CO_2	−78.5（昇華）	0.033	N_2O	−88.5	0.00003
Ne	−246	0.0018	CO	−191	0.00001
He	−269	0.00052	Xe	−108	0.0000087

表2　乾燥空気の成分

問1　貴ガスの具体的な用途について，貴ガスの元素の名称とその用途を2例答えよ。なお，同じ貴ガスについて2例示してもよい。また，貴ガスがその用途に用いられる科学的な理由を，それぞれについて100字程度で説明せよ。

問2　表1と表2からわかるように，宇宙空間と地球の大気中では，He，Ne，Arの存在比率が逆転している。その理由について150字以内で答えよ。　（宇都宮大）

第3編

有機化学

炭素数と炭素骨格、官能基（置換基）の性質と結合部位に注意しましょう
H H H H
H C C C C H
H OH H H
炭素骨格
官能基
2-ブタノール
Do

第10章 有機化学の基礎

20 有機化合物の分類と分析・有機化合物の構造と異性体

➡Do 有 P.8～55
➡解答・解説P.112

212 炭化水素の分類と官能基

➡ 有 P.9～15

問1　次の(1)～(3)に分類される炭化水素にあてはまる語句や化合物名および記述を，下の㋐～㋚からすべて選び，記号で答えよ。

(1)　アルキン　　(2)　アルケン　　(3)　芳香族炭化水素

㋐ 鎖式炭化水素(脂肪族炭化水素)　㋑ 環式炭化水素　㋒ アセチレン
㋓ アントラセン　㋔ エチレン　㋕ トルエン　㋖ ナフタレン
㋗ ヘキサン　㋘ メタン　㋙ 不飽和結合を含む
㋚ 不飽和結合を含まない

問2　次の(1)～(4)の示性式で示される有機化合物について，下線部の官能基の名称をそれぞれ答えよ。

(1)　$C_6H_5\underline{NH_2}$　　(2)　$CH_3\underline{COOH}$　　(3)　$C_6H_5\underline{NO_2}$
(4)　$C_6H_5\underline{SO_3H}$

(琉球大)

213 元素分析

➡ 有 P.18, 19

問1　図1は炭素，水素および酸素からなる有機化合物の元素分析に使用する装置であり，吸収管①および②には塩化カルシウムもしくはソーダ石灰のいずれかが充填されている。元素分析に関する下のあ～おの記述のうち，誤りを含むものを1つ選べ。

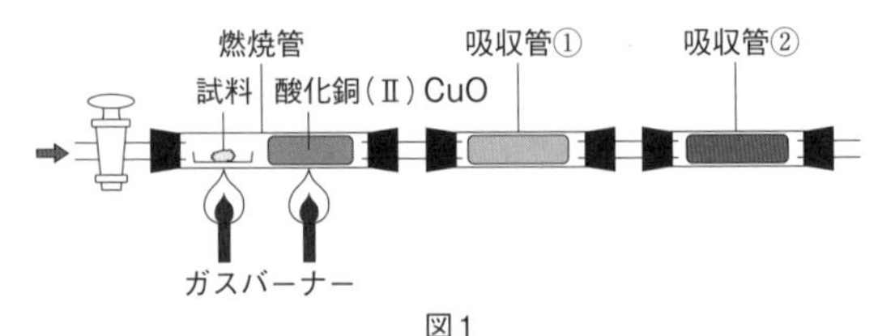

図1

㋐ 燃焼管の左側(矢印)より乾燥した酸素または空気を通じながら試料を燃焼させる。

㋑ 燃焼管中の酸化銅(Ⅱ)CuOは，試料を完全燃焼させるための酸化剤である。

㋒ 試料の燃焼によって燃焼管で発生したH_2Oは，塩化カルシウムが充填された吸収管で吸収させる。

㋓ 吸収管①にはソーダ石灰を充填する。

㋔ 元素分析によって組成式を決定することができる。

問2　図2のガスバーナー(ブンゼンバーナー)の使用方法に関する次の㋐～㋕の記述のうち，正しいものを2つ選べ。

㋐　(ロ)はガス調節ねじである。

㋑　(ロ)が開いていることを確認後，(ハ)を開けて点火する。

㋒　点火しやすいようにあらかじめ(イ)を少し開けてから点火する。

㋓　正しい操作方法によって点火した直後の炎は，青白い炎となる。

㋔　点火後は(ロ)を押さえて(イ)をまわし，空気の量を調節する。

㋕　炎がオレンジ色の場合は，空気の量が多すぎる状態である。

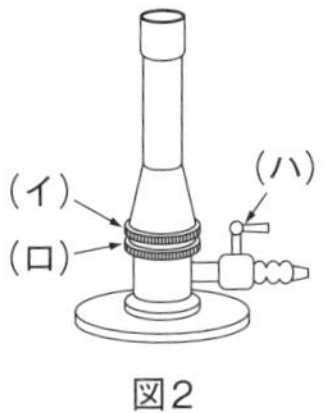

図2

(北海道大)

214 不飽和度

➔ 有 P.35～37

m 個の炭素原子でできた鎖式飽和炭化水素(アルカン)では［ a ］個の水素原子が炭素原子と結合している。1つの二重結合をもつ鎖式不飽和炭化水素(アルケン)と脂環式飽和炭化水素(シクロアルカン)には，相当する炭素数 m のアルカンよりも［ b ］個の水素原子が少なく，［ c ］個の水素原子がある。また，1つの三重結合をもつ鎖式不飽和炭化水素(アルキン)，2つの二重結合をもつ鎖式不飽和炭化水素(アルカジエン)，および1つの二重結合をもつ脂環式不飽和炭化水素(シクロアルケン)では，これら不飽和炭化水素と同数の m 個の炭素原子からできたアルカンよりも［ d ］個の水素原子が少なく，［ e ］個の水素原子が炭素原子と結合している。このように，相当するアルカンよりも何個の水素原子が不足するかを調べれば，その分子の「不飽和結合(二重結合や三重結合)と環の数」を推定でき，構造式を考える上で役に立つ。

この考え方を拡張し，炭素と水素原子以外に，ハロゲン(フッ素，塩素，臭素，またはヨウ素。Xとする)，酸素，および窒素原子を含む有機化合物(分子式：$C_mH_hO_oN_nX_x$)の「不飽和結合と環の数」を次の(1)式から算出することができる。

$$\text{不飽和結合と環の数} = \frac{\{(\boxed{\text{a}}) - (h + x - n)\}}{2} \quad \cdots(1)$$

問1　文中の［　］に適当な数値または式を入れよ。

発展 問2　(1)式の第二項 $(h + x - n)$ で，水素原子の数 h にハロゲン原子の数 x を加えるのはなぜか。

発展 問3　(1)式の第二項 $(h + x - n)$ 中に，酸素原子の数 o が含まれていないのはなぜか。

発展 問4　(1)式の第二項 $(h + x - n)$ で，水素原子の数 h から窒素原子の数 n を差し引くのはなぜか。

問5　「不飽和結合と環の数」が2となる炭素数3の炭化水素がある。この炭化水素の可能な構造式を右の(例)にならって簡単な炭素骨格だけで示せ。

(例)
```
C−C−C=C
    |  |
    C  C
```

(信州大)

215 有機化合物の分子式

→ 有 P.35～37

有機化合物の分子量について，次の①～④から正しいものを1つまたは2つ選べ。ただし，原子量は整数とし C＝12，H＝1，O＝16，N＝14とする。

① C，HおよびOだけからなる化合物の分子量は一般に奇数である。
② C，HおよびOだけからなる化合物の分子量は奇数も偶数もある。
③ C，HおよびOのほかに1個のNを含む化合物の分子量は一般に奇数である。
④ C，HおよびOのほかに2個のNを含む化合物の分子量は一般に奇数である。

（東京工業大）

216 シス-トランス異性体

→ 有 P.43～47

1,3-ブタジエンの両端の炭素に結合している水素がカルボキシ基に置き換わったジカルボン酸（分子量142）には立体異性体が存在する。カルボキシ基は−COOHとして，すべての立体異性体の構造式を示せ。原子量はH＝1.0，C＝12，O＝16とする。

（慶應義塾大（薬））

217 異性体

→ 有 P.33～50

$CH_3-CH=CH-CH(OH)-CH_2-CH=CH-C_3H_7$ で表される構造式をもつ化合物には，何種類の異性体が存在するか。

（明治大）

218 不斉炭素原子と立体異性体

→ 有 P.48～55

乳酸 $CH_3\overset{*}{C}H(OH)COOH$ の＊印を付けた炭素原子は不斉炭素原子とよばれ，4つの異なる原子あるいは原子団と結合している。図1の①と②は実像と鏡に映った像との関係にある。①を$\overset{*}{C}$−O結合を軸として180度回転させて，CH_3基が②と同じ位置になるようにすると，①と②は重ね合わせられないことがわかる。このような立体異性体を鏡像（光学）異性体という。生体物質では官能基の空間的な配置が重要であり，例えば，グルタミン酸の一ナトリウム塩では，一方の鏡像異性体のみがうまみを感じさせる。

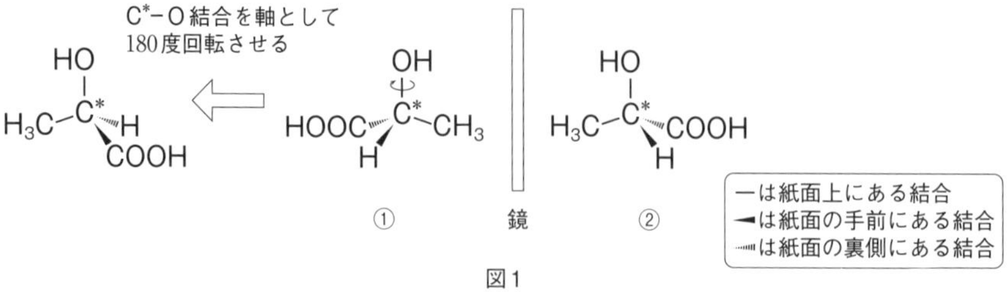

C*−O結合を軸として
180度回転させる

HO−C*（H_3C，H，COOH）　⇐　① OH−C*（HOOC，CH_3，H）　｜鏡｜　② HO−C*（H_3C，COOH，H）

―は紙面上にある結合
◀は紙面の手前にある結合
┅は紙面の裏側にある結合

図1

示性式$CH_3CH(OH)CH(OH)COOH$で表される化合物には不斉炭素原子が2個あるので，この場合には，4個の立体異性体が存在する。それらの構造は図2の③～⑥のように書き表すことができ，③と④，および⑤と⑥がそれぞれ鏡像異性体の関係にある。

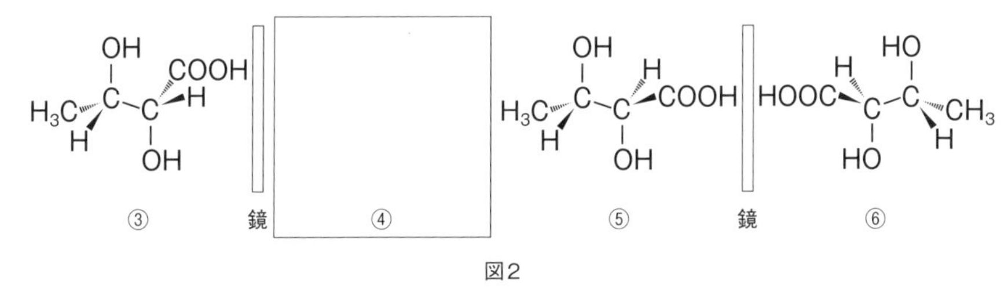

図2

問1　④の構造を図2の表記にならって書け。

問2　酒石酸$HOOCCH(OH)CH(OH)COOH$には，図2にならうと，次の図3に示した4つの構造⑦～⑩が考えられる。⑧～⑩の構造をかき，図3を完成させよ。

図3

問3　⑦～⑩のうちで，重ね合わせられるものの組み合わせを番号で答えよ。

（大阪市立大）

発展 219 環状化合物と立体異性体

➔ 有 P.26～55

ジブロモシクロブタンの異性体（シクロブタン構造を有するもののみ）を示した。ただし，鏡像異性体は示されていない。また，構造式中の炭素原子は省略されており，太線は手前に出ていることを示す。

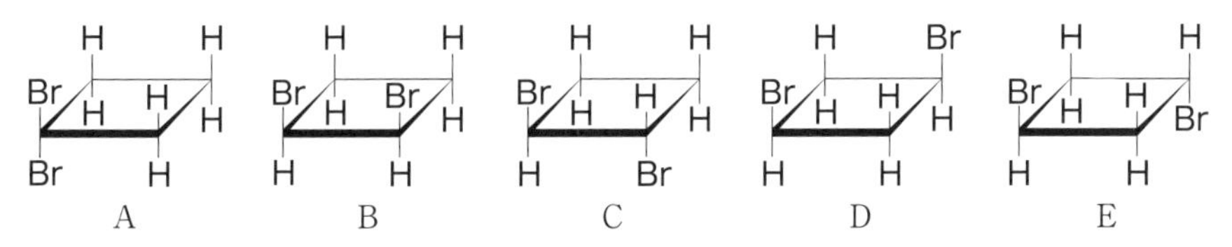

問1　A～Eのうち鏡像異性体をもつものはどれか，適切なものをすべて選べ。ただし，適切なものがない場合には⑥を選ぶこと。

①　A　②　B　③　C　④　D　⑤　E　⑥　なし

問2　A～Eのうち不斉炭素原子をもつが，鏡像異性体をもたないものはどれか，適切なものをすべて選べ。ただし，適切なものがない場合には⑥を選ぶこと。

①　A　②　B　③　C　④　D　⑤　E　⑥　なし

（昭和薬科大）

発展 220 分子の立体構造とエネルギー

➔ 有 P.26〜55

分子の立体構造を考える上で，図1に示す投影図が有用である。ブタンを例にすると，C^{α} と C^{β} の結合軸に沿って見たとき，投影した炭素と水素がなす角はおよそ120°である。C^{α}，C^{β} 間の単結合が回転することで異性体の一種である配座異性体を生じる。ブタンのメチル基どうしがなす角 θ が180°のときをアンチ形という。C^{α} と C^{β} の結合をアンチ形から60°回転すると置換基が重なった不安定な重なり形の配座異性体となる。さらに60°回転した配座異性体をゴーシュ形という。ゴーシュ形はメチル基どうしの反発により，アンチ形より約4kJ/mol不安定である。

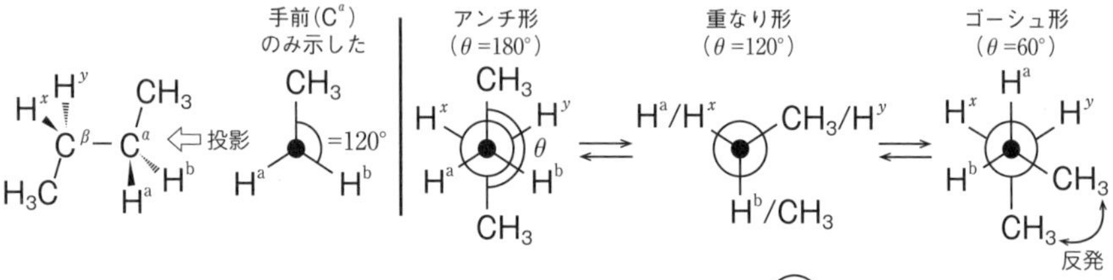

図1　ブタンの投影図と配座異性体（C^{α} は●で C^{β} は○で示す）

下線部について，ブタンの配座異性体のエネルギーと角 θ との関係の模式図としてふさわしいものを図2の①〜④の中から1つ選べ。なお，メチル基どうしの反発に比べ水素と水素，水素とメチル基の反発は小さい。

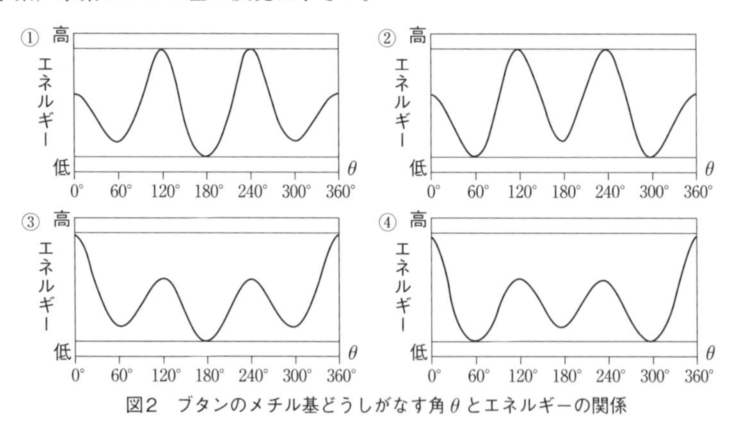

図2　ブタンのメチル基どうしがなす角 θ とエネルギーの関係

（東京大）

第11章 脂肪族化合物

21 脂肪族炭化水素

Do 有 P.58～96
➡解答・解説P.117

221 アルカン

➡ 有 P.58～66

分子式C_6H_{14}で表されるあるアルカンは，紫外線照射下で塩素と反応して分子式$C_6H_{13}Cl$で表される4種類の構造異性体をつくり出す。このもととなるアルカンの構造式はどれか。

㋐ $CH_3-CH_2-CH_2-CH_2-CH_2-CH_3$

㋑ $CH_3-CH(CH_3)-CH_2-CH_2-CH_3$

㋒ $CH_3-CH_2-CH(CH_3)-CH_2-CH_3$

㋓ $CH_3-CH(CH_3)-CH(CH_3)-CH_3$

㋔ $CH_3-C(CH_3)_2-CH_2-CH_3$

（自治医科大）

222 シクロアルカン

➡ 有 P.30～31, 59, 64

シクロヘキサンにはいす形，舟形，ねじれ舟形とよばれる立体配置がある。

問1 これらの立体配置のうち，最も安定なものはどれか，答えよ。

問2 シクロヘキサンのねじれ舟形の構造を右に示す。これにならい，シクロヘキサンのいす形と舟形の構造を書け。

（金沢大）

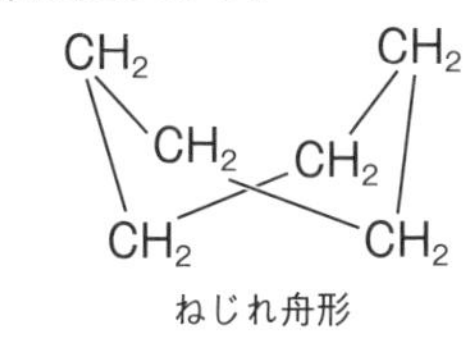

ねじれ舟形

223 不飽和炭化水素

➡ 有 P.67～75

不飽和炭化水素に関する次のア～ウの条件をすべて満たすものを，あとの①～⑤から1つ選べ。原子量はH＝1.0，C＝12とする。

ア 分子を構成するすべての炭素原子が常に1つの平面上にある。

イ 白金触媒を用いて水素化すると，枝分かれをした炭素鎖をもつ飽和炭化水素を与える。

ウ 1.0mol/Lの臭素の四塩化炭素溶液10mLに，この炭化水素を加えていくと，0.56gを加えたところで溶液の赤褐色が消失する。

① $CH_3CH=CH_2$　② $CH_2=C(CH_3)_2$　③ $CH_2=CHCH_2CH_3$

④ $CH_3CH=CHCH_3$　⑤ $(CH_3)_2C=CHCH_3$

224 アルケン(1)

→ 有 P.67〜87

アルケンの反応に関する次の文章を読み，問いに答えよ。構造式は反応式(1)〜(4)に示された構造式にならって示せ。

アルケンでは他の原子や原子団が結合する反応が起こり，その反応を付加反応という。反応式(1)と(2)に付加反応の例を示した。この場合，いずれの反応においても2種類の生成物が考えられるが，一般に，二重結合を形成している炭素原子のうち，より多くの水素と結合しているほうに水分子の水素原子が付加した化合物が主生成物となる。このような規則を，マルコフニコフ則という。

$$(H_3C)_2C{=}CH{-}CH_3 \xrightarrow[\text{付加反応}]{+H_2O} \boxed{\text{A}}\ (\text{主生成物}) + \boxed{\text{B}}\ (\text{副生成物}) \quad \cdots(1)$$

$$H_3C{-}CH_2{-}CH_2{-}CH{=}CH_2 \xrightarrow[\text{付加反応}]{+H_2O} \boxed{\text{C}}\ (\text{主生成物}) + \boxed{\text{D}}\ (\text{副生成物}) \quad \cdots(2)$$

脱離反応は，付加反応の逆の反応である。したがって，脱離反応は二重結合をもった化合物の合成法の一つとなる。反応式(3)と(4)に脱離反応の例を示した。脱離反応においても，2種類の化合物が生成する可能性があるが，一般に，二重結合を形成している炭素原子に，より多くの炭化水素基が結合したアルケンのほうが生成しやすく，主生成物となる。このように，炭化水素基が多く結合した二重結合を生成しやすい傾向は，ザイツェフ則とよばれる。

$$(H_3C)_2CH{-}CHBr{-}CH_3 \xrightarrow[\text{脱離反応}]{-HBr} \boxed{\text{E}}\ (\text{主生成物}) + \boxed{\text{F}}\ (\text{副生成物}) \quad \cdots(3)$$

$$H_3C{-}CH_2{-}CH_2{-}CHBr{-}CH_3 \xrightarrow[\text{脱離反応}]{-HBr} \boxed{\text{G}}\ (\text{主生成物}) + \boxed{\text{H}}\ (\text{副生成物}) \quad \cdots(4)$$

問　生成物A〜Hの構造式を示せ。　(近畿大)

発展 225 アルケン(2)

→ 有 P.67〜87

アルケンに臭素を付加させた化合物の構造について考えてみよう。

アルケンへの臭素の付加反応は，炭素－炭素二重結合のつくる面の上下から臭素が付加した生成物を与える。例えば，シクロヘキセンに臭素を付加させると，(1)式で示した構造をもつ1,2-ジブロモシクロヘキサンが生成される。なお，(1)式の実線くさび形 ◀ で示した結合は紙面の手前側，破線くさび形 ┅ で示した結合は紙面の裏側に存在することを示す。

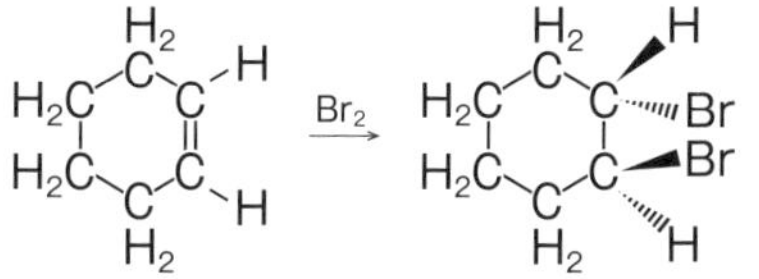
H2
H2C
C
H
H2C
C
C
H
H2
Br2
H2
H
H2C
C
Br
Br
H2C
C
H2
H

…(1)

そこで，トランス-2-ブテンに臭素を付加させて得られる化合物の構造を(1)式の生成物のように示すと，［　］で表される。

［　］に最も適当なものを次の㋐～㋒から選べ。

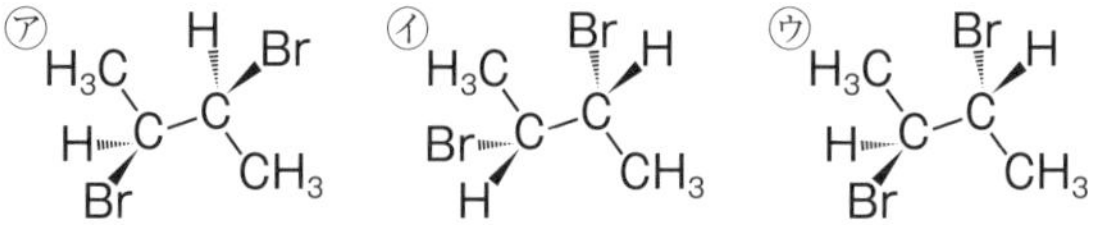
㋐
H3C
H
Br
H
C
C
Br
CH3
㋑
H3C
Br
H
Br
C
C
H
CH3
㋒
H3C
Br
H
H
C
C
Br
CH3

(関西大)

226 アルケンの酸化(1)

➔ 有 P.81～84

図1のアルケンを硫酸酸性の過マンガン酸カリウム$KMnO_4$水溶液を用いて酸化すると，ケトンとアルデヒドが生成する。生成するアルデヒドは，過マンガン酸カリウムによってカルボン酸まで直ちに酸化される。R^3が水素原子のとき，生成物のギ酸は過マンガン酸カリウムによってさらに酸化されて炭酸となり，分解して二酸化炭素と水が生成する。

この条件下で酸化を行うと，1-ヘキセンは［1］と二酸化炭素と水，2-ヘキセンは［2］と［3］，シクロヘキセンは［4］をそれぞれ生成する。

一方で，過マンガン酸カリウム水溶液によるアルケンの酸化反応を，塩基性条件下，低温で注意深く行うと，図2のように2価アルコールが得られる。この場合，1-ヘキセンは［5］個，2-ヘキセンは［6］個，シクロヘキセンは［7］個の不斉炭素原子をもつ化合物が生成する。

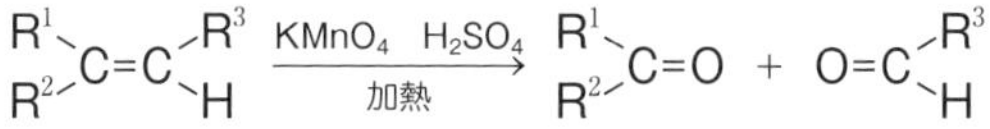
R1
R2
C=C
R3
H
KMnO4 H2SO4
加熱
R1
R2
C=O
+
O=C
R3
H

(R^1～R^3は炭化水素基)

図1　硫酸酸性の過マンガン酸カリウム水溶液によるアルケンの酸化

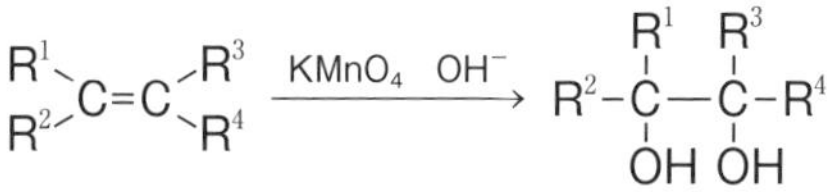
R1
R2
C=C
R3
R4
KMnO4 OH−
R1
R3
R2−C—C−R4
OH OH

(R^1～R^4は水素原子または炭化水素基)

図2　塩基性の過マンガン酸カリウム水溶液によるアルケンの酸化

問1　空欄［1］～［4］にあてはまる化学構造式を記せ。ただし，［2］と［3］は順不同とする。

問2　空欄［5］～［7］にそれぞれあてはまる数字を記せ。

(防衛医科大)

発展 227 アルケンの酸化(2)

➔ 有 P.81〜84

オゾン(O_3)分解によってアルケンの二重結合は開裂し，カルボニル基に分解される。

$$\begin{matrix} R^1 \\ R^2 \end{matrix}\!\!>C=C<\!\!\begin{matrix} R^3 \\ R^4 \end{matrix} \xrightarrow{O_3} \xrightarrow{Zn} \begin{matrix} R^1 \\ R^2 \end{matrix}\!\!>C=O + O=C<\!\!\begin{matrix} R^3 \\ R^4 \end{matrix}$$

ただしR^1〜R^4は水素原子または炭化水素基

分子式がC_7H_{14}のアルケンA〜Eに対しオゾン分解を行い，次の結果を得た。

結果1　アルケンAからは，アセトアルデヒドとヨードホルム反応を示さないケトンFが得られた。

結果2　アルケンBからは，ケトンGとケトンHが得られた。

結果3　アルケンCからは，ケトンGとアルデヒドIが得られた。

結果4　アルケンDからも，ケトンGとアルデヒドIが得られた。

結果5　アルケンEからは，アルデヒドIとアルデヒドJが得られた。

問1　Aは第三級アルコールの脱水反応によっても合成することができる。この反応の反応式を示せ。有機化合物は構造式を用いて示せ。

問2　Bの構造式を示せ。

問3　CとDとして考えられる化合物の構造式を2つ示せ。

問4　Jとして考えられる化合物は複数ある。それらの構造式をすべて示せ。

問5　問4で考えられる化合物の中から，Jの構造を決定するためには，どのような情報が必要か。最も適切なものを次の㋐〜㋕から1つ選べ。

- ㋐　Jが銀鏡反応するか，またはしないか
- ㋑　Jの組成式
- ㋒　Jに含まれる水素原子の数
- ㋓　Jに含まれるすべての炭素原子が同一平面に存在できるか，またはできないか
- ㋔　Jに不斉炭素原子が含まれるか，または含まれないか
- ㋕　Jの分子量

(九州工業大)

228 アルキン(1)

➔ 有 P.88〜89

0℃，1.013×10^5Paの標準状態で2240mLの体積を占めるエチレンとアセチレンよりなる混合気体がある。この混合気体全体を水素添加によりエタンにするのに0℃，1.013×10^5Paの標準状態の水素3360mLを要した。はじめの混合気体をアンモニア性硝酸銀水溶液に通じることにより生成する銀アセチリドの質量〔g〕を有効数字2桁で求めよ。原子量はH＝1.0，C＝12，Ag＝108，0℃，1.013×10^5Paの標準状態で気体のモル体積は22.4L/molとする。

(早稲田大(教育))

発展 **229** アルキン(2)

→ 有 P.88〜96

次の文章を読み，化合物A〜Gの構造式を示せ。

化合物Aは分子式C_4H_6のアルキンである。この化合物に関係する以下の実験を行った。

実験1　化合物Aに触媒を用いて水を付加させると，化合物Bが生成した。化合物Bに水酸化ナトリウム水溶液とヨウ素を加え加熱すると，ヨードホルムの黄色結晶が生成した。

実験2　化合物Aに触媒を用いて水素を付加させると，化合物Cが生成した。さらに，化合物Cに臭素を付加させると，不斉炭素原子をもつ化合物Dが得られた。

実験3　化合物Bを還元すると化合物Eが得られ，これは金属ナトリウムと反応して水素を発生した。化合物Eを濃硫酸と加熱すると，化合物Cとともに化合物Cの構造異性体である化合物Fと化合物Gが生成した。化合物Fと化合物Gは互いに立体異性体の関係にあり，化合物Fはシス形であり，化合物Gはトランス形であった。

（長崎大）

アルコール・カルボニル化合物・カルボン酸・エステルとアミド

➡Do 有 P.97〜154
➡解答・解説P.123

230 $C_4H_{10}O$

➡ 有 P.97〜112

分子式$C_4H_{10}O$の化合物には，全部で7種類の構造異性体が考えられる。そのうち，異性体Aは金属ナトリウムと反応して水素を発生するが，二クロム酸カリウムの希硫酸溶液中では酸化されにくい。

異性体Bは，エタノールを濃硫酸と130〜140℃に加熱して得られ，金属ナトリウムとは反応しない。

異性体Cは金属ナトリウムと反応して水素を発生し，二クロム酸カリウムの希硫酸溶液で酸化され，その生成物をアンモニア性硝酸銀水溶液に加えても銀鏡反応を示さない。また，Cには鏡像異性体がある。

A，B，Cの構造式を示せ。また，Cの構造を推定した理由を述べよ。 (島根大)

231 カルボニル化合物の反応

➡ 有 P.113〜127, 258

アルデヒドとケトンの反応に関する(a)〜(c)の説明を読み，[1]〜[11]にあてはまる最も適切な構造式または化学式を係数とともに示し，反応式を完成させよ。

(a) アルデヒドは還元性を示す。その例として，銀鏡反応とフェーリング液の還元が知られている。

【銀鏡反応】

$$R\text{-}C(=O)\text{-}H + 2[Ag(NH_3)_2]^+ + \boxed{1}$$

$$\longrightarrow R\text{-}C(=O)\text{-}O^- + \boxed{2} + 2H_2O + \boxed{3}$$

（[2]と[3]は順不同）

【フェーリング液の還元】

$$R\text{-}C(=O)\text{-}H + 2Cu^{2+} + \boxed{4} \longrightarrow R\text{-}C(=O)\text{-}O^- + \boxed{5} + 3H_2O$$

(b) ケトンの一種であるアセトンは，塩基性の水溶液中でヨウ素と反応して，特異臭をもつヨードホルムの黄色沈殿を生じる。この反応は，ヨードホルム反応とよばれる。

【ヨードホルム反応】

$$H_3C\text{-}C(=O)\text{-}CH_3 + \boxed{6} + 3I_2$$

$$\longrightarrow \underset{\text{ヨードホルム}}{\boxed{7}} + H_3C\text{-}C(=O)\text{-}ONa + \boxed{8} + 3H_2O$$

発展 (c) 酸触媒の存在下，ケトンをアルコールと反応させると，カルボニル基に対するアルコールの付加が起こり，ヘミアセタールが生成する。また，さらにもう1分子のアルコールが反応すると，アセタールが生じる。

$$R_1-\underset{\underset{O}{\|}}{C}-R_2 \xrightarrow{R-OH} \boxed{9} \xrightarrow{R-OH} \boxed{10} + \boxed{11}$$

ヘミアセタール　アセタール

(近畿大)

232 カルボニル化合物とカルボン酸

➔ 有 P.113～141

酸素を含む脂肪族化合物に関する次の記述(a)～(d)のうち，正しいものの組み合わせはどれか。下の①～⑥から選び，番号で答えよ。

(a) アセトアルデヒドは，塩化パラジウム(Ⅱ)$PdCl_2$と塩化銅(Ⅱ)$CuCl_2$を触媒に用いてエチレンを酸化してつくられる。

(b) アセトアルデヒドは，アンモニア性硝酸銀溶液と反応して酸化銀(Ⅰ)の沈殿を生じる。

(c) ギ酸は，飽和脂肪酸の中で最も強い酸性を示す。

(d) 分子式$C_5H_{10}O$で示されるアルデヒドには，6種類の構造異性体が存在する。

① (a)と(b)　② (a)と(c)　③ (a)と(d)　④ (b)と(c)　⑤ (b)と(d)
⑥ (c)と(d)

(福岡大)

233 カルボン酸

➔ 有 P.128～141

カルボン酸に関する次の記述ⓐ～ⓔの中で，正しいのはどれか。

ⓐ アジピン酸はアミド結合をもつ。
ⓑ 乳酸は分子内に不斉炭素原子を2つもつ。
ⓒ 無水酢酸は水が除かれた純粋な酢酸である。
ⓓ 酢酸はフェノールより酸性が弱い。
ⓔ プロピオン酸に炭酸水素ナトリウム水溶液を加えると気泡が生じる。

(東邦大(医))

234 $C_4H_4O_4$

➔ 有 P.128～141

分子式$C_4H_4O_4$で示される不飽和ジカルボン酸には[ア]型のマレイン酸と[イ]型の[ウ]の一組の[エ]が存在する。マレイン酸は160℃で加熱されると[オ]とよばれる酸無水物を生じるが，[ウ]は加熱しても昇華するだけで酸無水物を生じない。

問1 文中の空欄[ア]～[オ]にあてはまる語句または化合物名を書け。

問2 マレイン酸の加熱で生じた酸無水物の構造式を書け。

問3 マレイン酸だけが酸無水物を生じた理由を50字以内で述べよ。

問4 [ウ]の化合物はマレイン酸に比べ融点がかなり高い。この理由を60字以内で述べよ。

(弘前大)

235 カルボン酸塩の反応(1)

➔ 有 P.139~141

飽和脂肪酸RCOOHのナトリウム塩に，水酸化ナトリウムを加えて加熱すると，次の反応式により，炭化水素RHが生成する。

$$RCOONa + NaOH \longrightarrow RH + Na_2CO_3$$

ある飽和脂肪酸のナトリウム塩11gを用いて上の反応を完全に行わせたところ，炭化水素4.4gが生成した。この飽和脂肪酸を，次の①～④から1つ選べ。原子量はH＝1.0，C＝12，O＝16，Na＝23とする。

① CH_3COOH　② CH_3CH_2COOH　③ $CH_3CH_2CH_2COOH$

④ $CH_3CH_2CH_2CH_2COOH$

236 カルボン酸塩の反応(2)

➔ 有 P.139~141

酢酸カルシウムを乾留して得られた物質について，正しいのはどれか。

A：銀鏡反応を示す。

B：水に不溶である。

C：ヨードホルム反応が陽性である。

D：2-プロパノールを酸化しても合成できる。

E：フェーリング液とともに加熱すると赤色沈殿を生成する。

㋐ AとB　㋑ AとE　㋒ BとC　㋓ CとD　㋔ DとE　(自治医科大)

発展 237 $C_4H_6O_5$

➔ 有 P.97~141

ある植物の果汁に含まれる酸味成分として分子式$C_4H_6O_5$をもつ化合物Aを得た。化合物Aの化学構造式を決定するために以下の実験を行った。

化合物Aの0.10mol/Lの水溶液10mLをつくり，0.10mol/Lの水酸化ナトリウム水溶液で滴定したところ，20mLで中和点に達し，溶液は塩基性であった。この実験により，平面構造式の候補は5個に絞られた。ただしここで，モノ炭酸エステルは中性の水中において容易に分解するため，候補として考慮しない。

(モノ炭酸エステルの例)

$$HO-C(=O)-O-C_2H_5$$

化合物Aをエーテル中で金属ナトリウムと反応させたところ，化合物A1.0molあたり，水素1.5molが発生し，反応後も金属ナトリウムは残っていた。この反応により化合物Aの平面構造式の候補は(a)5個から3個に絞られた。

化合物Aをクロム酸二カリウムで酸化したところ，分子式$C_4H_4O_5$の化合物Bが得られた。この反応により，(b)上記3個の候補の1個が除外され，候補は2個に絞られた。

化合物Aに強酸を加えると，分子内から水が1分子除去されて，化合物CとDの混合物が得られた。この化合物CとDは，いずれもオゾンおよび臭素と反応した。2つの化合物CとDが得られたことから，(c)上記2個の候補の1個が除外され，化合物Aの平面構造式が特定できた。

問1　下線部(a)で除外された2個の平面構造式を示せ。

問2　下線部(b)および(c)で除外された平面構造式をそれぞれ示せ。
問3　化合物AおよびBの平面構造式をそれぞれ示せ。
問4　化合物CとDの組み合わせに対して考えられる2個の平面構造式を示せ。　(東京大)

(発展) 238 $C_5H_{12}O$

➔ 有 P.97〜141

分子式$C_5H_{12}O$の構造異性体A, B, C, D, Eがある。A〜Eの構造を決定するため以下に示す**実験1**〜**実験4**を行った。

実験1　単体のナトリウムの小片を加えると, いずれも気体が発生した。

実験2　A, Bに二クロム酸カリウムの希硫酸水溶液を加えて穏やかに加熱すると, いずれもアルデヒドが生成した。

実験3　濃硫酸を加えて加熱したところ, Aからはアルケンが得られなかったが, BからはアルケンFが, CからはアルケンFとGが, DからはアルケンGとHが, EからはアルケンI, J, Kが得られた。なお, アルケンJとKは互いに立体異性体の関係にあった。

実験4　Hをオゾン分解すると, 2種類のアルデヒドが生成した。なお, アルケンにオゾンを作用させると, 次に示すようにオゾニドを経てアルデヒドまたはケトンが生成する。この一連の反応はオゾン分解とよばれている。

$$RR'C{=}CHR'' \xrightarrow{\text{オゾン}} \text{(オゾニド)} \xrightarrow{\text{分解}} RR'C{=}O + O{=}CHR''$$

(R, R′, R″：炭化水素基)　(オゾニド)

問1　次の文中の[ア]〜[ウ]にあてはまる数字を記せ。
　分子式$C_5H_{12}O$の構造異性体の中で, **実験1**の結果にあてはまる化合物は[ア]種類存在し, その中で不斉炭素原子をもつものは[イ]種類存在する。さらに, 二クロム酸カリウムの希硫酸水溶液を加えて加熱しても不斉炭素原子をもつものは[ウ]種類存在する。
問2　構造が明確に区別できるようにJとKの構造式を書け。
問3　**実験3**で生成したアルケンの中で, すべての炭素原子が同一平面上に存在するアルケンはどれか, その記号と構造式を書け。
問4　Hをオゾン分解したときに得られた二つの化合物の構造式を書け。
問5　A〜Eの構造式を書け。　(兵庫医科大)

239 酢酸エチルの合成

➔ 有 P.142〜149

酢酸エチルは, 実験室では次の手順で合成することができる。

手順1　乾燥した300mL丸底フラスコに酢酸20mL, エタノール58mLおよび濃硫酸5mLを入れてよく混合する。

手順2　丸底フラスコに沸騰石を入れ, 還流冷却器(図1)をつけ, 80℃の湯浴上で30分間反応させたのち, 冷却する。

手順3　反応液を枝付きフラスコに入れ，蒸留する。約77℃で留出してくる成分を三角フラスコに集める。得られた留出液中には酢酸エチルのほかに少量の酢酸，エタノール，水が含まれているので，以下の操作を行ってこれらを除去する。

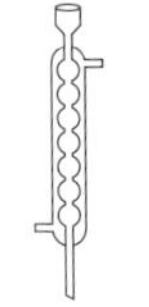
還流冷却器
図1

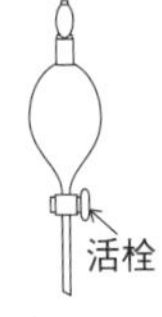

分液ろうと
図2

手順4　(酢酸の除去)留出液を分液ろうと(図2)に移し，5%炭酸ナトリウム水溶液15mLを加えて振り混ぜる。分液ろうとを静置して2層に分かれたら，下層を取り除く。この操作を数回行う。

手順5　(エタノールの除去)手順4の分液ろうとに50%塩化カルシウム水溶液15mLを加えて振り混ぜる。分液ろうとを静置して2層に分かれたら，下層を取り除く。この操作を数回行う。

手順6　(水の除去)問3を参照すること。

問1　手順4における分液ろうとの操作では，分液ろうとを1～2回振るたびに活栓を開けなければならない。その理由を述べよ。

問2　手順4で生じる反応の化学反応式を書け。

問3　手順6で水を除去するためには，手順5の分液ろうとの上層に対してどのような操作をすればよいか。順を追って箇条書きで書け。　(奈良県立医科大)

240 C，H，Oを含む脂肪族化合物の構造決定(1)

→ 有 P.97～154

C，H，Oよりなる化合物Aがある。化合物Aの17.6mgを完全燃焼させたところ，二酸化炭素35.2mgと水14.4mgを生じた。化合物Aの蒸気の密度は，同温，同圧の空気のそれの4倍以下であった。また，この化合物Aを酸で加水分解したところ，化合物Bと化合物Cが得られ，化合物Bは酸であった。

問1　化合物Aの17.6mg中に含まれるC，H，Oはそれぞれ何mgか。気体は理想気体とし，原子量はH = 1.00，C = 12.0，O = 16.0 とする。

問2　化合物Aの組成式を求めよ。

問3　化合物Aの分子量と分子式を求めよ。

問4　化合物Cの可能な構造式をすべて書け。

問5　化合物Cを酸化するとケトンが得られた場合，化合物Aは何か，構造式で答えよ。

(慶應義塾大(医))

発展 241 C，H，Oを含む脂肪族化合物の構造決定(2)

→ 有 P.97～154

分子式$C_5H_{10}O_3$の化合物Aに無水酢酸を加えて[あ]化すると，分子式$C_7H_{12}O_4$の化合物Bが得られた。化合物Aおよび化合物Bを，水酸化ナトリウム水溶液中で加熱して[い]化すると，ともに分子式$C_4H_7O_3Na$の化合物Cが得られた。化合物Cの水溶液に硫酸を加えて酸性にすると，分子式C4H6O2をもつ五員環の環状構造の化合物Dが得られた。

問1　文中の[　　]に適した語句を記せ。

問2　化合物A～Dの構造式を記せ。　(京都大)

第12章 芳香族化合物

23 ベンゼン・ベンゼンの置換反応・芳香族炭化水素とその誘導体

➡Do 有 P.156～185
➡解答・解説P.133

242 ベンゼン

➡ 有 P.156～163

ベンゼンの構造式は，1865年，ケクレによって提案され，形式的に構造式Xのように表せる。一方，環状構造の中に二重結合を1個もつ炭化水素はシクロアルケンとよばれており，炭素6個からなるシクロヘキセンは構造式Yで表せる。

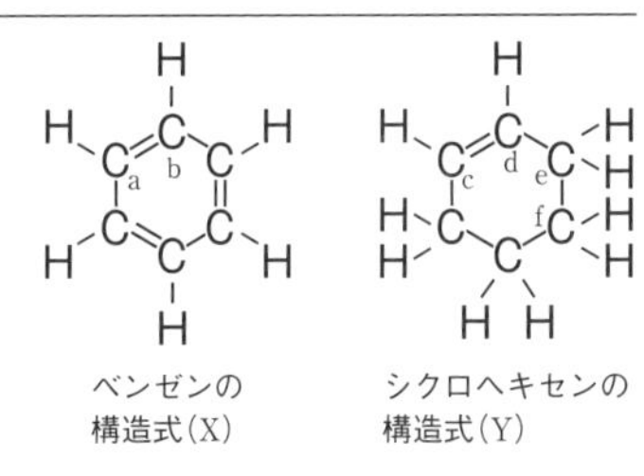

ベンゼンの構造式(X)　シクロヘキセンの構造式(Y)

ベンゼンとシクロヘキセンの二重結合の反応性を比較するために，次の実験を行った。

ベンゼンとシクロヘキセンに，それぞれ硫酸酸性の過マンガン酸カリウム水溶液を加えたところ，その水溶液の赤紫色が脱色されたのは［ア］であった。

次に，ベンゼンとシクロヘキセンに，それぞれ臭素水を加えて振ったところ，色の変化が見られなかったのは［イ］であった。また，ニッケルを触媒として水素を反応させたところ，水素が付加したのは［ウ］であった。

問1　文中の［　］にあてはまる最も適切なものを，次の①～③から選べ。

①　ベンゼンのみ　②　シクロヘキセンのみ　③　ベンゼンとシクロヘキセン

問2　ベンゼンの構造式Xにおける炭素aと炭素bの間の実際の長さを[a—b]，シクロヘキセンの構造式Yにおける炭素cと炭素dの間の長さを[c—d]，および炭素eと炭素fの間の長さを[e—f]とする。これらに関する次の㋐～㋕の説明の中で，最も適切なものを1つ選べ。

㋐　[a—b]は，[c—d]と同じであるが，[e—f]より短い。
㋑　[a—b]は，[c—d]と同じであるが，[e—f]より長い。
㋒　[a—b]は，[c—d]，[e—f]より長い。
㋓　[a—b]は，[c—d]，[e—f]より短い。
㋔　[a—b]は，[c—d]より長いが，[e—f]より短い。
㋕　[a—b]は，[c—d]より短いが，[e—f]より長い。

(九州工業大)

243 ベンゼンとナフタレンの反応

➡ 有 P.156～163

問1　ベンゼンに塩素を反応させるとき，反応条件によって違う化合物が生じる。鉄を作用させたとき(条件A)と光を当てたとき(条件B)に生じる化合物の名称と構造式をそれぞれ書け。

問2　ナフタレンに触媒(V_2O_5)を加えて約400℃で空気酸化すると，塩基性水溶液によく溶ける化合物が生じる。この酸化反応は次ページのように示される。a(原料)とb

(主生成物)に適切な構造式を書け。

$$\boxed{\ a\ } \xrightarrow[V_2O_5]{O_2} \boxed{\ b\ }$$

(旭川医科大)

244 ニトロベンゼンの合成

➔ 有 P.164~166

ベンゼン(融点5.5℃, 沸点80℃)からニトロベンゼン(融点5.8℃, 沸点211℃)をつくる次の実験操作を読み, 問1~3に答えよ。

〔操作〕濃硝酸10mLに, 水で冷やしながら濃硫酸10mLを, 少しずつ加えて混酸をつくる。ベンゼン10mLを三角フラスコに入れ, 滴下ろうとから混酸を徐々に滴下する。フラスコの内容物の温度が50~60℃に保たれるように滴下に注意し, 温度が上がりすぎるときは冷水につける。滴下終了後, フラスコの内容物の温度が下がってから, 分液ろうとに移し, 下層の酸を除き, 水および炭酸水素ナトリウム水溶液で洗い, 最後に塩化カルシウムで乾燥する。

問1 ベンゼンからニトロベンゼンが生成するときの反応式を書け。

問2 ベンゼンと濃硝酸だけではこの反応は起こりにくい。濃硫酸によって

$$HNO_3 + H_2SO_4 \longrightarrow \boxed{\ A\ } + H_2O + HSO_4^-$$

で表されるような反応が起こり, 生じたAがベンゼンを攻撃し, ニトロ化が起きると考えられている。Aを化学式で書け。

問3 50~60℃の温度に保つことができず, ずっと高い温度で反応操作を終了した場合, 生成物はどのように変わるか。

(京都府立医科大)

245 配向性

➔ 有 P.169~173

次の文中の[a]~[d]には物質名を, [あ]~[う]には適切な語句を, [ア], [イ]には反応の名称を記せ。また, 同じ語句や反応の名称をくり返し用いてもよい。

ベンゼンに鉄粉と塩素を作用させると[a]が生成する。ベンゼンは不飽和結合を3個もちながら, 脂肪族化合物の不飽和結合に塩素を反応させたときに見られた[ア]反応は起こさず, [イ]反応を起こすのも, 芳香族化合物の1つの特徴である。

ベンゼンにすでに結合している置換基は, 次に結合する置換基の結合位置, すなわち[あ]位, [い]位, [う]位に影響をおよぼす。これを置換基の配向性という。例えば, トルエンを濃硫酸と濃硝酸でニトロ化する場合, はじめは主に[b]と[c]を生じるが, 温度を上げてニトロ化を行うと最終的には[d]を生じる。このことは, ベンゼン環に結合したメチル基は, 次に入る置換基を[あ]の位置と[う]の位置に結合させる配向性を示すことによる。

(静岡大)

発展 **246** C_8H_{10} → 有 P.177〜181

近年発展した核磁気共鳴分光装置により有機化合物の測定を行うと，分子中に物理的・化学的性質の異なる炭素原子が何種類存在するかを観測することができ，分子構造を決定するうえで非常に役に立つ。例えば，ベンゼンに対してこの測定を行うと，1種類のみの炭素原子が観測された。この結果は，ベンゼンの炭素骨格が平面正六角形であり，分子中の炭素原子の性質がすべて等しい事実と一致する。一方，エチルベンゼンを測定すると異なる性質をもつ炭素原子が6種類観測された。この測定結果から，エチルベンゼンにおいては，図1に示すようにa〜fの炭素原子が互いに異なる性質をもつことがわかる。ベンゼン環の炭素原子がa〜dの4種類に分かれるのは，ベンゼンにエチル基が置換すると，置換基との距離が異なるため，a〜dの環境(物理的・化学的性質)が等しくなくなるからである。

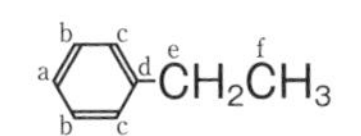

図1　エチルベンゼン中の性質の異なる6種類の炭素原子

問1　エチルベンゼンの構造異性体である3つの芳香族化合物に対して前述の測定を行った。その結果，観測された炭素原子の種類は，それぞれ，5種類，4種類，および，3種類であった。対応する構造式を示せ。

問2　トルエンに少量の臭素を加えて光を照射すると，メタンのハロゲン化と同様の反応が起こりC_7H_7Brの分子式をもつAが得られた。一方，光照射の代わりに鉄粉を加えると，Aの構造異性体が複数得られた。その構造異性体の中で最も生成量の多いBに対して前述の測定を行ったところ，観測された炭素原子の種類の数はAの場合と同数であった。A，Bの構造式を示せ。 (大阪大)

247 芳香族カルボン酸 → 有 P.179〜181

芳香環にアルキル基が直接結合した化合物を酸化すると，芳香族カルボン酸が得られる。この反応を，未知化合物の構造決定に利用することができる。

ベンゼン環を含む構造未知の化合物Aを酸化したところ，カルボン酸Bが得られた。カルボン酸Bの1.00gを中和するのに，1.00mol/Lの水酸化ナトリウム水溶液が12.0mL必要であった。化合物Aの構造式として最も適当なものを，次の①〜⑤から1つ選べ。原子量は$H=1.0$，$C=12$，$N=14$，$O=16$，$Cl=35.5$とする。

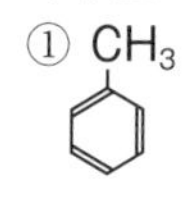

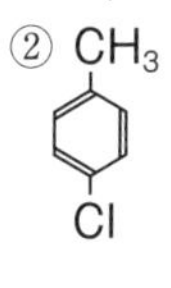

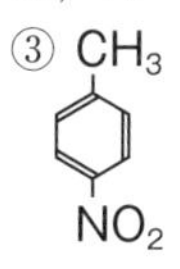

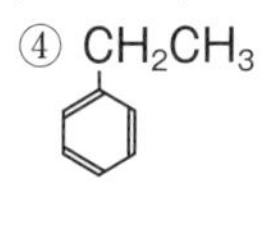

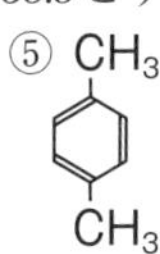

24 フェノール類とその誘導体・アニリンとその誘導体

➡Do 有 P.186~220
➡解答・解説P.136

248 C_7H_8O，$C_8H_{10}O$

➡ 有 P.186~192

① A~Fはいずれも芳香族化合物である。
② AとBの分子式はC_7H_8Oで，Cの分子式は$C_8H_{10}O$である。
③ Aは水酸化ナトリウム水溶液によく溶けたが，BとCはあまり溶けなかった。
④ AとCはいずれも無水酢酸と反応してエステルを生成したが，Bはエステルを生成しなかった。
⑤ Aを適当な条件でニトロ化して，そのベンゼン環に1個のニトロ基を導入したとすると2種類のニトロ化合物を生成する可能性がある。
⑥ Cを穏やかな条件で酸化すると，C_8H_8Oの分子式で表される還元性の物質Dが得られた。
⑦ Dをさらに厳しい条件で酸化すると，$C_8H_6O_4$の分子式で表される2価のカルボン酸Eが得られた。
⑧ Eを加熱すると分子内で脱水反応を起こし，$C_8H_4O_3$の分子式で表される物質Fを生成した。

問1 A~CおよびFの構造式を右の(例)と同程度に簡略化して示せ。
問2 A~Dのうち塩化鉄(Ⅲ)水溶液によって青色を呈するものはどれか。記号で答えよ。
問3 BおよびEのベンゼン環に1個のニトロ基を導入した場合に，それぞれ最大で何種類のニトロ化合物を生成する可能性があるか，その数を答えよ。

(例)
O
‖
C⌵CH_3

(神戸大)

249 フェノールの製法

➡ 有 P.193~197

フェノールの工業的製法であるクメン法は，ベンゼンを出発原料とする以下の3段階の反応により構成される。まず，ベンゼンとAの混合物に触媒を作用させることでクメンBを合成する((1)式)。続いてBに酸素と触媒を加えることでCとした後((2)式)，これにDを触媒として加えて分解反応を行うと，フェノールならびにEが得られる((3)式)。

$$\text{C}_6\text{H}_6 + \text{A} \xrightarrow{\text{触媒}} \text{B} \quad \cdots(1)$$

$$\text{B} + \text{O}_2 \xrightarrow{\text{触媒}} \text{C} \quad \cdots(2)$$

$$\text{C} \xrightarrow{\text{D(触媒)}} \text{C}_6\text{H}_5\text{OH} + \text{E} \quad \cdots(3)$$

問1 化合物A，B，C，Eの構造式を示せ。また，Dの化合物名を答えよ。

問2　次の①～⑧の反応剤のうちのいくつかを適切な順で用い，クメン法とは異なる方法で，ベンゼンからフェノールを合成したい。使用すべき反応剤の番号を，用いる順番に答えよ。

① HNO_3，H_2SO_4　② NaOH水溶液（室温）　③ NaOH水溶液（高温・高圧）
④ 濃H_2SO_4　⑤ Sn，塩酸　⑥ CO_2，H_2O
⑦ Cl_2，Fe　⑧ O_2

（学習院大）

250 フェノールの誘導体(1)

➔ 有 P.186～204

フェノールと水酸化ナトリウムとの塩である化合物Aに高温・高圧で二酸化炭素を反応させると化合物Bが生成する。化合物Bに希硫酸を作用させると化合物Cが得られる。化合物Cを用いて，以下の2種類の実験を試みた。

〔実験1〕　よく乾いた試験管に化合物Cを0.5gとり，メタノール2.0mLを加えて完全に溶解した。これに濃硫酸0.5mLを触媒として加え，沸騰石を入れて，軽く沸騰する程度に穏やかに加熱する。沸騰が弱まり反応液が少し濁ってきたら加熱をやめる。反応後は冷水で冷却したのち，<u>反応物を飽和炭酸水素ナトリウム水溶液50mLを入れたビーカーに注ぐと，激しく気体を発生しながら，油状の化合物Dが沈む</u>。

〔実験2〕　よく乾いたビーカーに化合物C 1.0gと無水酢酸2.0mLを入れ，ガラス棒でかき混ぜる。数滴の濃硫酸を触媒として加えてかき混ぜ続けると，一度透明になった後に白濁してくる。さらに3分ほどかき混ぜた後，冷水を加えてよく攪拌すると白色の結晶が得られる。得られた結晶を冷水で洗いながら吸引ろ過した後，再結晶法により精製し，純粋な化合物Eを得た。

問1　化合物A，B，C，D，Eの構造式と名称をそれぞれ記せ。
問2　下線部の操作を行う目的について反応式を示して説明せよ。

（山梨大）

251 フェノールの誘導体(2)

➔ 有 P.186～204

次の化合物を酸性の強い順に並べよ。
【サリチル酸，サリチル酸メチル，アセチルサリチル酸】

（久留米大（医））

252 芳香族アミン

➔ 有 P.205, 206

次の芳香族アミンに関する文章を読み，［ア］～［オ］にあてはまる数値を記せ。

$C_8H_{11}N$の分子式をもつ芳香族アミンを考える。芳香族アミン$C_8H_{11}N$の異性体は14個ある。この芳香族アミンの異性体のうち，ベンゼン環にエチル基（$-CH_2CH_3$）とアミノ基（$-NH_2$）が結合した芳香族アミンには3個の異性体が考えられる。また，*p*-キシレンのベンゼン環上の水素をアミノ基（$-NH_2$）に置き換えてできる芳香族アミンには［ア］個の異性体が考えられる。同様に*m*-キシレンのベンゼン環上の水素をアミノ基に置き換えてできる芳香族アミンには［イ］個，*o*-キシレンのベンゼン環上の水素をアミノ基に置き換えてできる芳香族アミンには［ウ］個の異性体が考えられる。

一方，窒素にベンゼン環以外の炭化水素基が1つ結合した芳香族アミン$C_8H_{11}N$には［エ］個の異性体が考えられる。

無水酢酸との反応でアミド化合物に変化しない芳香族アミン$C_8H_{11}N$には［オ］個の異性体が考えられる。

(東京理科大)

253 アニリンとその誘導体

➔ 有 P.207, 208

アニリンは特有の臭気をもつ液体で，その沸点は185℃であり，染料や香料の原料として利用される。

実験室ではいろいろな方法でニトロベンゼンを還元して合成され，還元法として触媒の存在下での水素化やスズまたは鉄と塩酸による還元などがある。

反応容器に(a)3.1gのニトロベンゼン，6.0gの粒状スズ，14.0mLの濃塩酸を入れ，冷却器をつけて，振り混ぜながら穏やかに加熱して反応させた。反応混合物を冷やした後，残っている固体のスズを除いてから，30%水酸化ナトリウム水溶液を加えて溶液を塩基性にした。この塩基性溶液に水蒸気を送り込みながら蒸留し，水蒸気と一緒に留出される物質を集めた。留出した液は，ニトロベンゼン，アニリン，水の混合物であった。(b)この混合液から，アニリンを分離して，取り出した。

(c)アニリンの希塩酸溶液を5℃以下に冷やしながら，冷やした亜硝酸ナトリウム溶液を加えた。得られた溶液にすぐに(d)ナトリウムフェノキシド水溶液を加えたところ，橙赤色の沈殿が生じた。

問1　下線部(a)について：この反応でスズは4価のイオンに酸化される。この反応におけるニトロベンゼンの酸化剤としての作用を，e^-を含むイオン反応式で表せ。

問2　下線部(b)について：(1)　この混合液からアニリンを分離して取り出すにはどのような操作を行えばよいか。分離法を説明せよ。

(2)　得られた物質がアニリンであることを呈色反応により確認するにはどうすればよいか。使用する試薬の名称と色の変化を記せ。

問3　下線部(c)について：このとき起こる反応を化学反応式で表せ。

問4　下線部(d)について：(1)　この反応を一般に何というか。

(2)　橙赤色の沈殿は何か。構造式と化合物名を記せ。

(慶應義塾大(医))

254 *m*-ブロモフェノールの合成

➔ 有 P.186～204

ベンゼンを出発物質とし，無機試薬のみを用い*m*-ブロモフェノール〔F〕を以下に示した6段階の反応を経て合成した。反応4の生成物〔D〕は*m*-ブロモアニリンであった。また副生成物が得られる場合は，適切な方法で主生成物と分離できたものとする。

ベンゼン $\xrightarrow[\text{加熱}]{\text{反応1}}$ 〔A〕 $\xrightarrow{\text{反応2}}$ 〔B〕 $\xrightarrow[\text{加熱}]{\text{反応3}}$ 〔C〕 $\xrightarrow{\text{反応4　NaOH}}$ 〔D〕 $\xrightarrow[\text{低温}]{\text{反応5}}$ 〔E〕 $\xrightarrow[\text{加熱}]{\text{反応6}}$ 〔F〕

各反応に必要な無機試薬の化学式，反応名(例：脱水)，および反応生成物の構造式を記せ。

(防衛医科大)

発展 255 オレンジⅡの合成

➔ 有 P.209〜211

有機化合物の構造式は，右の例にならって示せ。

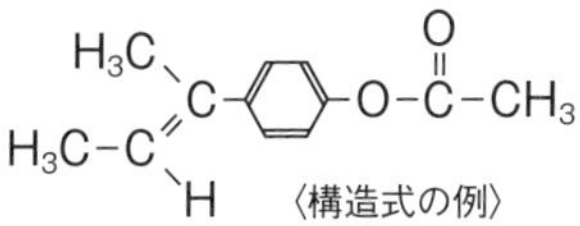

〈構造式の例〉

可視光線の一部を吸収し，残りの光を透過して固有の色を示す物質を[ア]という。[ア]のうち，水などの溶媒に溶け，繊維の染色に用いられるものを[イ]といい，溶媒に溶けず，絵の具などに用いられるものを[ウ]という。[イ]には，天然の植物や動物などから得られる[エ]と，石炭や石油などを原料に化学的につくられる[オ]がある。現在使用されている[イ]のほとんどが[オ]であり，分子内に[カ]基(−N=N−)をもつ[キ]が大部分を占める。

図1にオレンジⅡの合成経路を，図2にその染色のしくみを示してある。繊維が染色されるためには，有機化合物が繊維のすき間に入り込むだけでなく，繊維と結合をつくることが必要である。これを染着という。染着は，図2に示されるような[ク]結合，[ケ]結合，ファンデルワールス力などによって起こる。

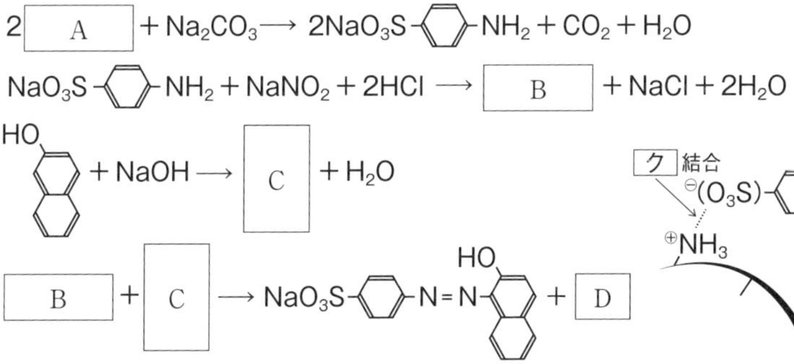

2 [A] $+ Na_2CO_3 \longrightarrow 2NaO_3S$-C₆H₄-$NH_2 + CO_2 + H_2O$

NaO_3S-C₆H₄-$NH_2 + NaNO_2 + 2HCl \longrightarrow$ [B] $+ NaCl + 2H_2O$

(2-ナフトール) $+ NaOH \longrightarrow$ [C] $+ H_2O$

[B] + [C] $\longrightarrow NaO_3S$-C₆H₄-N=N-(HO-ナフチル) + [D]

図1　オレンジⅡの合成経路

[ク]結合　[ケ]結合

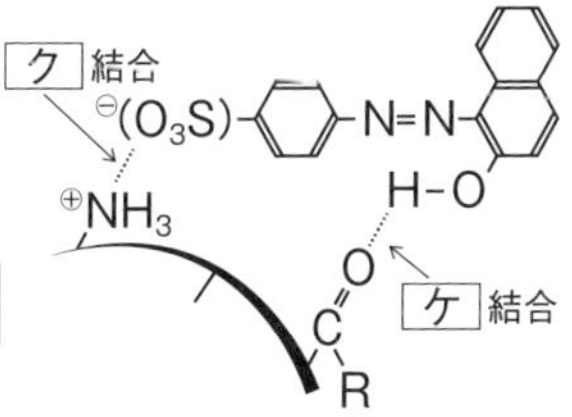

図2　オレンジⅡの染色のしくみ

問1　[ア]〜[ケ]に最も適切な語句を入れよ。

問2　図1のA〜Dに構造式を入れ，化学反応式を完成させよ。　(近畿大)

256 抽出

➔ 有 P.214〜218

アニリン，安息香酸およびフェノールを含む混合物のエーテル溶液がある。この混合物溶液から安息香酸を分離するにはどのような操作を行えばよいか。分液ろうと，三角フラスコ，ろうと，ろ紙，6mol/L HCl，6mol/L NaOH水溶液，5%$NaHCO_3$水溶液，エーテル，蒸留水の中から必要なものを選んで使用せよ。また試薬の量は書かなくてよい。

(慶應義塾大(医))

257 芳香族化合物の総合問題(1)

➔ 有 第3章

ベンゼン環を有する化合物A～Cについて，次の問いに答えよ。

問1　Aは水には溶けにくいが酸性水溶液には溶解する化合物であり，さらし粉水溶液と反応して赤紫色を呈する。またAを無水酢酸と反応させると，C_8H_9NOで示される分子式を有する芳香族化合物が得られる。Aをベンゼンから2段階の反応操作で合成するためにはどうすればよいか。次の①～⑧から2つ選び，操作の順に答えよ。

① 酸化アルミニウムとプロペンを作用させる。

② ニッケルを触媒にして水素で還元する。

③ 酸素を用いて酸化する。　④ 濃硝酸と濃硫酸の混合物と反応させる。

⑤ 濃硫酸中で加熱する。　⑥ 鉄粉を用いて単体の塩素を作用させる。

⑦ 希塩酸中で亜硝酸ナトリウム水溶液を作用させる。

⑧ 過マンガン酸カリウム水溶液を作用させる。

問2　Bは$C_{11}H_{14}O_3$で示される分子式を有し，ヒドロキシ基をもつ芳香族カルボン酸のエステルである。また，Bを加水分解すると炭素数4のアルコールとCが得られる。Cは塩化鉄(Ⅲ)水溶液を加えると呈色した。Bとして考えられる構造異性体はいくつあるか。

問3　問2のCとして考えられる化合物のうち，ナトリウムフェノキシドを原料として合成できるものがある。その方法を次の①～⑤から1つ選べ。

① 無水酢酸と反応させる。

② 発煙硫酸と反応させた後，水酸化ナトリウム水溶液を作用させる。

③ 高温・高圧の二酸化炭素と反応させた後，強酸を作用させる。

④ 塩化ベンゼンジアゾニウムとジアゾカップリングさせる。

⑤ 水酸化ナトリウムと共に融解させた後，強酸を作用させる。　(東京工業大)

発展 258 芳香族化合物の総合問題(2)

➔ 有 P.150, 214～218

炭素，水素，酸素よりなる分子量312のエステルAとBがある。AとBは構造異性体である。元素分析によるAの成分元素の質量組成は，炭素73.1%，水素6.4%であった。水酸化ナトリウム水溶液を用いて，Aを加水分解した。この水溶液にエーテルを加えて抽出を行った。エーテル層からベンゼン環をもち中性である化合物Cが得られた。水層を希塩酸によって，弱酸性にした後，再度エーテルを加えて抽出すると，エーテル層からは化合物Dが得られた。同様にBを加水分解し，エーテル層からはCが得られた。水層を弱酸性にした後，エーテルを加えて抽出を行い，化合物Eと化合物Fを得た。CとEは構造異性体である。DとFも構造異性体である。A，B，Dには不斉炭素原子が存在する。C，E，Fには不斉炭素原子が存在しない。

トルエンに濃硫酸を加えて加熱すると*p*-置換体である化合物Gが得られた。Gを水酸化ナトリウムと反応させた後に，アルカリ融解を行い，水溶液をつくり二酸化炭素を吹き込むとEが得られた。

問1　化合物Aの分子式を記せ。原子量はH＝1.0，C＝12.0，O＝16.0とする。

問2　化合物A～Gの構造式を(例)にならって示せ。

(例)　$C_6H_5-CH_2-CH_2-COO-CH_3$

(青山学院大)

発展 259 芳香族化合物の総合問題(3)

➔ 有 P.214～218

ベンゼン環を2つ含む化合物Aがある。Aは分子式$C_{16}H_{14}O_4$をもち，炭酸水素ナトリウム水溶液に加えると発泡しながら溶解する。(a)Aを水酸化ナトリウム水溶液に加えると溶解して均一溶液となり，これを加熱していると油状物質が生成してくる。(b)完全に反応させてから室温まで冷却し，エーテルを加えよく振り混ぜ，エーテル層と水層を分液した。

エーテル層を濃縮すると分子式$C_8H_{10}O$をもつ化合物Bが得られた。一方，水層を塩酸で酸性にすると分子式$C_8H_6O_4$をもつ化合物Cが析出した。

Bは不斉炭素原子をもつ。Bを二クロム酸カリウムで酸化すると分子式C_8H_8Oをもつ化合物Dが生成した。Dには不斉炭素原子は存在しない。また，Bを水酸化ナトリウム水溶液中でヨウ素と反応させると黄色結晶が生成した。この結晶を除いてから，残りの水層を塩酸で酸性にすると分子式$C_7H_6O_2$をもつ化合物Eが析出した。Cは加熱すると分子式$C_8H_4O_3$をもつ化合物Fを生成した。また，Fを同じ物質量のアニリンと加熱すると，分子式$C_{14}H_{11}NO_3$をもつ化合物Gが生成した。工業的な製造法の1つとして，化合物Fはナフタレンを酸化して製造される。

問1　化合物A～Fの構造式を示し，不斉炭素原子に*を付けよ。

問2　化合物CおよびEの名称を答えよ。

問3　下線部(a)の変化が観察される理由を60字以内で説明せよ。

問4　化合物Aの異性体がある。この異性体に水酸化ナトリウム水溶液を作用させたところ，下線部(a)と同様の変化をして油状物質が生成した。ついで下線部(b)の操作を行った。エーテル層から化合物Hが得られ，また，水層を酸性にすると化合物Cが得られた。HはBの異性体であり，ベンゼン環を含む。化合物Hの可能なすべての構造式を示せ。

問5　Fとアニリンとから Gを生成する反応を，化学反応式で示せ。　(東北大)

25 アミノ酸とタンパク質

➡Do 有 P.222〜249
➡解答・解説P.147

260 アミノ酸とペプチド

➡ 有 P.222〜225, 236, 237

α-アミノ酸(以下，単にアミノ酸と略する)は分子中の同じ炭素原子に酸性の［ア］基と塩基性の［イ］基が結合した化合物であり，その構造は，側鎖をRとすると一般式(A)で表される。

アミノ酸はタンパク質を構成する主要な成分であり，タンパク質を加水分解すると約20種類のアミノ酸が得られる。側鎖がHである［ウ］以外のアミノ酸には，分子中に［エ］炭素原子が存在するので，1対の［オ］異性体が存在するが，天然に存在するアミノ酸は［ウ］を除けばいずれもL型といわれる立体構造をとっている。ヒトなどの動物では，約20種類あるアミノ酸の一部は他のアミノ酸から生体内で合成されるが，合成されにくいか，合成されないものを［カ］アミノ酸といい，これらは食品から摂取する必要がある。またアミノ酸には側鎖に［ア］基をもつ①酸性アミノ酸，［イ］基をもつ②塩基性アミノ酸も存在する。

アミノ酸の［ア］基と別のアミノ酸の［イ］基の間で脱水縮合が起こると［キ］結合ができるが，このようにアミノ酸どうしから生じた［キ］結合を特にペプチド結合という。2分子のアミノ酸の縮合で生じたペプチドをジペプチド，3分子のアミノ酸の縮合で生じたペプチドをトリペプチドとよぶ。多数のアミノ酸の縮合重合で生じた［ク］ペプチドがタンパク質である。

問1　文中の［　］にあてはまる適切な語句を答えよ。

問2　α-アミノ酸の一般式(A)を構造式で示せ。

問3　下線部①，②にあてはまるα-アミノ酸の名称を，それぞれ1つ答えよ。

問4　チロシン(Tyr)，アラニン(Ala)，セリン(Ser)各1分子からなるトリペプチドは何種類あるか答えよ。立体異性体は区別しなくてよい。　(前橋工科大)

発展 261 アミノ酸の電離平衡と等電点

➡ 有 P.227〜235

次の文章を読み，あとの問1〜3に答えよ。ただし，必要に応じ $\log_{10}2.0 = 0.30$，$1 \times 10^{0.3} = 2.0$，$\sqrt{2} = 1.41$，$\sqrt{3} = 1.73$，$\sqrt{5} = 2.24$ を用いて計算すること。

アラニン塩酸塩($CH_3-CH(NH_3Cl)-COOH$)を水に溶解すると，その多くは陽イオンになるが，pHを変化させることにより，双性イオンや陰イオンにもなる(図1)。また，水溶液中では，イオン化していないアラニン分子は存在しないものと考えてよい。

$$CH_3\text{-}CH(NH_3^+)\text{-}COOH \underset{H^+}{\overset{OH^-}{\rightleftarrows}} CH_3\text{-}CH(NH_3^+)\text{-}COO^- \underset{H^+}{\overset{OH^-}{\rightleftarrows}} CH_3\text{-}CH(NH_2)\text{-}COO^-$$

陽イオン(A^+)　　　　双性イオン($A^{\pm}$)　　　　陰イオン(A^-)

図1　水溶液中のアラニンのイオン型

ここで，陽イオンをA^+，双性イオンを$A^{\pm}$，陰イオンをA^-とそれぞれ表記すると，この電離平衡は，次の2つの平衡から成り立っていることがわかる。

$$A^+ \rightleftarrows A^{\pm} + H^+ \quad \cdots(1)$$

$$A^{\pm} \rightleftarrows A^- + H^+ \quad \cdots(2)$$

これより，(1)式の電離定数K_1と(2)式の電離定数K_2は，次のように表される。

$$K_1 = \frac{[A^{\pm}][H^+]}{[A^+]} \qquad K_2 = \frac{[A^-][H^+]}{[A^{\pm}]}$$

そこで，0.100mol/Lアラニン塩酸塩水溶液10.0mLを0.100mol/L NaOH水溶液を用いて25℃で滴定した(図2)。この結果から，電離定数K_1とK_2は，それぞれ次のように求められた。

$$K_1 = 5.0 \times 10^{-3}\ \text{mol/L}$$

$$K_2 = 2.0 \times 10^{-10}\ \text{mol/L}$$

また，図3のようにpH9.7の緩衝液に浸したろ紙様シートの中央に図2●点イのアラニン水溶液に浸した木綿糸を置き，しばらく通電し電気泳動した。その後，ニンヒドリン溶液をろ紙に噴霧し，ドライヤーで加熱乾燥したところ，図4(a)のようにアラニンが赤紫色に呈色した。

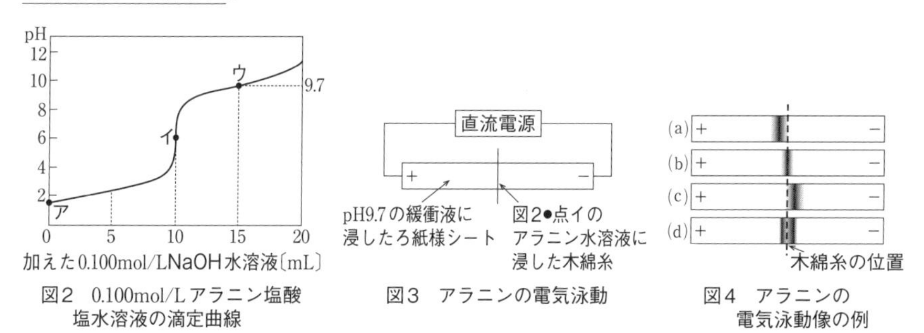

図2　0.100mol/Lアラニン塩酸塩水溶液の滴定曲線

図3　アラニンの電気泳動

図4　アラニンの電気泳動像の例

問1　水溶液中にあるアミノ酸イオン混合物の電荷が全体としてゼロになるときのpHを等電点という。25℃におけるアラニンの等電点を小数点以下第1位まで求めよ。

問2　図2●点アと●点ウにおける双性イオン($A^{\pm}$)の濃度を，有効数字2桁でそれぞれ求めよ。また，●点アにおけるpHも小数点以下第1位まで求めよ。なお，●点アでの陽イオン(A^+)の濃度は0.100mol/Lとしてよい。

問3　下線部で，ろ紙様シートを浸す緩衝液のpHを問1の等電点の値に変えて同様に電気泳動した場合，アラニンは木綿糸の位置から動かなかった。それでは，緩衝液のpHを4.3にした場合にはアラニンの呈色パターンはどのようになるか。図4の(a)～(d)から最も近いものを1つ選び，記号で答えよ。また，それを選んだ理由も記せ。

(福井大)

262 イオン交換樹脂を用いたアミノ酸の分離

➔ 有 P.227～235

アミノ酸A～Cは下の①～③のいずれかの構造をもつ。それら3種類のアミノ酸をpH2.0の緩衝液に溶解し，陽イオン交換樹脂を詰めたカラムに上から流し入れ，すべてのアミノ酸を樹脂に吸着させた。このカラムにpH4.0，pH7.0，pH11.0の緩衝液をこの順に一つずつ流したところ，A→B→Cの順に溶出された。

問1　下線部について，アミノ酸③をpH2.0の緩衝液に溶解したときの構造式を示せ。

問2　アミノ酸A～Cを以下の①～③からそれぞれ選び，記号で答えよ。また，そのように答えた理由をpHの変化による各アミノ酸のイオンの状態の変化を述べた上で説明せよ。

① $H_2N-CH(-CH_2-CH_2-CH_2-CH_2-NH_2)-C(=O)-OH$

② $H_2N-CH(-CH_2-CH_2-C(=O)-OH)-C(=O)-OH$

③ $H_2N-CH_2-C(=O)-OH$

（岐阜大）

発展 263 酸性アミノ酸と滴定曲線

➔ 有 P.234

アスパラギン酸からアスパラギン酸の塩酸塩をつくり，その0.1mol/L水溶液20mLをとり，0.1mol/L NaOH水溶液で滴定した場合の滴定曲線を図に示した。

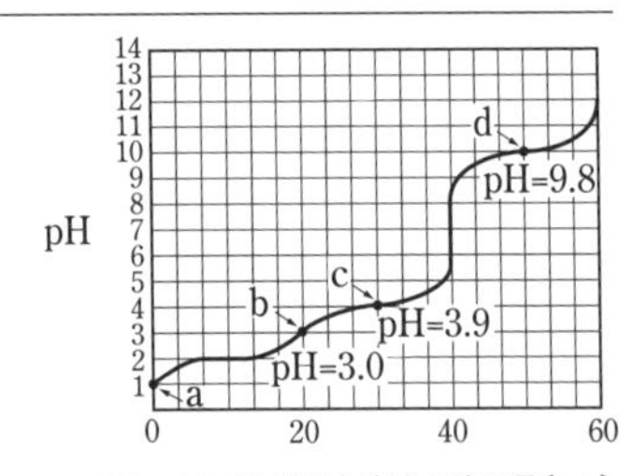

図中のa，b，c，dの各点に相当するpHで，アスパラギン酸が主にどのようなイオンの形になっているか，それぞれ次の構造式①～⑤の中から最も適正なものを選べ。2種類以上ある場合はすべての番号を記せ。

① $^{+}H_3N-CH(-COO^-)-CH_2-COO^-$

② $^{+}H_3N-CH(-COO^-)-CH_2-COOH$

③ $H_2N-CH(-COOH)-CH_2-COOH$

④ $H_2N-CH(-COO^-)-CH_2-COO^-$

⑤ $^{+}H_3N-CH(-COOH)-CH_2-COOH$

（日本大）

264 ポリペプチド

➔ 有 P.236, 237

グリシン(分子量75)とフェニルアラニン(分子量165)からなるポリペプチドXを完全に加水分解すると，グリシン15.0gとフェニルアラニン49.5gが生成し，水(分子量18)8.1gが消費された。このポリペプチドXの分子量を有効数字2桁で求めよ。　（早稲田大）

265 タンパク質の構造

➔ 有 P.236〜238

次の文中の[　]に適当な語句を入れ，文章を完成させよ。

分子中に$-NH_2$と$-COOH$をもち，この2種類の官能基が同一炭素原子に結合している化合物を[ア]とよぶ。[ア]が[イ]結合で多数つながった高分子がタンパク質である。タンパク質を構成する[ア]の配列順序をタンパク質の[ウ]とよぶ。水溶液中ではタンパク質の[イ]鎖はらせん構造をとることがある。この構造を[エ]とよび，らせん1巻きに平均3.6個の[ア]単位が入る。また，[オ]とよばれる，となりあった[イ]鎖どうしが波状に折れ曲がって並んだひだ状構造をとることもある。[エ]や[オ]のような基本構造は，タンパク質の[カ]とよばれ，[イ]結合に関与している官能基間の[キ]結合によって形成される。タンパク質全体では，[キ]結合や[ク]結合といった非共有結合や，共有結合である[ケ]結合により，分子全体が複雑な構造をとる。これをタンパク質の[コ]とよび，タンパク質の機能に重要である。

(信州大)

266 タンパク質の分類と検出反応

➔ 有 P.236〜249

タンパク質は生物組織の中に存在する巨大な分子であり，種々の生命活動に関わっている。タンパク質を分類すると，α-アミノ酸のみで構成されている[ア]タンパク質と，アミノ酸以外に糖類，色素，リン酸などを含む[イ]タンパク質がある。タンパク質を構成するポリペプチドはα-ヘリックスとよばれる構造をとることが多く，この構造はペプチド結合の$>NH$と$>C=O$との間の[ウ]結合により安定に保たれている。タンパク質に熱，アルコール，重金属イオン，酸，塩基などを加えると立体構造が変化し，もとに戻らないことがある。

問1　文中の[　]の中に適切な語句を答えよ。

問2　あるタンパク質に対し次の(i)～(iii)の呈色反応を行った。(1)各反応において呈色する生成物は何か。(2)この生成物はタンパク質中の何に由来するか。対応するものをそれぞれあとのⓐ～ⓚから選び，記号で答えよ。

(i)　タンパク質の水溶液に水酸化ナトリウム水溶液を加えて熱し，これを酸で中和してから酢酸鉛(II)水溶液を加えると，黒色沈殿が生じた。

(ii)　タンパク質の水溶液に濃硝酸を加え，加熱すると黄色の沈殿が生じた。

(iii)　タンパク質の水溶液に水酸化ナトリウム水溶液を加えて塩基性にした後，硫酸銅(II)水溶液を加えると，赤紫に呈色した。

ⓐ 硫化鉛(II)　ⓑ ニトロ化合物　ⓒ 硝酸エステル　ⓓ 酸化銅(II)
ⓔ 金属錯イオン　ⓕ ジペプチド　ⓖ 硫黄　ⓗ ベンゼン環
ⓘ ニンヒドリン　ⓙ 硫酸鉛(II)　ⓚ 2個以上のペプチド結合

(広島大)

267 酵素

➔ 有 P.241, 242

高峰譲吉(1854年～1922年，現在の富山県高岡市生まれ)は，1890年に日本の米コウジを使ったウイスキーの醸造を行うため渡米した。醸造とは，コウジ菌の働きによる［ア］でアルコールや食品などを製造することである。

彼は1894年にコウジ菌から［イ］の一種であるジアスターゼを抽出し，タカジアスターゼと命名した。［イ］はヒトのだ液やすい液に含まれ，［ウ］を加水分解し［エ］を生じる酵素である。(a)<u>［エ］は，α-グルコース2分子がα-1,4-グリコシド結合した構造をしており［オ］反応を示す。</u>(b)<u>［エ］を希酸と加熱したり［カ］で処理するとグルコースが得られる。</u>タカジアスターゼは，消化薬として有名になり，現在でもタカジアスターゼとリパーゼを含有する胃腸薬が販売されている。リパーゼはヒトの胃液やすい液に含まれ，［キ］を消化する酵素である。

糖尿病薬として使われているボグリボース(図1)は，α-グルコースと構造が似ているため，［カ］の酵素活性部位に結合し［ク］として働くため，血糖値の上昇が緩やかとなる。

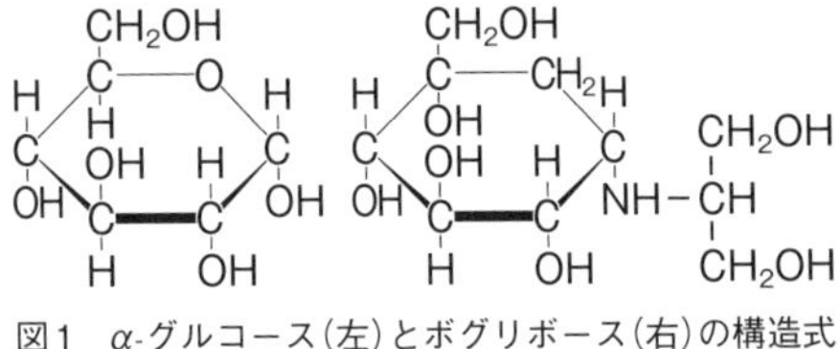

図1　α-グルコース(左)とボグリボース(右)の構造式

問1　文中の［　］にあてはまる最適な語句を次のあ～つからそれぞれ1つ選べ。

あ アミラーゼ　い インベルターゼ　う スクロース　え セルラーゼ
お セルロース　か セロビオース　き タンパク質　く デンプン
け ニンヒドリン　こ マルターゼ　さ マルトース　し 核酸
す 銀鏡　せ 脂肪　そ 触媒　た 阻害剤　ち 発酵
つ 補酵素

問2　下線部(a)について，図1にならい［エ］の構造式を示せ。

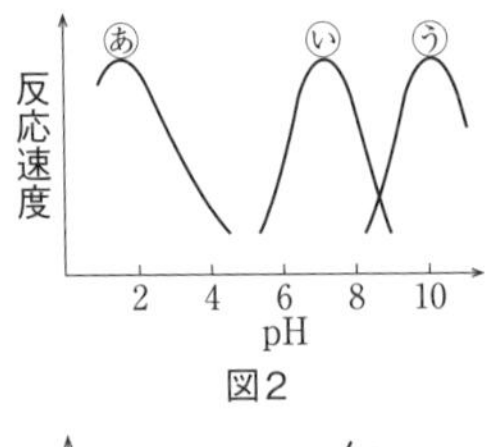

図2

問3　胃液に含まれるペプシンはだ液に含まれる［イ］と働く条件が異なる。pHと反応速度の関係を示した図2で，(1)ペプシンと(2)［イ］はそれぞれどれにあてはまるか，あ～うの記号で答えよ。また，それらを選んだ理由を40字以内で説明せよ。

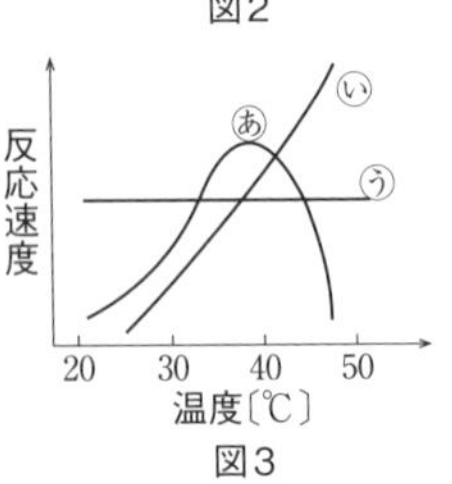

図3

問4　下線部(b)について，(1)希酸と加熱する場合と，(2)［カ］で処理する場合では，温度と反応速度の関係はそれぞれどのようになるか，図3のあ～うから適当なものをそれぞれ選べ。また，それらを選んだ理由を40字以内で説明せよ。

(金沢大)

発展 268 酵素反応と反応速度

➔ 有 P.241～245

次ページの文章は，酵素反応における初速度と基質濃度の関係を説明している。式(b)～(f)を埋めて，文章を完成させよ。

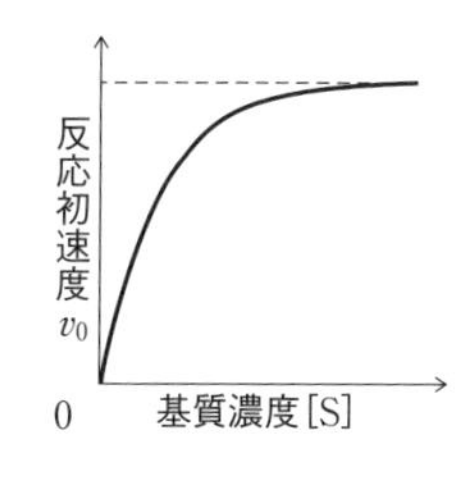

酵素Eにより基質Sが生成物Pに変化する時の，反応初速度v_0と基質濃度[S]は右図のような関係となる。これは酵素反応が2段階で進行すると考え，反応溶液中の酵素全濃度$[E_0]$，基質濃度[S]，および反応速度定数k_x(式(a)の素過程の速度定数)を用いて表すことができる。$[E_0]$は[S]に比べて充分小さいものとする。酵素は速度定数k_1で基質と結合して，ES複合体(以下ESと表す)を形成する。ESは①可逆的に速度定数k_{-1}でEとSに，あるいは②不可逆的に速度定数k_2でEとPに分解するので，反応式(a)は次のように表される。

$$\mathrm{E} + \mathrm{S} \underset{k_{-1}}{\overset{k_1}{\rightleftarrows}} \mathrm{ES} \xrightarrow{k_2} \mathrm{E} + \mathrm{P} \quad \cdots(\mathrm{a})$$

●反応初期に平衡状態に達するとESの形成と分解の速度が等しくなるので，左辺にES形成速度，右辺にES分解速度とすると式(b)が得られる。

⋯(b)

●[E]を$[E_0]$と[ES]で表し，[ES]について解くと式(c)が得られる。

[ES] = ⋯(c)

●式(c)の右辺の速度定数k_1，k_{-1}，k_2からなる項をまとめて定数K_mとして表す。反応初速度は $v_0 = k_2[\mathrm{ES}]$ で表されるので，式(d)が導かれる。

$v_0 = k_2[\mathrm{ES}] =$ ⋯(d)

●[S]がK_mより極めて大きい時，式(d)は式(e)となり，溶液中の全酵素がESを形成してv_0が最大となる。これを最大速度という。

$v_0 =$ ⋯(e)

●一方，[S]がK_mに等しい時，式(d)は式(f)となる。

$v_0 =$ ⋯(f)

(山梨大)

269 ペプチドの配列

➔ 有 P.248, 249

α-アミノ酸の一般式はR−CH(NH_2)−COOHで表され，その性質は側鎖(R−)によって決まる。ペプチドはこのα-アミノ酸がペプチド結合によって結ばれたものであり，一端をアミノ末端(アミノ基を有する側)，他端をカルボキシ末端(カルボキシ基を有する側)とよぶ。いま，表1に示す6種類のα-アミノ酸9個から構成されるペプチドがある。このペプチドのアミノ酸配列(アミノ酸の結合順序)を決定するために，次に示す実験1～3を行い，種々の結果を得た。

α−アミノ酸	側鎖(R−)	アミノ酸の略号
アラニン	CH_3−	A
アスパラギン酸	HOOC−CH_2−	D
グリシン	H−	G
リシン	H_2N−$(CH_2)_4$−	K
セリン	HO−CH_2−	S
チロシン	HO−⟨ベンゼン環⟩−CH_2−	Y

表1

切断部位
H_2N--------(塩ア)--------COOH
←ペプチド断片→←ペプチド断片→

図2

実験1　いま，このペプチドを，図2に

示すように，塩基性を示すアミノ酸〔塩ア〕のカルボキシ基側のペプチド結合を加水分解する酵素によって，2種類のペプチド断片(イ)と(ロ)に切断した。

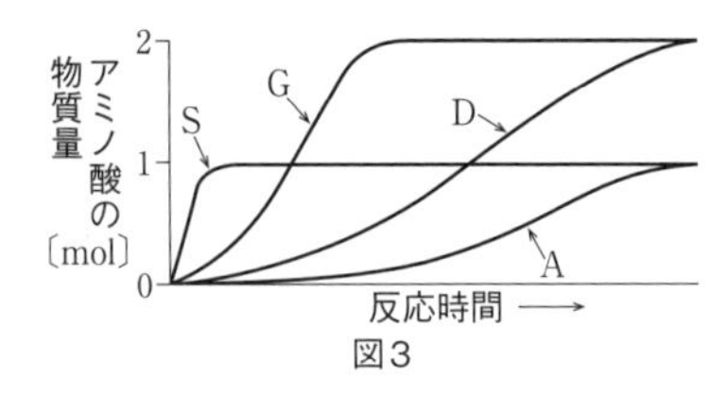

図3

実験2　ペプチド断片(イ)のカルボキシ末端のアミノ酸は酸性を示すアミノ酸①であった。さらに，このペプチド断片1molにアミノ末端より1個ずつ順次アミノ酸を切り離す酵素を作用させたところ，図3のようにアミノ酸A，D，G，Sが生じた。ただし，反応は完全に行われたものとする。

実験3　ペプチド断片(ロ)はキサントプロテイン反応に対し陽性を示し，アミノ末端のアミノ酸は鏡像異性体のないアミノ酸②であった。

問　このペプチドの全アミノ酸配列を(例)に従って示せ。

(例)アミノ末端から順にアラニン，リシン，セリン，グリシンからなるペプチドのアミノ酸配列は〔A－K－S－G〕とする。　(千葉大)

26 糖類

➡Do 有 P.250~278
➡解答・解説P.152

270 グルコース(1)

➡ 有 P.250~256

天然に存在するグルコースのほとんどは，D型である。図1に示すとおり，炭素❶についたヒドロキシ基が六員環をはさんで炭素❻の反対側にあるD-グルコースは，α-D-グルコースとよばれる。α-D-グルコースを水に溶かすと，α-D-グルコースとは異なる環状分子や鎖状分子を含む平衡混合物として存在する。

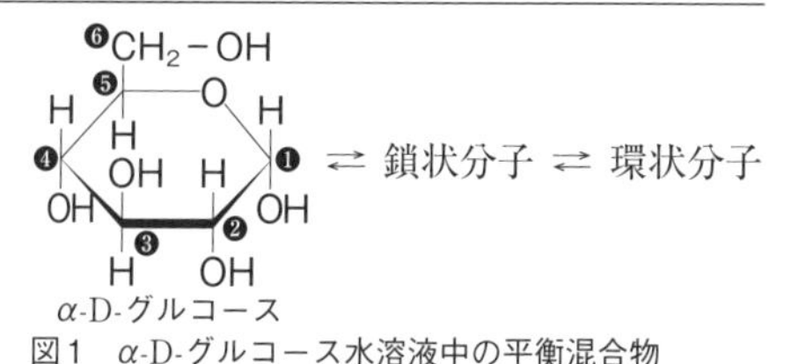

図1　α-D-グルコース水溶液中の平衡混合物
(簡略化のため，環を構成するC原子は省略してある)

問1　下線部の環状分子に該当する糖を表している構造式を①~⑥からすべて選べ。

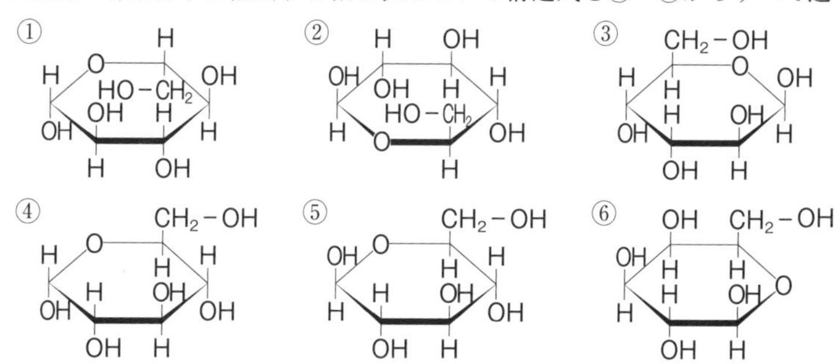

問2　α-D-グルコース水溶液をアンモニア性硝酸銀水溶液と反応させると，銀が析出するが，一般的な脂肪族アルデヒドをアンモニア性硝酸銀水溶液と反応させる場合と比べて銀の析出速度が遅い。その理由を30字程度で記せ。

問3　問2の反応後，α-D-グルコースはどのような化合物に変換されるか，構造式を示せ。ただし，反応溶液は塩基性であることを考慮せよ。　(東京大)

271 グルコース(2)

➡ 有 P.252~255

鎖状構造のグルコースは一般式R−CHOで表すことができる。この構造について次の問いに答えよ。

問1　R−CHOはハース式では図1のように表される複数の不斉炭素原子を含む化合物である。不斉炭素原子に結合している4つの置換基の空間的な配置を区別して，平面的に表記する別の方法にフィッシャー投影式がある。例として，乳酸のフィッシャー投影式を図2の右に示す。図2の左のように，四面体の中心にある不斉炭素原子を紙面上に置き，左右の原子(団)が紙面の手前に，上下の

図1

原子(団)が紙面の奥に配置されるようにした場合，フィッシャー投影式は図2の右のように表される。すなわち，フィッシャー投影式では，不斉炭素原子の左右の原子(団)は紙面の手前に，上下の原子(団)は紙面の奥に位置すると考える。不斉炭素原子が複数ある場合は，それぞれについて，上下に位置する原子が紙面の奥側に存在し，左右に位置する原子は紙面の手前に出ているものとして表現することができる。フィッシャー投影式で示したRの構造式として最も適切なものを下の選択肢の中から選べ。

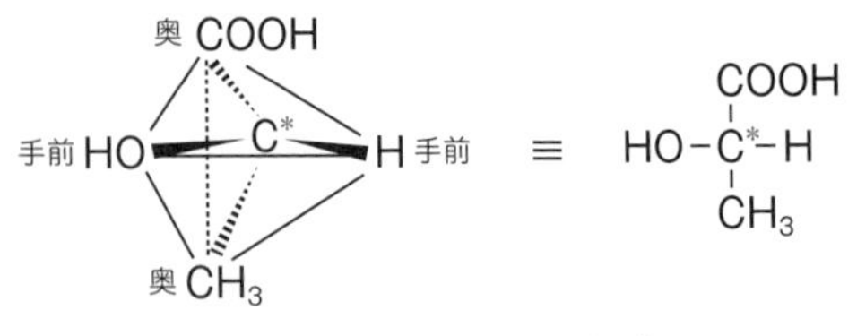

図2 （＊は不斉炭素原子を表す）

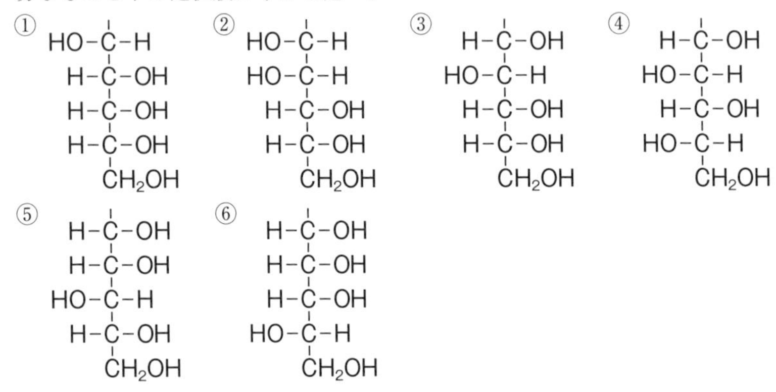

問2　鎖状構造のグルコースの立体異性体の数として最も適当な数字を下の選択肢の中から選べ。

① 6　② 8　③ 10　④ 12　⑤ 14　⑥ 16　⑦ 18　⑧ 20

(立命館大)

発展 272 フルクトース

→ 有 P.257

必要に応じて，次の原子量を用いて計算せよ。O＝16.0，C＝12.0，H＝1.00

果糖ともよばれるフルクトースは，グルコースの異性体である。また，水によく溶ける無色の結晶で，果実やハチミツの中に多く含まれ，糖類の中で最も甘い。フルクトースは，結晶中ではⅢのβ型六員環構造をとり，水溶液中ではⅠ，Ⅱ，Ⅲの構造が平衡状態にある(次ページの図1)。この水溶液が銀鏡反応を示すのは，Ⅱの構造をとることによる。その理由は，次ページの図2で示したⅡの部分構造($-CO-CH_2OH$)が，銀鏡反応の反応条件下でAおよびBの構造と平衡状態になり，Bの構造に還元性があるためである。

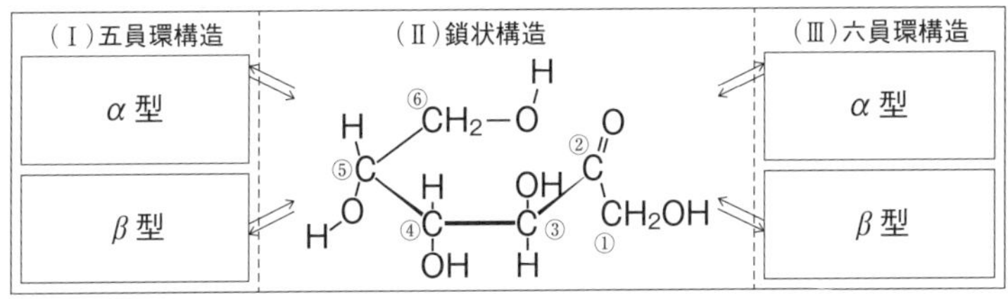

図1　フルクトースの水溶液中の構造

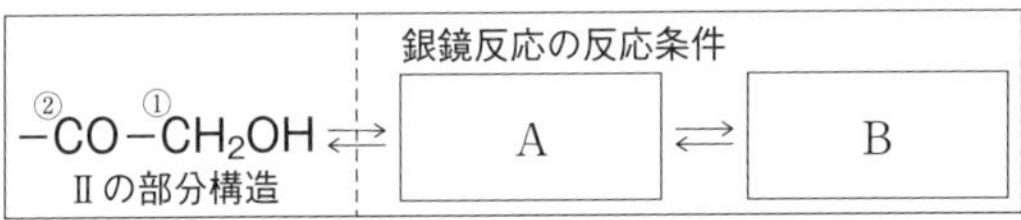

図2　フルクトースの部分構造と銀鏡反応(①と②は図1に同じ)

問1　フルクトースのⅡの構造の中の不斉炭素原子を，炭素原子Cに付けられた数字①～⑥で答えよ。

問2　フルクトースのⅠおよびⅢの構造には，それぞれα型とβ型がある。これら4種の構造式を記せ。

問3　AおよびBにあてはまる部分構造を，Ⅱの部分構造の表記にならってそれぞれ記せ。

問4　フルクトースに酵母を作用させると，酵素群チマーゼによりアルコール発酵が起こる。この化学反応式を記せ。

問5　問4のアルコール発酵で，フルクトース11.3gから何gのアルコールが生成するか，有効数字3桁で求めよ。

(福井大)

273 二糖類

→ 有 P.262～265

糖類は炭素原子，水素原子，酸素原子から構成され一般式$C_mH_{2n}O_n$で表される。糖類のうち，それ以上加水分解できないものを単糖類という。また，2個の単糖類が脱水縮合したものを二糖類という。

問1　下のⓐ～ⓕに示す二糖類の中で，α-1,4-グリコシド結合をもつものすべてを選べ。

問2　下のⓐ～ⓕに示す二糖類の中で，還元性を示さないものすべてを選べ。

ⓐ　ⓑ　ⓒ

ⓓ　ⓔ　ⓕ

(名古屋大)

274 ヨウ素デンプン反応(1)

➔ 有 P.266〜269

もち米から分離したデンプンＡとうるち米から分離したデンプンＢのヨウ素デンプン反応の色は異なっている。これはデンプンを構成する［ア］分子と［イ］分子の比率がデンプンＡとデンプンＢとでは異なるためである。［ア］はα-グルコースが1位と4位とで次々に直鎖状に縮合(注1)し，およそ6分子のグルコースで1周するらせん構造をとっている。一方，［イ］は［ア］と部分的に類似した構造をとっているが，この他にα-グルコースが1位と6位で縮合した分岐点とよばれる部分を含んでいる。［イ］はこの分岐点でらせん構造の持続性を失う。デンプンＡのヨウ素デンプン反応は赤紫色を示す。これはデンプンＡがほぼ100％［イ］を含むためである。デンプンＢは［イ］の他に20〜25％の［ア］を含むため青みを帯びる。ヨウ素デンプン反応は，らせん構造が3周で赤色，5周で紫色，6，7周で青紫色，10周以上で青色となるので，この反応を利用して［ア］や［イ］の直鎖部分を構成するα-グルコースの数(注2)を推定することができる。

(注1)　1,4-結合という。　(注2)　平均鎖長という。

問1　［ア］，［イ］に適切な語句を答えよ。

問2　［ア］分子の平均鎖長と［イ］分子の平均鎖長を比べた場合どちらがより大きいか。ア，イで答えよ。また，そのように考えた理由を30字以内で説明せよ。

問3　酵素Ｘは［ア］分子の末端から1,4-結合を順次加水分解する酵素であり，酵素Ｙは末端から2番目の1,4-結合を順次加水分解する酵素である。いま，［ア］分子の水溶液にこの2種類の酵素ＸとＹをそれぞれ加え分解反応を行ったとする。このとき，反応液のヨウ素デンプン反応液はどちらが先に色が消えるか。Ｘ，Ｙで答えよ。ただし，酵素反応速度は同じであるように条件が設定されているものとする。　(岐阜大)

275 ヨウ素デンプン反応(2)

➔ 有 P.268

デンプン水溶液は，ヨウ素ヨウ化カリウム水溶液(ヨウ素液)により青〜赤紫色となる。その後，この水溶液を徐々に加熱すると色が消失し，冷却すると再び呈色する。この温度変化によって可逆的に色が変化する理由を，デンプンの構造とヨウ素分子との関係を考慮して答えよ。　(岩手大)

発展 276 アミロペクチンの構造

➔ 有 P.267, 270〜271

平均分子量2.24×10^5のアミロペクチンのヒドロキシ基($-OH$)の水素原子をすべてメチル基に変換した後，希硫酸でグリコシド結合を完全に加水分解すると，次ページの図1のようなα-グルコースが部分的にメチル化された3種類の主な化合物Ａ，Ｂ，Ｃが得られた。このうち，化合物Ａ(分子量208)の生成量からアミロペクチンの枝分かれ構造の数を推定することができる。このアミロペクチン2.24gについて上記のメチル化と加水分解を行い，化合物Ａを104mg得た。このアミロペクチン1分子あたり平均何個の枝分かれ構造があるか，整数で答えよ。

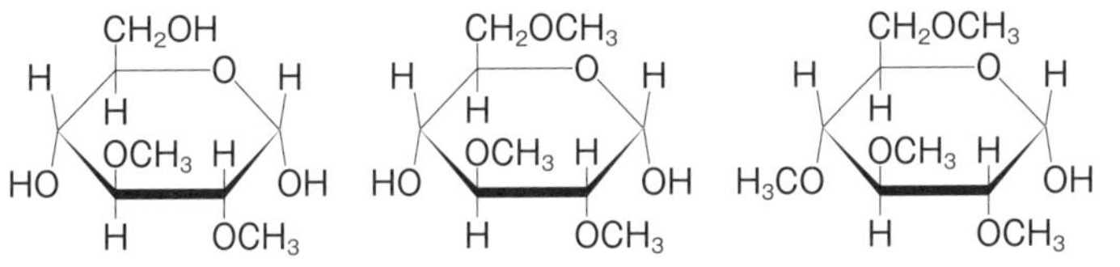

A　　　B　　　C

図1

(奈良教育大)

277 デンプンの加水分解

➡ 有 P.266〜269

デンプン$(C_6H_{10}O_5)_n$は多数のα-グルコースが脱水縮合した構造をもつ高分子である。平均分子量7.29×10^5のデンプン1.00molを酸で完全に加水分解すると，［ a ］molのグルコースが得られる。

デンプンに［ b ］を作用させると，デンプンが加水分解されマルトースが生成する。その反応式は［ c ］で示される。デンプン40.5gを［ b ］を用いて完全に加水分解すると，［ d ］gのマルトースが生成する。マルトースにマルターゼを作用させると，加水分解されてグルコースが生成する。マルターゼの作用を抑える物質(マルターゼ阻害剤)の中には，血液中のグルコース濃度を低下させる効果をもち，［ e ］の治療薬として使用されているものがある。

マルターゼの加水分解反応において，マルターゼ阻害剤の効果は，フェーリング反応を利用して評価することができる。例えば，17.1gのマルトースをマルターゼで完全に加水分解し，十分量のフェーリング液で還元すると，還元性を示す糖1molから酸化銅(Ⅰ)Cu_2O 1molが生成するので，［ f ］gの酸化銅(Ⅰ)Cu_2Oが得られる。実際に，マルターゼ阻害剤の存在下，17.1gのマルトースをマルターゼにより加水分解したのち，十分量のフェーリング液で還元したところ，得られた酸化銅(Ⅰ)Cu_2Oは8.58gであった。この結果は，マルターゼ阻害剤の効果により，マルターゼの加水分解反応が［ g ］%しか進行しなかったことを示している。

問1　デンプンが還元性を示さない理由を40字以内で答えよ。

問2　［ b ］，［ e ］にあてはまる最も適切な語句，［ a ］，［ d ］，［ f ］，［ g ］にあてはまる有効数字3桁の数値，［ c ］にあてはまる反応式を答えよ。必要があれば，次の原子量を用いること。H = 1.0，C = 12.0，O = 16.0，Cu = 63.5

(慶應義塾大(看護医療))

278 セルロース

➡ 有 P.272〜274

セルロースは植物の細胞壁の主成分で，β-グルコースが脱水縮合した［ ア ］状のポリマーであり，そのくり返し単位は①$C_xH_yO_z$という組成式で表される。セルロースは，分子間に多数の［ イ ］が形成されており，水や有機溶媒に［ ウ ］，ヨウ素デンプン反応を［ エ ］。また，酵素セルラーゼによって分解し，二糖である［ A ］を生成する。

セルロースに，1)濃い水酸化ナトリウム水溶液，2)［ B ］，3)薄い水酸化ナトリウム水溶液をこの順に作用させると［ C ］が得られる。これを希硫酸中に押し出すとセルロースが再生し，[C]レーヨンという再生繊維が得られる。

セルロースを，②テトラアンミン銅(Ⅱ)イオンを含む水溶液に溶解し，これを希硫酸中に押し出すとセルロースが再生する。これは，[D]とよばれる再生繊維である。

問1 [ア]～[エ]に入る適切な語句を，次の各語群からそれぞれ1つ選べ。

[ア]：ⓐ 直鎖　ⓑ 網目　ⓒ 環
[イ]：ⓐ 共有結合　ⓑ イオン結合　ⓒ 水素結合
[ウ]：ⓐ 溶けやすく　ⓑ 溶けにくく
[エ]：ⓐ 示す　ⓑ 示さない

問2 [A]～[D]に適切な化合物名，あるいは物質名を入れよ。

問3 下線部①のx，y，zの値(整数値)を答えよ。

問4 下線部②の溶液の名称を答えよ。

(愛媛大)

279 半合成繊維(1)

➔ 有 P.275～278

セルロースなどの天然高分子を化学的に処理し，官能基の一部あるいは全部を化学変換させることによって有用な物質をつくり出すことができる。このように官能基の化学変換を考える場合には官能基をまとめて表すと便利である。セルロースは$(C_6H_{10}O_5)_n$で表されるが，1つのグルコース構造単位の中に，官能基のヒドロキシ基が3個あるので，$[C_6H_7O_2(OH)_3]_n$とも表せる。触媒を用いて①セルロースを無水酢酸と反応させると，ヒドロキシ基がすべてアセチル化されてトリアセチルセルロース$[C_6H_7O_2(OCOCH_3)_3]_n$になる。トリアセチルセルロースは溶媒に溶けにくいが，②エステル結合の一部をおだやかに加水分解して，ジアセチルセルロースにすると，アセトンに溶けるようになる。このアセトン溶液を細孔から空気中に押し出し，温風で溶媒を蒸発させるとアセテート繊維が得られる。このように，セルロースなどの天然高分子を化学的に処理し，官能基の一部あるいは全部を化学変化させてつくられた繊維を半合成繊維という。

問1 下線部①の反応の化学反応式を示せ。

(発展) 問2 セルロースから下線部①によりトリアセチルセルロースを得た。その全量を用いて，下線部②の反応を行ったところ615gのジアセチルセルロースが生成した。それぞれの反応で，セルロースはすべて反応してトリアセチルセルロースを生成し，また，トリアセチルセルロースはすべて反応してジアセチルセルロースを生成したとすると，最初に用いたセルロースは何gであったか，整数値で答えよ。原子量は$H=1.0$，$C=12$，$O=16$とする。

(京都府立大)

(発展) 280 半合成繊維(2)

➔ 有 P.275～278

セルロースに濃硝酸と濃硫酸の混合物を作用させるとヒドロキシ基の一部がエステル化されたニトロセルロースを生じる。いま，セルロース9.0gからニトロセルロース14.0gが得られた。このとき，セルロース分子中のヒドロキシ基でエステル化されなかったものは，ヒドロキシ基全体の何%にあたるかを計算せよ。ただし，原子量は$H=1.0$，$C=12$，$N=14$，$O=16$とし，小数点以下を切り捨てよ。

(立命館大)

27 油脂

➡Do 有 P.279～289
➡解答・解説P.157

281 油脂，乾性油

➡ 有 P.279～285

動物や植物の体内に広く分布する油脂は3価アルコールであるグリセリンに高級脂肪酸が結合したものである。油脂のうち，高級[A]脂肪酸を多く含む油脂を脂肪といい，常温で[B]である。また，低級[C]脂肪酸や高級[D]脂肪酸を多く含む油脂を脂肪油といい，常温で[E]である。あまに油などの脂肪油はそのまま乾性油として[F]などに用いられる。

問1　文中の[A]～[F]に適切な語を答えよ。

問2　下線部の乾性油として作用する反応の機構を簡潔に説明せよ。

問3　脂肪酸部分がすべてステアリン酸(炭素数18)からなる油脂の分子量を計算せよ。原子量は，H＝1.0，C＝12，O＝16 とする。

(札幌医科大)

282 高級脂肪酸，硬化油，ヨウ素価

➡ 有 P.279～285

問1　オレイン酸，ステアリン酸，パルミチン酸，リノール酸，リノレン酸について，(a)　示性式　(b)　飽和・不飽和の別　(c)　1分子中のC，C間の二重結合の数をそれぞれ記せ。

問2　硬化油とは何か，説明せよ。

問3　不飽和脂肪酸を含む油脂A(分子量878)1molに水素を付加し，飽和脂肪酸のグリセリンエステルにするのに，0℃，1.01×10^5Paの標準状態で水素134.4Lを要した。油脂Aのヨウ素価を有効数字3桁で求めよ。

ヨウ素価とは油脂100gに付加するヨウ素の質量〔g〕である。ただし，0℃，1.01×10^5Paの標準状態の気体のモル体積を22.4L/mol，原子量I＝127 とする。

(山梨大)

283 油脂とけん化

➡ 有 P.279～288

セッケンとグリセリンは，油脂を水酸化ナトリウムで加水分解すると生じる。けん化価が2.10×10^2の油脂1.00kgを水酸化ナトリウムで完全に加水分解すると，[ア]kgのセッケンと[イ]kgのグリセリンが生じる。[ア]，[イ]に入る適切な数を書け。なお，けん化価とは，油脂1gを完全にけん化するのに必要な水酸化カリウムの質量〔mg〕である。また，原子量はH＝1.00，C＝12.0，O＝16.0，Na＝23.0，K＝39.0を用い，有効数字3桁で答えること。

(慶應義塾大(薬))

284 グリセリンのエステルと立体異性体

➡ 有 P.282

人工細胞膜をつくるために，グリセリンをパルミチン酸$C_{15}H_{31}COOH$でエステル化したところ，モノエステル，ジエステルおよびトリエステルの混合物ができた。この混

合物は立体異性体を含めて合計いくつの化合物からなっているか。 (東京工業大)

285 油脂の構造決定，セッケン

➔ 有 P.279〜286

化合物Xは不斉炭素原子をもつ油脂である。油脂X 415mgを完全に加水分解するために水酸化ナトリウム60mgを要した。その結果，グリセリンと2種類の枝分かれのない脂肪酸A，Bのナトリウム塩が生じた。一般に，下のようなアルケンを硫酸酸性の過マンガン酸カリウム溶液中で熱すると，二重結合が酸化開裂して2つのカルボン酸が生じる。この反応を利用すると，Aからカルボン酸$CH_3-(CH_2)_5-COOH$とジカルボン酸$HOOC-(CH_2)_7-COOH$が得られた。また，X 415mgを触媒存在下で十分な量の水素と反応させたところ，標準状態(0℃，1.013×10^5Pa)で22.4mLの水素が消費された。

$$R^1-CH=CH-R^2 \xrightarrow[H_2SO_4]{KMnO_4} R^1-\overset{\overset{\displaystyle O}{\|}}{C}-OH + R^2-\overset{\overset{\displaystyle O}{\|}}{C}-OH$$

問1 Xの分子量を答えよ。原子量はH＝1.0，C＝12，O＝16，Na＝23とする。

問2 Xに含まれるC=C結合の数を答えよ。XにはC≡C結合は存在せず，標準状態(0℃，1.013×10^5Pa)の気体のモル体積は22.4L/molとする。

問3 Xの分子式を示せ。

(発展) 問4 Xの構造式を示せ。ただし，シス-トランス異性体を考慮する必要はない。

問5 脂肪酸のナトリウム塩はセッケンである。セッケンは水に溶けない油汚れをとることができる。その原理を次のキーワードのうち適切なものを使って50字以内で説明せよ。また，セッケンと油汚れの水中の状態を，右の模式図を組み合わせて図示せよ。

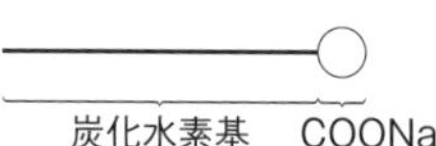

キーワード：加水分解・縮合・触媒・硬水・親水基・けん化・乳濁液・不飽和

(北海道大)

286 合成洗剤

➔ 有 P.287

油脂を水酸化ナトリウムでけん化すると，グリセリンと，高級脂肪酸のナトリウム塩であるセッケンが得られる。

(ア)<u>カルシウムイオンやマグネシウムイオンを含む水(硬水)や海水ではセッケンの洗浄力が低下するが</u>，(イ)<u>高級アルコールやアルキルベンゼンに濃硫酸を作用させた後に水酸化ナトリウムで中和することによって得られる合成洗剤</u>は，硬水や海水でも使うことができる。

問1 下線部(ア)に関連して，硬水や海水でセッケンの洗浄力が低下する理由を15字以内で答えよ。

問2 下線部(イ)の合成洗剤の水溶液の水素イオン濃度は，セッケンの水溶液の水素イオン濃度と異なる。その理由を，下線部(イ)の合成洗剤の組成をもとに20字以内で答えよ。

(広島市立大)

28 核酸

➡Do 有 P.290〜299
➡解答・解説P.161

287 核酸(1)

➡ 有 P.290〜296

DNAには，図1のようにデオキシリボースに核酸塩基(図1ではⒶで表している)が共有結合した**化合物1**が含まれている。1分子の**化合物1**が，1分子のリン酸とリン酸エステル結合をつくったものを［ア］とよぶ。DNAは，［ア］が縮合重合したものである。DNA中には，アデニン，グアニン，シトシン，チミンの4種類の核酸塩基があり，アデニンとチミン，グアニンとシトシンがそれぞれ水素結合を形成することにより，2本のDNA鎖が二重らせん構造をとっている。DNA二重らせん中で，アデニンとチミンは図2のように，点線で示した2本の水素結合を形成している(デオキシリボース部分はⒷで表している)。

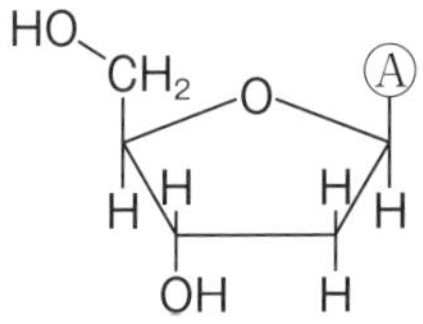

図1　化合物1(環内の炭素原子Cは省略してある)

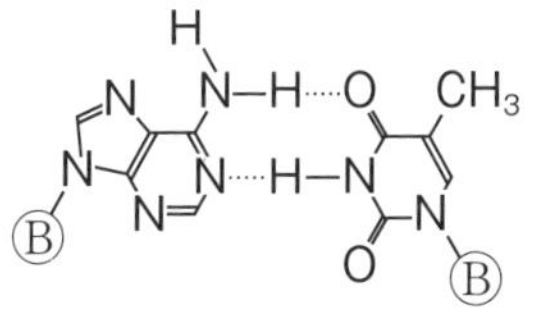

図2　アデニンとチミンの水素結合

問1　［ア］に適当な語句を書け。

問2　2分子の**化合物1**がDNAと同じように縮合した構造式を書け。図1と同様に，環内の炭素原子Cは省略してかまわない。また，Ⓐはそのままでよい。

問3　DNA二重らせん中で，グアニンとシトシンは3本の水素結合を形成しているが，図2にならって，図3のグアニンとシトシンの構造式を適切な位置と向きに並べて書き，水素結合を点線で示せ。その際，水素結合の長さがなるべく同じになるように書くこと。必要ならば，構造式を回転させたり反転させたりしてもかまわない。また，Ⓑはそのままでよい。

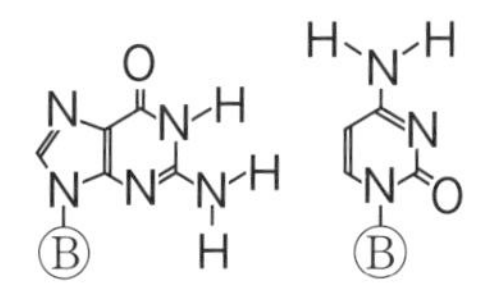

図3　グアニンとシトシン

(日本医科大)

288 核酸(2)

➡ 有 P.290〜296

細胞の遺伝情報の伝達に重要な役割を果たす核酸に関する次の記述のうち，正しいものはどれか。

① 核酸はヌクレオチドのリン酸どうしが脱水縮合したものである。

② アデニンは3本の水素結合によって相補的な塩基と対を形成する。

③ ウラシルと相補的に対を形成する塩基はグアニンである。

④ DNAを構成するヌクレオチドよりもRNAを構成するヌクレオチドのほうが不斉炭素原子が1つ多い。

⑤　二重らせん構造をとっている，あるDNAの全塩基数に対するシトシンの数の割合は23%であった。このときアデニンの数の割合は必ず27%である。

⑥　核酸の水溶液に水酸化ナトリウムを加え塩基性にした後，薄い硫酸銅(Ⅱ)水溶液を少量加えると赤紫色を呈する。

⑦　核酸は中性水溶液中で電気泳動すると陰極側に移動する。

(東京工業大)

29 合成高分子化合物

Do 有 P.300～341
➡解答・解説P.162

289 合成高分子の特徴

➡ 有 P.300～303

次の文章を読み，文中の［　］にあてはまる適切な語句を答えよ。

多くの鎖状合成高分子の構造は，図1に示すように，分子鎖が規則的に配列した［あ］の部分と，分子鎖が不規則に配列した［い］の部分で構成され，分子間力は［あ］の部分のほうが［い］の部分に比べ［う］。また，高分子化合物は明確な融点をもたず，加熱して，ある温度でやわらかくなって変形するものが多い。この温度を［え］点という。

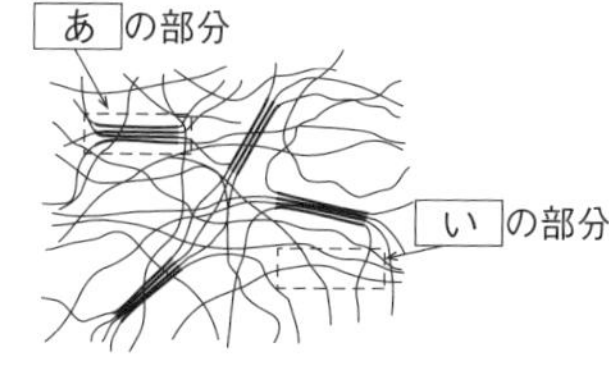

図1　鎖状合成高分子の構造

（昭和薬科大）

290 付加重合，熱可塑性

➡ 有 P.302～312

問1　付加重合とは何か，説明せよ。

問2　熱可塑性とは何か，説明せよ。

（聖マリアンナ医科大）

291 繊維の分類

➡ 有 P.302

高分子化合物である繊維には，［ア］繊維と［イ］繊維がある。［ア］繊維には綿(木綿)や麻などの［ウ］繊維と絹や毛などの［エ］繊維がある。絹は［オ］(発展)と［カ］(発展)からできており，［カ］を熱水や塩基の水溶液で溶かして除くことで絹糸を得る。［イ］繊維にはナイロン6や<u>ポリアクリロニトリル(アクリル繊維)</u>，ビニロンなどの［キ］繊維とレーヨンなどの［ク］繊維などがある。

問1　文中の［　］にあてはまる最も適切な語句を次の[語群]から選べ。

［語群］　ケラチン，セリシン，合成，フィブロイン，植物，イオン，石炭，再生，石油，縮合重合，化学，開環重合，付加重合，天然，動物，細菌

問2　［ウ］繊維と［エ］繊維は主成分が異なる。それぞれの主成分を答えよ。

問3　下線部のポリアクリロニトリルについて，1molのアクリロニトリルから得られるポリアクリロニトリルの質量〔g〕を有効数字2桁で求めよ。原子量はH＝1.0，C＝12，N＝14，O＝16とする。

問4　レーヨンは吸湿性がよいので，タオルや肌着などに利用される。なぜ吸湿性が高いのか50字以内で記せ。

（富山大）

292 アクリル繊維

➜ 有 P.306

アクリロニトリルとアクリル酸メチルからなるアクリル繊維について答えよ。

問1　アクリル酸メチルと共重合する理由として，最も適切な理由を次の選択肢①〜③から選び，記号で答えよ。

①　難燃性の付与のため　　②染色性の向上のため　　③　生分解性の付与のため

問2　平均重合度1000，平均分子量59600であるアクリル繊維のアクリロニトリルとアクリル酸メチルの物質量比として適切な値を次の選択肢ⓐ〜ⓒから選び，記号で答えよ。なお，原子量は$H=1.00$，$C=12.0$，$N=14.0$，$O=16.0$とする。

ⓐ 4：1　ⓑ 3：2　ⓒ 2：3

（鹿児島大）

293 合成樹脂(1)

➜ 有 P.302〜304

合成樹脂(プラスチック)には，ポリエチレン，フェノール樹脂，(A)ポリテトラフルオロエチレン，(B)尿素樹脂などがあり，各種容器や建材に，また金属の代替物としても利用される。加熱するとやわらかくなる樹脂を［ア］，加熱により硬くなる樹脂を［イ］とよぶ。例えば，ポリエチレンは［ア］に分類され，フェノール樹脂は［イ］に分類される。

ポリエチレンは，エチレンを重合させたときの反応条件によって，その枝分かれの程度が異なる。枝分かれの程度により固体中の結晶部分の割合が変化するため，ポリエチレンには，透明性が高くやわらかい［ウ］ポリエチレンと，不透明で硬い［エ］ポリエチレンがあり，それぞれ用途にあわせて使い分けられている。

ポリテトラフルオロエチレンは，フライパンにこげがつかないための表面処理などに使われる。また，(C)ポリメタクリル酸メチルは強化ガラスや光ファイバーの材料として，(D)ポリ酢酸ビニルは接着剤として使用されるなど，合成樹脂はいろいろな用途に利用されている。

問1　文中の［　］に最も適する語句を答えよ。

問2　下線部(A)の合成樹脂を合成するための単量体(原料)の構造式を示せ。

問3　下線部(B)〜(D)の3種類の合成樹脂のうち，［ア］に分類されるものはどれか。該当するものをすべて選び，記号(B)〜(D)で答えよ。

（同志社大）

294 合成樹脂(2)

➜ 有 P.302〜304, 313

身の回りにある合成樹脂(プラスチック)のほとんどは，石油を原料として合成されている。まず，原油を分留して得られるナフサからエチレンやプロピレン，芳香族化合物であるベンゼンやキシレンが生産され，次ページの図1のようにそれらを原料としてさまざまな合成高分子が生産される。重合体(高分子)の構成単位のもととなる小さな分子のことを［ア］といい，エチレンや化合物A，B，C，Dが該当する。高分子E，F，Gは［イ］重合によって［ア］が次々と結合して合成されたものである。これに対して，高分子

Hは化合物CとDが交互に ウ 重合して合成される。高分子E～Hは，加熱すると軟化し，冷却すると再び硬化することから エ 樹脂とよばれ，高温で成形することで身の回りのさまざまな製品がつくられている。

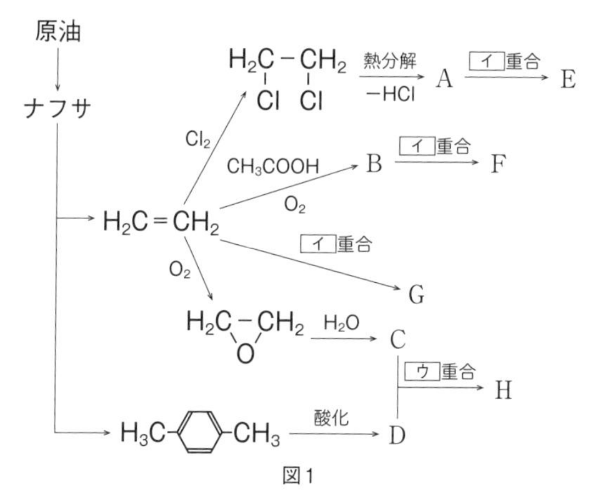

図1

問1　文中の［　　］に適当な語句を答えよ。

問2　高分子E，F，Gの説明として適当なものを，次のⓐ～ⓓからそれぞれ1つ選べ。

ⓐ 軽量で耐水性に優れ，フィルム，ホース，包装材料などに用いられる。重合反応条件によって密度の異なる樹脂を合成でき，チーグラー・ナッタ触媒を用いると高密度の樹脂が得られる。

ⓑ 絶縁性，着色性に優れ，加工しやすく透明であり，発泡させたものは断熱材や緩衝材に用いられる。燃焼させると多くのすすを生じる。

ⓒ 軟化点が低く，有機溶媒に溶けやすい。接着剤や塗料に用いられる。

ⓓ 難燃性で耐薬品性に優れ，パイプやホースに用いられる。ただし，高温で燃焼させると有毒ガスが発生するため注意が必要である。

問3　高分子Hは成形されて飲料用容器として広く用いられている。高分子Hが分子の両端にヒドロキシ基を有する重合度nの直鎖状高分子であるとするとき，次のX，Yの部分に当てはまる構造式を示せ。

$$H-[-\boxed{X}-\boxed{Y}-]_n-\boxed{X}-OH$$

（岡山大）

295 合成樹脂(3)

➔ 有 P.305～306

ポリエチレン，ポリ塩化ビニル，ポリスチレンの粉末はいずれも白色である。3種類を識別するために，ピンセットの先端に少量をそれぞれはさみ取り，炎の中に入れて燃焼させた。この燃焼による方法でどのように識別できるか，理由をつけて述べよ。

（東京医科歯科大）

296 合成樹脂(4)

➔ 有 P.305〜312

次の合成高分子からつくられた容器について，強塩基性の液体を保存する容器としての使用が不適切なものはどれか。すべて挙げて番号で答えよ。またその理由を20字程度で答えよ。

① ポリプロピレン　② ポリスチレン　③ 高密度ポリエチレン
④ ポリエチレンテレフタラート　⑤ テフロン(ポリテトラフルオロエチレン)
⑥ ポリ塩化ビニル　⑦ ポリメタクリル酸メチル

(奈良県立医科大)

297 合成樹脂(5)

➔ 有 P.314〜315

ホスゲンはカルボニル炭素に2つの塩素が結合した構造であり，アジピン酸ジクロリドと同様に二官能性モノマーである。ホスゲンは反応性が高く，ビスフェノールAとの ア 重合により，透明光学材料である(1)ポリカーボネートが合成される。なお，文中の波線部の化合物の構造を右に示した。

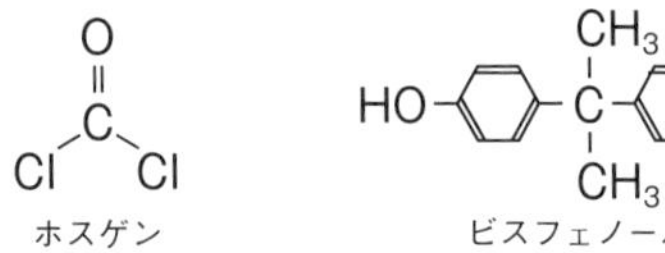

ホスゲン　　ビスフェノールA

問1　文中の空欄 ア に当てはまる適切な語を記せ。

問2　下線部(1)の化合物の構造式を記せ。

(名古屋工業大)

298 ゴム

➔ 有 P.321〜323

ゴムノキの樹皮に傷をつけて採取される樹液(ラテックス)にギ酸や酢酸などを加えて酸性にすると，生ゴム(天然ゴム)が沈殿する。得られた天然ゴムを(a)乾留すると，主にイソプレン(図1)とよばれる無色の液体が得られる。天然ゴムは，このイソプレンの両端の炭素原子①と④が別のイソプレンに結合する形式(1,4-付加)で重合した高分子化合物である。イソプレンの1,4-付加重合による生成物では，高分子の鎖の骨格中に二重結合が含まれることになるが，天然ゴムでは，二重結合のまわりの立体配置のほぼすべてが ア 形である。

図1　イソプレンの構造

天然ゴムの弾性は弱く，ゆっくりと力を加え続けると，ゴム全体が力に応じて変形し，もとの形に戻らなくなる。しかし， イ を質量で3〜5%程度加えて加熱し，高分子の鎖を橋かけすると，実用的なゴムとしての適切な弾性を付与することができる。この操作のことを ウ とよぶ。 イ の量を増やし(質量で約30%)，長時間の加熱によって得られる黒くて硬い物質は， エ とよばれる。

天然ゴム以外にも，1,3-ブタジエンや(b)クロロプレンを原料にして合成ゴムが生産されている。1,3-ブタジエンを付加重合するとポリブタジエンが得られる。ポリブタジエンの高分子の鎖は，1,4-付加により形成されるくり返し単位以外に，1,2-付加により形成されるくり返し単位を含み，その割合は重合方法に依存する。(c)スチレンと1,3-ブタジエンを共重合して得られる(d)スチレン-ブタジエンゴムは，耐摩耗性に優れるため，自動車のタイヤなどに広く用いられている。高分子の骨格中に炭素-炭素の二重結合を含むゴム分子は，空気中の酸素や(e)オゾンの作用によって，化学構造が変化し，長時間の使用によりその弾性が失われていく。

問1　文中の[　]にあてはまる最も適切な語句を答えよ。

問2　下線部(a)の操作を20字以内で説明せよ。

問3　下線部(b)のクロロプレンと下線部(c)のスチレンの構造式を示せ。

問4　下線部(d)のスチレン-ブタジエンゴムが2.00gある。ゴム中に含まれるスチレンからなる構成単位とブタジエンからなる構成単位の物質量の割合は，スチレン単位が25.0％である。このゴムに臭素(Br_2)を反応させると，ゴム中のブタジエン単位の二重結合とのみ反応した。ブタジエン単位の二重結合がこの反応により完全に消失したとき，消費された臭素の質量〔g〕を有効数字3桁で求めよ。原子量はH＝1.00，C＝12.0，Br＝79.9とする。

発展　問5　下線部(e)について，オゾンとポリブタジエンの反応を考える。オゾンは，アルケンと図2に示す反応により，オゾニドとよばれる不安定な物質を生成する。オゾニドは亜鉛などを用いて還元すると，カルボニル化合物に変換される。この反応をオゾン分解とよぶ。

$$R^1R^3C{=}CR^2R^4 \xrightarrow{O_3} \text{オゾニド (C(R^1)(R^3)–O–C(R^2)(R^4), O–O 架橋)} \xrightarrow{\text{還元剤}} R^1R^3C{=}O + O{=}CR^2R^4$$

アルケン　　オゾニド

図2　アルケンのオゾン分解(R^1，R^2，R^3，R^4：炭化水素基または水素)

試料に用いるポリブタジエンは，1,2-付加により形成されるくり返し単位を含むが，ほとんどが1,4-付加により形成される構造からなり，1,2-付加により形成されるくり返し単位どうしが隣り合うことはないものとする。このポリブタジエンを完全にオゾン分解することで生じるすべてのカルボニル化合物を構造式で示せ。ただし，ポリブタジエンの分子量は十分に大きいものとし，高分子の鎖の末端から生成する化合物は無視してよい。また，立体異性体を区別して考える必要はない。　(東京農工大)

299 ポリアミド

→ 有 P.316〜320

(a)ナイロン6は，環状構造のモノマーXに少量の水を加えて加熱して得られる。このように，環状構造のモノマーから鎖状の高分子ができる重合を[ア]重合とよぶ。(b)ナイロン66は，アジピン酸とモノマーYの混合物を加熱しながら，生成する[イ]を除去すると得られる。このように，[イ]などの簡単な分子がとれて鎖状の高分子が生成する重合を[ウ]重合とよぶ。

ナイロン66のメチレン鎖の部分を[エ]に置き換えたポリ-*p*-フェニレンテレフタルアミドは，代表的な[オ]繊維の1つである。この繊維は，ナイロン66よりもさらに強度や耐久性に優れるため，消防士の服や防弾チョッキに使われている。

実験室でナイロン66の繊維を得るには，界面重合が適している。この重合は，アジピン酸の代わりにアジピン酸ジクロリドを用いて，図1のように行われる。

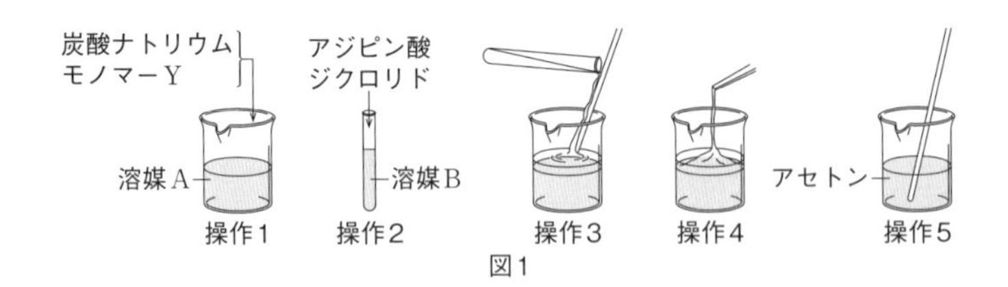

図1

操作1　50mLの溶媒Aに，1gの炭酸ナトリウムと1gのモノマーYを加え，よくかき混ぜる。
操作2　10mLの溶媒Bに，1mLのアジピン酸ジクロリドを溶かす。
操作3　操作1で得られた溶液の上に，操作2で得られた溶液を静かに注ぐ。
操作4　界面(境界面)にできた膜をピンセットで静かに引き上げ，ガラス棒に巻きつける。
操作5　得られた糸をアセトンで洗い，乾燥させる。

問1　文中の□□にあてはまる最も適切な語句を答えよ。
問2　下線部(a)，(b)について，ナイロン6とナイロン66の構造式を右の(例1)にならって示せ。
問3　モノマーX，Yの構造式と名称を右の(例2)にならって示せ。
問4　溶媒A，Bとして最も適切なものを，次の①～⑤からそれぞれ1つ選べ。

(例1)　$\left[(CH_2)_2-O \right]_n$

(例2)　構造式

$$H_2C=CH-O-\underset{\underset{O}{\|}}{C}-CH_3$$

名称　酢酸ビニル

①　アセトン　②　エタノール　③　酢酸　④　ヘキサン　⑤　水　(群馬大)

300 ナイロン66

➡ 有 P.316～320

ナイロン66に関する次の問いに答えよ。原子量はH＝1.0，C＝12，N＝14，O＝16とする。

問1　平均分子量1.38×10^4のナイロン66の平均重合度はいくらか，四捨五入して整数で答えよ。
問2　問1のナイロン66の1分子中にあるアミド結合は何個か，整数で答えよ。　(三重大)

発展 301 芳香族モノマーの合成とポリイミド

➡ 有 P.179, 205～208, 316～320

以下の文章を読み，航空宇宙・エレクトロニクス分野で重要な役割を果たしているポリマーPに関するあとの問いに答えよ。

ポリマーPは，次ページに示す実験1～3により，モノマーM1とM2を原料として合成される。その反応の流れを図1にまとめた。

A $\xrightarrow{KMnO_4}$ B $\xrightarrow{-H_2O}$ M1 $\xrightarrow{CH_3CH_2OH}$ C＋D

E $\xrightarrow{Fe}$ M2

M1 ＋ M2 $\xrightarrow{-H_2O}$ P

図1　実験1～3のまとめ

実験1　モノマーM1の合成　モノマーM1は，テトラメチルベンゼンの位置異性体の1つである化合物Aを出発原料として，2段階で合成される。化合物Aの溶液に過マンガン酸カリウムを加えて40℃で数時間反応させた後，反応過程で生成した酸化マンガン(IV)の沈殿をろ過により除去してから，ろ液を酸性にすることにより，化合物Bが得られる。これを減圧下で200℃に加熱すると，2分子の水を失って，モノマーM1が生成する。

モノマーM1は，次の性質を示す。すなわち，モノマーM1に2分子のエタノールを付加させると互いに異性体の関係にある化合物Cと化合物Dを与える。

実験2　モノマーM2の合成　モノマーM2は，図2に示す化合物Eを塩化アンモニウム水溶液中で鉄粉を用いて還元することにより合成できる。この反応ではモノマーM2の塩酸塩と鉄の酸化物が生成する。鉄の酸化物の沈殿をろ過により除去した後，ろ液に濃アンモニア水溶液を加えると，モノマーM2の結晶が析出する。

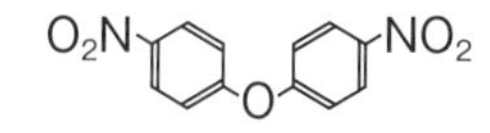

図2　化合物Eの構造式

実験3　ポリマーPの合成　モノマーM1の溶液に等モル量のモノマーM2をゆっくり加えて室温で重合させる。ついで，この重合生成物を230℃に加熱すると，さらに縮合反応により水が失われてポリマーPが生成する。なお，ポリマーPに含まれる窒素原子に水素原子は結合していない(ただし，ポリマーの末端部を除く)。

問1　化合物Aの構造式を示せ。

問2　化合物CとDの構造式を示せ。

問3　モノマーM1とモノマーM2の構造式を示せ。

問4　ポリマーPの構造式を示せ。なお，ポリマーの構造式は右の(例)にならってくり返し単位を記すこと。

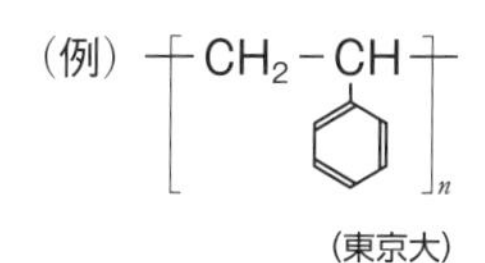

(東京大)

302 フェノール樹脂

➔ 有 P.328～330

次の ⓐ～ⓔ の記述のうち，フェノール樹脂に関する記述として正しいものをすべて選べ。

ⓐ　フェノール樹脂はベークライトともよばれている。

ⓑ　酸を触媒として用いたときに生じる中間生成物をレゾール，塩基を触媒として用いたときに生じる中間生成物をノボラックという。

ⓒ　レゾールをフェノール樹脂にするには硬化剤が必要である。

ⓓ　フェノールとホルムアルデヒドの反応は，フェノールのメタ位で起こりやすい。

ⓔ　フェノール樹脂は電気絶縁性に優れている。

(長崎大)

303 尿素樹脂

➔ 有 P.331, 332

尿素樹脂の生成過程について調べると，まず，化合物Aと尿素の間での付加反応により，原子団$-CH_2OH$をもつメチロール尿素とよばれる物質が生成する。次に，尿素とメチロール尿素との間で脱水縮合が起こって化合物Bが生成する。そして，化合物A

と化合物Bの付加反応によって生じるメチロール化合物から，さらに尿素との脱水縮合により，化合物Cが生成する。このような付加と縮合をくり返すことで，大きな分子が生成する。化合物Aは，未反応物として残ったり，あるいは，一部の生成物の分解により再生されるため，製品中にも微量に含まれる。このため，化合物Aは，揮発・拡散して気密性の高い住宅内の空気を汚染し，シックハウス症候群の原因物質のひとつとなっている。

問1　化合物Aの名称と化学式を示せ。

発展 問2　化合物Cの構造は，実際には化合物Aと尿素の混合比や反応条件により異なる。3分子の尿素と2分子の化合物Aから生成する化合物Cには，2種類の異性体が存在する。これらの構造を(例)にならって記せ。

(例) $H_2N-CH_2-C(=O)-NH-CH(CH_2OH)-C(=O)-OH$

(名古屋大)

304 メラミン樹脂，リサイクル方法

➔ 有 P.331, 332, 338

尿素CH_4N_2Oは哺乳類における窒素を含む化合物の代謝排出物である。また，尿素は肥料としての利用のほか，工業原料としても重要である。尿素から右図に示すメラミンが合成される。さらに，尿素と[1]から尿素樹脂が製造され，同様にメラミンと[1]からメラミン樹脂が製造される。

＜メラミンの構造＞

合成樹脂は熱に対する性質によって2つのグループに分類される。そのうち，尿素樹脂とメラミン樹脂が属するグループは[2]とよばれ，これらは三次元の[3]状の分子構造をもつ。もう1つのグループの樹脂は[4]とよばれ，鎖状の分子構造をもつことが多い。資源の有効利用と環境保全のため，合成樹脂のリサイクルが重要である。回収した合成樹脂を，融解して再製品化する方法を[5]といい，原料になる物質にまで分解して，再び材料として利用する方法を[6]という。

問1　[1]～[6]に適切な語句を入れよ。

問2　メラミンは尿素のみを原料として合成することができ，その際には，二酸化炭素とアンモニアも生成する。メラミンを分子式で表記して，この合成反応の反応式を示せ。

(滋賀医科大)

305 ビニロン

➔ 有 P.309, 310

ポリ酢酸ビニルは酢酸ビニル($CH_2=CHOCOCH_3$)の重合によって得られる。(a)分子量4.30×10^4のポリ酢酸ビニルを完全にけん化した後，ホルムアルデヒドを用いて，一部のヒドロキシ基をアセタール化することでビニロンの合成を試みた。しかし，実際に(b)得られたのは通常のビニロンではなく，アセタール化の割合の異なる，分子量2.35×10^4の高分子であった。

問1　下線部(a)のポリ酢酸ビニルの重合度を求め，その値を整数で記せ。原子量は

H = 1.0，C = 12，O = 16とする。

発展 問2　下線部(b)で得られた高分子は，けん化によって生じたヒドロキシ基の何%がアセタール化されているか。最も適当な数値を次の①～⑩から選べ。

① 10　② 20　③ 30　④ 40　⑤ 50　⑥ 60　⑦ 70　⑧ 80　⑨ 90　⑩ 100

（立命館大）

306 陽イオン交換樹脂

➔ 有 P.334, 335

一般に溶液中のイオンを別の種類のイオンととり換える働きをもつ樹脂をイオン交換樹脂とよぶ。イオン交換樹脂は，主にスチレンと少量の*p*-ジビニルベンゼンの共重合体を母体として，そのベンゼン環の水素原子を酸性または塩基性の官能基で置換した構造をもつ。濃硫酸を作用させて，図1のように酸性のスルホ基($-SO_3H$)で置換したものを陽イオン交換樹脂($R-SO_3H$)とよぶ。(a)この樹脂($R-SO_3H$)に0.100mol/Lの塩化カルシウム水溶液10.0mLを通すと，水溶液は中性から酸性に変化した。さらに樹脂を純水で十分に洗い，得られた流出液をすべて集め，(b)0.100mol/Lの水酸化ナトリウム水溶液で中和滴定を行った。なお，Rは樹脂の骨格を表している。

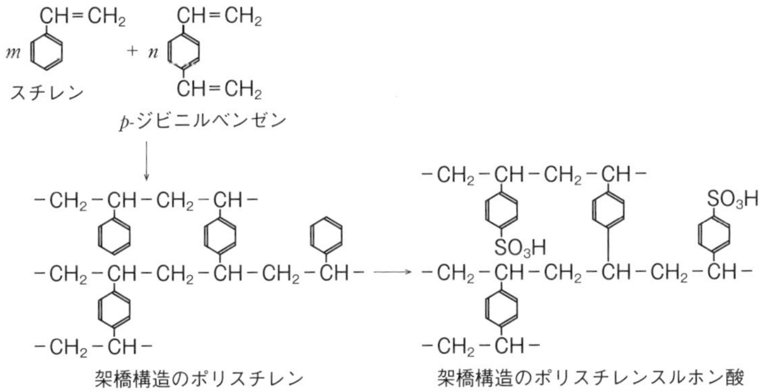

m スチレン（$CH=CH_2$）＋ n *p*-ジビニルベンゼン（$CH=CH_2$，$CH=CH_2$）

↓

架橋構造のポリスチレン ⟶ 架橋構造のポリスチレンスルホン酸

図1

発展 問1　スチレン180gに物質量比9：1になるように*p*-ジビニルベンゼンを加えて，完全に反応させてポリスチレン樹脂を得た。さらにポリスチレン樹脂をスルホン化してポリスチレンスルホン酸樹脂を得た。ポリスチレンのベンゼン環のパラ位のみが50%スルホン化されたとすると，何gのポリスチレンスルホン酸樹脂が得られるか，小数点以下を四捨五入して整数値で答えよ。原子量はH = 1.0，C = 12，O = 16，S = 32とする。

問2　下線部(a)の反応について，化学反応式を示せ。

問3　下線部(b)について，水酸化ナトリウム水溶液は終点までに何mL加える必要があるか，有効数字3桁で答えよ。

（岡山県立大）

307 機能性高分子(1)

➔ 有 P.300〜341

電気伝導性の高い高分子化合物を次の(ア)〜(オ)から2つ選び，その記号を記せ。

(ア) $\left[CF_2-CF_2 \right]_n$　(イ) $\left[HC=CH \right]_n$　(ウ) $\left[CH_2-C(H)=C(CH_3)-CH_2 \right]_n$

(エ) $\left[C_6H_4-CH=CH \right]_n$　(オ) $\left[CH_2-CH_2-O-C(=O)-C_6H_4-C(=O)-O \right]_n$

(浜松医科大)

308 機能性高分子(2)

➔ 有 P.300〜341

高分子化合物の中には，物理的・化学的な性質を有効に利用した機能性高分子とよばれるものがある。機能性高分子に関する次の(ア)〜(オ)の記述の中で，正しいものはいくつあるか。A〜Fの中から最も適切な数を1つ選んで，記号を書け。

(ア) 粉末状の樹脂の表面にスルホ基($-SO_3H$)を導入したものは，陰イオン交換樹脂として用いられている。

(イ) ゴムノキから採取されるラテックスとよばれる樹液に水酸化ナトリウムなどの塩基を加えて凝集させた後に乾燥させたものを生ゴムまたは天然ゴムという。

(ウ) ジクロロジメチルシランを原料としてつくられるシリコーンゴムは，耐熱性と耐寒性に優れ，理化学器具や医療器具などに利用されている。

(エ) 紙おむつなどに用いられる吸水性高分子は$-COONa$部分をもっており，吸水によって$-COONa$が電離すると$-COO^-$間の反発によって網目が拡大し水がしみこむ。

(オ) 光に当たると重合が進み立体網目状構造となり固まる光硬化性樹脂は，光学写真のフィルムなどに利用されている。

A 0　B 1　C 2　D 3　E 4　F 5

(東海大)

発展 309 機能性高分子(3)

➔ 有 P.300〜341

必要のある場合は次の数値を用いよ。原子量：H＝1.0，C＝12，O＝16

乳酸とグリコール酸の共重合体PLGA(poly(lactic/glycolic acid))は生分解性が高く，(a)生体内で乳酸とグリコール酸に加水分解された後，代謝反応によって水と二酸化炭素に分解されて体外へ排泄されるため，生体にとって安全な材料である。そのため，PLGAは，手術用縫合糸，骨折時の骨接合材，歯周組織の再生膜などとして医療分野で使われている。

PLGAの合成において，乳酸やグリコール酸の直接的な縮合重合では低分子量の重合体しか得ることができない。そこで，(b)乳酸2分子の脱水縮合により環状二量体であるラクチドを，また，グリコール酸2分子の脱水縮合により環状二量

$HO-CH_2-C(=O)-OH$

図　グリコール酸の構造式

体グリコリドをつくり，これらを開環重合させることで高分子量のPLGAを得ている。その際，(c)PLGAの乳酸とグリコール酸の組成比や分子量を変えることで体内での加水分解速度を変えることができる。手術用縫合糸として用いた場合は，2～3か月で吸収分解される。

(d)PLGAの原料の1つである乳酸は，主にトウモロコシなどのデンプンを加水分解した後，乳酸菌による乳酸発酵により得られており，環境負荷が低くなるように配慮して製造されている。

問1　下線部(a)の乳酸およびグリコール酸の代謝による分解反応は，反応の収支をまとめると，酸素による酸化反応である。(1)乳酸および(2)グリコール酸の分解反応の化学反応式をそれぞれ示せ。

問2　下線部(b)について，次の各問いに答えよ。各構造式は図にならって書け。

(1)　ラクチドの構造式を書き，不斉炭素原子を丸で囲め。また，ラクチドの立体異性体はいくつ存在するか。

(2)　グリコリドの構造式を書け。

(3)　乳酸の重合度をm，グリコール酸の重合度をnとして，PLGAの構造式を完成せよ。

問3　下線部(c)について，ラクチドとグリコリドを物質量比3：1の割合で共重合させたPLGA(3：1)の平均分子量が5.5×10^4であった。この分子1分子中には平均して何個のエステル結合が含まれているか。有効数字2桁で答えよ。

問4　下線部(d)について，トウモロコシ1.0kgには質量で63%のデンプンが含まれており，それをすべて希硫酸で完全にグルコースに加水分解した後，乳酸菌による乳酸発酵により完全に乳酸だけが生成したとする。得られた乳酸がすべて，問3のPLGA(3：1)の合成に使われたとすると，PLGA(3：1)は理論上何gできるか。有効数字2桁で答えよ。

（東京医科歯科大）

MEMO

MEMO

MEMO

MEMO

大学受験 DO Series

改訂版

鎌田の化学問題集

理論
無機
有機

解答と解説

旺文社

大学受験 DO Series

改訂版

鎌田の化学問題集

理論 無機 有機

Series

解答と解説

旺文社

本書の特長と使い方

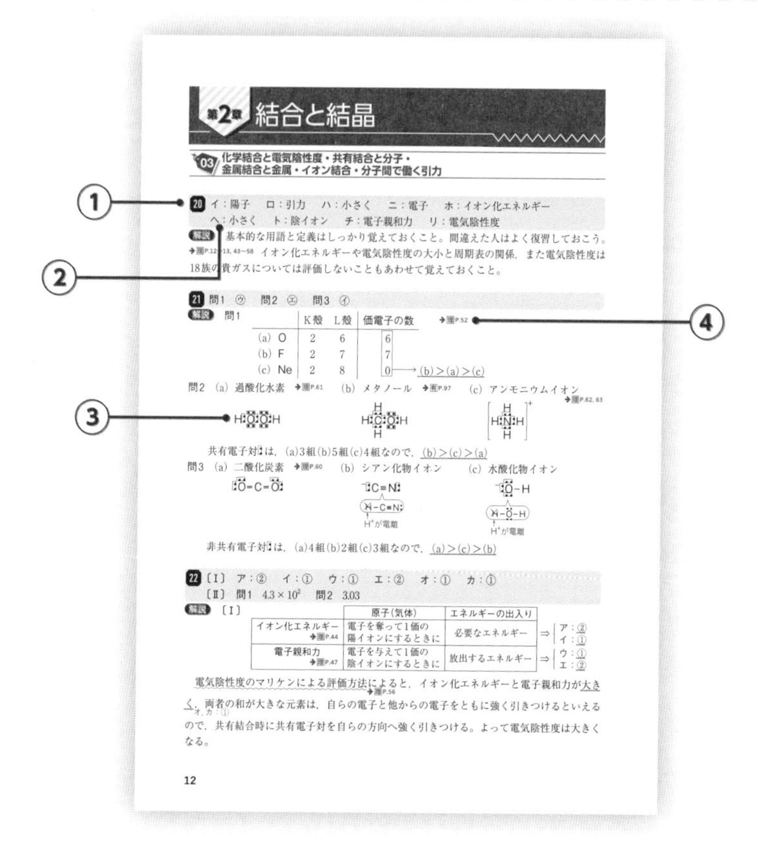

第2章 結合と結晶

03 化学結合と電気陰性度・共有結合と分子・金属結合と金属・イオン結合・分子間で働く引力

20 イ：陽子　ロ：引力　ハ：小さく　ニ：電子　ホ：イオン化エネルギー
　ヘ：小さく　ト：陰イオン　チ：電子親和力　リ：電気陰性度

解説 基本的な用語と定義はしっかり覚えておくこと。間違えた人はよく復習しておこう。
➔理P.12～13, 43～58 イオン化エネルギーや電気陰性度の大小と周期表の関係，また電気陰性度は18族の貴ガスについては評価しないこともあわせて覚えておくこと。

21 問1 ㋒　問2 ㋓　問3 ㋑

解説 問1

	K殻	L殻	価電子の数
(a) O	2	6	6
(b) F	2	7	7
(c) Ne	2	8	0

➔理P.52　→ (b)＞(a)＞(c)

問2 (a) 過酸化水素 ➔理P.61　(b) メタノール ➔有P.97　(c) アンモニウムイオン ➔理P.62, 63

共有電子対は，(a)3組(b)5組(c)4組なので，(b)＞(c)＞(a)

問3 (a) 二酸化炭素 ➔理P.60　(b) シアン化物イオン　(c) 水酸化物イオン

H^+が電離

非共有電子対は，(a)4組(b)2組(c)3組なので，(a)＞(c)＞(b)

22 〔Ⅰ〕 ア：②　イ：①　ウ：①　エ：②　オ：①　カ：①
　〔Ⅱ〕 問1 4.3×10^2　問2 3.03

解説 〔Ⅰ〕

	原子(気体)	エネルギーの出入り	
イオン化エネルギー ➔理P.44	電子を奪って1価の陽イオンにするときに	必要なエネルギー	⇒ ア：② イ：①
電子親和力 ➔理P.47	電子を与えて1価の陰イオンにするときに	放出するエネルギー	⇒ ウ：① エ：②

電気陰性度のマリケンによる評価方法によると（➔理P.56），イオン化エネルギーと電子親和力が大きく（オ，カ：①），両者の和が大きな元素は，自らの電子と他からの電子をともに強く引きつけるといえるので，共有結合時に共有電子対を自らの方向へ強く引きつける。よって電気陰性度は大きくなる。

12

①本冊(問題編)の問題番号と一致しています。

②解答は，わかりやすいように，冒頭に示してあります。

③解法の手順，出題者の狙いにストレートに近づく糸口を見つける方法を示してあります。
解答で示した解き方は「応用範囲の広い，間違えることの少ない」ものですので，
解けなかった場合はもちろん，答えがあっていた場合も読んでおきましょう。

④関連する知識を整理したいとき，より深く理解したいときなどに，姉妹書で学習できるようになっています。必要に応じて，活用してください。

- ➔理P.○：「大学受験Doシリーズ　鎌田の理論化学の講義　三訂版」のp.○参照
- ➔無P.○：「大学受験Doシリーズ　福間の無機化学の講義　五訂版」のp.○参照
- ➔有P.○：「大学受験Doシリーズ　鎌田の有機化学の講義　五訂版」のp.○参照

目次

第2編 無機化学

第3編 有機化学

第1章 原子と化学量

01 有効数字と単位・原子・物質量

1 ⑤

解説 加減計算で答えを出すときは，有効数字の末位が最も大きい位に合わせる。29.6と9.1は小数点以下1桁，0.148は3桁が末位なので，最も大きい位である小数第1位までの値にするために小数第2位を四捨五入する。

$$29.\dot{6} + 9.\dot{1} + 0.\dot{1}48 = 38.\dot{8}48 \fallingdotseq \underline{38.8}$$

2 問1　ア：陽子　イ：中性子　ウ：中性　エ：原子番号　オ：同位体　カ：放射性同位体　問2　a：②　b：②　c：③

解説 問1　陽子と電子のもつ電気量の絶対値は等しいため，電気的に中性な原子に含まれる陽子と電子の数は同じである。

問2　宇宙線に由来する中性子が大気中の窒素 $^{14}_{7}N$ の原子核に衝突し，$^{14}_{6}C$ が絶えず生成している。

$$^{14}_{7}N + ^{1}_{0}n(中性子) \longrightarrow ^{14}_{6}C + ^{1}_{1}p(陽子) \quad \cdots(1)$$

また，$^{14}_{6}C$ は放射性同位体で，β 線を放出しながら $^{14}_{7}N$ に戻る。

$$^{14}_{6}C \longrightarrow ^{14}_{7}N + e^{-}(\beta 線) \quad \cdots(2)$$

a：(1)式と(2)式がつり合っているため，大気中には $^{14}_{6}C$ が一定の割合で含まれている。

b：$^{14}_{6}C$ は $^{14}_{6}CO_2$ として光合成により大気中から植物に取り込まれ，植物中の $^{14}_{6}C$ の割合も一定となる。

c：枯れた植物は大気中から $^{14}_{6}CO_2$ を取り込まないので，(2)式によって $^{14}_{6}C$ の割合は減少する。

3 ③

解説 ア：原子番号＝原子核中の陽子数

イ：質量数＝(原子核中の)陽子数＋中性子数　よって，$^{209}_{83}Bi$ の中性子数は $209 - 83 = \underline{126}$

ウ：陽子の総数は，反応の前後で変わらない。$_{30}Zn + _{83}Bi \longrightarrow \underline{_{113}}Nh$

4 〔Ⅰ〕 ③　〔Ⅱ〕 ③

解説 〔Ⅰ〕 ①　ベリリウム(^{9}Beのみ)，フッ素(^{19}Fのみ)，ナトリウム(^{23}Naのみ)，アルミニウム(^{27}Alのみ)などのように安定同位体が1つしか存在しない元素もある。誤り。

②　原子核中の中性子が電子線(β 線)を放出して陽子に変わるので，原子番号は1増加するが，質量数は変化しない。➔理P.15 誤り。β 崩壊　$^{A}_{Z}X \longrightarrow ^{A}_{Z+1}X'' + e^{-}(\beta 線) \quad \cdots(1)$

③　α 崩壊　$^{A}_{Z}X \longrightarrow ^{A-4}_{Z-2}X' + ^{4}_{2}He(\alpha 線) \quad \cdots(2)$　正しい。

④　原子の種類によって半減期は異なる。誤り。

⑤　放射線には，α 線，β 線，中性子線のような高い運動エネルギーをもつ粒子線，γ 線やX線のような波長の短い高エネルギーの電磁波がある。➔理P.16 誤り。

〔Ⅱ〕 α 壊変が x 回，β 壊変が y 回起こり，^{212}Pb が ^{208}Pb に変化したとする。

^{212}Pb から ^{208}Pb への変化では，原子番号（陽子数）が変化せず，質量数が $212-208=4$ 減少している。〔Ⅰ〕の(1)式，(2)式より，

$$\begin{cases} \text{原子番号の変化：} x\times(-2)+y\times 1=0 & \cdots(3) \\ \text{質量数の変化：} x\times(-4)+y\times 0=-4 & \cdots(4) \end{cases}$$

(3)式，(4)式より，$\underline{x=1,\ y=2}$

5 問1 $^{35}_{17}Cl : ^{37}_{17}Cl = 3:1$
問2 二酸化炭素分子の種類：18種類　質量数の和が48の二酸化炭素分子の種類：4種類

解説 問1 存在比を $^{35}_{17}Cl$ x〔%〕，$^{37}_{17}Cl$ $100-x$〔%〕とする。

$$\text{塩素の原子量} = 35.0\times\frac{x}{100}+37.0\times\frac{100-x}{100}=35.5 \qquad \text{よって，} x=75\ \%$$

したがって，$^{35}_{17}Cl : ^{37}_{17}Cl = 75:25 = \underline{3:1}$

問2

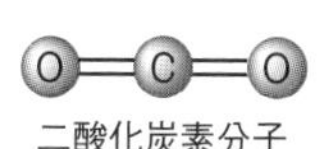

二酸化炭素分子

酸素原子Ⓞは（^{16}O，^{17}O，^{18}O）の3つのいずれかで，
Ⓞ2つの組み合わせは（^{16}O，^{16}O）（^{17}O，^{17}O）（^{18}O，^{18}O）
（^{16}O，^{17}O）（^{16}O，^{18}O）（^{17}O，^{18}O）の6つ。
炭素原子Ⓒは（^{12}C，^{13}C，^{14}C）の3つのいずれかである。

二酸化炭素分子は，

$6\times 3=\underline{18\text{種類}}$

質量数の和が48になる二酸化炭素分子の組み合わせは，

（$^{12}C^{18}O^{18}O$）（$^{13}C^{17}O^{18}O$）（$^{14}C^{16}O^{18}O$）（$^{14}C^{17}O^{17}O$）の$\underline{4\text{種類}}$

6 〔Ⅰ〕 6.3×10^{23}/mol 〔Ⅱ〕 6.0×10^{23}/mol

解説 アボガドロ定数を N_A〔/mol〕とする。

〔Ⅰ〕 $_{88}Ra \longrightarrow {}_{86}Rn + {}^{4}_{2}He$（$\alpha$ 粒子）

$$\underbrace{\frac{3.4\times10^{10}\text{個}}{1\text{秒}}\times(1.2\times10^{10}\times60)\text{秒}}_{\text{個(He)}} = \underbrace{\underbrace{\frac{866\times10^{-3}\text{L}}{22.4\text{L/mol}}}_{\text{mol(He)}}\times N_A}_{\text{個(He)}}$$

よって，$N_A \fallingdotseq \underline{6.3\times10^{23}\text{/mol}}$

〔Ⅱ〕
$$\underbrace{\underbrace{1.0\times10^{-3}\text{mol/L}\times\frac{0.10}{1000}\text{L}}_{\text{mol(ステアリン酸)}}\times N_A}_{\text{個(ステアリン酸)}} = \frac{1.20\times10^{-2}\text{m}^2}{2.0\times10^{-19}\text{m}^2\text{/個}}$$

よって，$N_A = \underline{6.0\times10^{23}\text{/mol}}$

7 ②と③

解説 2019年5月に物質量の単位「mol」の定義が，それまでの質量と関連づけた定義から変更された。新しい定義では，6.02214076×10^{23}を不確かさのない数値として，この数の粒子集団を1molと決め，アボガドロ定数6.02214076×10^{23}/molは測定値ではなく定義値となる。

① 正しい。$^{1}_{1}H$の相対質量は1.0078 ➡理 P.18 である。定義を変更しても，通常の実験レベルの数値は，特に変わらない。

② $\underline{\text{誤り}}$。^{1}H，^{2}H，^{3}Hの同位体が存在するので，同じではない。

③ 誤り。^{12}Cのモル質量は従来は定義値なので，厳密に12g/molだったが，新しい定義ではアボガドロ定数が定義値となったため測定値となり，11.99999…g/molに変わる。

④ 正しい。定義が変更された理由である。

8 問1 35mol　問2 1.1×10^2g

解説 問1 H_2の分子量 = 2.0 より，

$$\frac{1.0\,\text{L} \times \dfrac{1000\,\text{cm}^3}{1\,\text{L}} \times 0.0708\,\text{g/cm}^3}{2.0\,\text{g/mol}} \fallingdotseq \underline{35\,\text{mol}}$$

（分子部分：$g(H_2)$）

問2 $C_{16}H_{32}O_2$の分子量 = 256 で，$C_{16}H_{32}O_2$ 1molにH原子は32mol含まれている。

$$\frac{1.0\,\text{L} \times \dfrac{1000\,\text{cm}^3}{1\,\text{L}} \times 0.85\,\text{g/cm}^3}{256\,\text{g/mol}} \times \frac{32\,\text{mol(H)}}{1\,\text{mol}(C_{16}H_{32}O_2)} \times 1.0 \fallingdotseq \underline{1.1 \times 10^2\,\text{g}}$$

（$g(C_{16}H_{32}O_2)$ → $mol(C_{16}H_{32}O_2)$ → mol(H) → g(H)）

9 問1 1.7L　問2 55.9

解説 FeがO_2と反応して酸化鉄(Ⅲ)Fe_2O_3が生じる。結びついた酸素の量だけ質量が増加する。

問1 $$\frac{8.065 - 5.641}{16.00} \times \frac{1}{2} \times 22.4\,\text{L/mol} \fallingdotseq \underline{1.7\,\text{L}}$$

（mol(結びつくO原子) → $mol(O_2)$ → $L(O_2)$）

問2 Feの原子量をMとすると，組成式Fe_2O_3より，

$$\frac{5.641}{M} : \frac{8.065 - 5.641}{16.00} = 2 : 3$$　よって，$M \fallingdotseq \underline{55.9}$

（Fe原子〔mol〕　結びつくO原子〔mol〕　組成比）

10 問1 45.0　問2 45.8g

解説 問1 表1の数値から原子量を求めると，

Cの原子量　$12.0 \times \dfrac{80.0}{100} + 13.0 \times \dfrac{20.0}{100} = 12.2$

Oの原子量　$16.0 \times \dfrac{70.0}{100} + 17.0 \times \dfrac{20.0}{100} + 18.0 \times \dfrac{10.0}{100} = 16.4$

この値を利用すれば，**5** 問2のように同位体を区別する必要がない。そこで，

CO_2の分子量 = 12.2 + 16.4 × 2 = $\underline{45.0}$

問2 全CO_2分子のうち，20.0%が$^{13}CO_2$分子であり，Oの同位体を区別しなければ，

$^{13}CO_2$の分子量 = 13.0 + 16.4 × 2 = 45.8 と見なせるので，

$$\frac{112\,\text{L}}{22.4\,\text{L/mol}} \times \frac{20.0}{100} \times 45.8 = \underline{45.8\,\text{g}}$$

（$mol(CO_2)$ → $mol(^{13}CO_2)$ → $g(^{13}CO_2)$）

02 電子配置と周期表・イオン化エネルギーと電子親和力

11 ㋓

解説 ㋐ 一番内側の電子殻をK殻，以降はアルファベット順に，L殻，M殻，…と呼ぶ。誤り。

㋑ 最外電子殻の電子数はCが4，Alが3，Pが5である。➔理P.31 誤り。

㋒ K^+の電子配置はNeではなくArと同じである。誤り。

㋓ 正しい。

㋔ 貴ガス(希ガス)は，最外殻電子を8個(あるいは2個)もっているが，イオンになったり，他の原子と結びついたりしにくいため，価電子の数は0とする。最外殻電子が必ず価電子として働くわけではない。➔理P.55 誤り。

12 K殻：2個　L殻：8個　M殻：13個

解説 Fe_2O_3はFe^{3+}とO^{2-}からなる化合物である。

Feの電子配置は$K^2L^8M^{14}N^2$であり，最外電子殻のN殻から2個，内殻のM殻から1個の電子を奪うとFe^{3+}となる。そこで，Fe^{3+}の電子配置は$K^2L^8M^{13}$となる。

13 問1　ア：8　イ：32　ウ：$2n^2$　問2　M殻：8　N殻：1

問3　Ti　問4　K殻：2　L殻：8　M殻：16　元素記号：Ni

解説 問1　ア：$\underbrace{2}_{\text{s軌道}}+\underbrace{2\times3}_{\text{p軌道}}=$ 8個　➔理P.30

イ：$\underbrace{2}_{\text{s軌道}}+\underbrace{2\times3}_{\text{p軌道}}+\underbrace{2\times5}_{\text{d軌道}}+\underbrace{2\times7}_{\text{f軌道}}=$ 32個

問2　第4周期，1族の元素は原子番号19のカリウムである。

	K殻	L殻	M殻	N殻
$_{19}K$	2	8	8	1

問3　$_{22}Ti=[Ar]3d^24s^2=K^2L^8M^{\frac{8+2}{10}}N^2$　➔理P.36

Arと同じ電子配置

問4　第4周期，10族の元素は，原子番号28のニッケルである。

$_{28}Ni=[Ar]3d^84s^2=K^2L^8M^{\frac{8+8}{16}}N^2$

14 問1　4個　問2　酸化物：EO_2　塩化物：ECl_4

問3　予想される原子量：72

計算過程：51 − 44 = 75 − 68 = 7，48 − 44 = 4 なので，68 + 4 = 72

問4　安定な化合物をつくりにくい。

問5　同位体の存在比率の影響のため。

解説 問1,2　表1でEは，CやSiと同じⅣ族元素に分類されているので，最外殻電子数や原子価が4と予想できる。

問3　表1より，4列目，5列目のⅢ，Ⅳ，Ⅴ族を比べる。Ⅲ族とⅤ族の原子量の差が7と共通している。

よって，68 + 4 = 72

	Ⅲ族	Ⅳ族	Ⅴ族
		差7	
4	＿=44	Ti=48	V=51
		差4	
5	＿=68	E=□	As=75
		差7	

問4　表1では，貴ガス(18族)が抜けている。貴ガスは常温で気体であるだけでなく，化学的に安定で化合物をつくりにくいため，発見されにくかったと考えられる。

問5　現在の周期表をみると，$_{52}$Teと$_{53}$Iは，原子量の大小が逆転している。同じ現象が$_{18}$Arと$_{19}$Kでも見られる。➔理P.20 TeはIより質量数の大きな同位体の存在比率が高いことが影響している。

15 ㋒

解説　A：族番号が増加するにつれて，イオン化エネルギーはおおむね増加する。➔理P.45 誤り。

B：正しい。

C：同じ電子配置のイオンでは原子番号が大きいほど，原子核の正電荷が大きくなる。そのため，電子を原子核方向に強く引きつけ，イオン半径が小さくなる。正しい。

D：電子親和力は，電気的に中性な原子に電子を1個与えたときに放出されるエネルギーである。➔理P.47 誤り。

16 問1　ア：価電子　イ：貴(希)ガス

問2　同一周期の元素のうち，最も陽子数が少なく，最外殻電子に働く引力が弱いから。

解説　問1　化学結合に利用される電子を価電子(ア)という。➔理P.52

問2　アルカリ金属(1族)元素は，同一周期の元素の中では，原子核中の陽子数が最も少ないため，最外殻電子を原子核方向に引きつける力が最も弱く，電子を奪うのに必要なエネルギーが小さい。➔理P.45, 46

17 ③

解説　(ア)　原子量は，おおむね原子番号に比例して大きくなるが，$_{18}$Arと$_{19}$Kのように逆転する箇所もある。よって，(c)。➔理P.20

(イ)　貴ガスを除く典型元素では最外殻電子が価電子となり，貴ガスは他の原子と結合しにくいので，価電子数は0とする。よって，(a)。➔理P.52

(ウ)　イオン化エネルギーのグラフは(b)。➔理P.45

(エ)　残りから(d)が原子半径のグラフである。理論上，周期表の右上の元素ほど，最外殻電子を原子核方向へ強く引きつけるので，原子半径は小さくなる。➔理P.45

(d)では，18族以外の元素の原子半径は化学結合時の原子核間距離から求めた値なので，評価方法の異なる18族の値が同一周期で極小とならず，逆に極大になっている。

18 $Ca^{2+} < K^{+} < Cl^{-}$

理由：同じ電子配置では原子番号の大きいほうが原子核中の陽子数が大きく，最外殻の電子を強く引きつけるためにイオン半径は小さくなるから。

解説

すべて $_{18}Ar$ と同じ電子配置である。

	K殻	L殻	M殻	N殻
$_{17}Cl^{-}$	2	8	7＋1	
$_{19}K^{+}$	2	8	8	~~1~~ ← 取り去る
$_{20}Ca^{2+}$	2	8	8	~~2~~ ← 取り去る

同じ電子配置の場合は，

原子番号㊅➡原子核中の陽子数㊅➡最外殻電子を引きつける力㊅➡半径㊇

となる。よって，イオン半径は $_{20}Ca^{2+} < _{19}K^{+} < _{17}Cl^{-}$ である。

19 問1　ア：K　イ：L　ウ：M　エ：2　オ：2　カ：6　キ：1

a：Na　b：O　c：Ca

問2　a：[⇅] [⇅] [⇅|⇅|⇅] [↑]　b：[⇅] [⇅] [⇅|↑|↑]
1s 2s 2p 3s　　1s 2s 2p

問3　∠H−C−H ＞ ∠H−N−H ＞ ∠H−O−H

解説 問1

	1s	2s	2p			3s
$_{11}Na$	••	••	••	••	••	•

➔理P.33〜37

問2　問題文中の英文の和訳例を以下に示す。

「1個の電子は，2つのスピン状態の1つをとる。➔理P.33 1つの軌道には，電子は2個だけ存在でき，これらは逆向きのスピンをもたなければならない。同じエネルギー準位の軌道が複数あるときは，1つの軌道が2個の電子に占有される前に，同じエネルギー準位の軌道が1つずつ占有される。➔理P.34 軌道を1つずつ占有している電子はすべて同じ向きのスピンをもつ。」

最後の文は，例えば $_{7}N$ の電子配置では，2p軌道の電子がスピンの向きをそろえて，1個ずつ入っていることを述べている。

$_{7}N$ ＝ [⇅] [⇅] [↑|↑|↑]
1s 2s 2p

表1の下に書かれている指示に従って，スピンの向きを上向きと下向きの矢印で表してNaとOの電子配置を書けばよい。

問3　非共有電子対が多いほど，その反発に共有電子対間がおされて，結合角が小さくなる。➔理P.65

∠H−C−H(109.5°) ＞ ∠H−N−H(106.7°) ＞ ∠H−O−H(104.5°)

第2章 結合と結晶

03 化学結合と電気陰性度・共有結合と分子・金属結合と金属・イオン結合・分子間で働く引力

20 イ：陽子　ロ：引力　ハ：小さく　ニ：電子　ホ：イオン化エネルギー
へ：小さく　ト：陰イオン　チ：電子親和力　リ：電気陰性度

解説 基本的な用語と定義はしっかり覚えておくこと。間違えた人はよく復習しておこう。→理P.12〜13, 43〜58 イオン化エネルギーや電気陰性度の大小と周期表の関係，また電気陰性度は18族の貴ガスについては評価しないこともあわせて覚えておくこと。

21 問1 ㋒　問2 ㋓　問3 ㋑

解説 問1 →理P.52

	K殻	L殻	価電子の数
(a) O	2	6	6
(b) F	2	7	7
(c) Ne	2	8	0

→ (b)＞(a)＞(c)

問2 (a) 過酸化水素 →理P.61　(b) メタノール →有P.97　(c) アンモニウムイオン →理P.62, 63

H:Ö:Ö:H　　H:C:Ö:H（C上下にH）　　[H:N:H（N上下にH）]⁺

共有電子対:は，(a)3組(b)5組(c)4組なので，(b)＞(c)＞(a)

問3 (a) 二酸化炭素 →理P.60　(b) シアン化物イオン　(c) 水酸化物イオン

:Ö=C=Ö:　　⁻:C≡N:（H−C≡N: H⁺が電離）　　⁻:Ö−H（H−Ö−H H⁺が電離）

非共有電子対:は，(a)4組(b)2組(c)3組なので，(a)＞(c)＞(b)

22 〔Ⅰ〕 ア：②　イ：①　ウ：①　エ：②　オ：①　カ：①
〔Ⅱ〕 問1 4.3×10^2　問2 3.03

解説 〔Ⅰ〕

	原子(気体)	エネルギーの出入り	
イオン化エネルギー →理P.44	電子を奪って1価の陽イオンにするときに	必要なエネルギー	⇒ ア：② イ：①
電子親和力 →理P.47	電子を与えて1価の陰イオンにするときに	放出するエネルギー	⇒ ウ：① エ：②

電気陰性度のマリケンによる評価方法によると，→理P.56 イオン化エネルギーと電子親和力が大きく（オ，カ：①），両者の和が大きな元素は，自らの電子と他からの電子をともに強く引きつけるといえるので，共有結合時に共有電子対を自らの方向へ強く引きつける。よって電気陰性度は大きくなる。

〔Ⅱ〕 問1 ポーリングによる電気陰性度の評価方法に関する問題である。問題文中に与えられた(1)式，(2)式に数値を代入すればよい。➔理P.56

$$\begin{cases} \Delta = D(\text{H-Cl}) - \dfrac{432+239}{2} & \cdots(1)' \\ 0.98^2 = \dfrac{\Delta}{96} & \cdots(2)' \end{cases}$$

(1)′式，(2)′式より，

$$0.98^2 \times 96 = D(\text{H-Cl}) - \frac{432+239}{2}$$

よって，$D(\text{H-Cl}) \fallingdotseq 4.3 \times 10^2$ kJ/mol

問2 電気陰性度は水素Hより塩素Clのほうが大きいので，

$$x_{\text{Cl}} = x_{\text{H}} + 0.98 = 2.05 + 0.98 = 3.03$$

23 ア：③ イ：② ウ：①

解説 電気陰性度が大きく，電気陰性度の差が小さい元素どうしは共有結合を形成する。よって，イは②。➔理P.59

電気陰性度が小さく，電気陰性度の差が小さい元素どうしは金属結合を形成する。よって，アは③。➔理P.76

電気陰性度の差Δχが十分に大きいと，イオン結合を形成する。よって，ウは①。➔理P.80

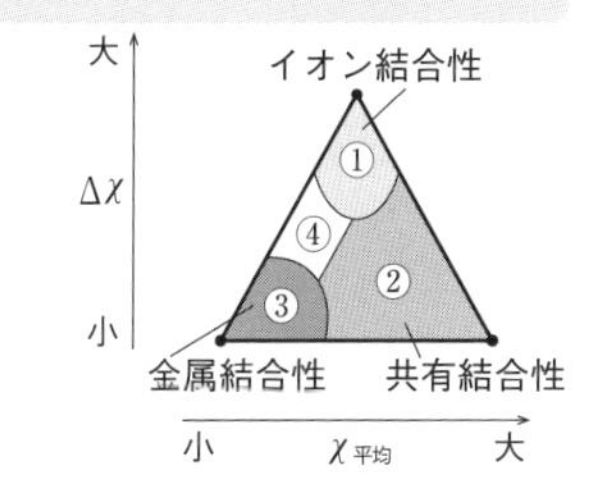

24 ①，④，⑨

解説 構造式は次の通り。主要な構造式はすばやく書けるようにしておくこと。➔理 別冊P.5~7

① H−C≡C−H
② H−N−H（Nの下にH）
③ H_2C=CH_2（H＞C=C＜H の形）
④ H−C≡N
⑤ H−C−H（Cの上下にH）
⑥ H−O−P−O−H（Pの上に=O，下に−O−H）
⑦ H−Cl
⑧ H−O−O−H
⑨ N≡N
⓪ O=C=O

25 問1 ア：共有 イ：イオン ウ：無極性分子 問2 電気陰性度
問3 最大：フッ化水素，$\delta=0.41$ 最小：ヨウ化水素，$\delta=0.058$
問4 NH_3，CH_3OH，CH_3Cl

解説 問1 ア，ウ：基本的な用語である。間違えた人はよく復習しておくこと。➔理P.59, 69

イ：δが大きいほど，極性すなわち，イオン結合性が大きくなる。➔理P.67, 80

問2 2個の原子の電気陰性度の差が大きいほどδの値が大きい。➔理P.55, 67

問3 $\mu = L \cdot \delta \cdot e$ より，$\delta = \dfrac{\mu}{L \cdot e}$ と表2の値から求める。

HF $\Rightarrow \delta_1 = \dfrac{6.09 \times 10^{-30}\ \mathrm{C \cdot m}}{0.917 \times 10^{-10}\ \mathrm{m} \times 1.61 \times 10^{-19}\ \mathrm{C}} \fallingdotseq 0.41$（最大）

HCl $\Rightarrow \delta_2 = \dfrac{3.70 \times 10^{-30}\ \mathrm{C \cdot m}}{1.27 \times 10^{-10}\ \mathrm{m} \times 1.61 \times 10^{-19}\ \mathrm{C}} \fallingdotseq 0.18$

HBr $\Rightarrow \delta_3 = \dfrac{2.76 \times 10^{-30}\ \mathrm{C \cdot m}}{1.41 \times 10^{-10}\ \mathrm{m} \times 1.61 \times 10^{-19}\ \mathrm{C}} \fallingdotseq 0.12$

HI $\Rightarrow \delta_4 = \dfrac{1.50 \times 10^{-30}\ \mathrm{C \cdot m}}{1.61 \times 10^{-10}\ \mathrm{m} \times 1.61 \times 10^{-19}\ \mathrm{C}} \fallingdotseq 0.058$（最小）

問4

μの和が0

エチレン(長方形)　アセチレン(直線)

四塩化炭素(正四面体)　三フッ化ホウ素(正三角形)

μの和が0にならない

アンモニア(三角錐)　メタノール

クロロメタン

➔理P.64〜66

26〔Ⅰ〕 金属原子の価電子は自由電子として全体を移動できるので，原子核の位置がずれても結合が切れにくく，力を加えると変形するから。

〔Ⅱ〕 温度が上がると原子の振動が激しくなり，自由電子の移動を妨げるから。

〔Ⅲ〕 Hg，NaCl，Fe，W

解説 〔Ⅰ〕 たたくと薄く広がる性質が展性，引っ張ると長く伸びる性質が延性である。

〔Ⅱ〕 金属の電気伝導性は自由電子の移動による。温度が上がると自由電子の移動が阻害されるのは，金属原子の振動が原因である。➔理P.79

〔Ⅲ〕 金属の単体の中で，最も融点が高いのは電球のフィラメントなどに用いられるタングステンW，最も融点が低いのは水銀Hgである。➔理P.78

典型元素と12族（低）　12族以外の遷移元素（高）

Hg −38，Na 98，Mg 649，Al 660，Cu 1083，Fe 1535，W 3422　融点〔℃〕

NaClはイオン結晶で，融点は約800℃である。

27 ⑤

解説 構成イオンの価数はNa^+とCl^-が1価，Mg^{2+}，Ba^{2+}，O^{2-}，S^{2-}が2価である。イオンの価数の積が大きく，イオン間の距離が短いほうがクーロン力は強く，イオン間を引き離しにくいので，融点が高い。➔理P.84

	$\lvert q_1 \times q_2 \rvert$	$a + b$
NaCl	1 × 1	0.116 + 0.167 = 0.283
BaS	2 × 2	0.149 + 0.170 = 0.319
MgO	2 × 2	0.086 + 0.126 = 0.212

上の表より，クーロン力の大きさは，NaCl＜BaS＜MgOである。

28 問1　ア：共有　イ：非共有　ウ：配位　エ：電気陰性度
　オ：ファンデルワールス力

問2 $\left[\begin{array}{c} \mathrm{H:\ddot{O}:H} \\ \mathrm{\ddot{}H} \end{array}\right]^+$

問3　エタノールは，ファンデルワールス力よりも強い水素結合を分子間で形成することができるから。

解説 問1, 2

$\mathrm{H^\bullet}\ \ \mathrm{\cdot\ddot{O}\cdot}\ \ \mathrm{\cdot H} \longrightarrow \mathrm{H:\ddot{O}:H} \xrightarrow[\text{配位結合}]{H^+} \left[\mathrm{H:\ddot{O}:H}\right]^+$

共有結合（ア）　配位結合（ウ）→理P.62　問2 オキソニウムイオンH_3O^+

問3　エタノールは分子内にO-H結合をもつので，分子間で水素結合を形成する。水素結合は，ファンデルワールス力よりも強いため，分子を引き離すのに大きなエネルギーが必要である。→理P.90, 91

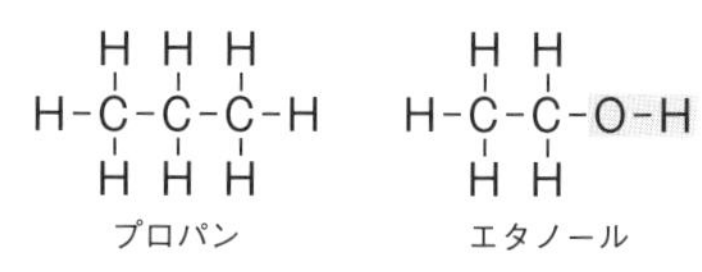

プロパン　　エタノール

29 問1　推定点：－90℃

問2　液体の内部から蒸発が起こり気体が発生する現象を沸騰という。分子間力の大きい物質ほど分子を引き離すのに大きなエネルギーが必要なので，より高い温度で沸騰する。

問3　フッ化水素は，フッ素と水素の電気陰性度の差が大きく，極性の大きな分子である。負電荷をもつフッ素の間に正電荷をもつ水素をはさんだ形で，分子間に水素結合が形成されるため，分子量から予想される値より沸点が高くなる。

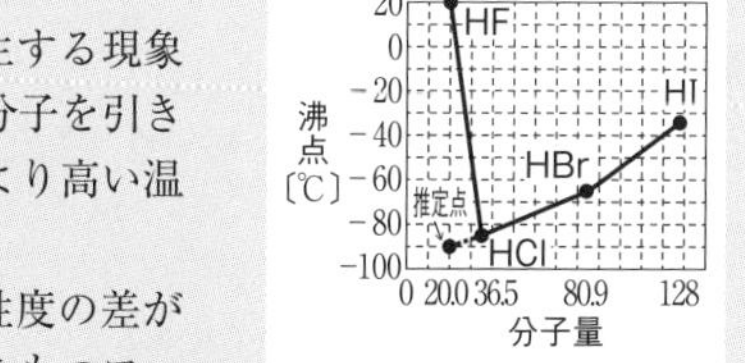

解説 問1　分子量が小さいほど沸点が低いと仮定し，縦軸に沸点，横軸に分子量をとってHBr，HClの沸点を結んだ直線を延長し，HFの沸点を推定する。

問2　沸騰は，液体から気体への変化が液体の表面からだけでなく，内部から起きる現象である。→理P.263

問3　HFは右のように分子間で水素結合を形成する。→理P.90~92

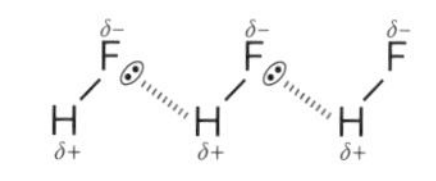

30 ⑨

解説 水分子は最大4（イ）個の水分子と分子間で水素結合を形成する。→理P.91

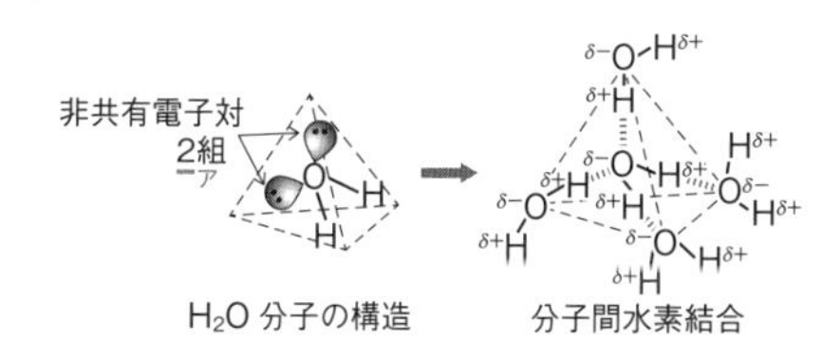

H_2O 分子の構造　　分子間水素結合

N個のH_2O分子には$2N$個のH原子と$2N$組の非共有電子対が存在する。H原子と非共有

電子対で1本の水素結合が形成されるので，すべてを水素結合に利用すると$2N$本の水素結合ができる。(ウ)

04 結晶・金属結晶・イオン結晶・共有結合の結晶・分子結晶

31 問1　ア：イオン　イ：共有結合　ウ：分子　エ：金属
問2　(1) ⓓ　(2) ⓐ SiO_2　ⓑ NaCl　ⓒ CO_2　ⓓ Na
(3) オ：ⓑ　カ：ⓐ　キ：ⓒ　ク：ⓓ

解説　問1, 問2 (1) (2)　結晶の種類と特徴はしっかり整理しておくこと。➔理P.97~118

問2 (3) ⓐ　二酸化ケイ素(組成式SiO_2)の結晶(図2)は，Siを中心とした正四面体の基本構造をもつ共有結合の結晶であり，石英(水晶)などが有名である。

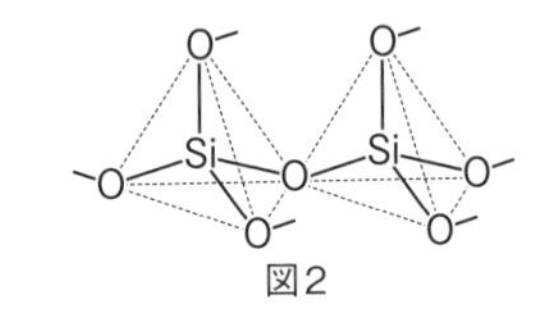

図2

ⓑ　Na^+とCl^-が多数集まってできたイオン結晶である。
ⓒ　ドライアイスは，多数のCO_2分子がファンデルワールス力で規則正しく集まった分子結晶である。
ⓓ　Na^+と自由電子からなる金属結晶である。

32 ⑤

解説　単位格子内での最も簡単な個数の比が組成式となる。

頂点　R：$\frac{1}{8}$個×8＝1個
中心　M：1個　➔理P.94
面上　X：$\frac{1}{2}$個×6＝3個

よって，R：M：X＝1：1：3　⇒　組成式RMX_3

33 問1　配位数
問2　ア：3　イ：4　ウ：3　エ：8　オ：2　カ：6

解説　問1　代表的な配位数と立体配置を確認しておくとよい。➔理P.94

問2　原子1個を半径rの球と見なすと，原子の体積は$\frac{4}{3}\pi r^3$と表せる。

$$結晶の充塡率〔\%〕= \frac{構成粒子の占める空間の体積}{単位格子の体積} \times 100$$

なので，次ページのように求められる。➔理P.95

［体心立方格子］

単位格子	単位格子の一辺の長さ(a)と原子半径(r)	配位数	単位格子内の原子数(n)
	A B a 4r D C $4r=\sqrt{3}a$　よって　$r=\dfrac{\sqrt{3}}{4}a$ （ア：$\sqrt{3}$、イ：4）	8	$\frac{1}{8}\times 8+1=2$ 個

$$充填率p〔\%〕=\frac{\frac{4}{3}\pi r^3\times 2}{a^3}\times 100=\frac{\frac{4}{3}\pi\left(\frac{\sqrt{3}}{4}a\right)^3\times 2}{a^3}\times 100=\frac{\sqrt{3}_{ウ}}{8_{エ}}\pi\times 100$$

$\fallingdotseq 68\%$

［面心立方格子］

単位格子	単位格子の一辺の長さ(a)と原子半径(r)	配位数	単位格子内の原子数(n)
	a 4r $4r=\sqrt{2}a$　よって　$r=\dfrac{\sqrt{2}}{4}a$	12	$\frac{1}{8}\times 8+\frac{1}{2}\times 6=4$ 個

$$充填率p〔\%〕=\frac{\frac{4}{3}\pi r^3\times 4}{a^3}\times 100=\frac{\frac{4}{3}\pi\left(\frac{\sqrt{2}}{4}a\right)^3\times 4}{a^3}\times 100=\frac{\sqrt{2}_{オ}}{6_{カ}}\pi\times 100$$

$\fallingdotseq 74\%$

34 問1　a：㋐　b：㋓　c：㋑　d：㋕　問2　a：㋔　b：㋕　問3　㋔

解説　問1 ➔理P.100, 101

	単位格子内原子数	配位数
体心立方格子※1	2※2	8※2
面心立方格子※1	4※3	12 ➔理P.97

問2　体心立方格子：$4r=\sqrt{3}a \Rightarrow a=\dfrac{4\sqrt{3}}{3}r$※4

面心立方格子：$4r=\sqrt{2}b \Rightarrow b=2\sqrt{2}r$※5

➔理P.100, 101

問3　密度d〔g/cm^3〕，単位格子の一辺の長さx〔cm〕，単位格子内原子数n〔個〕，鉄の原子量M，アボガドロ定数N_A〔/mol〕とすると，➔理P.95

$$d=\frac{n〔個〕\div N_A〔個/mol〕\times M〔g/mol〕}{x^3〔cm^3〕}$$

（mol）（g）

$$=\frac{nM}{N_A x^3}〔g/cm^3〕$$

※1, 5

体心立方格子　面心立方格子

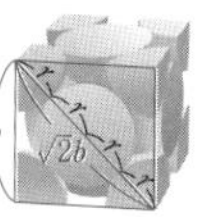

図1

※2　$\frac{1}{8}$個×8＋1個＝2個
（頂点）（中心）

図1より，中心にある原子は頂点にある8個の原子と接している。

※3　$\frac{1}{8}$個×8＋$\frac{1}{2}$個×6＝4個
（頂点）（面上）

※4　**33** 問2参照。

より，nに問1の単位格子内原子数を，$\underset{\sim}{x}$に問2のa，bを代入すると，

$$\frac{d_{\text{面心}}}{d_{\text{体心}}}=\frac{\dfrac{4\cancel{M}}{\cancel{N_A}(2\sqrt{2}\cancel{r})^3}}{\dfrac{2\cancel{M}}{\cancel{N_A}\left(\dfrac{4\sqrt{3}}{3}\cancel{r}\right)^3}}=\frac{4\overset{2.45}{\sqrt{6}}}{9}\fallingdotseq \underline{1.09}\text{ 倍}$$

35 問1 73.8%　問2 1.73g/cm³

解説

結晶格子	単位格子	配位数	格子内原子数
(c, a)	単位格子は六角柱の3分の1に相当する。	12	[六角柱内] $\frac{1}{6}\times12+1\times3+\frac{1}{2}\times2=6$ 個 [単位格子内] $\frac{6}{3}=2$ 個

原子半径rの球が六方最密構造をつくるとする。上表のように，正六角柱の底面の一辺をa，高さをcとする。

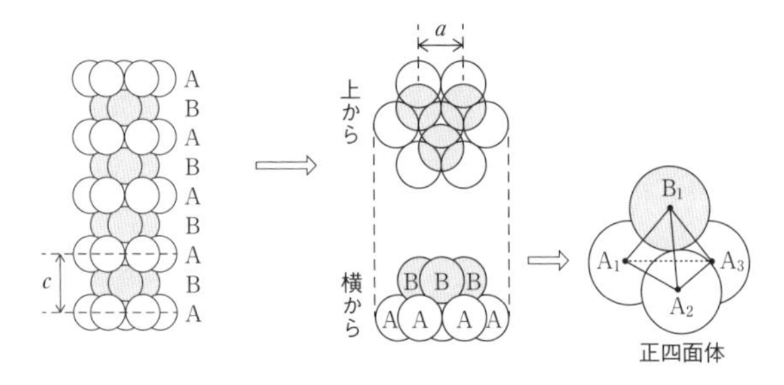

上図の正四面体の一辺はaで，$a=2r$である。正四面体の高さをhとすると，

$$h=\sqrt{(2r)^2-\left(\frac{2\sqrt{3}r}{3}\right)^2}$$

$$=\frac{2\sqrt{6}}{3}r$$

$c=2h$なので，

$$c=2\times\frac{2\sqrt{6}}{3}r=\frac{4\sqrt{6}}{3}r$$

本問では，$a=3.21\times10^{-8}$cmであり，$a=2r$，$c=\dfrac{4\sqrt{6}}{3}r$を用いて，数値を計算すればよい。

問1　$$\text{充填率}=\frac{\text{原子2個の体積}}{\text{単位格子の体積}}=\frac{\dfrac{4}{3}\pi r^3\times2}{\underbrace{\dfrac{\sqrt{3}}{4}a^2\times2}_{\text{底面積＝1辺}a\text{の正三角形2つ}}\times\underbrace{c}_{\text{高さ}}}=\frac{\dfrac{4}{3}\pi r^3\times2}{\dfrac{\sqrt{3}}{4}(2r)^2\times2\times\left(\dfrac{4\sqrt{6}}{3}r\right)}=\frac{\sqrt{2}}{6}\pi$$

$\fallingdotseq \underline{0.738}$

〈注〉この値は同じ最密構造である面心立方格子の充填率に一致する。➔理P.99

単位格子の底面

問2　密度 $=\dfrac{\text{Mg 2個の質量}}{\text{単位格子の体積}}=\dfrac{\dfrac{24.31}{6.02\times10^{23}}\times 2\text{ g}}{\dfrac{\sqrt{3}}{4}a^2\times2\times\left(\dfrac{4\sqrt{6}}{3}r\right)\text{cm}^3}$

$a=2r=3.21\times10^{-8}$ cm　より，　密度 $\fallingdotseq$ 1.73g/cm^3

36 7.3×10^4 層

解説　原子半径をr，最密構造の層間距離をhとおくと，hは4つの球の中心を頂点とする正四面体の高さに相当する。➔理P.103

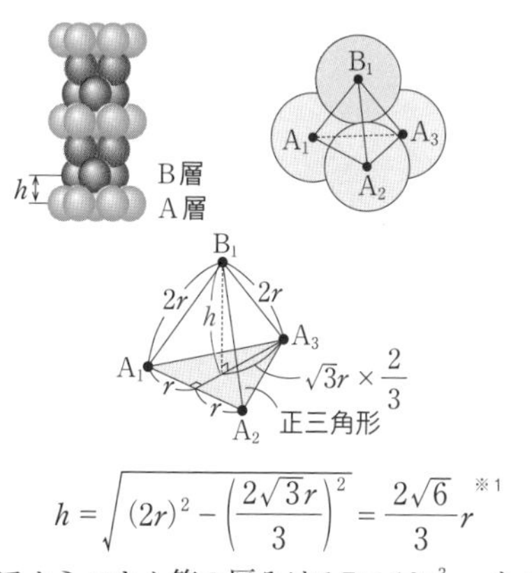

$$h=\sqrt{(2r)^2-\left(\frac{2\sqrt{3}r}{3}\right)^2}=\frac{2\sqrt{6}}{3}r$$ ※1

※1　面心立方格子(立方最密構造)が，単位格子の中心を通る対角線方向に最密に並んだ層が重なっていることを利用して求めても同じ結果となる。➔理P.99

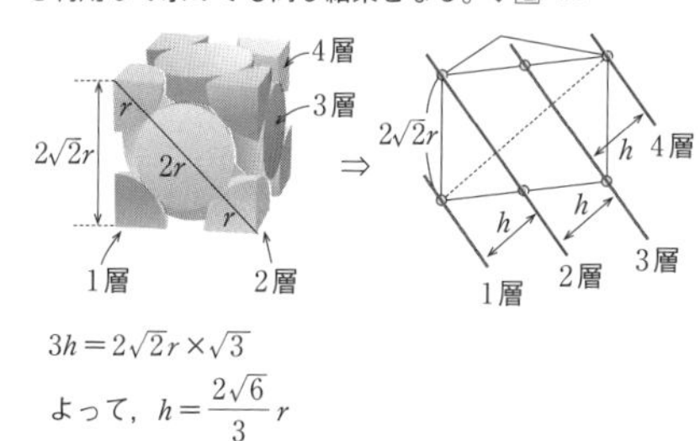

$3h=2\sqrt{2}r\times\sqrt{3}$

よって，$h=\dfrac{2\sqrt{6}}{3}r$

アルミニウム箔の厚みは 1.7×10^{-3}cm なので，最密構造の層間距離hで割った値が求める層の数にほぼ等しい。

$$\frac{1.7\times10^{-3}}{\dfrac{2\sqrt{6}}{3}\times(1.43\times10^{-8})}\fallingdotseq 7.3\times10^4$$

37 ②

解説　閃亜鉛鉱ZnSは配位数4の結晶である➔理P.109。一方のイオンが面心立方格子の配置をとり，もう一方のイオンは面心立方格子を均等に8等分した小立方体の中心に1つおきに配置されている。

小立方体の中心を通る対角線を含む断面で考える。

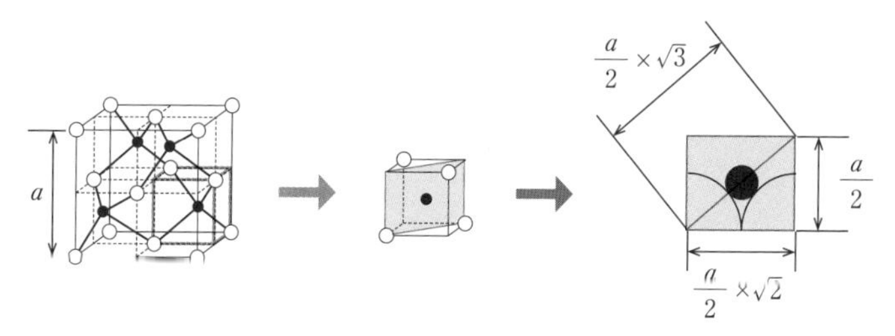

今回は異符号だけでなく同符号のイオンも最近接にあるものは接触しているという設定な

ので，半径の大きな陰イオンどうしは接触しているとする。

［異符号の接触条件］ $\dfrac{a}{2}\times\sqrt{3}\times\dfrac{1}{2}=R+r$ …①

［同符号の接触条件］ $\dfrac{a}{2}\times\sqrt{2}=2R$ …②

①，②より，

$\dfrac{r}{R}=\dfrac{\sqrt{3}-\sqrt{2}}{\sqrt{2}}$　　よって，②

38 問1　0.77倍　問2　$+0.85\dfrac{e^2}{R}\left(\text{あるいは}\ +0.89\dfrac{e^2}{R}\right)$

解説 問1　次のように構造が変化したとする。

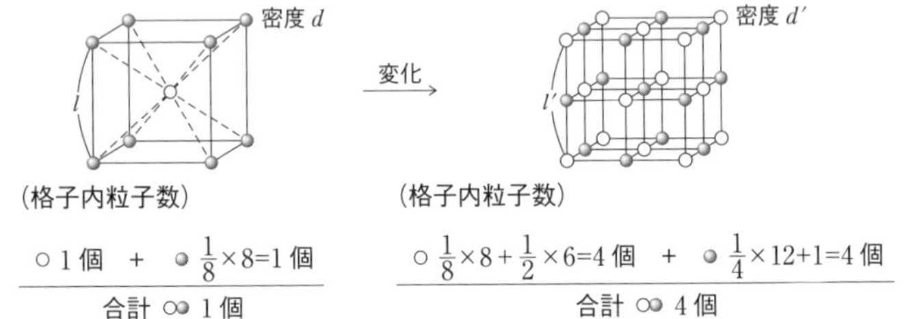

●の半径をR，○の半径をrとすると，単位格子の一辺の長さl，l'は，

$l=\dfrac{2(R+r)}{\sqrt{3}}$　，　$l'=2(R+r)$ …①

○● 1個の質量をmとすると，

密度 × 単位格子の体積 ＝ 単位格子の質量

$$\begin{cases} d'\times(l')^3=m\times 4 & \cdots② \\ d\times l^3=m\times 1 & \cdots③ \end{cases}$$

②÷③より，$\dfrac{d'}{d}=4\times\left(\dfrac{l}{l'}\right)^3\overset{①代入}{=}4\times\left\{\dfrac{\frac{2}{\sqrt{3}}(R+r)}{2(R+r)}\right\}^3=\dfrac{4}{3\sqrt{3}}\fallingdotseq\underline{0.77}$

問2　結晶中のどれか1つの●に注目する。最近接の○は6個で，イオン間距離はRだから，相互作用エネルギーは$-\dfrac{6e^2}{R}$である。

注目

R

第2近接の●は単位格子の立方体の辺の中心に位置する12個の●で，イオン間距離は$\sqrt{2}R$だから，相互作用エネルギーは$+\dfrac{12e^2}{\sqrt{2}R}$である。

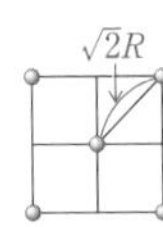

第3近接の○は単位格子の頂点に位置する8個で，イオン間距離は$\sqrt{3}R$だから，相互作用エネルギーは$-\dfrac{8e^2}{\sqrt{3}R}$である。

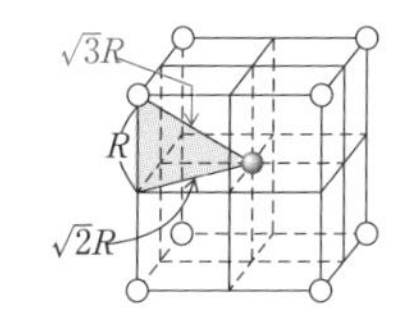

第4近接の◎は，最近接の○の延長線上にある6個の◎で，イオン間距離は$2R$だから，相互作用エネルギーは$+\dfrac{6e^2}{2R}=+\dfrac{3e^2}{R}$である。

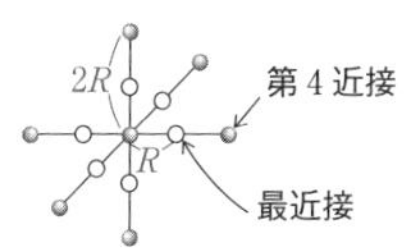

最近接から第4近接までの相互作用エネルギーの和は，

$$-\frac{6e^2}{R}+\frac{12e^2}{\sqrt{2}R}+\left(-\frac{8e^2}{\sqrt{3}R}\right)+\frac{3e^2}{R}\fallingdotseq \underline{+0.85\frac{e^2}{R}}$$

〈注〉文字式中の数値は，分母を有理化せずに計算すると，+0.89となる。

39 問1　B　問2　3.1g/cm^3

解説　問1　図1-bはホタル石CaF_2の構造であり，単位格子内のイオン数は次のとおり。

イオンA(●)⇒$\dfrac{1}{8}\times 8+\dfrac{1}{2}\times 6=4$ 個
イオンB(○)⇒$1\times 8=8$ 個
}⇒AB_2単位が4つ

イオン数の比より組成式はAB_2となり，A＝Ca^{2+}，$\underline{B=F^-}$となる。

問2　CaF_2のモル質量は $40.0+19.0\times 2=78.0$ g/mol であり，単位格子内にCaF_2は4つ含まれる。

$$密度〔g/cm^3〕=\frac{\overbrace{\boxed{\dfrac{78.0}{6.0\times 10^{23}}}}^{CaF_2 1つの質量}\times 4\ g}{(5.5\times 10^{-8})^3\ cm^3}\fallingdotseq \underline{3.1\ g/cm^3}$$

40 問1　2　問2　4.2g/cm^3　問3　6個

解説　問1　単位格子に含まれるTiとOの個数比から求めればよい。

$$Ti(●)⇒\underbrace{\frac{1}{8}\times 8}_{頂点}+\underbrace{1}_{中心}=2 \qquad O(○)⇒\underbrace{\frac{1}{2}\times 4}_{上面と下面}+\underbrace{1\times 2}_{内部}=4$$

よって，$\dfrac{y}{x}=\dfrac{4}{2}=\underline{2}$

問2　単位格子にはTi 2個とO 4個，すなわち組成式TiO_2で表される単位が2つ含まれる。TiO_2の式量＝80 なので，TiO_2の結晶の密度〔g/cm^3〕は次のように求められる。

$$TiO_2の結晶の密度〔g/cm^3〕=\frac{TiO_2 2つの質量〔g〕}{単位格子の体積〔cm^3〕}$$

$$=\frac{\dfrac{80}{6.0\times 10^{23}}\times 2\ g}{4.6\times 10^{-8}\times 4.6\times 10^{-8}\times 3.0\times 10^{-8}\ cm^3}\fallingdotseq \underline{4.2\ g/cm^3}$$

問3　Ti(●)は6個のO(○)に囲まれており，O(○)は3個のTi(●)に囲まれている。

O(○)はTi(●)を中心としたほぼ正八面体の頂点に位置し，Ti(●)はO(○)を中心とするほぼ正三角形の頂点に位置している(図2)。

隣接する単位格子も考慮すると，Ti(1)も6個のOに囲まれていることがわかる(図3)。

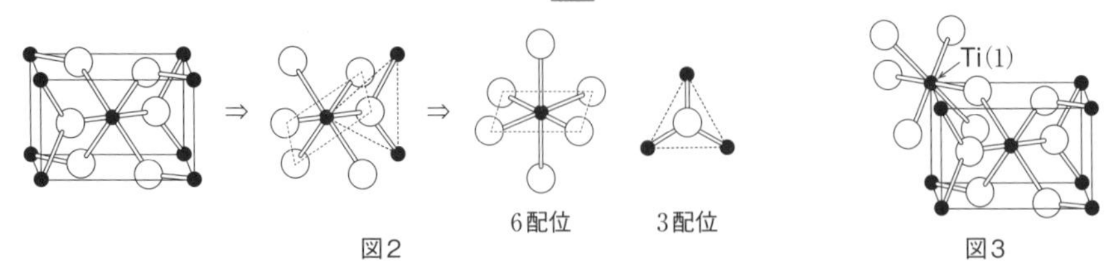

図2　　図3

41 問1　8個　　問2　34%

解説　問1　炭素原子は，単位格子の頂点に8個，面の中心に6個，小立方体の中心に4個存在している。➔理P.111

$$\frac{1}{8}\times 8+\frac{1}{2}\times 6+1\times 4=\underline{8個}$$

問2　炭素原子どうしが接しているとすると，炭素原子間の距離は原子半径の2倍となる。炭素原子の半径をr〔nm〕とし，単位格子の体対角線を含む面で切断すると，次のようになる。

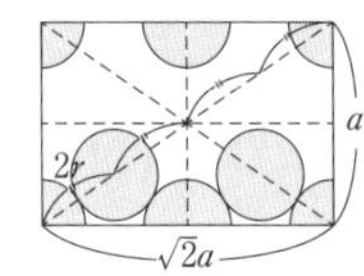

$$2r\times 4=\sqrt{3}a$$

$$\frac{r}{a}=\frac{\sqrt{3}}{8}\quad\cdots①$$

$$充填率=\frac{半径rの球8個の体積〔nm^3〕}{一辺aの立方体の体積〔nm^3〕}$$

$$=\frac{\frac{4}{3}\pi r^3\times 8}{a^3}=\frac{4}{3}\pi\left(\frac{r}{a}\right)^3\times 8\overset{①を代入}{=}\frac{4}{3}\pi\left(\frac{\sqrt{3}}{8}\right)^3\times 8=\frac{\sqrt{3}}{16}\pi$$

$$\fallingdotseq 0.34$$

よって，$\underline{34\%}$

42 問1　共有　　問2　㋐ ○　㋑ ○　㋒ ○　㋓ ×　㋔ ○　㋕ ×
問3　㋒　　問4　4　　問5　3.36×10^{-8}cm

解説　問1　図1は炭素原子が共有結合によって網目状の平面構造を形成し，さらに層状に重なった構造を示している。

問2, 3　黒鉛は，光沢のある黒色物質で，酸や塩基と反応しにくい。炭素の価電子の一部が層上を自由に動くことができるので，電気伝導性が大きい。層間は弱いファンデルワールス力で結びついているので，層状にはがれやすい。➔理P.113

問4　頂点の8ヶ所をあわせて1個分，辺上の4ヶ所をあわせて1個分，面上の2ヶ所をあわせて1個分，内部に1個分。全部で4個の炭素原子が単位格子に含まれる。

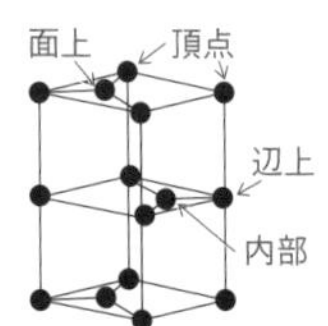

問5 $\underbrace{\underbrace{(5.23\times10^{-16})}_{\text{底面積}}\times\underbrace{2d}_{\text{高さ}}}_{\text{単位格子の体積〔cm}^3\text{〕}}\times\underbrace{2.27}_{\text{密度〔g/cm}^3\text{〕}}=\underbrace{\underbrace{\dfrac{12.0}{6.02\times10^{23}}}_{\text{炭素原子1個の質量}}\times\underbrace{4}_{\text{個}}}_{\text{単位格子の質量〔g〕}}$

よって，$\underline{d \fallingdotseq 3.36\times10^{-8}\ \text{cm}}$

43 3.4倍

解説 二酸化炭素の炭素原子だけに注目すれば，ドライアイスが面心立方格子の位置にあることは問題文からわかる。この立方体の一辺が0.56nmなので，単位格子は図1のようになる。また，分子内の酸素原子と酸素原子の距離が0.23nmとある。

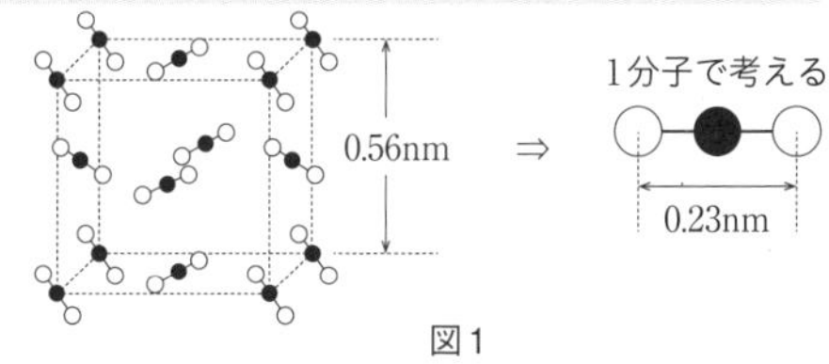

図1

題意のCO_2分子内のCとOの間の距離をx〔nm〕，CO_2の結晶中のC原子間の距離をy〔nm〕とすると，

$$\frac{y}{x}=\frac{0.56\times\sqrt{2}\times\dfrac{1}{2}}{0.23\times\dfrac{1}{2}}\fallingdotseq \underline{3.4}$$

第3章 基本的な化学反応と物質量計算

05 化学反応式と物質量計算の基本・水溶液の性質と濃度

44 0.56L

解説 COがx〔mol〕, C_3H_8がy〔mol〕とする。はじめに加えたO_2は,

$\dfrac{1.0\text{L}}{22.4\text{L/mol}}=\dfrac{1}{22.4}\text{mol}$ である。➔理P.27

完全燃焼による物質量の変化は次のようになる。➔理P.123

$$2CO + O_2 \longrightarrow 2CO_2$$

(変化量) $-x$　$-\dfrac{1}{2}x$　$+x$〔mol〕

$$C_3H_8 + 5O_2 \longrightarrow 3CO_2 + 4H_2O$$

(変化量) $-y$　$-5y$　$+3y$　$+4y$〔mol〕

生じたH_2O：$\dfrac{0.36\text{g}}{18\text{g/mol}}=4y$ …①（mol(H_2O)）

残ったO_2：$9.6\times10^{-3}=\dfrac{1}{22.4}-\left(\dfrac{1}{2}x+5y\right)$ …②

（残ったmol(O_2)）（mol（はじめのO_2））（mol（反応による減少分のO_2））

①より, $y=5.00\times10^{-3}$ mol となり, これを②に代入すると, $x\fallingdotseq2.00\times10^{-2}$ mol

よって, はじめの混合気体の体積は,

$$(\underset{x}{2.00\times10^{-2}}+\underset{y}{5.00\times10^{-3}})\times22.4\text{L/mol}=\underline{0.56\text{L}}$$

（mol(CO)）（mol(C_3H_8)）（mol(混合気体)）（L）

45 問1 ㋒　問2 ㋑

解説 問1 FeS_2 1つにSは2つ含まれ, H_2SO_4 1つにSは1つ含まれている。Sの数に注目すれば理論上はFeS_2 1.0molからH_2SO_4は<u>2.0</u>mol得られる。※1

問2 濃硫酸をx〔L〕$=x\times10^3$〔cm^3〕つくることができるとすると, FeS_2 1molからH_2SO_4は2mol生じるので,

$$\frac{12\times10^3\text{g}}{120\text{g/mol}}\times\frac{2}{1}\times98.0\text{g/mol}=x\times10^3\times1.8\times\frac{98}{100}$$

（mol(FeS_2)）（mol(H_2SO_4)）（g(H_2SO_4)）（cm^3）（g/cm^3）（g(濃硫酸)）（g(H_2SO_4)）（質量パーセント濃度）

よって, $x\fallingdotseq\underline{11.1}$ L

※1 反応式を (1)式+(2)式×4+(3)式×8 によって1つにまとめると,

$$4FeS_2 + 15O_2 + 8H_2O \longrightarrow 2Fe_2O_3 + 8H_2SO_4$$

となり, FeS_2 4.0molからH_2SO_4は8.0mol, すなわちFeS_2 1.0molからH_2SO_4は2.0mol得られることからもわかる。

46 9.0%

解説 CH_3OHがx〔mol〕, C_2H_5OHがy〔mol〕とすると, 次のように物質量が変化する。

$$2CH_3OH + 3O_2 \longrightarrow 2CO_2 + 4H_2O$$

変化量　$-x$　$-\frac{3}{2}x$　$+x$　$+2x$　〔mol〕

$$C_2H_5OH + 3O_2 \longrightarrow 2CO_2 + 3H_2O$$

変化量　$-y$　$-3y$　$+2y$　$+3y$　〔mol〕

CO_2とH_2Oの総物質量は,

$$x + 2y = \frac{6.60}{44} \cdots(1) \qquad 2x + 3y = \frac{4.14}{18} \cdots(2)$$

（$\frac{6.60}{44}$：mol(CO_2)，$\frac{4.14}{18}$：mol(H_2O)）

(1)式, (2)式より, $x = 0.010$ mol, $y = 0.070$ mol

モル質量は $CH_3OH = 32$ g/mol, $C_2H_5OH = 46$ g/mol なので,

メタノールの質量 ⇒ g(CH_3OH)
全質量 ⇒ g(CH_3OH) + g(C_2H_5OH)

$$\frac{0.010\ \text{mol} \times 32\ \text{g/mol}}{0.010\ \text{mol} \times 32\ \text{g/mol} + 0.070\ \text{mol} \times 46\ \text{g/mol}} \times 100 \fallingdotseq 9.0\ \%$$

47 問1 A：極性　B：水和
問2 (a) ㋔, ㋕　(b) ㋑, ㋒　(c) ㋐, ㋖　(d) ㋓

解説 問1 A：ヘキサン C_6H_{14} は無極性溶媒であり, 極性の大きな分子やイオン結合性の物質は溶けにくいが, 無極性分子や極性の小さな分子はよく溶ける。➔有P.58

B：溶質粒子が静電気力によって水分子を引きつける現象を水和という。➔理P.129, 無P.72

問2
- ㋐ $C_{10}H_8$　無極性分子であり, ヘキサン(無極性溶媒)によく溶けるが, 水(極性の大きな分子)には溶けにくい。よって, (c)。➔有P.156
- ㋑ $BaSO_4$　水やヘキサンに難溶な白色固体である。(b)。➔無P.76
- ㋒ AgCl　水やヘキサンに難溶な白色固体である。(b)。➔無P.76
- ㋓ HCl　極性分子で, 水に溶けてH^+とCl^-に電離する。よって, (d)。
- ㋔ CH_3CH_2OH　親水基-OHをもつので, 水によく溶ける。ただし, 水溶液中ではほとんど電離しない。(a)。➔有P.98
- ㋕ $C_6H_{12}O_6$　多数の-OH基をもち, 水によく溶ける。よって, (a)。➔有P.256
- ㋖ I_2　無極性分子で, 水に溶けにくく, ヘキサンによく溶ける。よって, (c)。
- ㋗ $CuSO_4$　イオン結晶で, 水に溶けてCu^{2+}と$SO_4{}^{2-}$に電離する。該当なし。

48 問1 6.0mol　問2 5.0mL　問3 ⓑ

解説 問1 $1.0 \times 10^3 \times 1.1\ \text{g/mL} \times \frac{20}{100} \div 36.5\ \text{g/mol} = 6.02\cdots \fallingdotseq 6.0\ \text{mol}$ ➔理P.27

（mL(溶液)，g(溶液)，g(HCl)，mol(HCl)）

問2 市販の20%HClの水溶液がV〔mL〕必要とする。問1より, HClのモル濃度は6.02mol/Lであり, 希釈前後でHClの物質量は変化しないので,

$$6.02 \times V\text{〔mL〕} = 0.10\ \text{mol/L} \times 300\ \text{mL} \qquad \text{よって,}\ V \fallingdotseq 5.0\ \text{mL}$$

（mol/L，mmol(HCl)，mmol(HCl)）

問3 正確な濃度に調製するときは, ホールピペットとメスフラスコを用いる。よってⓑ。➔理P.131

49 (1) 9.50mol/L　(2) 14.7mol/kg

解説 (1)質量パーセント濃度→モル濃度　(2)質量パーセント濃度→質量モル濃度 に変換する問題である。仮に溶液が100gあるとすると，その中に溶質(メタノール)は32.0g含まれていることと，CH_3OHの分子量が32.0より，

(1) $$\frac{\overset{溶質}{32.0\,\text{g}} \div 32.0\,\text{g/mol}}{\underset{溶液}{100\,\text{g}} \div 0.950\,\text{g/mL} \times 10^{-3}} = \underline{9.50\ \text{mol/L}}$$

（分子：溶質〔mol〕，分母：mL → 溶液〔L〕）

(2) $$\frac{\overset{溶質}{32.0\,\text{g}} \div 32.0\,\text{g/mol}}{(\underset{溶液}{100} - \underset{溶質}{32.0}) \times 10^{-3}} \fallingdotseq \underline{14.7\ \text{mol/kg}}$$

（分子：溶質〔mol〕，分母：g(溶媒) → 溶媒〔kg〕）

06 酸塩基反応と物質量の計算

50 〔Ⅰ〕 問1 水溶液中で電離し，水素イオンを生じる物質を酸，水酸化物イオンを生じる物質を塩基という。

問2 水素イオンを他に与える物質を酸，水素イオンを他から受けとる物質を塩基という。

〔Ⅱ〕 ① 塩基　② 酸

解説 〔Ⅰ〕 酸と塩基の定義はいくつか存在する。アレニウスの定義とブレンステッド・ローリーの定義は説明できるようにしておこう。➔理P.134

〔Ⅱ〕 ① $HCl + H_2O \longrightarrow Cl^- + H_3O^+$

（HCl：酸，H_2O：塩基，H^+がHClからH_2Oへ）

② $NH_3 + H_2O \longrightarrow NH_4^+ + OH^-$

（NH_3：塩基，H_2O：酸，H^+がH_2OからNH_3へ）

51 ①

解説 純水では $[H^+] = [OH^-]$ なので，

$[H^+] = \sqrt{K_W} = \sqrt{1.0 \times 10^{-13}}\ \text{mol/L}$ である。

よって，$\text{pH} = -\log_{10}[H^+] = -\log_{10}(\sqrt{1.0 \times 10^{-13}}) = \underline{6.5}$ ➔理P.146〜147

52 ②

解説 溶液$1.0\text{L} = 1000\text{cm}^3$に含まれる溶質の物質量を求めると，

$$\begin{cases} HNO_3 & 1000\text{cm}^3 \times 1.0\text{g/cm}^3 \times \dfrac{0.10}{100} \times \dfrac{1}{63\ \text{g/mol}} = \dfrac{1}{63}\text{mol} \\ CH_3COOH & 1000\text{cm}^3 \times 1.0\text{g/cm}^3 \times \dfrac{0.10}{100} \times \dfrac{1}{60\ \text{g/mol}} = \dfrac{1}{60}\text{mol} \end{cases}$$

（$\dfrac{0.10}{100}$ までで g(溶質)）

電離している酸の物質量は，→理P.135

$$\text{硝酸：}\frac{1}{63}\times\underset{\text{電離度}}{1.0\text{mol}} > \text{酢酸：}\frac{1}{60}\times\underset{\text{電離度}}{0.032\text{mol}}\quad\text{なので}\quad A > B$$

中和するのに必要なNaOHの物質量は，ともに1価の酸で強弱には関係ないから，→理P.140～142

$$\frac{1}{63}\text{mol} < \frac{1}{60}\text{mol}\quad\text{であり，}\quad A < B$$

53 ㋐

解説 ㋐ 酸性塩に分類され，次のように加水分解し，水溶液は塩基性を示す。→理P.145

$$HCO_3^- + H_2O \rightleftarrows H_2CO_3 + OH^-$$

㋑ 塩化水酸化マグネシウムは，OHを含み，塩基性塩に分類される。

㋒ 正塩に分類され，次のように加水分解し，水溶液は酸性を示す。

$$NH_4^+ \rightleftarrows NH_3 + H^+$$

㋓ 酸性塩に分類され，次のように電離し，水溶液は酸性を示す。

$$HSO_4^- \rightleftarrows H^+ + SO_4^{2-}$$

㋔ 正塩に分類され，次のように加水分解し，水溶液は塩基性を示す。

$$CH_3COO^- + H_2O \rightleftarrows CH_3COOH + OH^-$$

よって，酸性塩で水溶液が塩基性を示すのは$NaHCO_3$のみである。

54 問1 水道水でよく洗った後，蒸留水で洗う。その後，中に入れる溶液で何度か洗う。

問2 操作：コックを開いて溶液を流出させ，ビュレットの先まで溶液が入っていることを確認する。

理由：コックの先に空気が残っていると，正確な滴下量がわからなくなるから。

操作：滴下前の液面の目盛を読みとる。

理由：滴下量を終点との目盛の差から読みとるから。

問3 湾曲した液面の底の部分を最小目盛の$\frac{1}{10}$まで読みとる。

解説 実験器具の使い方を問われることがあるので確認しておくとよい。→理P.148

問1 まずは水でよく洗ってから，中に入れる溶液の濃度が変わらないように共洗いをする。

問2 ビュレットの先に空気が入っている可能性があること，ビュレットの目盛の差で滴下量を求めることに注意する。

問3 湾曲した液面（メニスカス）の底を最小目盛の$\frac{1}{10}$まで値を読みとる。

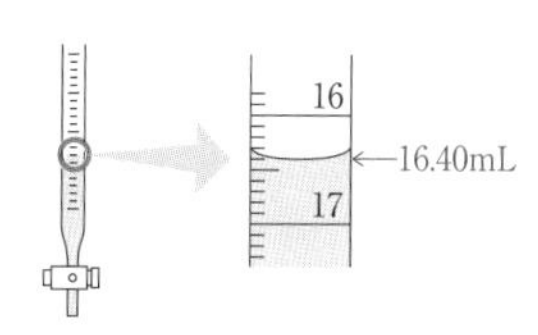

55 ㋔

解説 A：強酸＋強塩基，　B：強酸＋弱塩基，
C：弱酸＋強塩基，　D：弱酸＋弱塩基

の滴定曲線である。代表的な滴定曲線の形と特徴は確認しておくこと。→理P.149

56 問1　a：メスフラスコ　b：ホールピペット　c：フェノールフタレイン
　d：ビュレット

問2　A：$(COOH)_2 + 2NaOH \longrightarrow (COONa)_2 + 2H_2O$
　B：$CH_3COOH + NaOH \longrightarrow CH_3COONa + H_2O$

問3　$(COOH)_2$水溶液：5.00×10^{-2}mol/L　NaOH水溶液：8.00×10^{-2}mol/L

問4　7.00×10^{-2}mol/L

問5　4.2%

解説　問1　正確な濃度の溶液を調製するにはメスフラスコ[a]，液体の体積を正確に分取するにはホールピペット[b]，溶液を滴下し体積を読みとるにはビュレット[d]を用いる。弱酸と強塩基の滴定で，中和点は塩基性側にあるので，指示薬としてフェノールフタレイン[c]を2～3滴加える。➔理P.150

問3　実験Aで調製した$(COOH)_2$水溶液のモル濃度は，

$$\frac{0.630\ \text{g}}{126\ \text{g/mol}} \div \frac{100}{1000}\ \text{L} = \underline{5.00 \times 10^{-2}\ \text{mol/L}}$$

（$\frac{0.630}{126}$：$mol((COOH)_2 \cdot 2H_2O) = mol((COOH)_2)$）

滴下するNaOH水溶液のモル濃度をx〔mol/L〕とすると，➔理P.141～142

$$\underbrace{x\,[\text{mol/L}] \times \frac{12.5}{1000}\ \text{L}}_{\text{mol(NaOH)}} \times \underbrace{1}_{1価} = \underbrace{5.00 \times 10^{-2}\ \text{mol/L} \times \frac{10.0}{1000}\ \text{L}}_{\text{mol}((COOH)_2)} \times \underbrace{2}_{2価}$$

（左辺：$mol(OH^-)$，右辺：$mol(H^+)$）

よって，$x = \underline{8.00 \times 10^{-2}\ \text{mol/L}}$

問4　市販の食酢中の酢酸のモル濃度をy〔mol/L〕とする。

$$\frac{y}{10} \times \frac{10.0}{1000}\ \text{L} \times \underbrace{1}_{1価} = 8.00 \times 10^{-2} \times \frac{8.75}{1000}\ \text{L} \times \underbrace{1}_{1価}$$

（$\frac{y}{10}$：mol/L（10倍希釈後）；$\frac{y}{10}\times\frac{10.0}{1000}$：$mol(CH_3COOH)$；$\times 1$：$mol(H^+)$；$8.00 \times 10^{-2}$：mol/L；$\times\frac{8.75}{1000}$：mol(NaOH)；$\times 1$：$mol(OH^-)$）

よって，$y = 7.00 \times 10^{-1}$ mol/L

したがって，10倍に薄めた後の酢酸のモル濃度は，

$$\frac{y}{10} = \underline{7.00 \times 10^{-2}\ \text{mol/L}}$$

問5　市販の食酢1 L = 1000 mL には7.00×10^{-1} mol の酢酸分子が含まれているので，

$$\frac{\overbrace{7.00 \times 10^{-1}}^{mol(CH_3COOH)} \times \overbrace{60.0}^{\text{g/mol}}\ \ \text{g}(CH_3COOH)}{\underbrace{1000}_{\text{mL}=\text{cm}^3} \times \underbrace{1.0}_{\text{g/cm}^3}\ \ \text{g(食酢)}} \times 100 = \underline{4.2\ \%}$$

57 問1 二酸化炭素 問2 ㋒ 問3 3.92×10^{-2}%

解説 問1～3

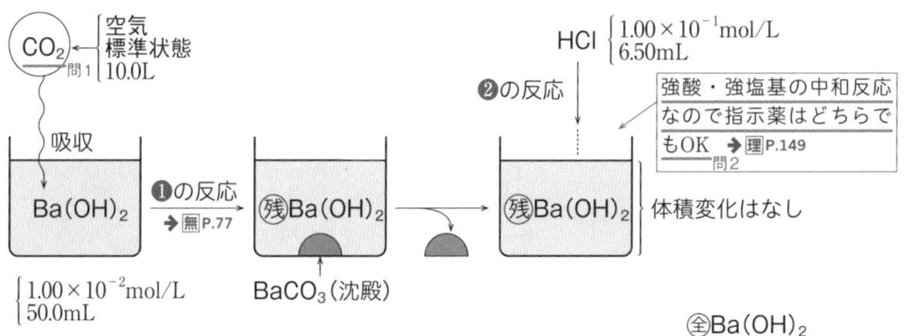

❶ $Ba(OH)_2 + CO_2 \longrightarrow BaCO_3 + H_2O$

❷ $Ba(OH)_2 + 2HCl \longrightarrow BaCl_2 + 2H_2O$

(物質量の関係を線分図で表すと右図のとおり。)

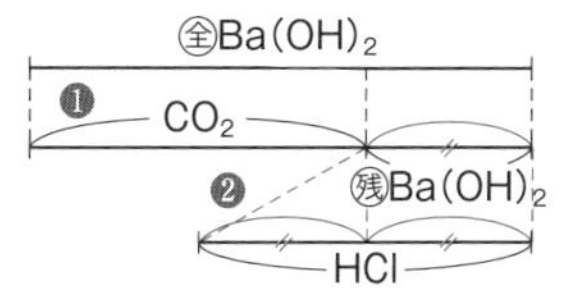

10.0Lの空気に含まれていたCO_2の物質量は,

$$\underbrace{1.00 \times 10^{-2}\ \text{mol/L} \times \frac{50.0}{1000}\ \text{L}}_{\text{全}Ba(OH)_2\text{[mol]}} - \underbrace{\left(\overbrace{1.00 \times 10^{-1}\ \text{mol/L} \times \frac{6.50}{1000}\ \text{L}}^{HCl\text{[mol]}} \times \frac{1}{2}\right)}_{\text{残}Ba(OH)_2\text{[mol]}}$$

CO_2と反応した$Ba(OH)_2$〔mol〕= CO_2〔mol〕

$= 1.75 \times 10^{-4}$ mol

空気中におけるCO_2の体積百分率〔%〕は, →理P.249

$$\frac{1.75 \times 10^{-4}\ \text{mol} \times 22.4\ \text{L/mol}}{10.0\ \text{L}} \frac{CO_2\text{[L]}}{\text{空気[L]}} \times 100 = \underline{3.92 \times 10^{-2}\ \%}_{\text{問3}}$$

58 問1 1：Na^+ 2：OH^- 3：H^+ 4：Cl^-

問2 Na^+, Cl^- 問3 Na^+, CH_3COO^-

問4 緩衝液中の反応
$CH_3COOH \rightleftarrows CH_3COO^- + H^+$ …(ⅰ)式
$CH_3COONa \longrightarrow CH_3COO^- + Na^+$ …(ⅱ)式

ここにCH_3COOHを加えても,(ⅱ)式で生じたCH_3COO^-の濃度が高いので(ⅰ)式の平衡が大きく左へ移動し,CH_3COOHの電離がおさえられH^+があまり増えない。

問5 塩酸：0.25倍 酢酸：0.18倍

解説 問1,2 $NaOH + HCl \longrightarrow NaCl + H_2O$ により,OH^-(2)はH^+(3)で中和される。中和点で存在するイオンはNa^+とCl^-(問2)の濃度が高い。中和点を過ぎるとH^+とCl^-(4)が増える。OH^-やH^+の濃度が高いと電気伝導率が大きいので,aのようなグラフになる。

問3 $NaOH + CH_3COOH \longrightarrow CH_3COONa + H_2O$ より,中和点ではCH_3COO^-とNa^+の濃度が高い。

問4 CH_3COO^-濃度が高いとCH_3COOHの電離がおさえられる点に注目する。→理P.349

問5 中和点では,溶液の体積が $10 + 10 = 20$ mL なので,NaCl,CH_3COONaの濃度は

$\frac{0.010 \times 10\ \text{mmol}}{20\ \text{mL}} = 0.0050$mol/Lである。

塩酸における電気伝導率の比は，

$$\frac{\overset{Na^+}{14} \times 0.0050 + \overset{Cl^-}{22} \times 0.0050 \ (\text{中和点})}{\underset{Na^+}{14} \times 0.010 + \underset{OH^-}{57} \times 0.010 \ (\text{はじめ})} \fallingdotseq \underline{0.25\ 倍}$$

酢酸における電気伝導率の比は，

$$\frac{\overset{Na^+}{14} \times 0.0050 + \overset{CH_3COO^-}{12} \times 0.0050 \ (\text{中和点})}{\underset{Na^+}{14} \times 0.010 + \underset{OH^-}{57} \times 0.010 \ (\text{はじめ})} \fallingdotseq \underline{0.18\ 倍}$$

59 問1　$(NH_4)_2SO_4 + 2NaOH \longrightarrow 2NH_3 + 2H_2O + Na_2SO_4$
問2　$2NH_3 + H_2SO_4 \longrightarrow (NH_4)_2SO_4$　問3　48％

解説　問1　操作1でタンパク質中の窒素原子NがアンモニウムイオンNH_4^+に変化し，これが100mL中に含まれている。このうち10mLを分取し，NaOH水溶液（NaOHは十分量でないと実験失敗である）を加えると弱塩基遊離反応によってアンモニアが発生する。

➔理P.144

$NH_4^+ + OH^- \longrightarrow NH_3 + H_2O$

両辺を2倍して，SO_4^{2-} 1個，Na^+ 2個を加えて整理すると化学反応式が完成する。

問2　$NH_3 + H^+ \longrightarrow NH_4^+$　➔理P.152

両辺を2倍して，SO_4^{2-}を1個加えて整理すると化学反応式が完成する。

問3　試料10mLからx〔mol〕のNH_3が発生したとする。

塩基と酸の物質量について次式が成り立つ。

$$\underbrace{x}_{mol(NH_3)} \times \underset{1価}{1} + \underbrace{0.050\ mol/L \times \frac{18}{1000}\ L}_{mol(滴下したNaOH)} \times \underset{1価}{1} = \overbrace{\underbrace{0.050\ mol/L \times \frac{20}{1000}\ L}_{mol(H_2SO_4)} \times \underset{2価}{2}}^{mol(H^+)}$$

よって，$x = 1.10 \times 10^{-3}$ mol

これより，もとの100mLの溶液中に含まれるNH_3は，

$1.10 \times 10^{-3} \times \frac{100\ mL}{10\ mL} = 1.10 \times 10^{-2}$ mol　であり，NH_3 1molにN原子が1mol含まれることから，乾燥牛肉2.0gのy〔%〕がタンパク質であるとすると，

$$\underbrace{\underbrace{2.0 \times \frac{y}{100}}_{g(タンパク質)} \times \frac{16}{100}}_{g(N)} = \underbrace{\underbrace{1.10 \times 10^{-2}}_{mol(N)} \times 14}_{g(N)}$$

よって，$y \fallingdotseq \underline{48\ \%}$

60 問1　あ：赤　い：無　う：赤
問2　え：$NaHCO_3$　お：NaCl　か：CO_2
問3　NaOH：3.0×10^{-2}mol/L　Na_2CO_3：1.0×10^{-2}mol/L

解説　問1　フェノールフタレインは強塩基性側で赤色（あ），中～酸性側で無色（い）を示し，メチルオレンジは中～塩基性側で黄色，強酸性側で赤色（う）を示す。➔理P.149

問2, 3　第一中和点までに起こる反応 ➔理P.155〜157, 無P.30, 41

$$\begin{cases} NaOH + HCl \longrightarrow NaCl + H_2O \\ Na_2CO_3 + HCl \longrightarrow NaHCO_3 + NaCl \end{cases}$$

第一中和点から第二中和点までに起こる反応

$$\underline{NaHCO_3}_{え} + HCl \longrightarrow \underline{NaCl}_{お} + H_2O + \underline{CO_2}_{か}\uparrow$$

発生したCO_2の物質量は，

$$n_{CO_2} = \frac{5.6 \times 10^{-3}\ \text{L}}{22.4\ \text{L/mol}} = 2.5 \times 10^{-4}\ \text{mol}$$

この値は，最初のNa_2CO_3の物質量に等しい。

最初のNaOHおよびNa_2CO_3のモル濃度をそれぞれx〔mol/L〕，y〔mol/L〕とすると，

$$y\text{〔mol/L〕} \times \frac{25}{1000}\ \text{L} = 2.5 \times 10^{-4}\ \text{mol} \qquad \cdots(1)$$

mol(Na_2CO_3)

$$(x+y)\text{〔mol/L〕} \times \frac{25}{1000}\ \text{L} = 5.00 \times 10^{-2}\ \text{mol/L} \times \frac{20.0}{1000}\ \text{L} \qquad \cdots(2)$$

mol($NaOH + Na_2CO_3$)　　mol(HCl 第一中和点まで)

(1)式，(2)式より，$y = 1.0 \times 10^{-2}$ mol/L，$x = 3.0 \times 10^{-2}$ mol/L 問3

07 酸化還元反応と物質量の計算

61 問1　ア：酸化　イ：還元　ウ：0　エ：+1　オ：還元　カ：+1

問2　CrO_4^{2-}

問3　$MnO_4^- + 3e^- + 2H_2O \longrightarrow MnO_2 + 4OH^-$

解説　問1　ア，イ：物質が電子を失うことを酸化(ア)された，電子を受けとることを還元(イ)されたという。➔理P.159

ウ，エ：ナトリウム(単体) ⇒ Na（0：ウ）　　塩素と反応すると ⇒ NaCl（Na：+1：エ，Cl：−1）

カ：次亜塩素酸イオンClO^-のClの酸化数をxとすると，ClO^-（Cl：x，O：−2）

$x + (-2) = -1$　　よって，$x = +1$

問2　Crの酸化数は+6のまま，次の変化が起こり，クロム酸イオンCrO_4^{2-}が生じる。

➔無P.97

$$\underset{+6}{Cr_2O_7^{2-}} + 2OH^- \longrightarrow 2\underset{+6}{CrO_4^{2-}} + H_2O$$

問3　$\underset{+7}{MnO_4^-} + 3e^- + 4H^+ \longrightarrow \underset{+4}{MnO_2} + 2H_2O$

塩基性および中性条件では，左辺のH^+は水H_2O由来であることを考慮して，両辺に$4OH^-$を加えて整理し，イオン反応式とする。

$$MnO_4^- + 3e^- + \underbrace{4H^+ + 4OH^-}_{4H_2O\ (\to 2H_2O)} \longrightarrow MnO_2 + \cancel{2H_2O} + 4OH^-$$

➔無P.53

62 A：⑥　B：③

解説　共有電子対を電気陰性度が大きな原子のほうに割り当てて，酸化数を求める。➔理P.160
電気陰性度は O＞C＞H であるから，➔理P.57

A（構造式 H–C(H)(H)–C(H)(H)–O–H）
Hから電子を2つもらって，Oに電子を1つとられる
⇓
C^{-}
⇓
酸化数＝<u>−1</u>

B（構造式 H–C(H)(H)–C(=O)–O–H）
Oに電子を3つとられる
⇓
C^{3+}
⇓
酸化数＝<u>+3</u>

63 ©

解説　$3O_2 \longrightarrow 2O_3$ のような同素体間の変化を除けば，単体を含む反応は酸化還元反応である。左辺もしくは右辺に単体を含まないのは©のみなので，解答は<u>©</u>である。

©をイオン反応式で表すと，

$$\underset{+2\ -2}{CuO} + \underset{+1}{2H^{+}} \longrightarrow \underset{+2}{Cu^{2+}} + \underset{+1\ -2}{H_2O}$$

塩基性酸化物と酸による広義の中和反応であり，酸化数は変化していない。

64
(1) $2KMnO_4 + 5(COOH)_2 + 3H_2SO_4 \longrightarrow 2MnSO_4 + 10CO_2 + 8H_2O + K_2SO_4$
赤紫色がほぼ無色になる。
(2) $2AgNO_3 + Cu \longrightarrow 2Ag + Cu(NO_3)_2$
無色が青色になる。
(3) $H_2O_2 + H_2SO_4 + 2KI \longrightarrow I_2 + 2H_2O + K_2SO_4$
無色が褐色になる。
(4) $K_2Cr_2O_7 + 3H_2O_2 + 4H_2SO_4 \longrightarrow Cr_2(SO_4)_3 + 3O_2 + 7H_2O + K_2SO_4$
橙赤色が緑色になる。

解説　代表的な還元剤と酸化剤，その変化先は覚えておくこと。➔理P.163〜166

(1)
$$(MnO_4^{-} + 8H^{+} + 5e^{-} \longrightarrow Mn^{2+} + 4H_2O)\times 2$$
$$+)\ ((COOH)_2 \longrightarrow 2H^{+} + 2CO_2 + 2e^{-})\times 5$$
$$\underset{(赤紫)}{2MnO_4^{-}} + 5(COOH)_2 + 6H^{+} \longrightarrow \underset{(ほぼ無色)}{2Mn^{2+}} + 10CO_2 + 8H_2O$$

両辺に$2K^{+}$，$3SO_4^{2-}$を加えて整理する。

(2)
$$\underset{(無色)}{2Ag^{+}} + Cu \longrightarrow 2Ag + \underset{(青色)}{Cu^{2+}}$$

両辺に$2NO_3^{-}$を加えて整理する。

(3)
$$H_2O_2 + 2H^{+} + 2e^{-} \longrightarrow 2H_2O$$
$$+)\ 2I^{-} \longrightarrow I_2 + 2e^{-}$$
$$\underset{(無色)}{H_2O_2} + 2H^{+} + 2I^{-} \longrightarrow \underset{(褐色)}{I_2} + 2H_2O$$

両辺にSO_4^{2-}，$2K^{+}$を加えて整理する。

$I_2 + I^{-} \longrightarrow I_3^{-}$ によって溶液は褐色になるので，これを考慮し，

$H_2O_2 + H_2SO_4 + 3KI \longrightarrow KI_3 + 2H_2O + K_2SO_4$
としてもよい。

(4)
$$\begin{array}{rl} & Cr_2O_7^{2-} + 14H^+ + 6e^- \longrightarrow 2Cr^{3+} + 7H_2O \\ +) & (H_2O_2 \longrightarrow 2H^+ + O_2 + 2e^-) \times 3 \\ \hline & \underset{(橙赤色)}{Cr_2O_7^{2-}} + 3H_2O_2 + 8H^+ \longrightarrow \underset{(緑色)}{2Cr^{3+}} + 3O_2 + 7H_2O \end{array}$$

両辺に$2K^+$，$4SO_4^{2-}$を加えて整理する。

65 ②と④

解説 単体が関与する反応は，①のような同素体間の変化を除けば酸化還元反応である。

① $3O_2 \longrightarrow 2O_3$ ➔無P.166

② $2AgBr \longrightarrow 2Ag + Br_2$ ➔無P.152

③ $FeS + 2HCl \longrightarrow H_2S + FeCl_2$ ➔無P.105

④ $CH_3-\underset{\underset{O}{\|}}{C}-CH_3 + 3I_2 + 4NaOH$
$\longrightarrow CH_3-\underset{\underset{O}{\|}}{C}-ONa + 3NaI + CHI_3\downarrow + 3H_2O$ ➔有P.120, 121, 123

⑤ $CH_3-CH_2-OH + CH_3-\underset{\underset{O}{\|}}{C}-OH \longrightarrow CH_3-CH_2-O-\underset{\underset{O}{\|}}{C}-CH_3 + H_2O$ ➔有P.144

⑥ $NaCl + H_2O + CO_2 + NH_3 \longrightarrow NaHCO_3\downarrow + NH_4Cl$ ➔無P.123

66 問1　2.50×10^{-2}mol/L　問2　1.00×10^{-3}mol，17.0g

解説 問1
還元剤　$(COOH)_2 \longrightarrow 2CO_2 + 2H^+ + 2e^-$　…(i)
酸化剤　$MnO_4^- + 5e^- + 8H^+ \longrightarrow Mn^{2+} + 4H_2O$　…(ii)

求める濃度をx〔mol/L〕とすると，$(COOH)_2$が出したe^-と$KMnO_4$が奪ったe^-の物質量は等しいので，

$$\underbrace{0.0500\ \text{mol/L} \times \frac{10.0}{1000}\ \text{L}}_{\text{mol}((COOH)_2)} \times \underset{(i)より}{2} = \underbrace{x\text{〔mol/L〕} \times \frac{8.00}{1000}\ \text{L}}_{\text{mol}(KMnO_4)} \times \underset{(ii)より}{5}$$

（左辺・右辺それぞれ mol(e^-)）

よって，$x = 2.50 \times 10^{-2}$ mol/L

問2
還元剤　$H_2O_2 \longrightarrow O_2 + 2H^+ + 2e^-$　…(iii)
酸化剤　$MnO_4^- + 5e^- + 8H^+ \longrightarrow Mn^{2+} + 4H_2O$　…(iv)

希釈した後の10.0mLに含まれるH_2O_2をy〔mol〕とすると，問1と同様に，

$$y\text{〔mol〕} \times \underset{(iii)より}{2} = \underbrace{2.50 \times 10^{-2}\ \text{mol/L} \times \frac{16.0}{1000}\ \text{L}}_{\text{mol}(KMnO_4)} \times \underset{(iv)より}{5}$$

（左辺・右辺それぞれ mol(e^-)）

よって，$y = 1.00 \times 10^{-3}$ mol

これより，希釈前の500mLに含まれるH_2O_2(分子量34.0)の質量をz〔g〕とすると，

$$\frac{z\ \text{〔g〕}}{34.0\ \text{g/mol}} \times \frac{10.0\ \text{mL}}{500\ \text{mL}} \times \frac{10.0\ \text{mL}}{100\ \text{mL}} = 1.00 \times 10^{-3}\ \text{mol}$$

mol(H_2O_2) 500mL中　mol(H_2O_2) メスフラスコに分取　mol(H_2O_2) コニカルビーカーに分取

よって，$z = \underline{17.0\ g}$

67 問1　ア：$Cr_2O_7^{2-}$　イ：$2Cr^{3+}$　問2　6

問3　$\dfrac{ac}{2}$〔mol/L〕　問4　$\dfrac{c(2a-b)}{12}$〔mol/L〕

解説　問1, 2　硫酸酸性下で$Cr_2O_7^{2-}$によってFe^{2+}は酸化されFe^{3+}となる。➔理P.163～166

酸化剤　$Cr_2O_7^{2-} + 14H^+ + 6e^- \longrightarrow 2Cr^{3+} + 7H_2O$　…(i)
還元剤　$Fe^{2+} \longrightarrow Fe^{3+} + e^-$　…(ii)

(i)式＋(ii)式×6より，

$$\underbrace{Cr_2O_7^{2-}}_{ア} + \underbrace{6}_{n}Fe^{2+} + 14H^+ \longrightarrow \underbrace{2Cr^{3+}}_{イ} + 6Fe^{3+} + 7H_2O$$

問3　Fe^{2+}の濃度をx〔mol/L〕とすると，

$$\underbrace{x\text{〔mol/L〕} \times \frac{10}{1000}\text{L}}_{mol(B液10mL中のFe^{2+})} = \underbrace{c\text{〔mol/L〕} \times \frac{a}{1000}\text{〔L〕}}_{mol(MnO_4^-)} \times \underset{(i)より}{5}$$

よって，$x = \dfrac{ac}{2}$〔mol/L〕

問4　(1)式，(2)式の係数より，「B液20mLに含まれるFe^{2+}の物質量」は「(A液10mLに含まれる$Cr_2O_7^{2-}$の物質量の6倍)と(C液b〔mL〕に含まれるMnO_4^-の物質量の5倍)」の和に等しい。

$Cr_2O_7^{2-}$の濃度をy〔mol/L〕とすると，

$$\underbrace{x\text{〔mol/L〕} \times \frac{20}{1000}\text{L}}_{mol(Fe^{2+})} = \underbrace{y\text{〔mol/L〕} \times \frac{10}{1000}\text{L}}_{mol(Cr_2O_7^{2-})} \times \underset{(2)式の係数より}{6} + \underbrace{c\text{〔mol/L〕} \times \frac{b}{1000}\text{〔L〕}}_{mol(MnO_4^-)} \times \underset{(1)式の係数より}{5}$$

$x = \dfrac{ac}{2}$ を代入して整理すると，$y = \dfrac{c(2a-b)}{12}$〔mol/L〕

68 問1　6.44mg/L　問2　誤差の原因になる塩化物イオンを沈殿させて除くため。

解説　問1
酸化剤　$MnO_4^- + 5e^- + 8H^+ \longrightarrow Mn^{2+} + 4H_2O$
還元剤　$(COO)_2^{2-} \longrightarrow 2CO_2 + 2e^-$

還元性物質がMnO_4^-に奪われたe^-の物質量をx〔mol〕とすると，➔理P.170～171

$$\underbrace{x + ((COO)_2^{2-}\text{が出した}e^-\text{の物質量})}_{放出したe^-の物質量} = \underbrace{(MnO_4^-\text{が奪った}e^-\text{の物質量})}_{受けとったe^-の物質量}$$

$$x + 1.25 \times 10^{-2} \times \frac{10.00}{1000} \times 2 = 5.00 \times 10^{-3} \times \frac{10.00 + 3.22}{1000} \times 5$$

よって，$x = 8.05 \times 10^{-5}$ mol

この還元性物質が出しうる電子を仮にO_2が受けとったと考えて，CODを求める。

$O_2 + 4e^- \longrightarrow 2O^{2-}$　より，

$$COD = \underbrace{8.05 \times 10^{-5}}_{mol(e^-)} \times \frac{1\ mol(O_2)}{4\ mol(e^-)} \times 32.0 \times 10^3 \div \frac{100.00}{1000} = \underline{6.44\ mg/L}$$

(単位：mol(e^-) → mol(O_2) → g(O_2) → mg(O_2)；L(試料水)；mg/L)

問2　試料水にCl^-が含まれていると，$KMnO_4$によってCl^-が酸化されるため，CODの値が真の値よりも大きくなってしまうので，

$Cl^- + Ag^+ \longrightarrow AgCl\downarrow$ によって，試料水からCl^-を取り除く。

69 1.0×10^{-3}mol

解説 オゾンを過剰のヨウ化カリウム水溶液に加えると，次の反応が起こる。

$$O_3 + 2KI + H_2O \longrightarrow I_2 + O_2 + 2KOH$$ ➔無 別冊P.11 39

O_3 1molからI_2は1mol生じるので，

$$\underbrace{n_{O_3}\times\frac{1\,\text{mol}(I_2)}{1\,\text{mol}(O_3)}}_{\text{生じた}I_2\text{の物質量}}\times\frac{2\,\text{mol}(Na_2S_2O_3)}{1\quad\text{mol}(I_2)} = 0.10\,\text{mol/L}\times\frac{20.0}{1000}\,\text{L}$$

（左辺：必要な$Na_2S_2O_3$の物質量，右辺：滴下した$Na_2S_2O_3$の物質量）

よって，$n_{O_3} = \underline{1.0\times10^{-3}\,\text{mol}}$

70 問1 4.0×10^{-3}mol　問2 1.3×10^{-3}mol　問3 2.2

解説 問1 H_2SとSO_2は，次のようにI_2を還元する。➔無 別冊P.12 44 45

$$\begin{cases} H_2S + I_2 \longrightarrow 2HI + S \\ SO_2 + I_2 + 2H_2O \longrightarrow 2HI + H_2SO_4 \end{cases}$$

混合気体に含まれているH_2Sをx〔mol〕，SO_2をy〔mol〕とする。反応する物質量の関係を線分図で表すと，右の図1のようになり，

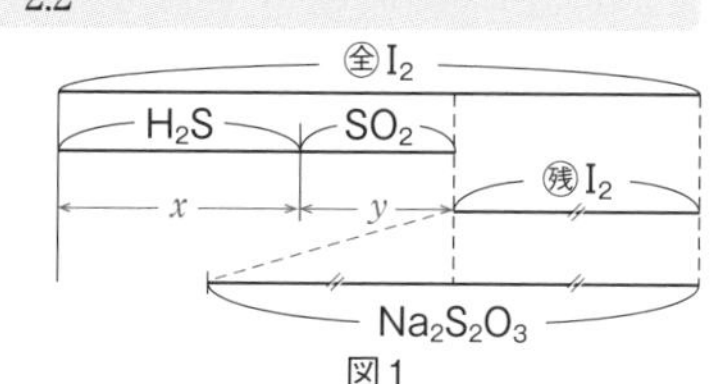

図1

$$\underbrace{0.050\,\text{mol/L}\times\frac{100}{1000}\,\text{L}}_{\text{全mol}(I_2)}-(x+y) = 0.10\,\text{mol/L}\times\frac{20}{1000}\,\text{L}\times\frac{1\quad\text{mol}(I_2)}{2\,\text{mol}(Na_2S_2O_3)}$$

（左辺：残mol(I_2)，右辺：mol$(Na_2S_2O_3)$）

よって，$x+y = \underline{4.0\times10^{-3}\,\text{mol}}$

問2 $H_2S + Pb^{2+} \longrightarrow PbS\downarrow + 2H^+$ の反応で，H_2Sを取り除くと，SO_2のみがI_2と反応するので，

$$\underbrace{0.050\,\text{mol/L}\times\frac{100}{1000}\,\text{L}}_{\text{全mol}(I_2)}-y = 0.10\,\text{mol/L}\times\frac{75}{1000}\,\text{L}\times\frac{1}{2}$$

（左辺：残mol(I_2)，右辺：mol$(Na_2S_2O_3)$）

よって，$y = 1.25\times10^{-3} \fallingdotseq \underline{1.3\times10^{-3}\,\text{mol}}$

問3 問1，2より，$x = 2.75\times10^{-3}$ mol

$$\frac{\text{mol}(H_2S)}{\text{mol}(SO_2)} = \frac{x}{y} = \frac{2.75\times10^{-3}}{1.25\times10^{-3}} = \underline{\underline{2.2}}$$

71 問1 $2Mn(OH)_2 + O_2 \longrightarrow 2MnO(OH)_2$　問2 8.0mg

解説 問1

$$\begin{array}{rl} &(\text{還元剤}\ \underset{+2}{\underline{Mn}}(OH)_2 + O^{2-} \longrightarrow \underset{+4}{\underline{Mn}}O(OH)_2 + 2e^-)\times2 \\ +) & \text{酸化剤}\quad O_2 + 4e^- \longrightarrow 2O^{2-} \\ \hline & 2Mn(OH)_2 + O_2 \longrightarrow 2MnO(OH)_2 \end{array}$$

問2 次の3つの連続した反応が起こる。

$$\begin{cases} 2Mn(OH)_2 + O_2 \longrightarrow 2MnO(OH)_2 & \cdots(3) \\ MnO(OH)_2 + 2I^- + 4H^+ \longrightarrow Mn^{2+} + I_2 + 3H_2O & \cdots(1) \\ 2Na_2S_2O_3 + I_2 \longrightarrow 2NaI + Na_2S_4O_6 & \cdots(2) \end{cases}$$

(3)式＋(1)式×2＋(2)式×2より，反応式を1つにまとめると ➔理P.125

$$4Na_2S_2O_3 + O_2 + 2Mn(OH)_2 + 4I^- + 8H^+ \longrightarrow 2Mn^{2+} + 4NaI + 2Na_2S_4O_6 + 6H_2O$$

この反応式の係数より，$Na_2S_2O_3$が4mol必要なときO_2が1mol含まれていたとわかる。そこで，試料水1.0Lあたりに含まれているO_2の質量〔mg〕は，

$$4.0 \times 10^{-2}\ \text{mol/L} \times \frac{2.5}{1000}\ \text{L} \times \frac{1}{4} \times 32 \times 10^3 \div \frac{100}{1000}\ \text{L} = \underline{8.0\ \text{mg/L}}$$

mol($Na_2S_2O_3$)　mol(O_2)　g(O_2)　mg(O_2)　mg/L

試料水100mLを1.0Lあたりに換算する

72 問1　A：超伝導　B：磁界(あるいは 磁場)　C：還元　D：酸化

問2　1：$4I^-$　2：I_2　3：$3I^-$　4：I_2

問3　$2Na_2S_2O_3 + I_2 \longrightarrow 2NaI + Na_2S_4O_6$

問4　ア：$a+b$　イ：$\frac{2a+3b}{3}$ $\left(\frac{2a+3b}{a+b},\ 3-\frac{a}{3},\ 2+\frac{b}{3}\text{なども可}\right)$　ウ：$+3$

エ：$3x-2y+7$　オ：$555+16y$　カ：2.2　キ：6.8

解説　ある特定の物質は，冷やすと電気抵抗がなくなる。この現象を超伝導(A)という。➔理P.79 超伝導体でつくられる回路に電流を流して磁界(磁場)(B)を生じさせると磁石になり，これはリニアモーターカーやMRI(磁場共鳴映像法)に用いられている。超伝導体の一種である$YBa_2Cu_3O_y$は $y=6.5$ のときにCuの酸化数が+2なので，BaとOの酸化数をそれぞれ+2，−2とすると，

$$(\text{Yの酸化数}) + (+2) \times 2 + (+2) \times 3 + (-2) \times 6.5 = 0$$

よって，Yの酸化数＝+3(ウ)となる。

$y > 6.5$ のときはCu^{2+}とCu^{3+}が共存している。$YBa_2Cu_3O_y$ 1molにCu^{2+} a〔mol〕とCu^{3+} b〔mol〕が含まれるとする。

$$\begin{cases} \text{Cuの総原子数}：\underline{a+b}_{\text{ア}} = 3 & \cdots(1) \\ \text{Cuの平均酸化数}：\underline{\frac{2a+3b}{3}}_{\text{イ}} = x & \cdots(2) \end{cases}$$

酸化数の総和：$(+3) + (+2) \times 2 + 3x + (-2) \times y = 0$　よって，$\underline{3x-2y+7}_{\text{エ}} = 0$ …(3)

3.7×10^{-2}gの$YBa_2Cu_3O_y$が塩酸と反応すると，(3)式より $x = \frac{2y-7}{3}$ なので，反応式は次のように表せる。

$$YBa_2Cu_3O_y + (2y)H^+ \longrightarrow Y^{3+} + 2Ba^{2+} + 3Cu^{+\left(\frac{2y-7}{3}\right)} + yH_2O$$

生じたCu^{2+}とCu^{3+}が十分量のKIと反応すると，Cu^{2+}とCu^{3+}は還元(C)されてCu^+になりI^-と結びついてCuIの沈殿が生じる。このときI^-は酸化(D)されてI_2が生じるので，これを$Na_2S_2O_3$と反応させる。

$$\left.\begin{array}{l}\text{酸化剤：} Cu^{2+} + e^- \longrightarrow Cu^+ \\ \qquad\quad Cu^+ + I^- \longrightarrow CuI\downarrow\end{array}\right\} \cdots ①$$

$$\text{還元剤：} 2I^- \longrightarrow I_2 + 2e^- \qquad \cdots ②$$

①×2＋②より，

（反応1）$2Cu^{2+} + \underline{4I^-}_{1} \longrightarrow 2CuI + \underline{I_2}_{2}$

$$\left.\begin{array}{l}\text{酸化剤：} Cu^{3+} + 2e^- \longrightarrow Cu^+ \\ \qquad\quad Cu^+ + I^- \longrightarrow CuI\end{array}\right\} \cdots ③$$

$$\text{還元剤：} 2I^- \longrightarrow I_2 + 2e^- \qquad \cdots ④$$

③＋④より，

（反応2）$Cu^{3+} + \underline{3I^-}_{3} \longrightarrow CuI + \underline{I_2}_{4}$

(b)での反応は，

$$\begin{array}{rl} & \text{酸化剤：} I_2 + 2e^- \longrightarrow 2I^- \\ +) & \text{還元剤：} 2S_2O_3^{2-} \longrightarrow S_4O_6^{2-} + 2e^- \\ \hline & I_2 + 2S_2O_3^{2-} \longrightarrow S_4O_6^{2-} + 2I^- \end{array}$$

両辺に$4Na^+$を加えて整理する。

$\underline{2Na_2S_2O_3 + I_2 \longrightarrow 2NaI + Na_2S_4O_6}_{\text{問3}}$

3.7×10^{-2}gの$YBa_2Cu_3O_y$から反応1，反応2によって生じたI_2の物質量は，

$$\underbrace{\underset{\text{mol/L}}{1.0\times10^{-2}}\times\underset{\text{L}}{\frac{20.0}{1000}}}_{\text{mol}(Na_2S_2O_3)}\ \underbrace{\times\frac{1}{2}}_{\text{mol}(I_2)} = 1.0\times10^{-4}\,\text{mol}$$

Cu^{2+} a〔mol〕からI_2は$\frac{1}{2}a$〔mol〕，Cu^{3+} b〔mol〕からI_2はb〔mol〕生じるので，$YBa_2Cu_3O_y$

（式量$\underline{555+16y}_{\text{オ}}$）1molから$I_2$は$\frac{1}{2}a+b$〔mol〕生じる。よって，

$$\underbrace{\frac{3.7\times10^{-2}\,\text{g}}{555+16y\,\text{〔g/mol〕}}}_{\text{mol}(YBa_2Cu_3O_y)}\ \underbrace{\times\left(\frac{1}{2}a+b\right)}_{\text{mol}(I_2)} = 1.0\times10^{-4} \quad \cdots(4)$$

(1)式，(2)式より，$a=9-3x$，$b=3x-6$　と表せる。

これらを(4)式に代入した式と，(3)式の連立方程式を解くと，$x \fallingdotseq \underline{2.2}_{\text{カ}}$　$y \fallingdotseq \underline{6.8}_{\text{キ}}$

第4章 化学反応とエネルギー

08 化学反応とエンタルピー変化・化学反応と光エネルギー・エントロピーとギブスエネルギー

73 問1 ア：溶解エンタルピー　イ：水

問2 1molの物質が完全燃焼するときのエンタルピーの変化量

問3 (1) C_3H_8(気) ＋ $5O_2$(気) $\longrightarrow$ $3CO_2$(気) ＋ $4H_2O$(液)　$\Delta H = -2219\text{kJ}$

(2) $\frac{1}{2}N_2$(気) ＋ $\frac{1}{2}O_2$(気) $\longrightarrow$ NO(気)　$\Delta H = 90.3\text{kJ}$

(3) C(黒鉛) ＋ O_2(気) $\longrightarrow$ CO_2(気)　$\Delta H = -394\text{kJ}$

解説 問1, 2 生成エンタルピー，燃焼エンタルピー，中和エンタルピー，溶解エンタルピーの定義は文章で説明できるようにしておくこと。➔理P.186〜188

問3 反応エンタルピーは1molあたりの熱量に対応しているので，(1)はC_3H_8(気)，(2)はNO(気)，(3)はC(黒鉛)の係数を1とする。

(3) C(黒鉛)$\frac{24\text{g}}{12\text{g/mol}} = 2\text{mol}$を完全燃焼すると，788kJの熱が発生するので，C(黒鉛)の燃焼エンタルピーΔH〔kJ/mol〕は，

$$\Delta H = -\frac{788\text{kJ}}{2\text{mol}} = -394\text{kJ/mol}$$

↑ 発熱反応は負の値

74 反応エンタルピーは，反応の経路によらず，反応前の状態と反応後の状態で決まる。

解説 ヘスの法則は言葉で説明できるようにしておくとともに，下図のイメージももっておくとよい。➔理P.192

反応前 A —ΔH_1→ 反応後 B

A —ΔH_2→ 中間体 C —ΔH_3→ B

$\Rightarrow$ $\Delta H_1 = \Delta H_2 + \Delta H_3$

75 問1 ⑨　問2 ⑤

解説 問1 外へ逃げる熱量を考慮して，グラフを外挿し，35℃を理想的な上昇温度とする。

$$\underbrace{4.2}_{\text{比熱 J/(g・K)}} \times \underbrace{(100 + 4.0)}_{\text{水 NaOH　g(溶液)}} \times \underbrace{(35 - 25)}_{\Delta T\ \text{K(上昇温度)}} \times 10^{-3} = 4.368\ \text{kJ}$$

(J → kJ)

$$\text{NaOH(固)の溶解エンタルピー〔kJ/mol〕} = -\frac{4.368\ \text{kJ}}{4.0\ \text{g} \div 40\ \text{g/mol}} \fallingdotseq \underline{-44\ \text{kJ/mol}}$$

↑ 発熱反応なので負の値にする（分母：mol）

問2　NaOH と HCl は

$$0.50\times\frac{100}{1000}=5.0\times10^{-2}\text{mol}$$

ずつ反応し，NaCl と H_2O がそれぞれ 5.0×10^{-2}mol 生じる。

$$\frac{\overset{\text{比熱}}{4.2}\times\overbrace{(100\times1.0+100\times1.0)}^{\text{溶液の質量}}\times T_1\ \ \times10^{-3}\text{〔kJ〕}}{5.0\times10^{-2}\ \text{〔mol(生じた}H_2O\text{)〕}}=16.8T_1$$

よって，中和エンタルピーは $\Delta H=-16.8T_1$〔kJ/mol〕$\fallingdotseq -17T_1$

（$-$ の符号：発熱反応なので負の値にする）

76　-1412kJ/mol

解説　C_2H_4(気) ＋ $3O_2$(気) ⟶ $2CO_2$(気) ＋ $2H_2O$(液)　$\Delta H=x$〔kJ〕とおく。

H_2(気) ＋ $\frac{1}{2}O_2$(気) ⟶ H_2O(液)　$\Delta H=-286$kJ　…①
C(黒鉛) ＋ O_2(気) ⟶ CO_2(気)　$\Delta H=-394$kJ　…②
2C(黒鉛) ＋ $2H_2$(気) ⟶ C_2H_4(気)　$\Delta H=52$kJ　…③

なので，①×2＋②×2＋③×(−1)より，

$$x=(-286)\times2+(-394)\times2+52\times(-1)=\underline{-1412\ \text{kJ/mol}}$$

別解　エンタルピー変化を表した図で示すと，

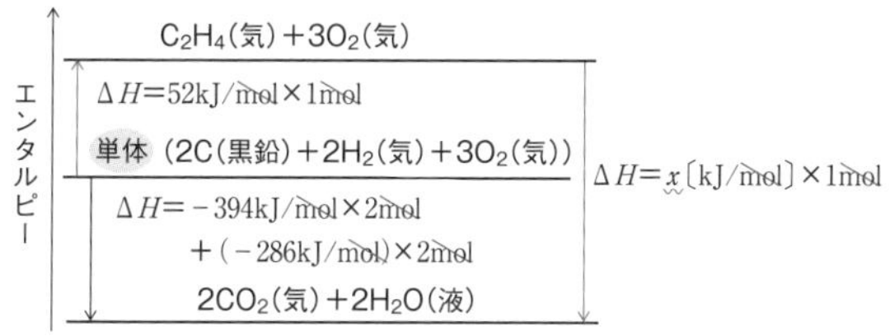

（あるいは，次のように描いてもかまわない。

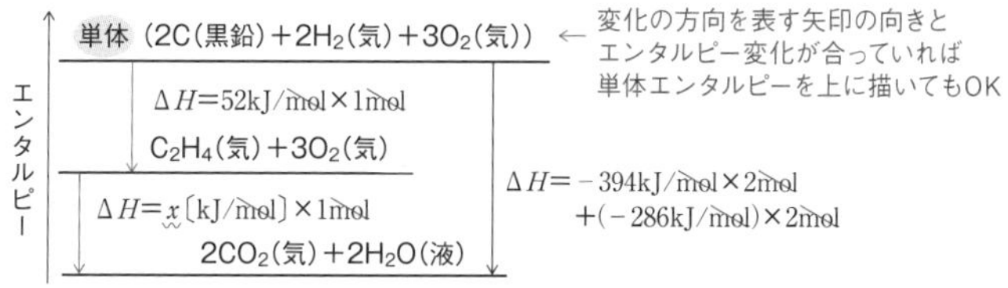

）

矢印の向き（→と→）に注目してヘスの法則を用いると，

$$52+x=-394\times2+(-286)\times2$$

$$x=\underline{-1412\ \text{kJ/mol}}$$

77　5.18×10^3kJ

解説　反応に関与する物質がすべて気体状態であるときの CH_4(気)の燃焼エンタルピーを x〔kJ/mol〕とする。

$$CH_4(気) + 2O_2(気) \longrightarrow CO_2(気) + 2H_2O(気) \quad \Delta H = x〔kJ〕$$

結合エネルギーが与えられているので，次のような図を描くことができる。➔理P.195

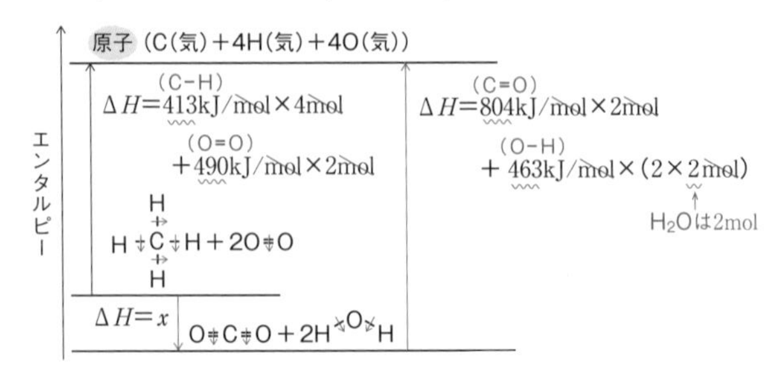

矢印の向き（→と→）に注目してヘスの法則を用いると，

$$413 \times 4 + 490 \times 2 = x + 804 \times 2 + 463 \times 4$$

よって，$x = -828\text{kJ/mol}$

CH_4 1molを完全燃焼すると8.28×10^2kJの熱が外界へ放出されるから，100gのCH_4を完全燃焼すると，

$$8.28 \times 10^2\text{kJ/mol} \times \frac{100\text{g}}{16.0\text{g/mol}} = 5.175 \times 10^3\text{kJ} \fallingdotseq \underline{5.18 \times 10^3\text{kJ}}$$

メタンの物質量〔mol〕

の発熱量である。

78 450kJ/mol　（図は解説参照）

解説　Si原子は4つの不対電子をもつ。2つの不対電子で共有結合が1つできるので，1molのSiには$\frac{4}{2} = ②$molのSi−Si結合，1molのSiO_2には4molのSi−O結合が存在する。

Siの結晶　　SiO_2の結晶　➔理P.114

SiO_2(結晶)の生成エンタルピーは-860kJ/molなので，

$$Si(結晶) + O_2(気) \longrightarrow SiO_2(結晶) \quad \Delta H = -860\text{kJ}$$

結合エネルギーのデータが与えられているので，求める値をE〔kJ/mol〕とし，すべてが原子(気体)となったときを基準にしてエネルギー図を描くと，➔理P.195

原子（Si(気)＋2O(気)）
エンタルピー
ΔH=225kJ/mol×2mol＋490kJ/mol×1mol
$Si(結晶)+O_2(気)$
E〔kJ/mol〕×4mol
ΔH=−860kJ
$SiO_2(結晶)$

矢印の向き（→と→）に注目してヘスの法則を用いると，

$$225 \times 2 + 490 = -860 + 4E$$

よって，$E = \frac{860 + 225 \times 2 + 490}{4} = \underline{450\text{ kJ/mol}}$

79 783kJ/mol

解説 一般に，NaCl(固)の格子エネルギーは，ボルン・ハーバーサイクルとよばれるエネルギー図から求められる。➔理P.196

格子エネルギーをx〔kJ/mol〕とすると，

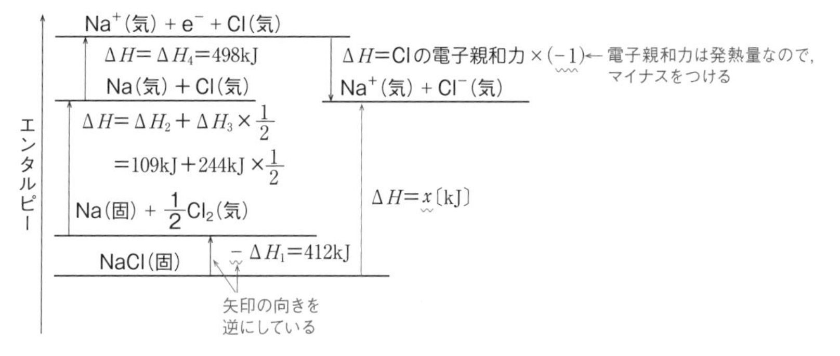

本問では塩素Clの電子親和力が与えられていないので，上図からは求められない。そこで，他のデータを利用するしかない。

NaCl(固)の水に対する溶解エンタルピーは4 kJ/molと与えられている。

$$NaCl(固) + aq \longrightarrow Na^+aq + Cl^-aq \quad \Delta H = 4\,kJ$$

ΔH_5とΔH_6の水和エンタルピーは気体状態のイオン1molが大量の水(aqと書く)に水和されたときのエンタルピー変化を表しているから，次のような図を描くと格子エネルギーが求められる。

Na^+(気) + Cl^-(気) + aq
$\Delta H = x$〔kJ〕
$\Delta H = \Delta H_5 + \Delta H_6$
$= -405kJ + (-374)kJ$
$Na^+aq + Cl^-aq$
エンタルピー
NaCl(固) + aq
ΔH=4kJ

矢印の向き(→と→)に注目してヘスの法則を用いると，

$$x + (-405) + (-374) = 4$$

よって，$x = 405 + 374 + 4 = \underline{783\ kJ/mol}$

80 問1 点A→点B：㋑，㋓ 点B→点C：㋑ 問2 14kJ/mol

解説 問題75のように発熱によって温度が上昇するパターンの問題が多いが，本問は吸熱によって温度が下降している。➔理P.191

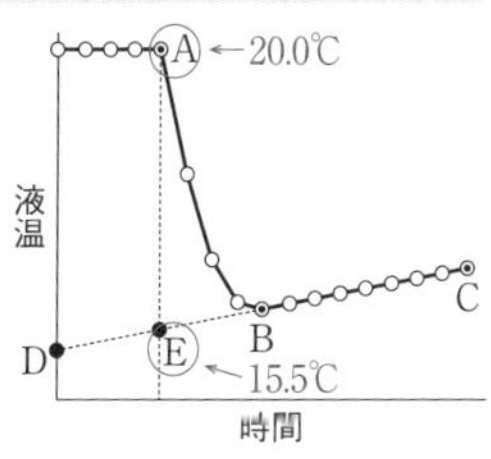

問2 外界からの熱の吸収による温度上昇と尿素の水への溶解による温度下降が，点A→点Bまで同時に起こる。そこで，BCを延長して点Eの温度を求める。点Eは，外界からの熱の吸収が全くないと仮定した点である。

以上より，尿素の溶解エンタルピーΔHは吸熱量に等しいので，

$$\Delta H = \frac{4.20\ \text{J/(g・K)} \times \overset{\text{溶液全体の質量}}{(46.0 + 4.0)}\ \text{g} \times \overset{\text{吸熱量なので}}{(20.0 - 15.5)}\ \text{K} \times 10^{-3}}{\underset{\text{mol(尿素)}}{4.0\ \text{g} \div 60\ \text{g/mol}}}$$

$\fallingdotseq$ 14 kJ/mol

81 特徴的な現象：青く発光する。

関係：ルミノールが過酸化水素によって酸化されると，生成した物質がエネルギーの高い状態から低い状態へ移行し，放出されるエネルギーが青色の波長の光として観察される。

解説 塩基性水溶液中において，ルミノールが過酸化水素により酸化されたときに生じる3-アミノフタル酸が，エネルギーの高い励起状態からエネルギーの低い基底状態に変化する。このとき放出されるエネルギーが波長460nm程度の青色の光として観測される。

ルミノール $\xrightarrow[\text{酸化}]{H_2O_2}$ 3-アミノフタル酸(励起状態)
↓ ➡ 光(460nm)
3-アミノフタル酸(基底状態)

82 問1　A：$2H_2O \longrightarrow O_2 + 4H^+ + 4e^-$　B：$2H^+ + 2e^- \longrightarrow H_2$

問2　1.5mA

解説 問1　電極AのTiO_2は光触媒として働いていて変化しない。紫外線を吸収して，TiO_2内部の電子が移動し，正に帯電した部分(正孔)ができて，希硫酸中のH_2O分子を酸化し，O_2が発生する➔理P.202。e^-は電極Aから電極Bへと導線中を移動して，電極Bで希硫酸中のH^+が還元されてH_2が発生する。

問2　流れた電流をi〔mA〕とすると，

$$\underbrace{i \times 10^{-3}}_{\text{A = C/s}} \times \underbrace{(3 \times 3600 + 13 \times 60)}_{\text{s}} \quad (\text{C})$$

$$= \underbrace{\frac{2.00 \times 10^{-3}\ \text{L}}{22.4\ \text{L/mol}}}_{\text{mol}(H_2)} \times 2 \ (\text{mol(流れた}e^-)) \times (9.65 \times 10^4)\ \text{C/mol} \quad (\text{C})$$

よって，$i \fallingdotseq$ 1.5 mA

83 問1　2807 kJ/mol　問2　㋑

解説 問1　与えられた反応をエンタルピー変化を付した反応式で表す。➔理P.186

$$\begin{cases} \text{C(黒鉛)} + O_2\text{(気)} \longrightarrow CO_2\text{(気)} & \Delta H = -394\text{kJ} \quad \cdots(1) \\ H_2\text{(気)} + \frac{1}{2}O_2\text{(気)} \longrightarrow H_2O\text{(液)} & \Delta H = -286\text{kJ} \quad \cdots(2) \\ 6\text{C(黒鉛)} + 6H_2\text{(気)} + 3O_2\text{(気)} \longrightarrow C_6H_{12}O_6\text{(固)} & \Delta H = -1273\text{kJ} \quad \cdots(3) \end{cases}$$

(1)式×(−6)+(2)式×(−6)+(3)式より，

$x = (-394) \times (-6) + (-286) \times (-6) + (-1273) = 2807$

エンタルピー変化を付した反応式は，

$6CO_2\text{(気)} + 6H_2O\text{(液)} \longrightarrow C_6H_{12}O_6\text{(固)} + 6O_2\text{(気)} \quad \Delta H = 2807\text{kJ}$

別解　C(黒鉛)の燃焼エンタルピーがCO_2(気)の生成エンタルピー，H_2(気)の燃焼エンタルピーがH_2O(液)の生成エンタルピーと同じであることに注意して，単体を基準とした図1のようなエンタルピー変化の図を描いて解いてもよい。➔理P.193

単体 (6C(黒鉛) + $6H_2$(気) + $9O_2$(気))

$\Delta H = (-394)\times 6 + (-286)\times 6$

$6CO_2$(気) + $6H_2O$(液)　$\Delta H = -1273$

$\Delta H = x$　$C_6H_{12}O_6$(固) + $6O_2$(気)

エンタルピー

図1

$$(-394)\times 6 + (-286)\times 6 + x = -1273$$

$$x = \underline{2807}$$

問2　問1の結果より，光合成によって$C_6H_{12}O_6$(固)を1molつくるのに2807kJのエネルギーが必要となる。1.8kgの$C_6H_{12}O_6$(分子量180)をつくるには，

$$\underbrace{2807}_{\text{kJ/mol}} \times \underbrace{\frac{1.8\times 10^3\ \text{g}}{180\ \text{g/mol}}}_{\text{mol}} = 28070\ \text{kJ}$$

のエネルギーが必要である。よって，エネルギーの効率は，

$$\frac{28070\text{kJ}\ (\text{グルコース生成})}{5.0\times 10^6\text{kJ}\ (\text{太陽光})}\times 100 \fallingdotseq 0.56\ \%$$ となり，㋑の値が最も近い。

84 問1　ア：発熱　イ：吸熱　問2　(い)　問3　1.9×10^2℃

解説　問1　ア：

エンタルピー

反応物

発熱変化 $\Delta H<0$

生成物

イ：

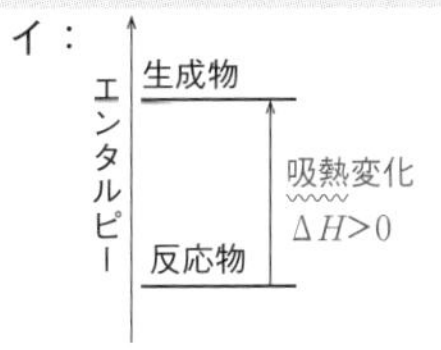

問2　NH_4ClはNH_4^+aqとCl^-aqになって水中に拡散するので，エントロピーは増大するから$\Delta S>0$であり➔理P.206~207，

$\Delta H = 15.9$kJ >0なので，吸熱反応である。

よって解答は(い)

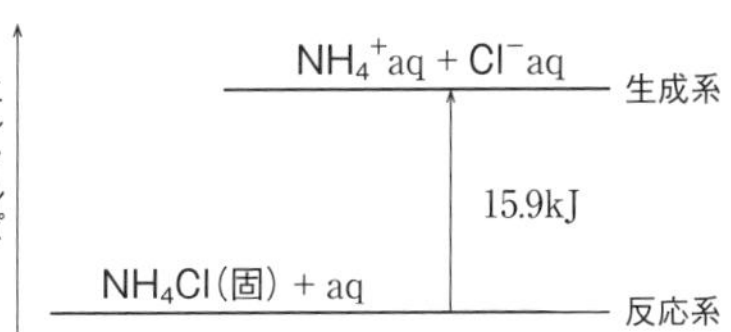

問3　$\Delta G<0$なら反応は自発的に進むが，

$\Delta G=0$で平衡状態となり，$\Delta G>0$になると反応は自発的には進まず，逆向きの変化が自発的に進む。➔理P.208~209

求める温度をt〔℃〕とおくと，絶対温度で$t+273$〔K〕のときに，$\Delta G = \Delta H - T\Delta S>0$となり，逆向きの変化，すなわち$NH_3$の解離が起こる。

$$\Delta G = (\underbrace{-46.1}_{\Delta H}) - (\underbrace{t+273}_{T\text{〔K〕}})\times(\underbrace{-99.4\times 10^{-3}}_{\Delta S\text{の単位を〔kJ/K〕に直す}})>0$$

よって，$t>190.7 \fallingdotseq \underline{1.9\times 10^2\text{℃}}$

09 電池・電気分解

85 〔Ⅰ〕 ア：無色　イ：青色　ウ：酸化　エ：イオン化傾向　オ：電子
カ：負　キ：正　〔Ⅱ〕 問1　ア：正　イ：負　問2 （え）
〔Ⅲ〕 2種類の溶液が混ざるのを防ぐとともに，イオンが移動できるようにして電気的には接続する。

解説 〔Ⅰ〕 CuはAgよりイオン化傾向が大きく，陽イオンになりやすいので，次の変化が起こる。→無P.56

$$Cu + \underset{(無色)_{ア}}{2Ag^+} \longrightarrow \underset{(青色)_{イ}}{Cu^{2+}} + 2Ag$$
→無P.89

イオン化傾向(エ)が大きな金属は，水や水溶液中で電子(オ)を与えて陽イオンになりやすく，一般に還元剤として強く，酸化(ウ)されやすい。

2種類の金属M，N(イオン化傾向M＞Nとする)とM^{a+}，N^{b+}を含む水溶液を用いたダニエル型電池では，イオン化傾向の大きなMが負極(カ)，小さなNが正極(キ)となる。→理P.217

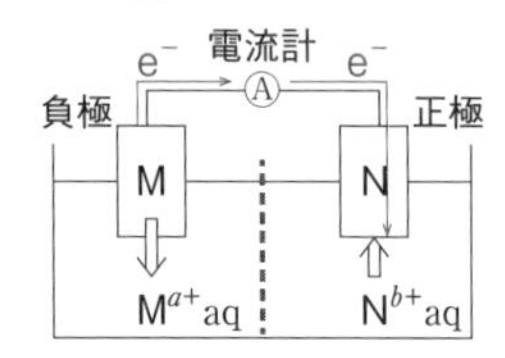

ダニエル型電池　$(-)M\,|\,M^{a+}aq\,|\,N^{b+}aq\,|\,N(+)$

負極　$M \longrightarrow M^{a+} + ae^-$
正極　$N^{b+} + be^- \longrightarrow N$

〔Ⅱ〕 問1　正極(ア)では，正極活物質(酸化剤)が電子を受けとる還元反応が進み，負極(イ)では，負極活物質(還元剤)が電子を奪われる酸化反応が進む。

問2 （あ） 充電によってくり返し使うことができる電池は二次電池という。誤り。
（い） FeはZnよりもイオン化傾向が小さいので，起電力は小さくなる。誤り。
（う） AlはAgよりもイオン化傾向が大きいので，Alがイオンになって電子を放出する。誤り。
（え） 正極活物質であるCu^{2+}の濃度が高くなると，取り出せる総電気量は増える。正しい。

〔Ⅲ〕 電解液を素焼き板(成形した粘土を乾燥してから焼き固めたもの)で仕切ると，混合は防ぐが，電位差はイオンの移動によって解消される。

86 ㋐

解説 A：ニッケルカドミウム電池　B：鉛蓄電池　C：アルカリマンガン乾電池
D：マンガン乾電池　E：リチウム電池

充電時に放電時の逆反応(⟵)が起こり，再利用できるのはAとBのみ。→理P.220, 224

A
$(-)Cd + 2OH^- \rightleftarrows Cd(OH)_2 + 2e^-$
$(+)NiO(OH) + H_2O + e^- \rightleftarrows Ni(OH)_2 + OH^-$

B
$(-)Pb + SO_4^{2-} \rightleftarrows PbSO_4 + 2e^-$
$(+)PbO_2 + 4H^+ + SO_4^{2-} + 2e^- \rightleftarrows PbSO_4 + 2H_2O$

87 ア：酸化　イ：還元　ウ：＋　エ：－

解説 〈放電時〉

$$\begin{cases} \text{負極} & Pb + SO_4^{2-} \longrightarrow PbSO_4 + 2e^- \\ \text{正極} & PbO_2 + 4H^+ + 2e^- + SO_4^{2-} \longrightarrow PbSO_4 + 2H_2O \end{cases}$$

負極のPbは酸化(ア)され，正極のPbO_2は還元(イ)されている。

〈充電時〉

⊖ → e^- → $PbSO_4 + 2e^- \longrightarrow Pb + SO_4^{2-}$

⊕ ← e^- ← $PbSO_4 + 2H_2O \longrightarrow PbO_2 + 4H^+ + 2e^- + SO_4^{2-}$

負極は外部直流電源の－(エ)端子につなぎ，$PbSO_4$を還元してPbに戻す。

正極は外部直流電源の＋(ウ)端子につなぎ，$PbSO_4$を酸化してPbO_2に戻す。

88 25.3%

解説 鉛蓄電池の放電時の反応は，次のとおりである。

$$\begin{cases} \text{正極}: PbO_2 + 4H^+ + 2e^- + SO_4^{2-} \longrightarrow PbSO_4 + 2H_2O \\ \text{負極}: Pb + SO_4^{2-} \longrightarrow PbSO_4 + 2e^- \end{cases}$$

$$\text{全体}: Pb + PbO_2 + 2H_2SO_4 \longrightarrow 2PbSO_4 + 2H_2O$$

e^- 2molが移動すると，電解液で使用されている希硫酸中のH_2SO_4が2mol消費され，H_2Oが2mol増加する。

今回，流れた電子e^-の物質量は，$\dfrac{4.825 \times 10^4 C}{9.65 \times 10^4 C/mol} = 0.5\ mol$ なので，H_2SO_4(分子量98)が0.5mol消費され，H_2O(分子量18)が0.5mol増加する。

そこで，放電後の溶液全体の質量は，

$$\underbrace{500mL \times 1.24g/mL}_{\text{はじめの質量}} - \underbrace{0.5mol \times 98g/mol}_{\text{消}H_2SO_4\text{の質量}} + \underbrace{0.5mol \times 18g/mol}_{\text{生}H_2O\text{の質量}} = 580g$$

また，その中に含まれるH_2SO_4の質量は，

$$\underbrace{4.00\ mol/L \times \frac{500}{1000} L \times 98g/mol}_{\text{はじめの質量}} - \underbrace{0.5mol \times 98g/mol}_{\text{消}H_2SO_4\text{の質量}} = 147g$$

したがって，放電後の硫酸の質量パーセント濃度は，

$$\frac{147}{580} \times 100 \fallingdotseq \underline{25.34\%}$$

89 問1　$w = 1$，$x = 1$，$y = 1$，$z = 2$　問2　ア：④　イ：①　ウ：⑩

解説 問1 正極 $MnO_2 \rightarrow MnO(OH)$（Mnの酸化数$+4 \rightarrow +3$）と変化し，酸化数が1だけ減少するので$\underline{x = 1}$である。

反応式の両辺の電荷とH原子数を合わせると，$\underline{y = 1}$，$\underline{w = 1}$と決まる。

$$\underset{+4}{MnO_2} + H_2O + e^- \longrightarrow \underset{+3}{MnO(OH)} + OH^- \quad \cdots①$$

負極 $$Zn \longrightarrow Zn^{2+} + \underline{2}e^- \quad \cdots②$$

問2　アルカリマンガン乾電池では負極で生じたZn^{2+}が$[Zn(OH)_4]^{2-}$(ア)となり，②と逆向きの変化が起こるのを抑える。ただし，負極のZn(イ)が両性金属であるため強塩基水溶液と反

応すると，電池内部に水素が発生して液漏れの危険がある。

$$Zn + 2OH^- + 2H_2O \longrightarrow \underset{ウ}{\underline{H_2}}\uparrow + [Zn(OH)_4]^{2-}$$ →無P.136, 137

そこで，アルカリマンガン乾電池には水素の発生をおさえる働きをもつ添加剤が加えられている。

90 問1 $LiC_{12} + Li^+ + e^- \longrightarrow 2LiC_6$ （$Li_{0.5}C_6 + 0.5Li^+ + 0.5e^- \longrightarrow LiC_6$）
問2 965C　問3 3.92g

解説 問1 負極では充電率50%の$Li_{0.5}C_6$の黒鉛にLi^+が入り，満充電でLiC_6となる。

問2 負極の充電反応は$Li_{0.5}C_6 + 0.5Li^+ + 0.5e^- \longrightarrow LiC_6$

負極の黒鉛の質量が1.44gなので，$Li_{0.5}C_6$の物質量は，

$$\underbrace{\frac{1.44\ \text{g}}{12.0\ \text{g/mol}}}_{\text{mol(C(黒鉛))}} \times \underbrace{\frac{1}{6}}_{\text{mol}(Li_{0.5}C_6)} = 2.00 \times 10^{-2}\ \text{mol}$$

したがって，充電率50%から満充電までに充電された電気量は，

$$\underbrace{2.00 \times 10^{-2} \times 0.5}_{\text{mol(流れた}e^-)} \times \underbrace{9.65 \times 10^4\ \text{C/mol}(e^-)}_{\text{C}} = \underline{965\ \text{C}}$$

問3 $\begin{cases} \text{負極}\quad 6C(\text{黒鉛}) + Li^+ + e^- \longrightarrow LiC_6 \\ \text{正極}\quad LiCoO_2 \longrightarrow Li_{0.5}CoO_2 + 0.5Li^+ + 0.5e^- \end{cases}$

“正極と負極の充電容量が等しい ＝ 正極と負極に流れる電気量が同じ”なので，流れたe^-の物質量も同じである。$LiCoO_2$の式量＝98.0より，

$$\underbrace{\frac{1.44\ \text{g}}{12.0\ \text{g/mol}}}_{\text{mol(C(黒鉛))}} \times \underbrace{\frac{1}{6}}_{\text{mol(負極に流れる}e^-)\ =\ \text{mol(正極に流れる}e^-)} \times \underbrace{2}_{\text{mol}(LiCoO_2)} \times \underbrace{98.0}_{\text{g}(LiCoO_2)} = \underline{3.92\ \text{g}}$$

91 問1 ⓐ　問2 ⓒ　問3 ⓒ

解説

電解槽 →理P.228〜229

$\begin{cases} \text{陽極}\quad 2H_2O \longrightarrow O_2 + 4H^+ + 4e^- \\ \text{陰極}\quad 2H^+ + 2e^- \longrightarrow H_2 \end{cases}$

燃料電池 →理P.223

$\begin{cases} \text{正極}\quad O_2 + 4H^+ + 4e^- \longrightarrow 2H_2O \\ \text{負極}\quad H_2 \longrightarrow 2H^+ + 2e^- \end{cases}$

問1 電極FでH_2Oが生成したので，Fが正極，つまり，O_2が供給される側なので，Dが陽極，Bが正極となる。よって，負極は<u>A</u>。

問2 負極Aにつないだ<u>C</u>が陰極で，EにH_2が供給される。

問3 ⓐ 陽極Dで $Cu \longrightarrow Cu^{2+} + 2e^-$ が起こり，O_2が供給されず発電しない。
ⓑ 陰極Cで $Cu^{2+} + 2e^- \longrightarrow Cu$ が起こり，H_2が供給されず発電しない。
ⓒ 白金電極を用いたときと同じ反応が起こるので発電する。<u>誤り</u>。
ⓓ 陰極Cで $Ag^+ + e^- \longrightarrow Ag$ が起こり，H_2が供給されず発電しない。

92 問1 VO^{2+}：＋4　VO_2^+：＋5　問2 9.7×10^6C

解説 レドックス・フロー電池は正極活物質がVO_2^+，負極活物質がV^{2+}の二次電池である。鉛蓄電池とは異なり，電極が反応しないので劣化しにくく，バナジウムイオン水溶液を含むタンクの容量を大きくして液量を増やすことで，長時間電流を取り出せる。

問1 Vの酸化数をx，yとおくと，

$$\begin{cases} VO^{2+} : x + (-2) = +2 & よって x = \underline{+4} \\ VO_2^+ : y + (-2) \times 2 = +1 & よって y = \underline{+5} \end{cases}$$

問2 放電時の反応は，

$$\begin{cases} 正極 \quad VO_2^+ + 2H^+ + e^- \longrightarrow VO^{2+} + H_2O \\ 負極 \quad V^{2+} \longrightarrow V^{3+} + e^- \end{cases}$$

である。

V^{2+} 1molからe^-は1mol流れ出し，1molのVO_2^+が受けとるから，

$$1.0\text{mol/L} \times 100\text{L} \times 9.65 \times 10^4 = 9.65 \times 10^6 \fallingdotseq \underline{9.7 \times 10^6\text{C}}$$

mol(V^{2+}) = mol(VO_2^+) = mol(e^-)　　C

93 問1 ⑧　問2 ⑤　問3 ⑥　問4 ④

解説 問1 標準電極電位の小さいもの(表の上方)ほどイオン化傾向が大きい。➔理P.216
単体が陽イオンになりやすく，電子を出しやすいので，単体が還元剤$_{イ}$として強い。すなわち陽イオンが単体に戻りにくいため，表の右向きの反応が起きにくい$_{ア}$。

標準電極電位の大きいもの(表の下方)ほどイオン化傾向が小さい。単体が陽イオンになりにくく，陽イオンが電子を受けとって単体に戻りやすいので，陽イオンが酸化剤$_{エ}$として強い。すなわち，表の右向きの反応が起きやすい$_{ウ}$。

問2 表の値から$E^0_{cell} = E^0_{正極} - E^0_{負極}$ を計算すればよい。イオン化傾向の大きいほう(表の上方)が電位は低いので負極になる。

$$E^0_{cell} = E^0_{Cd^{2+}/Cd} - E^0_{Cr^{3+}/Cr} = -0.40 - (-0.74) = \underline{0.34\text{V}}$$

問3 濃度が高い細胞の内側が正極，低い外側が負極となり，右のような濃淡電池と見なすことができる。➔理P.219

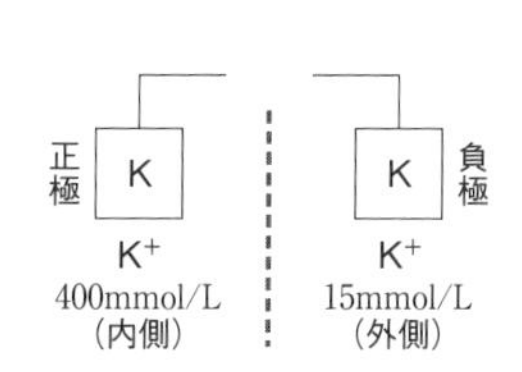

正極：$K^+_{内} + e^- \longrightarrow K_{内}$
負極：$K_{外} \longrightarrow K^+_{外} + e^-$
全体：$K^+_{内} + K_{外} \longrightarrow K_{内} + K^+_{外}$　（e^-）

$$\begin{cases} 反応商 Q = \dfrac{[K^+_{外}]}{[K^+_{内}]} = \dfrac{15}{400} \\ やりとりされる電子の物質量 n = 1 \\ E^0_{cell} = E^0_{K^+/K} - E^0_{K^+/K} = -2.93 - (-2.93) = 0 \quad なので, \end{cases}$$

$$E = E^0_{cell} - \frac{0.0592}{n}\log_{10}Q = 0 - 0.0592\log_{10}\frac{15}{400}$$

$$= -0.0592(\log_{10}3 + \log_{10}5 - 2 - 2\log_{10}2) \fallingdotseq 0.0840\text{V}$$

よって，$\underline{84\text{mV}}$

問4 表より，
$$\begin{cases} Fe^{2+} + 2e^- \longrightarrow Fe \Rightarrow E^0_{Fe^{2+}/Fe} = -0.44\ V \\ Co^{2+} + 2e^- \longrightarrow Co \Rightarrow E^0_{Co^{2+}/Co} = -0.28\ V \end{cases}$$

標準状態ではCo^{2+}/Coのほうが電位が高いために
$$\underset{負極}{Co} + \underset{正極}{Fe^{2+}} \longrightarrow Co^{2+} + Fe \quad (2e^-: Co \to Fe^{2+})$$
の変化は自発的に進まず，むしろ逆向きの変化が自発的に進む。

$$\begin{cases} E^0_{cell} = E^0_{Fe^{2+}/Fe} - E^0_{Co^{2+}/Co} = -0.44 - (-0.28) = -0.16\ V \\ Q = \dfrac{[Co^{2+}]}{[Fe^{2+}]} = x \\ n = 2 \end{cases}$$

なので，この電池の起電力Eは，

$$E = E^0_{cell} - \frac{0.0592}{n}\log_{10}Q = -0.16 - \frac{0.0592}{2}\log_{10}x$$

反応が自発的に進むには $E>0$ でなければならないので，

$$-0.16 - \frac{0.0592}{2}\log_{10}x > 0 \iff \log_{10}x < -5.40 \qquad よって，\underline{x < 10^{-5.4}}$$

94 ㋔

解説 電気エネルギーを用いて自発的に進みにくい酸化還元反応を進ませることを電気分解という。直流電源の正極につないだ陽極では酸化，負極につないだ陰極では還元が起こる。➔理P.227

㋐ SO_4^{2-}やNO_3^-は酸化を受けにくい。正しい。

㋑ 希硫酸の電気分解では，どちらの極板を用いてもH^+の還元が起こる。正しい。

㋒ 陽極では，極板，電解液に含まれるイオンや分子のうち最も酸化されやすいものから電子を奪われていく。正しい。

㋓ 陽極につないだ粗銅では，極板のCuがCu^{2+}に，陰極につないだ純銅では，溶液中のCu^{2+}がCuとして析出する。正しい。➔理P.235

㋔ Naはイオン化傾向が大きく，$NaCl$水溶液を電気分解すると，陰極(鉄)では水の還元が起こり，水素が発生する。➔理P.231

$$2H_2O + 2e^- \longrightarrow H_2 + 2OH^-$$

約800℃で溶融した塩化ナトリウムを電気分解すると，陰極でNaが析出する。<u>誤り</u>。

$$Na^+ + e^- \longrightarrow Na$$

95 ③

解説 陽極：$4OH^- \longrightarrow O_2 + 4e^- + 2H_2O$

陰極：$(2H_2O + 2e^- \longrightarrow H_2 + 2OH^-) \times 2$

全体：$2H_2O \longrightarrow O_2 + 2H_2$

$NaOH$，H_2SO_4，Na_2SO_4，KNO_3などの水溶液の電気分解は，陽極板が酸化されないときには，全体として水の電気分解になることを記憶しておこう。➔理P.228~231

電子e^-の物質量は,

$$\frac{9.65 \times (8 \times 60 + 20)\,C}{9.65 \times 10^4\,C/mol} = 0.05mol$$ となる。

そこで，陽極で発生したO_2は $0.05 \times \frac{1}{4}$mol，陰極で発生したH_2は $0.05 \times \frac{1}{2}$molなので，

気体の総量は,

$$\underbrace{\left(0.05 \times \frac{1}{4} + 0.05 \times \frac{1}{2}\right)}_{mol(気体)} \underbrace{\times 22.4 \times 10^3 mL/mol}_{mL(標準状態)} = \underline{840mL}$$

96 問1　ア：陽　イ：陰　ウ：酸化　エ：還元

問2　回路A：1.93×10^3C　回路B：1.21×10^3C

問3　Ⅰの陽極：$2H_2O \longrightarrow O_2 + 4H^+ + 4e^-$

Ⅱの陰極：$2H_2O + 2e^- \longrightarrow H_2 + 2OH^-$

問4　70.2mL　問5　12.4

解説　各電解槽の電極の反応式は,

電解槽Ⅰ（回路A）
- 陽極　$2H_2O \longrightarrow O_2 + 4H^+ + 4e^-$（問3）
- 陰極　$Ag^+ + e^- \longrightarrow Ag$　…①

電解槽Ⅱ（回路B）
- 陽極　$2Cl^- \longrightarrow Cl_2 + 2e^-$
- 陰極　$2H_2O + 2e^- \longrightarrow H_2 + 2OH^-$（問3）

電解槽Ⅲ（回路B）
- 陽極　$2H_2O \longrightarrow O_2 + 4H^+ + 4e^-$
- 陰極　$2H^+ + 2e^- \longrightarrow H_2$

問2　回路Aに流れた電気量は，電解槽Ⅰの陰極で析出した銀の質量と①式より,

$$\underbrace{\frac{2.16\,g}{108\,g/mol}}_{mol(Ag)} \underbrace{\times 9.65 \times 10^4\,C/mol}_{C} = \underline{1.93 \times 10^3\,C}$$

mol(Ag) ＝ mol(回路Aに流れたe^-)

全体に流れた電気量は,

$2.00\,C/s$ ※1 $\times (26 \times 60 + 10)\,s = 3.14 \times 10^3\,C$

※1　A＝C/s ➔理P.212

よって，回路Bに流れた電気量は,

$\underbrace{3.14 \times 10^3}_{総電気量} - \underbrace{1.93 \times 10^3}_{回路Aに流れた電気量} = \underline{1.21 \times 10^3\,C}$　➔理P.232

問4　$$\underbrace{\frac{1.21 \times 10^3\,C}{9.65 \times 10^4\,C/mol}}_{mol(流れたe^-)} \underbrace{\times \frac{1}{4}}_{mol(発生したO_2)} \underbrace{\times 22.4\,L/mol}_{L} \underbrace{\times 10^3}_{mL} \fallingdotseq \underline{70.2\,mL}$$

問5　$2H_2O + 2e^- \longrightarrow H_2 + 2OH^-$ より，流れたe^-〔mol〕と生成したOH^-〔mol〕は同じだから,

$$[OH^-] = \underbrace{\frac{1.21 \times 10^3\,C}{9.65 \times 10^4\,C/mol}}_{mol(流れたe^-) = mol(生成したOH^-)} \div \frac{500}{1000}\,L \fallingdotseq 2.50 \times 10^{-2}\,mol/L$$

水のイオン積 $K_w = [H^+][OH^-]$より，➔理P.146

$$[H^+] = \frac{K_w}{[OH^-]} = \frac{1.0\times10^{-14}\ (\text{mol/L})^2}{2.50\times10^{-2}\ \text{mol/L}} = 4.0\times10^{-13}\ \text{mol/L}$$

$$pH = -\log_{10}(4.0\times10^{-13}) = 13 - 2\log_{10}2 = \underline{12.4}$$

97 2.7×10^{-3}cm

解説 ニッケルは水素よりイオン化傾向が大きいが，本問では問題文より，陰極でH_2Oが還元されてH_2が発生するのではなく，Ni^{2+}が還元されてNiが析出することがわかる。

$$\begin{cases} \text{陽極} \quad Ni \longrightarrow Ni^{2+} + 2e^- \\ \text{陰極} \quad Ni^{2+} + 2e^- \longrightarrow Ni \end{cases}$$

➔理P.228

また，陽極ではNiが酸化されてNi^{2+}となるため，電気分解中は電解液のNi^{2+}の濃度は変化せず，陰極にNiが析出し続け，e^- 2molあたり1molのNiが析出する。

ニッケルめっきの厚さをx〔cm〕とすると，Bに析出したNiの質量〔g〕について次の式が成立する。

$$\underbrace{\frac{2.6\ \text{C/s}\times2970\ \text{s}}{9.65\times10^4\ \text{C/mol}}}_{\text{mol(流したe}^-\text{)}}\times\underbrace{\frac{1}{2}}_{\text{mol(析出したNi)}}\times58.7\ \text{g/mol} = \underbrace{\overbrace{100\ \text{cm}^2}^{\text{表面積}}\times\overbrace{x\,[\text{cm}]}^{\text{厚さ}}}_{\text{体積(めっき) cm}^3\text{(Ni)}}\times8.85\ \text{g/cm}^3$$

（左辺：g(析出したNi)，右辺：g(Ni)）

よって，$x \fallingdotseq \underline{2.7\times10^{-3}\ \text{cm}}$

第5章 物質の状態

10 理想気体の状態方程式・混合気体・実在気体・状態変化

98 問1 1.03×10^4 問2 (1) ⓑ (2) 1.01×10^5Pa

解説 問1 高さ $760\text{mm}=760\times10^{-3}\text{m}$，断面積$S$〔$\text{m}^2$〕の水銀柱の質量〔kg〕は，密度が $1.36\times10^4\text{kg/m}^3$ なので，

$$M=\underbrace{760\times10^{-3}\times S}_{\text{水銀の体積〔m}^3\text{〕}}\times\underbrace{1.36\times10^4}_{\text{〔kg/m}^3\text{〕}}=\underline{1.033\cdots\times10^4}\times S\text{〔kg〕}$$

問2 (1) $P=\dfrac{\text{水銀柱に働く重力〔N〕}}{\text{断面積 〔m}^2\text{〕}}=\underline{\dfrac{9.81M}{S}}\text{〔Pa〕}$

(2) 問1の値を(1)の式に代入すると，

$$P=\frac{9.81\times1.033\times10^4\times \cancel{S}}{\cancel{S}}\fallingdotseq\underline{1.01\times10^5\text{ Pa}}$$

99 〔Ⅰ〕 問1 グラフ：図1 説明：温度と物質量が一定のとき，気体の体積は圧力に反比例する。

問2 グラフ：図2 説明：圧力と物質量が一定のとき，気体の体積は絶対温度に比例する。

問3 グラフ：図3 説明：体積と物質量が一定のとき，気体の圧力は絶対温度に比例する。

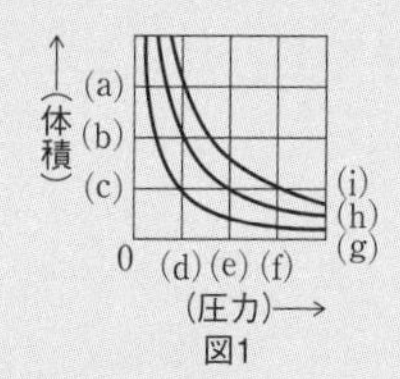

図1

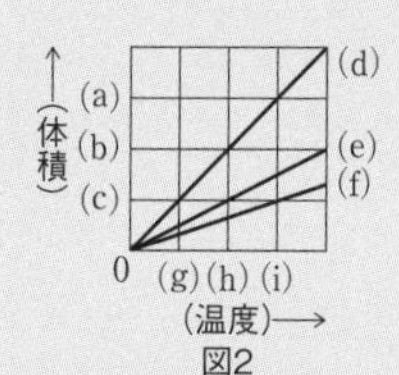

図2

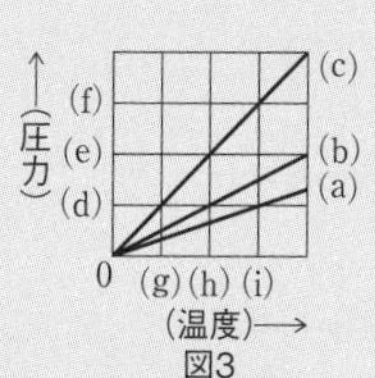

図3

〔Ⅱ〕 問4 1：熱運動 2：拡散 3：運動 4：圧力 5：体積 6：(絶対)温度 7：物質量 8：アボガドロ (4～7は順不同)

問5 絶対温度は分子の運動エネルギーの平均値に比例し，0Kで運動エネルギーが0となるから。

解説 〔Ⅰ〕 3次元グラフを，それぞれ右の➡の方向から見ればよい。

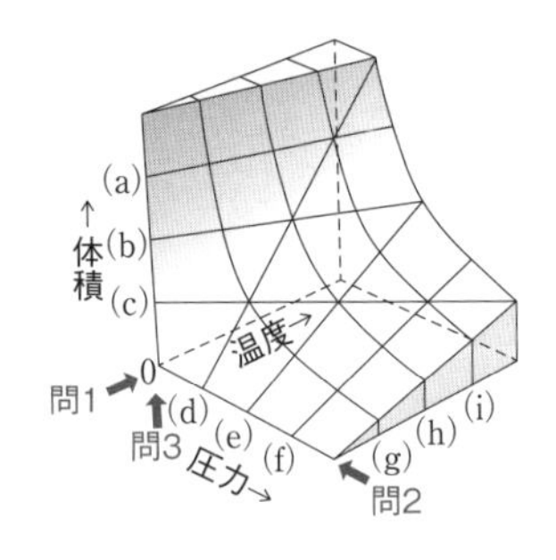

問1 $V=\dfrac{nRT}{P}=\dfrac{k_1}{P}$ （nRT 一定）

問2 $V=\dfrac{nR}{P}T=k_2T$ （$\dfrac{nR}{P}$ 一定）

問3 $P=\dfrac{nR}{V}T=k_3T$ （$\dfrac{nR}{V}$ 一定）

（k_1～k_3は定数）

〔Ⅱ〕 問4, 5 温度が高いほど粒子の熱運動は激しくなる。シャルルの法則によると，理論上，気体分子の熱運動は0 K（−273.15℃）で完全に停止する。

100 乾燥空気の平均分子量は，

$$28.0\times\frac{78.0}{100}+32.0\times\frac{21.0}{100}+40.0\times\frac{1.0}{100}\fallingdotseq 29$$

都市ガスの平均分子量は，

$$16.0\times\frac{90.0}{100}+30.0\times\frac{6.0}{100}+44.0\times\frac{3.0}{100}+58.0\times\frac{1.0}{100}\fallingdotseq 18$$

プロパンガスの平均分子量は，

$$44.0\times\frac{95.0}{100}+58.0\times\frac{5.0}{100}\fallingdotseq 45$$

同温，同圧では，分子量の大きな気体ほど密度が大きいので，都市ガスでは天井付近に，プロパンガスでは床面付近に，ガス漏れ警報器を設置すべきである。

解説

$PV=nRT$ ， $n=\dfrac{w}{M}$ より， ➔理P.243

$$PV=\frac{wRT}{M}$$

$\dfrac{w}{V}$を密度dと表すと，

$$d=\frac{P}{RT}\times M$$

P，T一定では，気体の密度dは分子量Mに比例する（混合気体の場合，Mは平均分子量）。

表から，それぞれの平均分子量を計算して，平均分子量が空気より小さい気体は高い所，大きい気体は低い所にたまりやすいことを考慮すればよい。

101 問1 H_2：10mL，N_2：5.0mL　問2 5.0mL

解説 0℃，1.0×10^5Pa一定で，混合気体の各成分を体積で分け，次ページのようにおく。

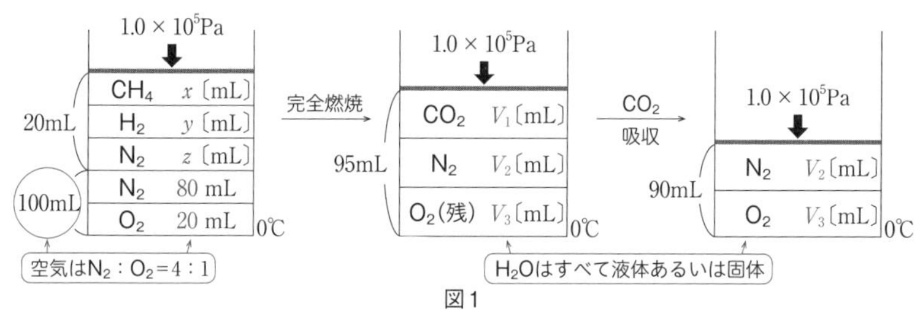

図1

成分気体の体積の和は全体積に等しいから，次の式が成り立つ。➔理P.249

$$\begin{cases} x + y + z = 20 & \cdots(1) \\ z + 80 = V_2 & \cdots(2) \end{cases}$$

CH_4とH_2の燃焼によって，成分気体の体積は次のように変化する※1。

$$CH_4 + 2O_2 \longrightarrow CO_2 + 2H_2O$$

変化量〔mL〕 $-x$ 　$-2x$ 　$+x$ 　（$2H_2O$：液体or固体になる）

$$2H_2 + O_2 \longrightarrow 2H_2O$$

変化量〔mL〕 $-y$ 　$-\frac{1}{2}y$

※1　P，T一定では，$V = \left(\frac{RT}{P}\right) \times n$（$\frac{RT}{P}$：一定）$= k \times n$（$k$：定数）となり，$V$は$n$に比例する。

そこで，燃焼後の成分気体の体積について次式が成立する。

$$\begin{cases} V_1 = x & \cdots(3) \\ V_3 = 20 - 2x - \frac{1}{2}y & \cdots(4) \end{cases}$$

問1　図1より，$V_1 + V_2 + V_3 = 95$，$V_2 + V_3 = 90$ なので，(1)式～(4)式より，
　$x = 5.0$ mL，$y = 10$ mL，$z = 5.0$ mL

問2　(4)式より，　$V_3 = 20 - 2 \times 5.0 - \frac{1}{2} \times 10 = 5.0$ mL

102 問1　A：1.25×10^5Pa　B：3.12×10^5Pa　問2　2.49×10^5Pa
問3　2.99×10^5Pa，0.180mol　問4　4.99×10^4Pa

解説　問1　理想気体の状態方程式$PV = nRT$より，

$$A：P_A = \frac{n_{CH_4}RT}{V_A} = \frac{0.0500 \times 8.31 \times 10^3 \times (27 + 273)}{1.00} \fallingdotseq 1.25 \times 10^5 \text{Pa}$$

$$B：P_B = \frac{n_{O_2}RT}{V_B} = \frac{0.250 \times 8.31 \times 10^3 \times (27 + 273)}{2.00} \fallingdotseq 3.12 \times 10^5 \text{Pa}$$

問2　$$P = \frac{(n_{CH_4} + n_{O_2})RT}{V_{全体}} = \frac{(0.0500 + 0.250) \times 8.31 \times 10^3 \times (27 + 273)}{1.00 + 2.00} \fallingdotseq 2.49 \times 10^5 \text{Pa}$$

問3　コックを開くと，つないだ容器に温度差があっても最終的にAとBの内圧が等しくなる➔理P.247。この圧力をPとする。A内の気体の物質量をn_A，B内の気体の物質量をn_Bとすると，理想気体の状態方程式より，

$$P = \frac{nRT}{V} = \frac{n_A \times R \times (27 + 273)}{1.00} = \frac{n_B \times R \times (127 + 273)}{2.00}$$

よって，$n_A = \frac{2}{3}n_B$

$n_A + n_B = 0.0500 + 0.250 = 0.300$mol なので，
$n_A = 0.120$mol，$n_B = \underline{0.180\text{mol}}$ となる。
内圧 P は※1，

$$P = \frac{0.120 \times 8.31 \times 10^3 \times (27 + 273)}{1.00}$$
$$\fallingdotseq \underline{2.99 \times 10^5\text{Pa}}$$

※1　Bの値を用いて，
$$P = \frac{0.180 \times 8.31 \times 10^3 \times (127 + 273)}{2.00}$$
と求めても同じだが，Aの値を用いたほうが計算は楽になる。

問4　CH_4 の物質量：O_2 の物質量 = 0.0500：0.250 = 1：5
である。A内もB内も混合気体は均一な組成なので，CH_4 と O_2 は1：5で混ざり合っている。B内の CH_4 と O_2 はそれぞれ，

$$\begin{cases} CH_4：0.180 \times \dfrac{1}{1+5} = 0.03\text{mol} \\ O_2\ ：0.180 \times \dfrac{5}{1+5} = 0.15\text{mol} \end{cases}$$

mol（気体 n_B）　mol

これを燃焼すると，次のように物質量が変化する。

	CH_4	+ $2O_2$	⟶ CO_2	+ $2H_2O$	
反応前	0.03	0.15	0	0	〔mol〕
変化量	−0.03	−0.06	+0.03	+0.06	〔mol〕
反応後	0	0.09	0.03	0.06	〔mol〕

そこで，CO_2 の分圧は，

$$P_{CO_2} = \frac{n_{CO_2}RT}{V_B} = \frac{0.03 \times 8.31 \times 10^3 \times (127 + 273)}{2.00}$$
$$\fallingdotseq \underline{4.99 \times 10^4\text{Pa}}$$

103　問1　横軸の値によらず縦軸の値は1.0を示す直線となる。
問2　高圧にするほど分子自身の体積の影響が顕著になるから。
問3　分子どうしが接近し，分子間力の影響が大きくなったから。
問4　分子の運動エネルギーと分子間距離を大きくするため高温，低圧にする。
問5　a：分子間力が強いほど大きくなる定数
b：分子の体積が大きいほど大きくなる定数

解説

問1　理想気体では $PV = nRT$ が成立し，$n = 1$ の場合，$\dfrac{PV}{RT} = 1$ が常に成立する。

問2, 3　実在気体は $\dfrac{PV}{nRT} > 1$ の領域では，分子自身の体積による体積の増加効果が，分子間力による体積の減少効果を上回っている。

逆に $\dfrac{PV}{nRT} < 1$ の領域では，分子間力による体積の減少効果が，分子自身の体積による体積の増加効果を上回っている。

問4　分子自身の体積の影響と分子間力の影響が小さくなる条件を考えればよい。

問5　1873年にオランダの物理学者ファンデルワールスは，分子間力および分子の体積を考慮して理想気体の状態方程式を修正した式を発表した。式を暗記する必要はないが，気になる人は導出過程を確認してください。➔理 P.258〜259

104 問1 三重点 問2 臨界点，③ 問3 ② 問4 昇華

解説 問1，2 間違えた人は状態図の見方をよく復習しておくこと。➔理P.260

問3 理想気体とすると，P，n一定では，シャルルの法則にしたがって，体積が直線的に変化する。➔理P.241 蒸気圧曲線XYと交差するまではすべて気体であり，交点(-20℃，2.0×10^6Pa)で凝縮する。気液が共存する間は外に奪われる熱量と凝縮による発熱量がつり合っているので，温度が-20℃で一定のまま，体積が減少する。すべて液体になると，気体のときに比べて体積は大幅に減少する。➔理P.265, 266

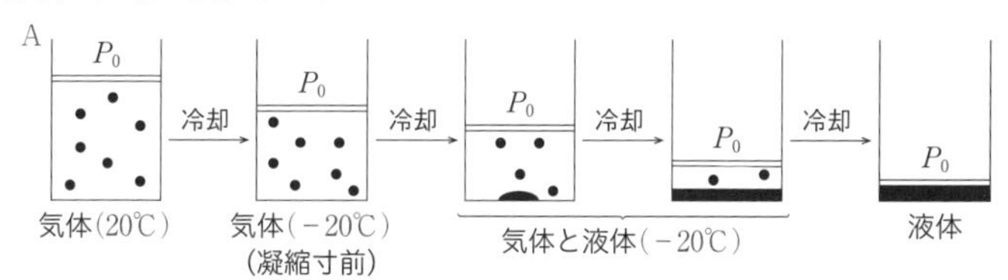

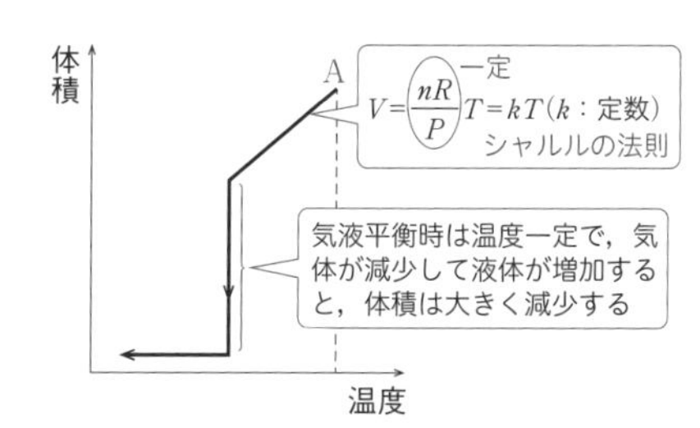

液体を-56℃まで冷却すると凝固が始まる。凝固中は温度が-56℃のままCO_2分子どうしが密に配列し➔理P.116，体積が減少する。すべて固体のまま，-70℃まで冷却すると状態Bとなる。なお，すべて液体あるいはすべて固体のときは，温度が変化しても体積はあまり変化しない。よって，②が正しい。

問4 固体から気体に変わる状態変化を昇華という。➔理P.115

105 問1 271kJ

問2 氷に対して，糸につけた重りによりゆっくり圧力を加えていくと，糸の下方では氷が融解し糸が食い込む。しかし，糸の上方では重りによる圧力がなくなるので再び凝固して氷に戻る。したがって，糸だけが上端から下端へゆっくり通り抜ける。

解説 問1 $6.01\times\frac{90.0}{18}+\{4.18\times90.0\times(100-0)\}\times\frac{1}{1000}+40.7\times\frac{90.0}{18}\fallingdotseq\underline{271\ \text{kJ}}$

- $6.01\times\frac{90.0}{18}$（kJ/mol，mol）：融解による吸熱量＝凝固による発熱量〔kJ〕
- $4.18\times90.0\times(100-0)$（J/(g・K)，g，℃＝K(温度差)）：水を0℃から100℃にするのに必要な熱量〔J〕
- $\frac{1}{1000}$：単位を〔kJ〕に
- $40.7\times\frac{90.0}{18}$（kJ/mol，mol）：100℃での蒸発による吸熱量〔kJ〕

問2

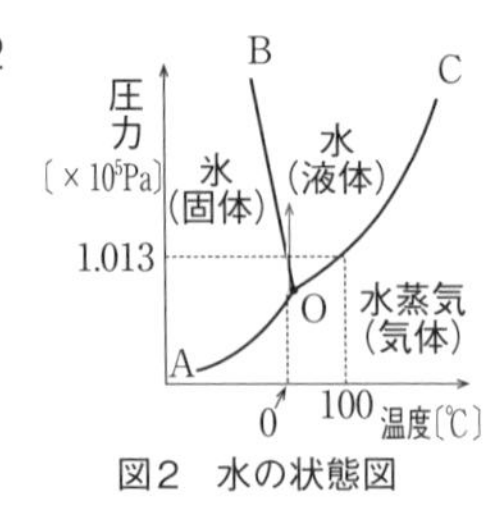

図2　水の状態図

液体と固体の境界を示す曲線BOを融解曲線とよび，水は曲線の傾きが負(左上がり)となっている。
↑のように温度一定で氷を加圧すると，固体の氷は融解して液体の水へと変化し，加圧をやめると再び氷に戻る。

➔理P.117, 261

106〔Ⅰ〕④
〔Ⅱ〕問1　ガラス管内の水蒸気による圧力　問2　水の飽和蒸気圧　問3　㋑，㋭
〔Ⅲ〕温度が低いと飽和蒸気圧が小さいので，呼気中の水蒸気が凝縮して水になり白く見える。

解説〔Ⅰ〕①　温度が高くなると飽和蒸気圧は大きくなる。誤り。
②　他の気体が存在しても，分圧の値は飽和蒸気圧に等しい。誤り。
③　分子間力の強い液体は蒸発しにくく，飽和蒸気圧が小さくなる。誤り。
④　正しい。➔理P.262〜264
⑤　蒸気圧降下➔理P.286により，飽和蒸気圧は小さくなる。誤り。

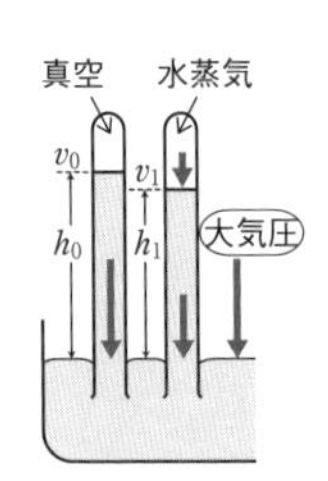

〔Ⅱ〕問1　大気圧 $= h_0$〔cmHg〕= 水蒸気の圧力 $+ h_1$〔cmHg〕
よって，水蒸気の圧力 $= h_0 - h_1$〔cmHg〕
問2　気液平衡時の水蒸気の圧力なので，$h_0 - h_2$〔cmHg〕が飽和蒸気圧となる。
問3　ガラス管を押し下げて，圧縮すると気相の体積は小さくなる($v_x < v_2$)。
気相の圧力は水蒸気が凝縮して飽和蒸気圧に一致し，一定に保たれる。

よって，$h_x + (h_0 - h_2) = h_0$
（h_x：水銀柱の圧力，$(h_0 - h_2)$：飽和蒸気圧，h_0：大気圧）

したがって，$h_x = h_2$

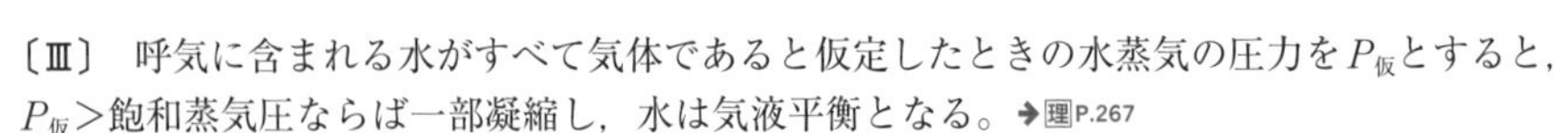

〔Ⅲ〕呼気に含まれる水がすべて気体であると仮定したときの水蒸気の圧力を $P_{仮}$ とすると，$P_{仮}>$ 飽和蒸気圧ならば一部凝縮し，水は気液平衡となる。➔理P.267

107 問1　$p_{atm} = p_A + p_W$　問2　(1)②　(2) 2.35×10^{-2} mol

解説　亜鉛と希硫酸が反応すると水素が発生する。Aは水素である。➔無P.103

$$Zn + H_2SO_4 \longrightarrow H_2\uparrow + ZnSO_4$$

水素を水上置換➔無P.113で捕集すると，液面から気相へと水が一部蒸発して気液平衡の状態になるため，捕集した気体は水素と水蒸気の混合気体となる。

H_2とH_2Oの混合気体　596mL　大気圧 1.010×10^5 Pa　H_2　水　25℃

問1　メスシリンダーの中と外の水面の高さをそろえているので，
メスシリンダー内の全圧は，外の大気圧 $p_{atm} = 1.010 \times 10^5$ Pa と一致している。
水蒸気の分圧は25℃の蒸気圧に一致し，Aの分圧との和は全圧に等しい。➔理P.248
よって，$p_{atm} = p_A + p_W$

問2 (1) 水は，標準大気圧 1atm = 1.013×10^5Pa = 101.3kPa では100℃で沸騰するから，水の100℃の蒸気圧は101.3kPaである。よって，②が正しい。

(2)

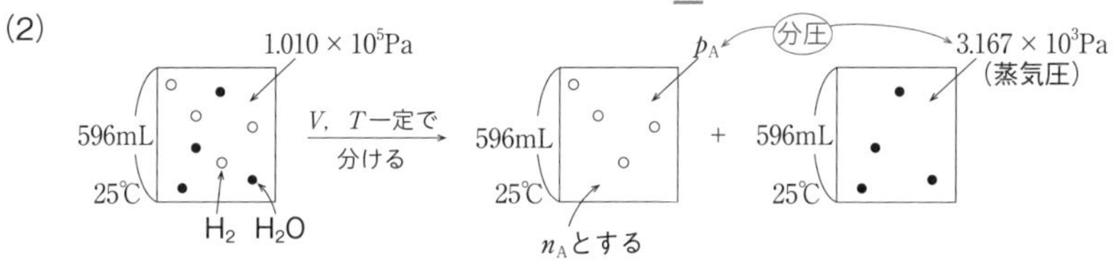

表1より25℃の水の蒸気圧は，3.167 kPa = 3.167×10^3 Pa となっている。よって，H_2の分圧p_Aはドルトンの分圧の法則より，

$$p_A = \underbrace{1.010 \times 10^5}_{\text{全圧}} - \underbrace{3.167 \times 10^3}_{p_W} = 9.783\cdots \times 10^4 \text{ Pa}$$

H_2の物質量をn_Aとすると，理想気体の状態方程式より，

$$n_A = \frac{p_A V}{RT} = \frac{9.783 \times 10^4 \times (596 \times 10^{-3})}{8.31 \times 10^3 \times (25 + 273)} \fallingdotseq \underline{2.35 \times 10^{-2} \text{ mol}}$$

108 問1 1.0×10^5Pa

問2 8.0×10^4Pa

問3 分圧：3.0×10^4Pa　温度：8.3×10^2K

問4

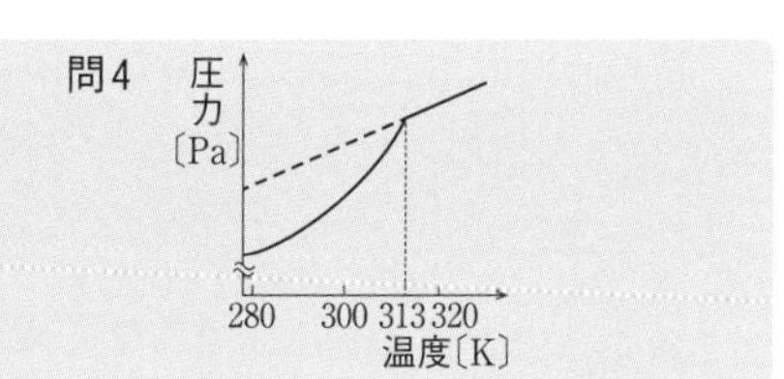

解説 問1, 2 反応前のH_2とO_2の分圧はモル分率から次のように求められる。➔理P.248

$$P_{H_2} = \underbrace{1.1 \times 10^5}_{\text{全圧}} \times \underbrace{\frac{2.0}{2.0 + 9.0}}_{\text{モル分率}} = 2.0 \times 10^4 \text{ Pa}$$

$$P_{O_2} = 1.1 \times 10^5 \times \frac{9.0}{2.0 + 9.0} = 9.0 \times 10^4 \text{ Pa}$$

V，T一定なので，分圧に注目して変化量を考える。➔理P.251

	$2H_2$	+ O_2	⟶ $2H_2O$(気)	全体	〔単位〕
反応前	2.0	9.0	0	11	〔$\times 10^4$Pa〕
変化量	−2.0	−1.0	+2.0	−1.0	〔$\times 10^4$Pa〕
反応後	0	8.0	2.0	10	〔$\times 10^4$Pa〕

よって，反応後の全圧は 10×10^4 = $\underline{1.0 \times 10^5 \text{ Pa}}$(問1)，$O_2$の分圧は$\underline{8.0 \times 10^4 \text{ Pa}}$(問2)である。

問3 冷却すると313KでH_2Oが凝縮を開始する。気液平衡時のH_2Oの分圧は蒸気圧7.5×10^3Paに等しい。

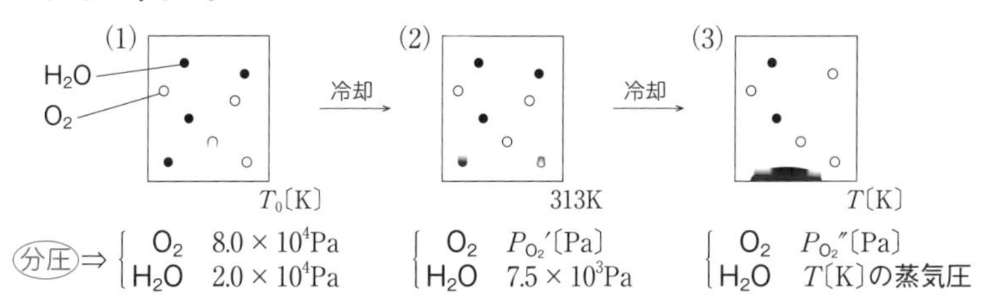

(1)のO_2とH_2Oの物質量の比は分圧の比に等しく，$8.0\times10^4 : 2.0\times10^4 = 4 : 1$ である。そこで(2)でもO_2の分圧はH_2Oの分圧の4倍であり，

$$313\text{K の } O_2 \text{ の分圧 } P_{O_2}{}' = \underbrace{7.5\times10^3}_{H_2O\text{分圧}} \times \frac{4}{1} = \underline{3.0\times10^4\ \text{Pa}}$$

(1)から(2)へ移る過程では体積と気体の物質量が一定なので，

$P = \underbrace{\frac{nR}{V}}_{一定} T = kT$ （k：定数）が成立し，圧力Pは絶対温度Tに比例する。

H_2Oの分圧も絶対温度に比例するから次式が成立する。

$$\underbrace{7.5\times10^3}_{313\text{Kでの水の分圧}} = \underbrace{2.0\times10^4}_{T_0[\text{K}]\text{での水の分圧}} \times \frac{313\ \text{K}}{T_0[\text{K}]}$$　よって，$T_0 \fallingdotseq \underline{8.3\times10^2\ \text{K}}$

問4　H_2Oがすべて気体のときは，問3で説明したように圧力は絶対温度に比例する。313KでH_2Oが凝縮し気液平衡となると，H_2Oの分圧は蒸気圧曲線に沿って変化する。凝縮しにくいO_2の分圧は絶対温度に比例する。両者の分圧の和を求めてグラフを描く。➔理P.272

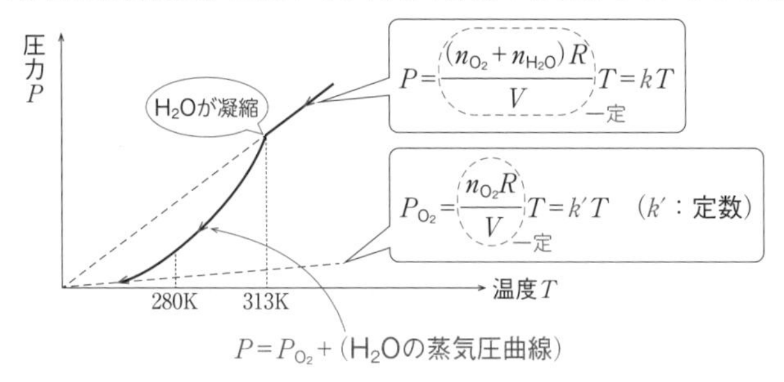

109　問1　8.0×10^4Pa　問2　1.0×10^4Pa　問3　7.0×10^4Pa

解説　トルエン ⌬-CH_3の分子式はC_7H_8である。➔有P.177

問1　10L，47℃での燃焼前の成分気体の分圧を$P_iV = n_iRT$ より求める。➔理P.269

$$\begin{cases} \text{トルエン}：P_{トル}\times10 = 0.025\times8.31\times10^3\times(47+273) \\ O_2\quad\quad：P_{O_2}\times10 = 0.275\times8.31\times10^3\times(47+273) \end{cases}$$

よって，$P_{トル} \fallingdotseq 6.64\times10^3$Pa，$P_{O_2} \fallingdotseq 7.31\times10^4$Pa

トルエンの分圧は47℃の蒸気圧より小さいので，すべて気体として存在する。

よって，全圧 $= P_{トル} + P_{O_2} = 6.64\times10^3 + 7.31\times10^4 \fallingdotseq \underline{8.0\times10^4\text{Pa}}$

問2　燃焼前後の10L，47℃での成分気体の分圧の変化は次のようになる。H_2Oは仮にすべて気体であるとする。

	C_7H_8	+ $9O_2$	⟶ $7CO_2$	+ $4H_2O$(気)	
反応前	0.664	7.31	0	0	〔$\times10^4$Pa〕
変化量	−0.664	−0.664×9	+0.664×7	+0.664×4	〔$\times10^4$Pa〕
反応後	0	1.334	4.648	2.656	〔$\times10^4$Pa〕

仮のH_2Oの分圧は47℃の蒸気圧の値より大きいので，実際は一部凝縮し気液平衡にある。よって，水蒸気の分圧は47℃の蒸気圧に等しく，$\underline{1.0\times10^4\text{Pa}}$である。このことは問

題のグラフの圧力変化からも明らかである。➔理P.272

問3　全圧 $P = P_{O_2,残} + P_{CO_2} + P_{H_2O} = (1.334 + 4.648 + 1.0) \times 10^4 \fallingdotseq \underline{7.0 \times 10^4 Pa}$

110 問1　Xを入れる前と放冷した後の質量差からXの分子量を求めることができるから。
問2　103　問3　110

解説　問2

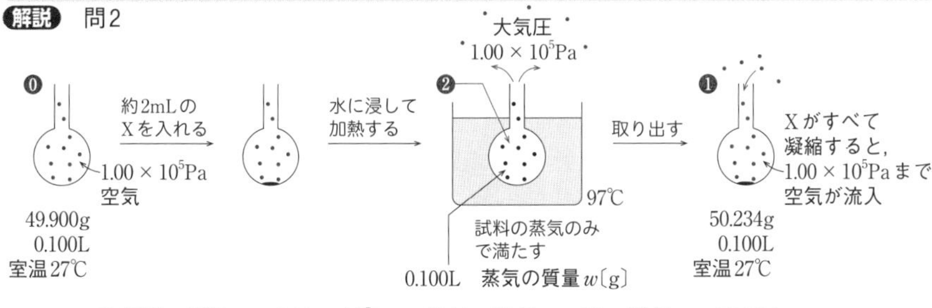

❶容器の質量 ＋ 1.00×10^5Paの空気の質量 ＋ Xの質量 ＝ 50.234 g
−）❶容器の質量 ＋ 1.00×10^5Paの空気の質量 ＝ 49.900 g

Xの質量 ＝ 0.334 g

↑ 97℃において，大気圧下，100mL = 0.100L中で，すべて気体で存在しているときの質量

❷に状態方程式 $PV = \frac{w}{M}RT$ を用いる。

$$M = \frac{wRT}{PV} = \frac{0.334 \times 8.31 \times 10^3 \times (97 + 273)}{1.00 \times 10^5 \times 0.100} \fallingdotseq \underline{103}$$

問3

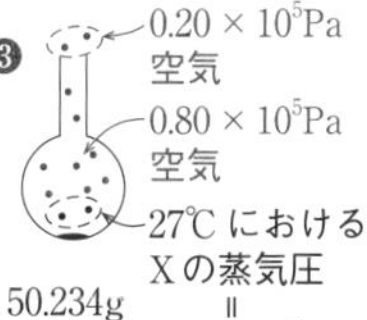

Xがすべて凝縮せず，27℃の蒸気圧（0.20×10^5Pa）分だけ残るとすると，0.80×10^5Paしか空気が流入しない。流入できなかった（27℃，0.100L，0.20×10^5Paに相当する）空気の質量（w_{air}とする）をまず求めると，

$$PV = \frac{w}{M}RT \text{ より，} \quad 0.20 \times 10^5 \times 0.100 = \frac{w_{air}}{28.8} \times 8.31 \times 10^3 \times (27 + 273)$$

よって，$w_{air} = 0.02310 \cdots$ g

次に，❸の50.234gに w_{air} を足してから，❶の49.900gとの差をとると，中身の空気の質量が相殺されて，❷の蒸気の質量 w が得られる。問2と同様に状態方程式を用いると，

$$M = \frac{wRT}{PV} = \frac{(50.234 + 0.02310 - 49.900) \times 8.31 \times 10^3 \times (97 + 273)}{1.00 \times 10^5 \times 0.100} \fallingdotseq \underline{110}$$

111 問1　$M = \frac{mRT_2}{pv}$　問2　㋑

解説 問1　割れたガラス小球から出てきた液体は，Aの底で蒸発し，押し出された空気がAの上部からガスビュレット(室温 T_2)へ移動する。

図2の点線の枠で囲まれた気体は圧力，温度，体積が一定なので，気体の物質量は変化しない。そこで，試料蒸気の物質量と押し出された空気の物質量は等しい。

$$n = \frac{m}{M} = \frac{pv}{RT_2}$$

（$pv = nRT_2$ より）

試料化合物の物質量　押し出された空気の物質量

よって，$M = \dfrac{mRT_2}{pv}$

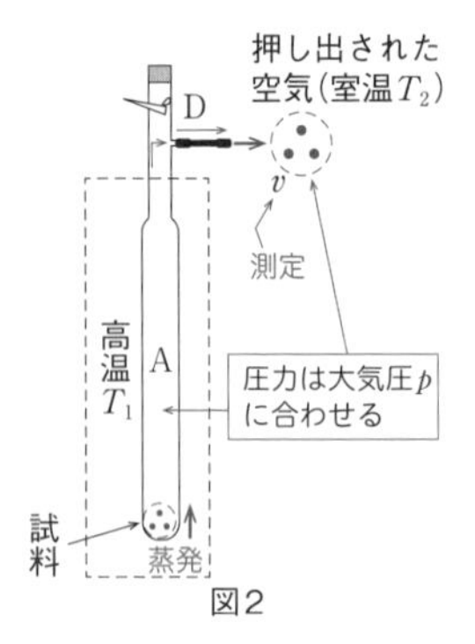

図2

問2　水銀の代わりに水を使うと，管内が水蒸気で満たされる。この実験では，試料蒸気がB側の液体の水に触れる前に，押し出された空気の体積を測定するので，試料が水によく溶ける物質でも適用できる。ただし，押し出された空気の物質量を求めるには，空気の分圧が必要であり，空気の分圧は大気圧 p から水の蒸気圧を差し引かなくてはならない。➔理P.248

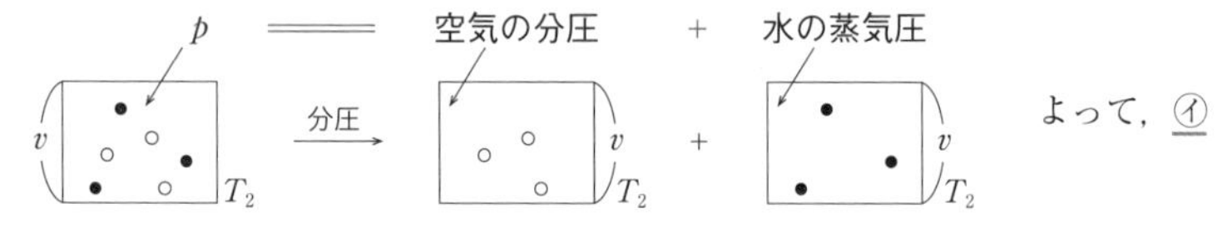

よって，㋑

11 溶解度・希薄溶液の性質・コロイド

112 問1　D　理由：温度を変えても溶解度があまり変わらない。　問2　31g

解説 問1　固体を適当な溶媒に溶かし，温度による溶解度の変化を利用して純度の高い結晶を析出させる操作を再結晶という。再結晶は物質Dのように温度を変えても溶解度があまり変化しない物質の精製には適さない。

問2　物質Eの溶解度は，80℃で80g/100g水，40℃で30g/100g水である。

110gの飽和溶液に含まれる水の質量は，$110\ \text{g} \times \dfrac{100\ \text{g(水)}}{(100+80)\ \text{g(溶液)}} \fallingdotseq 61.1\ \text{g}$ で冷却しても一定なので，80℃の飽和溶液を冷却して40℃の飽和溶液が残るとき，水100gあたり $80 - 30 = 50\ \text{g}$ のEが析出するから，

$$\frac{50\ \text{g(E)}}{100\ \text{g(水)}} \times \underbrace{61.1}_{\text{g(水)}} \fallingdotseq \underline{31\ \text{g}}$$

別解　析出するEを x〔g〕とすると，Eの質量に関して次の保存則が成立する。

$$\underbrace{110\ \text{g(溶液)} \times \frac{80\ \text{g(E)}}{100+80\ \text{g(溶液)}}}_{\text{80℃の飽和溶液110gに含まれるEの質量〔g〕}} = \underbrace{x}_{\text{40℃で析出したEの質量〔g〕}} + \underbrace{(110-x)\ \text{g(溶液)} \times \frac{30\ \text{g(E)}}{(100+30)\ \text{g(溶液)}}}_{\text{40℃の飽和溶液}110-x\text{〔g〕に含まれるEの質量〔g〕}}$$

よって，$x \fallingdotseq \underline{31\ \text{g}}$

113 24.8g

解説 60.0gの硫酸銅(Ⅱ)五水和物は，$\underbrace{CuSO_4}_{160}\cdot\underbrace{5H_2O}_{90}$のモル質量250 g/molより，

$$\begin{cases} CuSO_4 \cdots 60.0\times\frac{160}{250}=38.4\text{ g} < 40.0\text{ g}(60℃の溶解度) \rightarrow すべて溶解する \\ H_2O \cdots 60.0\times\frac{90}{250}=21.6\text{ g} \end{cases}$$

60℃における硫酸銅(Ⅱ)の溶解度が 40.0g/100g水 なので，60.0gの硫酸銅(Ⅱ)五水和物はすべて溶解する。

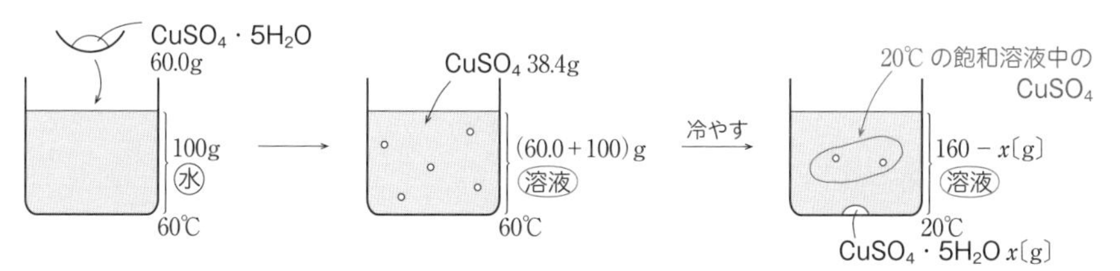

析出する硫酸銅(Ⅱ)五水和物をx〔g〕とおくと，$CuSO_4$の質量に関して次式が成立する。

$$\underbrace{38.4}_{全CuSO_4〔g〕} = \underbrace{x\times\frac{160}{250}}_{x〔g〕の結晶中に含まれるCuSO_4〔g〕} + \underbrace{(160-x)\times\frac{20.0}{120}}_{20℃の飽和溶液中のCuSO_4〔g〕}$$

よって，$x \fallingdotseq$ 24.8 g ➔理P.277

114 問1　硝酸カリウム，22.2℃　問2　19.6g，硝酸ナトリウム　問3　11.1g

解説 問1　用意した溶液は水100gにKNO_3を$50\text{g}\times\frac{100\text{g}}{50\text{g}}=100\text{g}$と$NaNO_3$を$45\text{g}\times\frac{100\text{g}}{50\text{g}}$ $=90\text{g}$溶かした場合と同じ濃度になる。表の値より，KNO_3は50〜60℃の間，$NaNO_3$は20〜25℃の間で溶解度と一致する。そこで，KNO_3が先に析出し，$NaNO_3$が析出しはじめるまではKNO_3のみ析出する。問題文の指示にあるように溶解度曲線を直線で近似すると，$NaNO_3$の析出する温度t〔℃〕は次のように求められる。

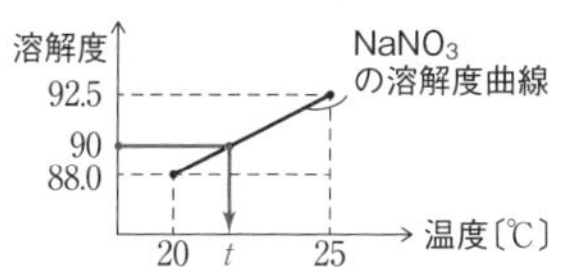

$$t=20+(25-20)\times\frac{90-88.0}{92.5-88.0}\fallingdotseq 22.2℃$$

問2　水を蒸発させ，80℃の溶解度と一致すると，析出がはじまる。水をx〔g〕蒸発させるとKNO_3が，水をy〔g〕蒸発させると$NaNO_3$が飽和溶液になったとする。

〔KNO_3〕

$$\frac{g(KNO_3)}{g(水)} \Rightarrow \frac{50\text{g}}{50-x〔g〕}=\frac{169.0\text{g}}{100\text{g}}$$　よって，$x\fallingdotseq 20.4\text{g}$

〔$NaNO_3$〕

$$\frac{g(NaNO_3)}{g(水)} \Rightarrow \frac{45\text{g}}{50-y〔g〕}=\frac{148.0\text{g}}{100\text{g}}$$　よって，$y\fallingdotseq$ 19.6g

$x > y$ なので，$NaNO_3$が先に析出する。

問3　$(COOH)_2 \cdot 2H_2O$：29.4g は$(COOH)_2$を $29.4 \times \frac{90}{126} = 21.0$g，$H_2O$を $29.4 - 21.0 = 8.4$g

式量 ⇒ $\underbrace{90 \quad + 18 \times 2}_{126}$

含む。

溶液を20℃に冷却すると，$(COOH)_2 \cdot 2H_2O$の結晶が生じ，x〔g〕の$(COOH)_2$を結晶中に含むとする。溶解平衡時の液相は20℃の飽和溶液で，水100gあたり9.52gの$(COOH)_2$を含む。x〔g〕の$(COOH)_2$を含む$(COOH)_2 \cdot 2H_2O$は $x \times \frac{126}{90}$〔g〕で，H_2Oを $x \times \frac{18 \times 2}{90}$〔g〕含む。

$(COOH)_2$の質量に関して次の保存則が成立する。

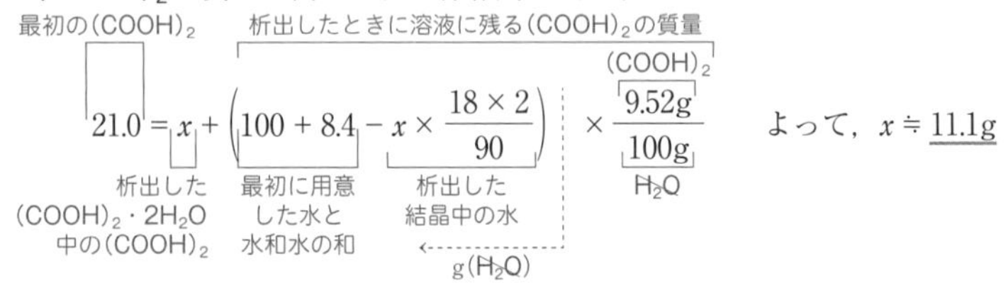

最初の$(COOH)_2$
析出したときに溶液に残る$(COOH)_2$の質量
$(COOH)_2$
$21.0 = x + \left(100 + 8.4 - x \times \frac{18 \times 2}{90}\right) \times \frac{9.52\text{g}}{100\text{g}}$
よって，$x ≒ 11.1$g
析出した$(COOH)_2 \cdot 2H_2O$中の$(COOH)_2$
最初に用意した水と水和水の和
析出した結晶中の水
H_2O
g(H_2O)

115 問1　c　問2　4.2mL　問3　2.8×10^{-4}mol/L

解説　問1　気体の溶解度は，温度が高くなると小さくなる。よって温度は，a(50℃)，b(20℃)，c(0℃) ➔理P.284

問2　0℃，1.013×10^5Paのとき，H_2は水1Lに $\frac{21\text{mL}}{22.4 \times 10^3\text{mL/mol}} = \frac{21}{22.4 \times 10^3}$mol溶ける。

ヘンリーの法則より ➔理P.280~282，今回の条件では，

$$\frac{21}{22.4 \times 10^3} \times \frac{4.052 \times 10^5\text{Pa}}{1.013 \times 10^5\text{Pa}} \times \frac{200\text{mL(水)}}{1000\text{mL(水)}} = \frac{16.8}{22.4 \times 10^3}\text{mol が溶解する。}$$

これを，0℃，4.052×10^5Paでの体積に換算すると，ボイルの法則より，➔理P.244

$$\underbrace{\frac{16.8}{22.4 \times 10^3}\text{mol} \times 22.4 \times 10^3\text{mL/mol}}_{\text{mL}(0℃,\ 1.013 \times 10^5\text{Pa})} \times \frac{1.013 \times 10^5\text{Pa}}{4.052 \times 10^5\text{Pa}} = \underline{4.2\text{mL}}$$

mL(0℃，4.052×10^5Pa)

問3　20℃，1.013×10^5Paのとき，O_2は水1Lに $\frac{31}{22.4 \times 10^3}$mol溶ける。空気は$N_2$と$O_2$の物質量比が 4：1 なので，$O_2$の分圧は $1.013 \times 10^5 \times \frac{1}{4+1}$Pa である。

ヘンリーの法則より，O_2のモル濃度は，

$$\frac{31}{22.4 \times 10^3} \times \frac{1.013 \times 10^5 \times \frac{1}{5}\text{Pa}}{1.013 \times 10^5\text{Pa}} ≒ \underline{2.8 \times 10^{-4}\text{mol/L}}$$

116 問1　0.70g　問2　6.7×10^{-2}g

解説　問1　溶解平衡時のO_2の分圧は，水の蒸気圧を無視するので，1.013×10^5Paとしてよい。ヘンリーの法則より，

$$\frac{0.0490\ \text{L}}{22.4\ \text{L/mol}} \times 10.0\ \text{L(水)} \times 32.0\ \text{g/mol} = \underline{0.70\ \text{g}}$$

mol(O_2)(水1Lあたり)　mol(O_2)　g(O_2)

問2　0℃，1.013×10^5Paの標準状態で0.100molのO_2が示す体積は $0.100 \times 22.4 = 2.24$ L である。このうち10.0Lの水に溶けたのは $0.0490 \times 10.0 = 0.490$ L に相当し，気相に残る体積は $2.24 - 0.490 = 1.75$ L である。これが容器内の気相の体積となる。ここに0.300molのH_2を加えて，溶解平衡としたときの，気相のH_2の分圧を $P \times 1.013 \times 10^5$ Paとする。

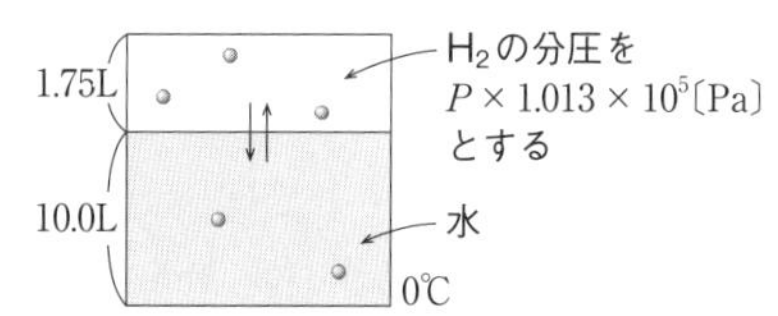

気相に存在するH_2の物質量をn〔mol〕とすると，

$$n = \frac{PV}{RT} \underset{※1}{=} \frac{(P \times 1.013 \times 10^5) \times 1.75}{\dfrac{1.013 \times 10^5 \times 22.4}{1 \times 273} \times 273} = \frac{1.75P}{22.4} \quad \cdots(1)$$

※1　ここで標準状態で1molの気体が22.4Lを示すことより，Rは，

$$R = \frac{PV}{nT} = \frac{1.013 \times 10^5 \times 22.4}{1 \times 273}$$

と求められる。➔理P.242

水中に存在するH_2の物質量をN〔mol〕とすると，ヘンリーの法則より，

$$N = \frac{0.0220\ \text{L}}{22.4\ \text{L/mol}} \times 10.0\ \text{L(水)} \times \frac{P \times 1.013 \times 10^5}{1.013 \times 10^5} = \frac{0.220P}{22.4} \quad \cdots(2)$$

mol(H_2)(水1Lあたり)　mol(H_2)　分圧に比例

全H_2の物質量 $= n + N = 0.300$ なので，(1)式，(2)式より，$P = 3.41\cdots$

よって，(2)式より，

$$\frac{0.220 \times 3.41}{22.4} \times 2.0\ \text{g/mol} \fallingdotseq \underline{6.7 \times 10^{-2}\ \text{g}}$$

mol(H_2)　g(H_2)

117　$x = 43$　　$y = 30$

解説　ピストンと大気による圧力をP_1，おもりを1個のせたときの圧力の増加分をP_2とする。(a)～(c)にボイルの法則を用いる。PV＝一定 なので，(図2参照)
➔理P.241, 244

$$\begin{cases} P_1 \times 100 = (P_1 + P_2) \times 60 & \cdots(1) \\ P_1 \times 100 = (P_1 + 2P_2) \times x & \cdots(2) \end{cases}$$

(1)式より，$P_2 = \dfrac{2}{3}P_1$　代入

(2)式より，$x = \dfrac{100P_1}{P_1 + 2P_2} = \dfrac{300}{7} \fallingdotseq \underline{43}$ mL

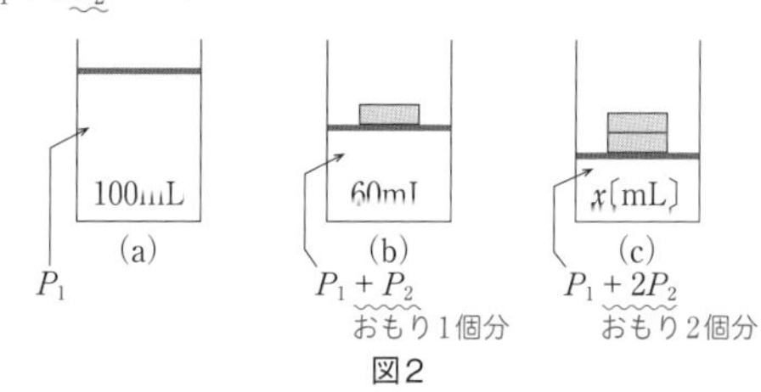

図2

ヘンリーの法則は「一定温度で，一定量の水に溶ける気体の体積は，圧力によらず一定である」とも表現できる。そこで，(a)と(d)を比べると，溶けるCO_2の体積は圧力P_1で
➔理P.283
$100-70=30$ mL であり，(b)から圧力P_1+P_2で30mLのCO_2が溶けて(e)になるので，
$y=60-30=30$ mL

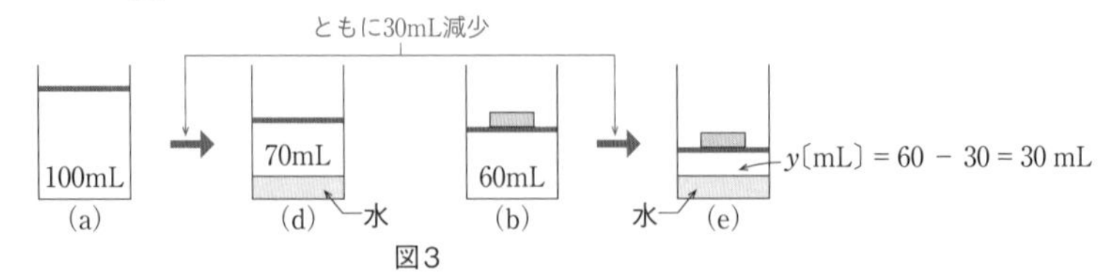

図3

118 容器1，2.62mm

解説 右図の----の位置で圧力のつり合いを考えると，

容器1の水蒸気圧＋h〔mmHg〕＝容器2の水蒸気圧

⇔容器2の水蒸気圧－容器1の水蒸気圧＝h〔mmHg〕

なので，容器1は容器2より蒸気圧が低く，容器2が水のみ，容器1が塩化ナトリウム水溶液である。

関係式①より，$p=p_0\times\dfrac{N}{N+n}$ なので，

$$蒸気圧降下度\ \Delta p=p_0-p=p_0\times\left(1-\frac{N}{N+n}\right)=p_0\times\frac{n}{N+n}$$

➔理P.286～288

Δpはh〔mmHg〕に等しいので，

$$\begin{cases} p_0=31.8\text{mmHg} \\ N=\dfrac{100\text{g}}{18.02\text{g/mol}} \\ n=\dfrac{14.6\text{g}}{58.5\text{g/mol}}\times 2 \end{cases}$$

mol(NaCl)　mol(全イオン)　➔理P.287～288

より，

$$\Delta p=31.8\times\frac{\dfrac{14.6}{58.5}\times 2}{\dfrac{100}{18.02}+\dfrac{14.6}{58.5}\times 2}=2.624\cdots\text{mmHg}$$

よって，$h\fallingdotseq 2.62$mm

119 質量モル濃度：2.0×10^{-2}mol/kg　水の増加量：50mL

解説

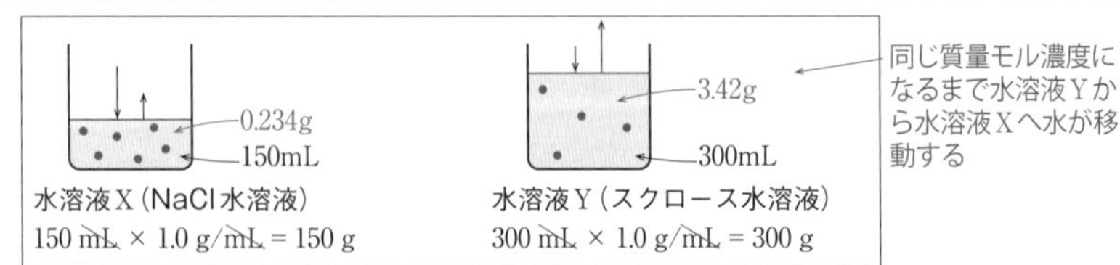

NaClは水溶液中でNa^+とCl^-に電離しているので，水溶液Xの全溶質粒子の質量モル濃度は，

$$\frac{0.234\ \text{g}}{58.5\ \text{g/mol}} \times 2 \div \frac{150}{1000}\ \text{kg} \fallingdotseq 0.053\ \text{mol/kg}$$

mol(NaCl)　mol(全イオン)　mol/kg

水溶液Yの溶質の質量モル濃度は，

$$\frac{3.42\ \text{g}}{342\ \text{g/mol}} \div \frac{300}{1000}\ \text{kg} \fallingdotseq 0.033\ \text{mol/kg}$$

mol　mol/kg

水溶液Yから水溶液Xへ水が移動することによって，平衡状態では，水溶液Xと水溶液Yの全溶質粒子の質量モル濃度が等しくなる。移動する水の量をx〔mL〕($=x$〔g〕)とおくと，

$$\frac{\dfrac{0.234}{58.5} \times 2\ \text{mol}}{\dfrac{(150+x)}{1000}\ 〔\text{kg}〕} = \frac{\dfrac{3.42}{342}\ \text{mol}}{\dfrac{(300-x)}{1000}\ 〔\text{kg}〕}$$

よって，$x = $ 50 mL

平衡状態におけるNaCl水溶液の質量モル濃度〔mol/kg〕は，

$$\frac{\dfrac{0.234\ \text{g}}{58.5\ \text{g/mol}}\ 〔\text{mol}〕}{\dfrac{(150+50)}{1000}\ 〔\text{kg}〕} = 2.0 \times 10^{-2}\ \text{mol/kg}$$

120 100.83℃

解説 水のモル沸点上昇をK_b〔K・kg/mol〕とする。→理P.290

沸点上昇度

$$0.208 = K_b \times \left(0.0400 \div \frac{100}{1000}\right) \quad \cdots①$$

mol(スクロース)　kg(水)

NaClは，水溶液中で次のように完全に電離している。

$$NaCl \longrightarrow Na^+ + Cl^-$$

0.800(消去)　0.800　0.800 mol/kg

1.600mol/kg

沸点上昇度をΔT_b〔K〕とすると，

$$\Delta T_b = K_b \times 1.600 \quad \cdots②$$

①，②より，$\Delta T_b = 0.832\text{K}$

よって，沸点は100.00 + 0.832 = 100.832℃ ≒ 100.83℃ となる。

121 ⑤

解説 沸点上昇により，時間t_0の温度は100℃より高い。沸騰が起こると，溶液から水は気体として逃げていくため，溶液の濃度が高くなり，沸点がさらに上昇する。→理P.290 時間t_1で，濃度はt_0の約2倍になるので，時間t_1の沸点上昇度が約2倍になっている⑤が適当である。

122 −1.50℃

解説 この水溶液の凝固点降下度をΔT_f〔K〕とする。$CaCl_2 \longrightarrow Ca^{2+} + 2Cl^-$ の電離

第1編 理論化学　第2編 無機化学　第3編 有機化学

を考慮すると，$CaCl_2$ 1molからCa^{2+}とCl^-を合わせて3mol生じる。$\Delta T_f = K_f \cdot m$ より，

$$\Delta T_f = \underbrace{1.85}_{K\cdot kg/mol} \times \left(\overbrace{\underbrace{\frac{3.00}{111}}_{mol(CaCl_2)} \times 3}^{mol(全イオン)} \div \underbrace{\frac{100}{1000}}_{kg(水)} \right) = 1.50\ K^{※1}$$

※1　$1.85 = \frac{37}{20}$，$111 = 37 \times 3$ に気づくと，計算が楽になる。

絶対温度で1.50K下がるのは，摂氏温度で1.50℃下がるのと同じことである。1.01×10^5Paでの水の凝固点が0℃だから，求める凝固点は，

$$0 - 1.50 = \underline{-1.50\ ℃}$$

123 19g

解説　求める値をx〔g〕とする。水が析出した分だけ，溶液から水が減少している。水のモル凝固点降下をK_fとし，塩化ナトリウムはすべて電離しているとする。→理P.292～294

$$\overbrace{0.00 - (-2.22)}^{\Delta T_f} = K_f \times \left(\underbrace{\frac{3.51}{58.5}}_{mol(NaCl)} \underbrace{\times 2}_{mol(全イオン)} \div \underbrace{\frac{100}{1000}}_{kg(水)} \right) \quad \cdots①$$

$$\overbrace{0.00 - (-2.74)}^{\Delta T_f} = K_f \times \left(\underbrace{\frac{3.51}{58.5}}_{mol(NaCl)} \underbrace{\times 2}_{mol(全イオン)} \div \underbrace{\frac{100 - x}{1000}}_{kg(水)} \right) \quad \cdots②$$

①÷②より，

$$\frac{2.22}{2.74} = \frac{100 - x}{100}$$　よって，$x \fallingdotseq \underline{19g}$

124 問1　0.41g

問2　溶媒の凝固が進むにつれて，溶液の濃度が高くなるため凝固点が降下するから。

問3　（安息香酸の二量体：C₆H₅-C(=O)OH の2分子が O……HO，OH……O で水素結合した構造式）

問4　238　　問5　2.6%

解説

ベンゼン →有P.156（分子量78）
ナフタレン →有P.156（分子量128）
安息香酸 →有P.130（分子量122）

今回の実験では，ベンゼンが溶媒，ナフタレンや安息香酸が溶質となる。

問1　求めるナフタレン（分子式$C_{10}H_8$）の質量をx〔g〕とする。→理P.290

$$\overbrace{5.500 - 5.170}^{\Delta T_f} = \overbrace{5.12}^{K_f} \times \overbrace{\left(\underbrace{\frac{x}{128}}_{mol(C_{10}H_8)} \div \underbrace{\frac{50.0}{1000}}_{kg(C_6H_6)} \right)}^{m}$$

よって，$x \fallingdotseq \underline{0.41\ g}$

問2　$\Delta T_f = K_f \times m$ で，

ベンゼンの凝固進行 → m㊀ → ΔT_f㊀ である。→理P.294

問3　分子間水素結合により二量体を形成する。→理P.288

問4　ベンゼン溶液中での安息香酸の見かけの分子量を$\overline{M}$とすると，

$$\underbrace{5.500-5.180}_{\Delta T_f} = \underbrace{5.12}_{K_f} \times \underbrace{\left(\frac{0.550}{\overline{M}} \div \frac{37.0}{1000}\right)}_{m}$$

（$\frac{0.550}{\overline{M}}$：mol(溶質)，$\frac{37.0}{1000}$：kg($C_6H_6$)）

よって，$\overline{M} \fallingdotseq \underline{238}$

問5　会合度を$\alpha$$(0<\alpha<1)$とおいて，安息香酸$C_7H_6O_2$ 1mol(＝122g)で考えると，

$$2C_7H_6O_2 \rightleftarrows (C_7H_6O_2)_2$$

	$2C_7H_6O_2$	$(C_7H_6O_2)_2$	
初期量	1	0	〔mol〕
変化量	$-\alpha$	$+\frac{\alpha}{2}$	〔mol〕
平衡量	$1-\alpha$	$\frac{\alpha}{2}$	〔mol〕

平衡時の全物質量　$1-\alpha+\frac{\alpha}{2}=1-\frac{\alpha}{2}$〔mol〕

$1-\frac{\alpha}{2}$〔mol〕の溶質が122gとなるので，見かけのモル質量$\overline{M}$〔g/mol〕は，

$$\overline{M}=\frac{122\ \text{g}}{1-\frac{\alpha}{2}\text{〔mol〕}}=\underbrace{238}_{\text{問4の値}}$$

よって，$\alpha=0.974\cdots$

二量体を形成せず1分子の状態で存在している安息香酸の割合は $1-\alpha$ なので，求める値は，

$(1-0.974)\times100=\underline{2.6\ \%}$

125　問1　(1) ㋑　(2) ㋒　(3) ㋓　(4) ㋐　問2　61.9%

解説　図1のH_2O－NaCl混合物の相平衡図は，混合物100gに含まれるNaClの質量〔g〕を横軸に，温度を縦軸にとって，どのような状態にあるかを示している。

例えば，混合物100gあたりNaClを23.3g含む系を，0.15℃にするとNaCl水溶液，－21.1℃よりも低い温度にすると$NaCl \cdot 2H_2O$と氷が共存することがわかる。

問1　(1)　0.15℃より高い温度のNaCl水溶液に，さらにNaClを加えた領域なので，㋑である。

(2)　NaClの含有率が低いNaCl水溶液を冷却すると，凝固によってまず氷が析出する。➔理P.294 よって，㋒。

(3)　NaClの含有率が高いNaCl水溶液を冷却すると，溶解度をこえた温度でNaClの結晶が析出する。0.15℃以下では問題文より，水和水(結晶水)を含む$NaCl \cdot 2H_2O$が析出する。よって㋓。

(4)　NaCl水溶液と$NaCl \cdot 2H_2O$の共存状態に，0.15℃以下でさらにNaClを加えていくと，水溶液中のH_2OがNaClと結びついて，$NaCl \cdot 2H_2O$の割合が増加し，やがて$NaCl \cdot 2H_2O$のみになる。ここに，さらにNaClを加えた領域なので，㋐である。

問2　xは(3)と(4)の境界濃度であり，$NaCl \cdot 2H_2O$のみが存在する。NaClの式量＝58.5，H_2Oの分子量＝18.0なので，

$$x = \frac{\underset{\text{g(NaCl)}}{58.5}}{\underset{\text{g(NaCl・2H_2O)}}{58.5 + 18.0 \times 2}} \times 100 \fallingdotseq \underline{61.9\ \%}$$

126 問1　溶媒分子のみを透過する半透膜を隔てて，純溶媒と溶液を入れたとする。このとき半透膜を通って溶媒分子が純溶媒側から溶液側に移動する現象を浸透といい，浸透圧より大きな圧力を溶液側から加えて溶媒分子を溶液側から純溶媒側に移動させることを逆浸透という。

問2　溶媒分子のみを透過する半透膜を隔てて，純溶媒と溶液を入れたとする。純溶媒側から溶液側に移動する溶媒分子は，逆方向に移動する溶媒分子より多く，浸透平衡の状態にするためには溶液側から余分な圧力をかける必要がある。この圧力を浸透圧という。

問3　㋔

解説　濃度が異なる溶液が半透膜を隔てて接しているときは，濃度の低いほうから高いほうへ溶媒が移動する。➔理P.295

ファントホッフの法則$\Pi = CRT$より➔理P.296，溶液のモル濃度Cが大きく，温度が高いほど，溶液の浸透圧Πは大きい。なお，ここでのCの値は，溶質の種類に関係なく，溶液1Lあたりに含まれる独立して運動している全溶質粒子の物質量を表していて，Cの値が大きな，濃度の高い溶液は純溶媒に比べて沸点が高く，凝固点は低くなる。なお，純水のような純溶媒は$C = 0$なので，$\Pi = 0$となる。よって，問3は㋔以外すべて誤り。

127 1：0.280　2：697　3：0.819

解説　1：溶液100gあたりグルコースを5.04g含む。よって，

$$\text{モル濃度〔mol/L〕} = \frac{\underset{\text{g(グルコース)}}{5.04} \times \underset{\text{mol(グルコース)}}{\frac{1}{180}}}{\underset{\text{g(溶液)}}{100} \div \underset{\text{mL}}{1.00} \times \underset{\text{L}}{10^{-3}}} = \underline{0.280}\ \text{mol/L}$$ ➔理P.130

2：グルコースは非電解質である➔理P.289。ファントホッフの法則より，

$\Pi = CRT = 0.280\ \text{mol/L} \times 8.30\ \text{kPa・L/(K・mol)} \times 300\ \text{K} \fallingdotseq \underline{697}\ \text{kPa}$

3：同じ浸透圧を示すには，全溶質粒子のモル濃度が等しければよい。NaClがすべてNa^+とCl^-に電離している点を考慮して，

$$\underset{\text{mol/L}}{0.280} \times \underset{\text{mol(全溶質)}}{\frac{100}{1000}\ \text{L}} \times \underset{\text{mol(NaCl)}}{\frac{1}{2}} \times \underset{\text{g(NaCl)}}{58.5} = \underline{0.819}\ \text{g}$$

mol(全溶質) ＝ Na^+とCl^-の物質量の和

128 A：㋐　B：㋔

解説　A：淡水と海水を半透膜で仕切り，海水側に浸透圧よりも大きい圧力をかけると海水側から淡水側へと水が移動する。これを逆浸透という。

B：

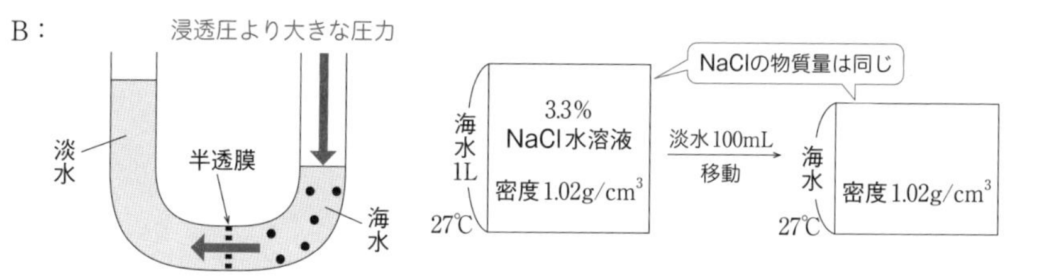

海水1Lから淡水100mLが移動した後に残る海水の浸透圧より大きな圧力をかければよい。

海水1L = 1000cm^{3}に含まれるNaClの物質量を求めると，

$$n_{\mathrm{NaCl}} = \frac{1000\ \mathrm{cm^3} \times 1.02\ \mathrm{g/cm^3} \times \frac{3.3}{100}}{58.5\ \mathrm{g/mol}} \fallingdotseq 0.575\ \mathrm{mol}$$

（$1000\ \mathrm{cm^3} \times 1.02\ \mathrm{g/cm^3} \times \frac{3.3}{100}$：g(NaCl)）

淡水100mLは密度が1.00g/cm^{3}より100gなので，移動後の海水の質量は
1000 × 1.02 − 100 = 920 g である。海水の密度は1.02g/cm^{3}で一定としてよいので，移動後の海水の体積は，

$$\frac{920\ \mathrm{g}}{1.02\ \mathrm{g/cm^3}} \fallingdotseq 902\ \mathrm{cm^3}$$

$NaCl \longrightarrow Na^+ + Cl^-$ と電離することを考慮して，ファントホッフの法則より，残った海水の浸透圧は，

$$\Pi = CRT = \left(0.575 \times 2 \div \frac{902}{1000}\right) \times 8.3 \times 10^3 \times (27 + 273) \fallingdotseq \underline{32} \times 10^5\ \mathrm{Pa}$$

（0.575：mol(NaCl)，0.575 × 2：mol(全溶質)，$\frac{902}{1000}$：L）

129 問1 タンパク質水溶液　問2 4.0×10^2Pa　問3 3.8×10^4　問4 3.0×10^{-4}K
問5 浸透圧を測定する方法
理由：凝固点降下度は小さすぎて測定が困難だが，浸透圧による液面差は正確に測定できる程度に大きいから。

解説 問1

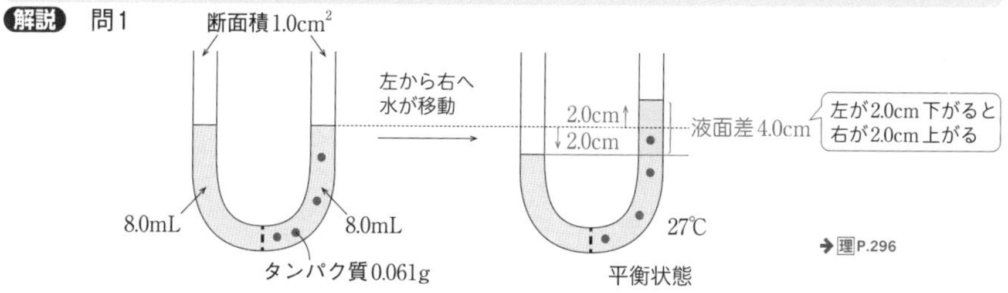

➔理P.296

問2 液面差4.0cmの液柱がおよぼす圧力が，平衡状態でのタンパク質水溶液の浸透圧に相当する。1.0cmの液柱の圧力が1.0×10^2Paなので，

$$4.0\ \mathrm{cm(液柱)} \times \frac{1.0 \times 10^2\ \mathrm{Pa}}{1.0\ \mathrm{cm(液柱)}} = \underline{4.0 \times 10^2\ \mathrm{Pa}}$$

（$\frac{1.0 \times 10^2\ \mathrm{Pa}}{1.0\ \mathrm{cm(液柱)}}$：単位換算）

問3　求める分子量をMとする。浸透平衡時の水溶液の体積は，最初より液面の高さ2.0cmぶんだけ増加しているので，

$$\underbrace{8.0}_{\text{mL(最初)}} + \underbrace{2.0\ \text{cm} \times \overbrace{1.0\ \text{cm}^2}^{\text{断面積}}}_{\text{cm}^3=\text{mL(増加分)}} = 10\ \text{cm}^3$$

ファントホッフの法則 $\Pi = CRT$ より，

$$\overbrace{4.0 \times 10^2}^{\Pi} = \overbrace{\left(\underbrace{\frac{0.061}{M}}_{\text{mol(タンパク質)}} \div \underbrace{\frac{10}{1000}}_{\text{L}}\right)}^{C} \times \overbrace{8.31 \times 10^3}^{R} \times \overbrace{(27 + 273)}^{T}$$

よって，$M \fallingdotseq \underline{3.80 \times 10^4}$

問4　平衡状態でのタンパク質水溶液の質量モル濃度m〔mol/kg〕は，

$$m = \underbrace{\frac{0.061}{3.80 \times 10^4}}_{\text{mol(タンパク質)}} \div \underbrace{\left(\frac{\overbrace{10 \times 1.0}^{\text{g(溶液)}} - \overbrace{0.061}^{\text{g(溶質)}}}{1000}\right)}_{\text{kg(水)}} \fallingdotseq 1.61 \times 10^{-4}\ \text{mol/kg}$$ →理P.130

この溶液の凝固点降下度$\Delta T_f = K_f \times m = 1.85 \times 1.61 \times 10^{-4} \fallingdotseq \underline{3.0 \times 10^{-4}\ \text{K}}$ →理P.290

問5　3.0×10^{-4}Kは値が小さすぎて測定困難だが，液面差4.0cmは十分に測定可能である。

130 問1　(ア) ⑥　(イ) ⑤　(ウ) ②　問2　⑨

解説　コロイドは，コロイド粒子とコロイド粒子を均一に分散させる物質からなる。前者を分散質，後者を分散媒という。→理P.300

流動性をもつコロイドをゾル，ゾルが固化して流動性を失ったものをゲルという。→理P.301

問1　(ア)　霧は空気を分散媒とし，水が分散質である。

よって，<u>⑥</u>となる。分散媒が気体のコロイドをエーロゾルという。

(イ)　牛乳は水を分散媒とし，乳脂肪が主な分散質である。

よって，<u>⑤</u>となる。⑤のようなものは乳濁液(エマルション)という。

(ウ)　墨汁は水を分散媒とし，炭素が分散質である。

よって，<u>②</u>となる。②のようなものは懸濁液(サスペンション)という。

なお，①の代表例に着色グラス，③の代表例に煙，④の代表例にゼリー，⑦の代表例にスポンジ，⑧の代表例に泡がある。

問2　<u>⑨</u>のような気体どうしの組み合わせでは，分子の拡散によって，最終的には均一な混合気体となる。

131 ㋔

解説　㋐～㋓　赤褐色の水酸化鉄(Ⅲ)の疎水コロイドが得られる。→理P.302

$$FeCl_3 + 2H_2O \longrightarrow FeO(OH) + 3HCl$$

水酸化鉄(Ⅲ)のコロイド粒子を便宜的に$FeO(OH)$と表しているが，実際は複雑な組成をもつ。このコロイド粒子は正電荷をもち，水溶液中に分散している。水酸化鉄(Ⅲ)のコロイド溶液に直流電圧をかけて電気泳動を行うと，コロイド粒子は陰極へ移動する。

コロイド粒子はセロハン膜を通過できないので，Aをセロハン膜に入れて蒸留水中に浸して透析すると精製できる。このときH^+やCl^-はセロハン膜を通過できるため，蒸留水は塩

酸となり，BTB溶液(黄：酸性，緑：中性，青：塩基性)を加えると黄色を呈す。
㋔　ゼラチンが保護コロイドとなり凝析しにくくなる。誤り。

132 ㋑，㋒，㋔

解説　㋐　誤り。タンパク質水溶液は親水コロイドで，少量の電解質では沈殿せず，多量の電解質を加えると塩析により沈殿する。➔理P.304
㋑　正しい。親水コロイド➔理P.303は，コロイド粒子が多くの水分子で強く水和されているので，水中での安定性が大きい。
㋒　粘土で濁った水は疎水コロイドで，粘土のコロイド粒子は，ケイ酸イオン➔無P.185などからなる負電荷をもつ。そこで，正電荷が大きなAl^{3+}がNa^{+}より凝析効果が大きい。正しい。
㋓　誤り。コロイド粒子は光を散乱することで，チンダル現象を示す。➔理P.305
㋔　金を直径1nm～100nm程度の微粒子にすればコロイド粒子になる。正しい。
㋕　誤り。コロイド粒子と反対符号の電荷をもつ価数の大きなイオンを含む塩ほど凝析効果が大きい。➔理P.303
㋖　誤り。にかわが保護コロイドとして働き，凝析が起こりにくくなる。

133 問1　㋑　問2　㋑

解説　問1　1nm(10^{-9}m)から100nm(10^{-7}m)程度の直径をもつ粒子をコロイド粒子という。
問2　pHが4より高い条件では，コロイド粒子の表面の$-OH$からH^{+}が離れて，カオリナイトは負電荷をもつ。そこで，価数の大きな陽イオンを含む電解質ほど凝析効果が高いので，2価の陽イオンを含む㋑が最も少ない滴下量で凝析できる。➔理P.303

㋐　$NaCl \longrightarrow Na^{+} + Cl^{-}$　　㋑　$CaCl_2 \longrightarrow Ca^{2+} + 2Cl^{-}$
㋒　$Na_2SO_4 \longrightarrow 2Na^{+} + SO_4^{2-}$　　㋓　$C_6H_{12}O_6$(非電解質)

第6章 反応速度と化学平衡

12 反応速度・化学平衡

134 ②

解説 ① 素反応(一段階で進む単純な反応)なら正しいが，多段階反応の場合は，律速段階とよばれる最も遅い素反応で全体の反応速度が決まるため，反応速度式の次数を全体反応の化学反応式の係数から決められない。誤り。➔理P.318

② 化学反応式の係数からAがa〔mol〕減少するとBがb〔mol〕減少するので，Δtの間に単位体積あたりでAが1mol減少すると，Bは$\dfrac{b}{a}$〔mol〕減少する。そこで，

$$\Delta[\mathrm{A}]\times\frac{b}{a}=\Delta[\mathrm{B}]$$

が成立する。両辺をΔtで割ると，

$$\frac{\Delta[\mathrm{A}]}{\Delta t}\times\frac{b}{a}=\frac{\Delta[\mathrm{B}]}{\Delta t}\quad\Leftrightarrow\quad\frac{1}{a}\frac{\Delta[\mathrm{A}]}{\Delta t}=\frac{1}{b}\frac{\Delta[\mathrm{B}]}{\Delta t}$$ 正しい。

③ 反応速度定数は温度によって変化する。誤り。➔理P.316

④ 触媒は反応前後で変化しない物質である。例えば次のような反応式を考える。

$\mathrm{X}\longrightarrow\mathrm{Y}\quad\Delta H=Q$〔kJ〕

両辺に触媒W 1molのエンタルピーを加えても，生成物と反応物のエンタルピー差である反応エンタルピーQは変化しない。

$\mathrm{X}+\mathrm{W}\longrightarrow\mathrm{Y}+\mathrm{W}\quad\Delta H=Q$〔kJ〕 誤り。

135 問1 (A) 0.441mol/L (B) 0.038mol/(L・min)

問2 ア：0.087 イ：0.086 ウ：0.085 エ：0.087 オ：/min(あるいは $\mathrm{min^{-1}}$)

カ：$V=k[\mathrm{H_2O_2}]$ キ：③ ク：傾き

解説

$$2\mathrm{H_2O_2}\xrightarrow{V}\mathrm{O_2}+2\mathrm{H_2O}\quad[\text{触媒}:\mathrm{FeCl_3}]$$

の反応速度式を $V=k[\mathrm{H_2O_2}]^x$ とおく。仮に $x=1$ であるならば，

$k=\dfrac{V}{[\mathrm{H_2O_2}]}$ = 温度一定なら一定 になる。

問1
- 平均濃度(A) $\overline{[\mathrm{H_2O_2}]}=\dfrac{0.497+0.384}{2}\fallingdotseq\underline{0.441\ \mathrm{mol/L}}$
- 平均速度(B) $\overline{V}=-\dfrac{0.384-0.497}{4-1}\fallingdotseq\underline{0.038\ \mathrm{mol/(L\cdot min)}}$

問2 (1) $\dfrac{\overline{V}}{\overline{[\mathrm{H_2O_2}]}}$ の値を計算する。単位は $\dfrac{〔\mathrm{mol/(L\cdot min)}〕}{〔\mathrm{mol/L}〕}=\underline{〔\mathrm{/min}〕=〔\mathrm{min^{-1}}〕}_{オ}$ である。

ア：$\dfrac{0.045}{0.520}=0.0865\cdots\fallingdotseq\underline{0.087}$ イ：$\dfrac{0.038}{0.441}=0.0861\cdots\fallingdotseq\underline{0.086}$

ウ：$\frac{0.030}{0.354} = 0.0847\cdots \fallingdotseq \underline{0.085}$　　エ：$\frac{0.025}{0.287} = 0.0871\cdots \fallingdotseq \underline{0.087}$

カ：$\frac{\overline{V}}{\overline{[H_2O_2]}}$ の平均値 $= \frac{0.087 + 0.086 + 0.085 + 0.087}{4} \fallingdotseq 0.086$ で，ほぼ一定である。

この平均値0.086をkとし，反応速度式は $\underline{V = k[H_2O_2]}$ と表せる。

(2)　$\overline{V} = k\overline{[H_2O_2]}$は原点を通る直線なので③（キ），直線の傾き（ク）がkである。

136 問1　$v = k[A]^2[B]$　問2　$7.5 \times 10^{-2}\,L^2/(mol^2 \cdot s)$　問3　$1.9 mol/(L \cdot s)$

問4　温度を上げると，活性化エネルギーより大きな運動エネルギーをもつ分子の割合が増加するから。

解説　問1　表1の実験1，2の結果を比べると，[A]が同じで，[B]が $\frac{0.80}{0.40} = 2$倍 になると，速度vは $\frac{6.0 \times 10^{-2}}{3.0 \times 10^{-2}} = 2$倍 になっている。よって，$v$は[B]に比例する。

次に実験2，3の結果を比べると，[B]が同じで，[A]が $\frac{2.0}{1.0} = 2$倍 になると，速度vは $\frac{2.4 \times 10^{-1}}{6.0 \times 10^{-2}} = 4 = 2^2$倍 になっている。よって，$v$は[A]の2乗に比例する。

以上より，反応速度式は $\underline{v = k[A]^2[B]}$ となる。

問2　実験1の結果を問1で求めた反応速度式に代入すると，

$$3.0 \times 10^{-2} = k(1.0)^2 \times 0.40 \qquad \text{よって，} k = \frac{3.0 \times 10^{-2}}{(1.0)^2 \times 0.40} = \underline{7.5 \times 10^{-2}}$$

単位は $\frac{[mol/(L \cdot s)]}{[mol/L]^2 \times [mol/L]} = \underline{[L^2/(mol^2 \cdot s)]}$ である。

問3　$v_4 = k[A]^2[B] = 7.5 \times 10^{-2} \times (4.0)^2 \times 1.6 \fallingdotseq \underline{1.9\ mol/(L \cdot s)}$

問4　温度が高くなると，活性化エネルギーより大きな運動エネルギーをもつ分子の割合が増加することを書けばよい。➔理P.313

137 問1　横軸に$\frac{1}{T}$，縦軸に$\log_e k$をとって得られる直線の傾きが$-\frac{E_a}{R}$となることからE_aを算出する。

問2　$1.8 \times 10^2 kJ/mol$

解説　問1　①式の両辺の自然対数をとると，➔理P.316~317

$$\log_e k = \log_e A - \frac{E_a}{RT}$$

$\log_e k$をy，$\frac{1}{T}$をxとおくと，

$$y = -\frac{E_a}{R}x + \log_e A$$

と直線の方程式となり，直線の傾きが$-\frac{E_a}{R}$である。

問2

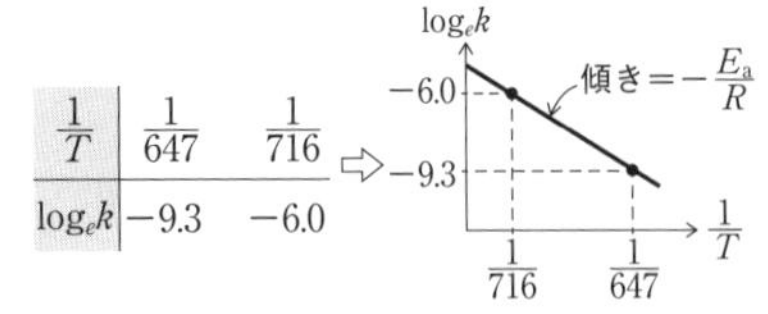

$\frac{1}{T}$	$\frac{1}{647}$	$\frac{1}{716}$
$\log_e k$	−9.3	−6.0

直線の傾きは，

$$-\frac{E_a}{8.31}=\frac{-6.0-(-9.3)}{\frac{1}{716}-\frac{1}{647}}$$

よって，$E_a = 1.84\cdots\times10^5$ J/mol ← 単位をJから kJに変更する

$\fallingdotseq$ **1.8×10^2 kJ/mol**

138 問1 $t=\frac{1}{k}\log_e\frac{x_0}{x}$

問2 $t_{\frac{1}{2}}=\frac{\log_e 2}{k}$ 　**特有な性質**：一次反応の半減期は，初期量によらず一定の値となる。

問3 文化財の試料には外界から ^{14}C が補充されないから。

解説 問1 $x=x_0e^{-kt}$ より，$e^{-kt}=\frac{x}{x_0}$

両辺の自然対数をとると，

$$-kt=\log_e\frac{x}{x_0}$$

よって，$t=-\frac{1}{k}\log_e\frac{x}{x_0}=\underline{\frac{1}{k}\log_e\frac{x_0}{x}}$

問2 $t=t_{\frac{1}{2}}$ では，$\frac{x}{x_0}=\frac{1}{2}$ なので，

$t_{\frac{1}{2}}=-\frac{1}{k}\log_e\frac{1}{2}=\underline{\frac{\log_e 2}{k}}$ →理P.321，すなわち $t_{\frac{1}{2}}$ は x_0 によらない。

問3 動植物が生命活動を行っている間は，外界から ^{14}C が取り込まれる。動植物が死ぬと ^{14}C は新たに取り込まれなくなり，半減期にしたがって ^{14}C の割合が減少していくので，死んでから現在までの経過時間を推定できる。→理P.320

139 問1 可逆反応で正反応の速度と逆反応の速度が等しくなり，反応が止まったように見える状態(あるいは ギブスエネルギー変化 ΔG が，$\Delta G=0$ になった状態)。

問2 押し下げた瞬間は，混合気体が圧縮されるため褐色が濃くなる。しばらく放置すると，ルシャトリエの原理より，気体の総分子数が減少する方向，すなわち右に平衡が移動するので，徐々に褐色はうすくなる。

問3 温度を下げると，ルシャトリエの原理より，発熱方向すなわち右へ平衡が移動する。

解説 問1 言葉や定義は説明できるようにしておくこと。→理P.208, 322

問2, 3 化学反応が平衡状態にあるときの条件(濃度，温度など)を変化させて，非平衡状態になると，その影響を緩和する方向に平衡が移動する。これをルシャトリエの原理という。

→理P.326〜328

140 0.42mol

解説 濃硫酸(触媒)に含まれるH_2Oは無視し，求める量をx〔mol〕とする。

$$C_2H_5OH + CH_3COOH \rightleftarrows CH_3COOC_2H_5 + H_2O$$

	C_2H_5OH	CH_3COOH	$CH_3COOC_2H_5$	H_2O	
はじめ	1.00	0.50	0	0	〔mol〕
変化量	$-x$	$-x$	$+x$	$+x$	〔mol〕
平衡時	$1.00-x$	$0.50-x$	x	x	〔mol〕

⇩ 体積87mL(0.087L)で割る

平衡時	$\dfrac{1.00-x}{0.087}$	$\dfrac{0.50-x}{0.087}$	$\dfrac{x}{0.087}$	$\dfrac{x}{0.087}$	〔mol/L〕

$K=\dfrac{[CH_3COOC_2H_5][H_2O]}{[C_2H_5OH][CH_3COOH]}=4.00$ に代入すると，

$$\frac{\left(\dfrac{x}{0.087}\right)^2}{\left(\dfrac{1.00-x}{0.087}\right)\times\left(\dfrac{0.50-x}{0.087}\right)}=4.00$$ となり，整理すると，$3x^2-6x+2=0$

解の公式より，$x=1\pm\dfrac{\sqrt{3}}{3}$

よって，$x=1.576\cdots$，$0.4233\cdots$

$0.50-x>0$ なので，

$x=\underline{0.423}\cdots$ が条件を満たす。

141 問1 $K=\dfrac{k_1}{k_2}$　問2 (1) 25mol　(2) 14倍

解説 問1 $H_2 + I_2 \underset{v_2}{\overset{v_1}{\rightleftarrows}} 2HI$

正反応の反応速度式：$v_1=k_1[H_2][I_2]$　　逆反応の反応速度式：$v_2=k_2[HI]^2$

平衡状態では，$v_1=v_2$ なので，$k_1[H_2][I_2]=k_2[HI]^2$ だから，化学平衡の法則より，

$K=\dfrac{[HI]^2}{[H_2][I_2]}=\underline{\dfrac{k_1}{k_2}}$ と表せる。

問2 (1) $H_2 + I_2 \rightleftarrows 2HI$

	H_2	I_2	$2HI$	
はじめ	30.0	20.0	0	〔mol〕
変化量	−18.0	−18.0	+36.0	〔mol〕
平衡時	12.0	2.0	36.0	〔mol〕

これが下線部の平衡状態である。容器の体積をVとすると，化学平衡の法則より，

$$K=\frac{\left(\dfrac{36.0}{V}\right)^2}{\dfrac{12.0}{V}\times\dfrac{2.0}{V}}=54$$ となる。

x〔mol〕のI_2を追加し，y〔mol〕のI_2が反応して，新たな平衡状態になったとする。

$$H_2 + I_2 \rightleftarrows 2HI$$

	H_2	I_2	$2HI$	
追加時	12.0	$2.0+x$	36.0	〔mol〕
変化量	$-y$	$-y$	$+2y$	〔mol〕
平衡時	$12.0-y$	$2.0+x-y$	$36.0+2y$	〔mol〕

温度一定なので速度定数の値は変化せず，逆反応の速度が2.25倍になったことから，

$$\frac{k_2\left(\dfrac{36.0+2y}{V}\right)^2}{k_2\left(\dfrac{36.0}{V}\right)^2}=2.25 \qquad \text{よって，} y=9.0\ \text{mol}$$

さらに，化学平衡の法則と $K=54$ であることから，

$$54=\frac{\left(\dfrac{36.0+2\times 9.0}{V}\right)^2}{\left(\dfrac{12.0-9.0}{V}\right)\left(\dfrac{2.0+x-9.0}{V}\right)} \qquad \text{よって，} x=\underline{25\ \text{mol}}$$

(2)　I_2を25mol追加した直後の反応速度式は，

$$v_1=k_1\left(\frac{12.0}{V}\right)\times\left(\frac{2.0+25}{V}\right)\ ,\ v_2=k_2\left(\frac{36.0}{V}\right)^2 \quad \text{となるから，}$$

$$\frac{v_1}{v_2}=\frac{k_1}{k_2}\times\frac{12.0\times(2.0+25)}{36.0^2}=\frac{k_1}{k_2}\times 0.25=13.5\fallingdotseq\underline{14}$$

問1より $\dfrac{k_1}{k_2}=K=54$ なので

142 問1　(1) 左　(2) 移動しない　(3) 左
問2　増える
理由：平衡は移動しなくても，黒鉛と二酸化炭素の間で炭素原子の交換反応が起こっているから。

解説　問1　(1)　気相中のCOの濃度を小さくする方向(左)へ平衡が移動する。

(2)　貴ガスであるArは反応に関与せず，またArを加えても容器の体積は10Lのままなので，気相中のCO_2やCOの濃度(あるいは分圧)は変化していない。よって，平衡状態のままで，どちらにも移動しない。➔理P.328

(3)　(a)は右方向が$\Delta H>0$で，吸熱反応である。温度を下げると，発熱方向(左)へ平衡が移動する。

問2　$[C(黒鉛)]=\dfrac{n_{黒鉛}}{V_{黒鉛}}=$一定 であり，固体の絶対量を増やしても平衡は移動しない。

ただし，平衡状態は止まって見えるだけで，絶えず正反応および逆反応が起こっている。黒鉛^{13}Cは$^{12}CO_2$と反応し，^{13}COが生じる。^{13}COが^{12}COと反応すると，$^{13}CO_2$や黒鉛^{12}Cが生じる。

143 問1　0.47　問2　1.1×10^5Pa　問3　㋑　問4　0.3

解説　問1　n〔mol〕のN_2O_4を封入し，解離度をαとする。

	N_2O_4	$\rightleftarrows$ $2NO_2$	計
はじめ	n	0	n
変化量	$-n\alpha$	$+2n\alpha$	$+n\alpha$
平衡時	$n(1-\alpha)$	$2n\alpha$	$n(1+\alpha)$

$n=5.00\times10^{-2}$ なので，理想気体の状態方程式より，

$$1.00\times10^5\times2.00=5.00\times10^{-2}(1+\alpha)\times8.31\times10^3\times328$$

よって，$\alpha = 0.467\cdots \fallingdotseq \underline{0.47}$

問2　全圧をPとする。分圧は全圧にモル分率をかけることで求められるから，

$$K_P = \frac{{P_{NO_2}}^2}{P_{N_2O_4}} = \frac{\left\{P \times \dfrac{2n\alpha}{n(1+\alpha)}\right\}^2}{P \times \dfrac{n(1-\alpha)}{n(1+\alpha)}} = \frac{4\alpha^2}{1-\alpha^2}P$$

➜理P.333〜336

$P = 1.00 \times 10^5$，$\alpha = 0.467$を代入すると，

$K_P \fallingdotseq \underline{1.1 \times 10^5 \mathrm{Pa}}$

問3　温度一定で圧縮すると，ルシャトリエの原理より，気体分子数を減らす方向に平衡が移動するので，①の平衡は左へ移動する。よって，解離度αは<u>小さく</u>なる。

問4　$K_P = \dfrac{4\alpha^2}{1-\alpha^2}P$ より，$\alpha^2(4P + K_P) = K_P$

$0 < \alpha < 1$ なので，$\alpha = \sqrt{\dfrac{K_P}{4P + K_P}}$

$P = 2.2 \times 10^5$，$K_P = 1.1 \times 10^5$を代入すると，

$$\alpha = \sqrt{\frac{1.1 \times 10^5}{4 \times 2.2 \times 10^5 + 1.1 \times 10^5}} = \frac{1}{3} \fallingdotseq \underline{0.3}$$

144 問1　5.6×10^{-3}g　問2　1.1×10^{-3}g

解説　水とCCl_4のように二層に分離する溶媒が接触していて，共通する溶質が溶解して平衡状態にあるとき，このような平衡を分配平衡という。I_2(水) $\rightleftarrows$ $I_2(CCl_4)$ の分配平衡を考える。

I_2
水
I_2
CCl_4

$$k = \frac{[I_2(CCl_4)]}{[I_2(水)]} \quad \cdots ①$$

①の分母，分子に(I_2の分子量$\times 10^3$)をかけても，kの値は変わらない。

$$k = \frac{[I_2(CCl_4)] \times (I_2の分子量) \times 10^3}{[I_2(水)] \times (I_2の分子量) \times 10^3} = 85$$

mol/L　g/L　mg/mL

ヨウ素の濃度は単位を mg/mL として計算する。

問1　I_2が水層にx〔mg〕，CCl_4層にy〔mg〕存在するとする。I_2の全量は $0.100\mathrm{g} = 100\mathrm{mg}$ であることと①より，

$$\begin{cases} x + y = 100 & \cdots(1) \\ 85 = \dfrac{\dfrac{y}{20}〔\mathrm{mg/mL}〕}{\dfrac{x}{100}〔\mathrm{mg/mL}〕} & \cdots(2) \end{cases}$$

(2)式より　$y = 17x$　となり，これを(1)式に代入して整理すると，

$$x = \frac{100}{18} \fallingdotseq 5.6\,\mathrm{mg} \quad \Rightarrow \underline{5.6 \times 10^{-3}\mathrm{g}}$$

問2　(1回目の抽出)

I_2が水層にx_1〔mg〕，CCl_4層にy_1〔mg〕存在するとする。

$$\begin{cases} x_1 + y_1 = 100 & \cdots(3) \\ 85 = \dfrac{\dfrac{y_1}{10}\,[\mathrm{mg/mL}]}{\dfrac{x_1}{100}\,[\mathrm{mg/mL}]} & \cdots(4) \end{cases}$$

(4)式より　$y_1 = 8.5x_1$　となり，これを(3)式に代入して整理すると，$x_1 = 100 \times \dfrac{1}{9.5}$

(2回目の抽出)

x_1〔mg〕のI_2のうち，水層にx_2〔mg〕残り，CCl_4層にy_2〔mg〕移動したとする。

$$\begin{cases} x_2 + y_2 = x_1 = 100 \times \dfrac{1}{9.5} & \cdots(5) \\ 85 = \dfrac{\dfrac{y_2}{10}}{\dfrac{x_2}{100}} & \cdots(6) \end{cases}$$

(6)式より　$y_2 = 8.5x_2$　となり，これを(5)式に代入して整理すると，

$$x_2 = x_1 \times \frac{1}{9.5} = 100 \times \left(\frac{1}{9.5}\right)^2 \fallingdotseq 1.1\ \mathrm{mg} \quad \Rightarrow \underline{1.1 \times 10^{-3}\mathrm{g}}$$

$x_2 < x$ なので，CCl_4を2回に分けてI_2を抽出したほうが，水層に残るI_2が少ないことがわかる。

13 酸と塩基の電離平衡

145 ア：C　イ：C　ウ：$-\log_{10}\left(\dfrac{K_w}{C}\right)$

エ：s　オ：$C+s$　カ：$-\log_{10}\left(\dfrac{-C+\sqrt{C^2+4K_w}}{2}\right)$

解説

$$\begin{cases} \mathrm{NaOH} \longrightarrow \mathrm{Na^+} + \mathrm{OH^-} \\ \quad C \qquad\quad C \qquad \underset{ア}{C}\ [\mathrm{mol/L}] \\ \mathrm{H_2O} \rightleftarrows \mathrm{H^+} + \mathrm{OH^-} \\ \text{大量} \qquad\quad s \qquad s\ [\mathrm{mol/L}] \end{cases}$$

$$\begin{cases} [\mathrm{OH^-}] = C + s \\ [\mathrm{H^+}] = s \end{cases}$$

$C \geqq 10^{-6}$ のときは $C \gg s$ としてよいので，$[\mathrm{OH^-}] \fallingdotseq \underset{イ}{C}$〔mol/L〕となり，

➔理P.339

$$[\mathrm{H^+}] = \frac{K_w}{[\mathrm{OH^-}]} = \frac{K_w}{C} \qquad \text{よって，pH} = \underbrace{-\log_{10}\left(\frac{K_w}{C}\right)}_{ウ}$$

$C < 10^{-6}$ のときは

$$(\underset{オ}{C+s}) \times \underset{エ}{s} = K_w \text{ より，} s^2 + Cs - K_w = 0$$

$s > 0$ なので，$s = \dfrac{-C+\sqrt{C^2+4K_w}}{2}$

$[\mathrm{H}^+] = s$ だから，$\mathrm{pH} = -\log_{10} s = \underline{-\log_{10}\left(\dfrac{-C + \sqrt{C^2 + 4K_w}}{2}\right)}_{\text{カ}}$

146 問1　ア：$[\mathrm{CH_3COO^-}]$　イ：$[\mathrm{OH^-}]$　ウ：$[\mathrm{CH_3COOH}]$　エ：$[\mathrm{CH_3COO^-}]$
（ア，イおよびウ，エはそれぞれ順不同）
問2　オ：K_a　カ：$-K_aC - K_w$　キ：$-K_aK_w$

解説 問1, 2　$\mathrm{CH_3COOH}$ を HA，$\mathrm{CH_3COO^-}$ を $\mathrm{A^-}$ と記す。$\mathrm{H_2O}$ の電離を考慮すると，
［電荷のつり合いの式］

$$\underbrace{[\mathrm{H}^+] \times 1}_{\text{陽イオンがもつ正電荷の総量}} = \underbrace{[\mathrm{A}^-] \times 1 + [\mathrm{OH}^-] \times 1}_{\text{陰イオンがもつ負電荷の総量}}$$

➔理P.341

よって，$[\mathrm{H}^+] = \underline{[\mathrm{A}^-]}_{\text{ア}} + \underline{[\mathrm{OH}^-]}_{\text{イ}}$ ……①

［原子団Aに注目した収支の式］

$\underset{\text{初期濃度}}{C} = \underline{[\mathrm{HA}]}_{\text{ウ}} + \underline{[\mathrm{A}^-]}_{\text{エ}}$ ……②

$\underset{\text{電離定数}}{K_a} = \dfrac{[\mathrm{H}^+][\mathrm{A}^-]}{[\mathrm{HA}]}$ ……③　　$\underset{\text{水のイオン積}}{K_w} = [\mathrm{H}^+][\mathrm{OH}^-]$ ……④

④より $[\mathrm{OH}^-] = \dfrac{K_w}{[\mathrm{H}^+]}$ となり，これを①に代入して整理すると，

$$[\mathrm{A}^-] = [\mathrm{H}^+] - \frac{K_w}{[\mathrm{H}^+]} \quad \cdots\cdots⑤$$

⑤を②に代入して整理すると，

$$[\mathrm{HA}] = C - [\mathrm{H}^+] + \frac{K_w}{[\mathrm{H}^+]} \quad \cdots\cdots⑥$$

⑤，⑥を③に代入すると，

$$K_a = \frac{[\mathrm{H}^+]\left([\mathrm{H}^+] - \dfrac{K_w}{[\mathrm{H}^+]}\right)}{C - [\mathrm{H}^+] + \dfrac{K_w}{[\mathrm{H}^+]}} \quad \cdots\cdots⑦$$

これを整理すると，

$$[\mathrm{H}^+]^3 + \underline{K_a}_{\text{オ}}[\mathrm{H}^+]^2 + \underline{(-K_aC - K_w)}_{\text{カ}}[\mathrm{H}^+] + \underline{(-K_aK_w)}_{\text{キ}} = 0$$

［近似1］⑦の $\dfrac{K_w}{[\mathrm{H}^+]}$ を無視できるときは， ➔理P.342

$$K_a = \frac{[\mathrm{H}^+]^2}{C - [\mathrm{H}^+]} \quad \cdots\cdots⑧$$

⑧を整理して，

$$[\mathrm{H}^+]^2 + K_a[\mathrm{H}^+] - K_aC = 0$$

［近似2］⑧で $C \gg [\mathrm{H}^+]$ と見なせるときは，

$$K_a \fallingdotseq \frac{[\mathrm{H}^+]^2}{C}$$

よって $[\mathrm{H}^+] = \sqrt{K_aC}$ となる。

147 $\frac{1}{2}\log_{10}CK_b - \log_{10}K_w$

解説 $[OH^-] = \sqrt{CK_b}$ ※1

$K_w = [H^+][OH^-]$ より,

$$[H^+] = \frac{K_w}{[OH^-]} = \frac{K_w}{\sqrt{CK_b}}$$

$pH = -\log_{10}[H^+]$ より,

$$pH = -\log_{10}\left(\frac{K_w}{\sqrt{CK_b}}\right)$$

$$= \underline{\frac{1}{2}\log_{10}CK_b - \log_{10}K_w}$$

※1

	NH_3	+ H_2O	⇄ NH_4^+	+ OH^-
電離前	C	大量	0	0
変化量	$-C\alpha$	$-C\alpha$	$+C\alpha$	$+C\alpha$
電離後	$C(1-\alpha)$	大量	$C\alpha$	$C\alpha$

(単位：mol/L, α：電離度)

$$K_b = \frac{[NH_4^+][OH^-]}{[NH_3]}$$

$$= \frac{C\alpha \cdot C\alpha}{C(1-\alpha)} = \frac{C\alpha^2}{1-\alpha}$$

$\alpha \ll 1$ ならば, $1-\alpha \fallingdotseq 1$ とできるから,

$K_b \fallingdotseq C\alpha^2$

よって, $\alpha = \sqrt{\frac{K_b}{C}}$

これを $[OH^-] = C\alpha$ に代入すると,

$[OH^-] = \sqrt{CK_b}$

148 $\alpha = 0.415$, $C = 2.41 \times 10^{-2}$ mol/L

解説 第一電離のみを考えると平衡状態でのそれぞれのモル濃度は次のように表せる。

$[H_3PO_4] = C(1-\alpha)$, $[H^+] = [H_2PO_4^-] = C\alpha$

(1)式より,

$$K_1 = \frac{[H^+][H_2PO_4^-]}{[H_3PO_4]} = \frac{C\alpha \times C\alpha}{C(1-\alpha)} = \frac{C\alpha^2}{1-\alpha} = 7.08 \times 10^{-3} \quad \cdots\cdots(\mathrm{i})$$

この水溶液は $pH = 2.00$ なので $[H^+] = C\alpha = 10^{-2}$, これを(i)に代入すると,

$$\frac{10^{-2} \times \alpha}{1-\alpha} = 7.08 \times 10^{-3}$$

よって, $\alpha = 0.4145\cdots \fallingdotseq \underline{0.415}$

$$C = \frac{10^{-2}}{\alpha} = \frac{10^{-2}}{0.4145} \fallingdotseq \underline{2.41 \times 10^{-2}\ \mathrm{mol/L}}$$

149 6.7×10^{-3} mol/L

解説 求める硫酸のモル濃度を C〔mol/L〕とし, ②式の電離度を $\alpha\ (0 \leqq \alpha \leqq 1)$ とする。

$H_2SO_4 \longrightarrow HSO_4^- + H^+$

C　　C　　C　〔mol/L〕← ①式は完全電離

	HSO_4^-	⇄ H^+	+ SO_4^{2-}	
電離前	C	C	0	〔mol/L〕
電離量	$-C\alpha$	$+C\alpha$	$+C\alpha$	〔mol/L〕
電離後	$C(1-\alpha)$	$C(1+\alpha)$	$C\alpha$	〔mol/L〕

②式の電離定数を K_a とすると, (代入)

$$K_a = \frac{[H^+][SO_4^{2-}]}{[HSO_4^-]} = \frac{C(1+\alpha)\cdot C\alpha}{C(1-\alpha)} = \frac{C(1+\alpha)\cdot\alpha}{1-\alpha} \quad \cdots③$$

また, $[H^+] = C(1+\alpha) = 1.0 \times 10^{-2}$ mol/L　　…④

↑ $pH = 2.0$ なので

③式，④式より，

$$\overset{K_a}{\overset{\shortparallel}{1.0\times10^{-2}}} = \frac{\overset{C(1+\alpha)}{\overset{\shortparallel}{1.0\times10^{-2}}}\times\alpha}{1-\alpha}$$　よって，$\alpha = 0.50$　…⑤

④式，⑤式より，

$C(1+0.50) = 1.0\times10^{-2}$　よって，$C \fallingdotseq \underline{6.7\times10^{-3}\ \mathrm{mol/L}}$

150 問1　$K = \dfrac{[\mathrm{H^+}][\mathrm{A^-}]}{[\mathrm{HA}]}$　問2　左へ移動する

問3　$\dfrac{[\mathrm{HA}]}{[\mathrm{A^-}]} = 0.1$のとき：pH = 10.52　$\dfrac{[\mathrm{HA}]}{[\mathrm{A^-}]} = 10$のとき：pH = 8.52

問4　HA：無色　A^-：赤色

解説 問1　$\mathrm{HA} \rightleftarrows \mathrm{H^+} + \mathrm{A^-}$　で化学平衡の法則より，電離定数Kは，→理P.337

$\underline{K = \dfrac{[\mathrm{H^+}][\mathrm{A^-}]}{[\mathrm{HA}]}}$　と表せる。

問2　ルシャトリエの原理より，$[\mathrm{H^+}]$を減らす方向，すなわち<u>左へ移動する</u>。→理P.326

問3　$K = \dfrac{[\mathrm{H^+}][\mathrm{A^-}]}{[\mathrm{HA}]}$　⇒　$[\mathrm{H^+}] = K\times\dfrac{[\mathrm{HA}]}{[\mathrm{A^-}]}$　より，

$\dfrac{[\mathrm{HA}]}{[\mathrm{A^-}]} = 0.1$　のときは，$[\mathrm{H^+}] = 3.0\times10^{-10}\times0.1 = 3.0\times10^{-11}\ \mathrm{mol/L}$

よって，$\mathrm{pH} = -\log_{10}(3.0\times10^{-11}) = 11 - \log_{10}3 \fallingdotseq \underline{10.52}$

$\dfrac{[\mathrm{HA}]}{[\mathrm{A^-}]} = 10$　のときは，$[\mathrm{H^+}] = 3.0\times10^{-10}\times10 = 3.0\times10^{-9}\ \mathrm{mol/L}$

よって，$\mathrm{pH} = -\log_{10}(3.0\times10^{-9}) = 9 - \log_{10}3 \fallingdotseq \underline{8.52}$

問4　フェノールフタレインは次のように構造が変化する。<u>分子型HAが無色</u>，<u>イオン型A^-が赤色</u>を示す。

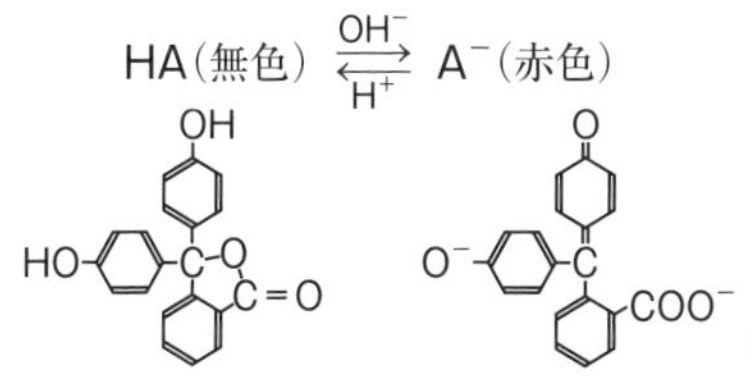

（※ 2価の陰イオンだが問題にあわせてA^-としておく。）

151 問1　$C = \left(1 + K + \dfrac{KK_{a1}}{[\mathrm{H^+}]} + \dfrac{KK_{a1}K_{a2}}{[\mathrm{H^+}]^2}\right)[\mathrm{CO_2}]$〔mol/L〕

問2　$[\mathrm{HCO_3^-}] > [\mathrm{CO_2}] > [\mathrm{CO_3^{2-}}] > [\mathrm{H_2CO_3}]$

解説 問1

$\mathrm{CO_2} \overset{K}{\rightleftarrows} \mathrm{H_2CO_3}$　$\mathrm{H^+}$
K_{a1} ⇅
$\mathrm{HCO_3^-} \underset{K_{a2}}{\rightleftarrows} \mathrm{CO_3^{2-}}$

$$\begin{cases} K = \dfrac{[\mathrm{H_2CO_3}]}{[\mathrm{CO_2}]} & \cdots(\mathrm{IV}) \\ K_{a1} = \dfrac{[\mathrm{HCO_3^-}][\mathrm{H^+}]}{[\mathrm{H_2CO_3}]} & \cdots(1) \\ K_{a2} = \dfrac{[\mathrm{CO_3^{2-}}][\mathrm{H^+}]}{[\mathrm{HCO_3^-}]} & \cdots(2) \end{cases}$$

$$C = [CO_2] + [H_2CO_3] + [HCO_3^-] + [CO_3^{2-}] \quad \cdots(3)$$ ←炭素Cに関する収支の式

(Ⅳ)式より，　$[H_2CO_3] = K[CO_2] \quad \cdots(4)$

(4)式を(1)式に代入して整理する。

$$[HCO_3^-] = \frac{KK_{a1}[CO_2]}{[H^+]} \quad \cdots(5)$$

(5)式を(2)式に代入して整理する。

$$[CO_3^{2-}] = \frac{KK_{a1}K_{a2}[CO_2]}{[H^+]^2} \quad \cdots(6)$$

(4)〜(6)：残す項を考えて整理する

(4)式，(5)式，(6)式を(3)式に代入して整理する。

$$\underline{C = \left(1 + K + \frac{KK_{a1}}{[H^+]} + \frac{KK_{a1}K_{a2}}{[H^+]^2}\right)[CO_2]}$$

問2　$[CO_2] : [H_2CO_3] : [HCO_3^-] : [CO_3^{2-}]$

$$= [CO_2] : K[CO_2] : \frac{KK_{a1}[CO_2]}{[H^+]} : \frac{KK_{a1}K_{a2}[CO_2]}{[H^+]^2}$$

$$= 1 : K : \frac{KK_{a1}}{[H^+]} : \frac{KK_{a1}K_{a2}}{[H^+]^2}$$

pH = 8.0，すなわち，$[H^+] = 10^{-8}$ mol/Lを他の数値とともに代入する

$$= 1 : 4.0 \times 10^{-3} : \frac{4.0 \times 10^{-3} \times 1.5 \times 10^{-4}}{10^{-8}} : \frac{4.0 \times 10^{-3} \times 1.5 \times 10^{-4} \times 5.0 \times 10^{-11}}{(10^{-8})^2}$$

$$= 1 : 4.0 \times 10^{-3} : 60 : 0.30$$

よって，$\underline{[HCO_3^-] > [CO_2] > [CO_3^{2-}] > [H_2CO_3]}$

152 問1　$NH_4^+ \rightleftarrows NH_3 + H^+$（あるいは $NH_4^+ + H_2O \rightleftarrows NH_3 + H_3O^+$）

問2　ⓑ

解説　問1, 2

$$NH_4Cl \longrightarrow NH_4^+ + Cl^- \quad (電離)$$

$$\underline{NH_4^+ \rightleftarrows NH_3 + H^+}_{問1} \quad (加水分解)$$

$$C(1-\alpha) \qquad C\alpha \qquad C\alpha$$

$C(1-\alpha) \fallingdotseq C$

（NH_4Clのモル濃度をC〔mol/L〕，加水分解度をαとする。）

NH_4^+の加水分解定数をK_hとすると，

理P.349

$$K_h = \frac{[NH_3][H^+]}{[NH_4^+]} = \frac{[NH_3][H^+][OH^-]}{[NH_4^+][OH^-]} = \frac{K_w}{K_b} = \frac{1.0 \times 10^{-14}}{4.0 \times 10^{-5}} = \frac{1}{4} \times 10^{-9}$$

$$[H^+] \fallingdotseq \sqrt{CK_h} = \sqrt{0.10 \times \frac{1}{4} \times 10^{-9}} = \frac{1}{2} \times 10^{-5}$$

よって，$pH = 5 + \log_{10}2 = \underline{5.3}$ 問2

153 問1　酸や塩基を少量加えても，pHがほぼ一定に保たれる働きのこと。

問2　1.2×10^{-9}mol/L

問3　酸を少量加えると，

$$NH_3 + H^+ \longrightarrow NH_4^+$$

塩基を少量加えると，

$$NH_4^+ + OH^- \longrightarrow NH_3 + H_2O$$

と反応するから，pHがあまり変化しない。

解説 一般に，弱酸とその塩，または弱塩基とその塩の混合水溶液は，緩衝作用をもち，緩衝液とよばれる。➔理P.351

問2 $[NH_4^+] \fallingdotseq 0.20\text{mol/L}$，$[NH_3] \fallingdotseq 0.10\text{mol/L}$

としてよい。

$K_b = \dfrac{[NH_4^+][OH^-]}{[NH_3]}$ に代入すると，

$$1.7 \times 10^{-5} = \frac{0.20}{0.10} \times [OH^-]$$

よって，$[OH^-] = \dfrac{1.7}{2} \times 10^{-5}\text{mol/L}$

$K_w = [H^+][OH^-]$ に代入すると，

$$[H^+] = \frac{1.0 \times 10^{-14}}{\frac{1.7}{2} \times 10^{-5}} \fallingdotseq \underline{1.2 \times 10^{-9}\text{mol/L}}$$

154 問1 4.3　問2 4.1

解説

$$\begin{cases} CH_3COONa \longrightarrow Na^+ + CH_3COO^- \\ CH_3COOH \rightleftarrows H^+ + CH_3COO^- \end{cases}$$

$$K_a = \frac{[H^+][CH_3COO^-]}{[CH_3COOH]} \quad \cdots①$$

酢酸ナトリウムは完全に電離しているので，$[CH_3COO^-]$は電離前の酢酸ナトリウムのモル濃度にほぼ等しい。酢酸はほとんど電離していないので，$[CH_3COOH]$は電離前の酢酸のモル濃度にほぼ等しい。これらの近似によって，pHを計算できる。

①式より，$[H^+] = \dfrac{[CH_3COOH]}{[CH_3COO^-]} \cdot K_a$

$$\begin{aligned} pH &= -\log_{10}[H^+] \\ &= -\log_{10}\left(\frac{[CH_3COOH]}{[CH_3COO^-]} \cdot K_a\right) \\ &= -\log_{10}K_a + \log_{10}\frac{[CH_3COO^-]}{[CH_3COOH]} \quad \cdots② \end{aligned}$$

問1 $CH_3COOH + NaOH \longrightarrow CH_3COONa + H_2O$ の反応が起こる。

$[CH_3COOH] : [CH_3COO^-]$

$=$ (未中和のCH_3COOHの物質量)：(中和されたCH_3COOHの物質量)

$= (\underbrace{0.10\text{mol/L} \times 150\text{mL}}_{\text{mmol}(CH_3COOH)} - \underbrace{0.10\text{mol/L} \times 50\text{mL}}_{\text{mmol}(NaOH)}) : (\underbrace{0.10\text{mol/L} \times 50\text{mL}}_{\text{mmol}(CH_3COONa)})$

$= (150 - 50) : 50 = 2 : 1$

②式より，

$$\begin{aligned} pH &= -\log_{10}(2.7 \times 10^{-5}) + \log_{10}\frac{1}{2} = -\log_{10}(27 \times 10^{-6}) - \log_{10}2 \\ &= -3\log_{10}3 + 6 - \log_{10}2 = 4.26 \fallingdotseq \underline{4.3} \end{aligned}$$

問2　塩酸を加える前は，

$$\begin{cases} CH_3COOH：0.10 \times 150 - 0.10 \times 50 = 10\text{mmol} \\ CH_3COONa：0.10 \times 50 = 5\text{mmol} \end{cases}$$

ここに，塩酸を加えると弱酸遊離反応が起こるので，次のように物質量が変化する。

	CH_3COONa +	HCl	$\longrightarrow$ CH_3COOH +	$NaCl$	
反応前	5	$\underset{\text{mol/L}}{0.50} \times \underset{\text{mL}}{2.5} = 1.25$	10	0	〔mmol〕
変化量	−1.25	−1.25	+1.25	+1.25	〔mmol〕
反応後	3.75	0	11.25	1.25	〔mmol〕

よって，

$$[CH_3COOH]：[CH_3COO^-] = 11.25：3.75 = 3：1$$

なので，前ページの②式より，

$$\text{pH} = -\log_{10}(2.7 \times 10^{-5}) + \log_{10}\frac{1}{3} = -\log_{10}(27 \times 10^{-6}) - \log_{10}3$$

$$= -4\log_{10}3 + 6 = 4.08 \fallingdotseq \underline{4.1}$$

問1と比べて，あまりpHが変化していないことがわかる。

14 溶解度積

155 ア：共通イオン　イ：$[Ba^{2+}][CrO_4^{2-}]$　溶解度：2.4×10^{-9}mol/L

解説　0.050mol/LのK_2CrO_4水溶液は$[CrO_4^{2-}] = 0.050$ mol/L である。求める値をx〔mol/L〕とすると，1Lあたりx〔mol〕の$BaCrO_4$が溶解できるので，溶液中のイオン濃度は$[Ba^{2+}] = x$，$[CrO_4^{2-}] = 0.050 + x$ と表せる。共通イオン（ア）効果によって$BaCrO_4$の溶解度は非常に小さいので $x \ll 0.050$ であり，$[CrO_4^{2-}] = 0.050 + x \fallingdotseq 0.050$ と近似できる。$[Ba^{2+}][CrO_4^{2-}]$（イ）$= K_{sp}$の式に代入すると，

$x \times 0.050 = 1.2 \times 10^{-10}$　　よって，$x = \underline{2.4 \times 10^{-9}\ \text{mol/L}}$（溶解度）

156 ⑥

解説　AgClの飽和水溶液1.0LにAgClがx〔mol〕溶けているとすると，$[Ag^+] = [Cl^-] = x$なので，

$K_{sp} = [Ag^+][Cl^-] = x^2 = 1.0 \times 10^{-10}$　➔理P.356

よって，$x = 1.0 \times 10^{-5}$　…①

0.01mol/Lの塩酸1.0LにAgClがy〔mol〕溶けているとすると，$[Ag^+] = y$，$[Cl^-] = 0.01 + y$なので，

$K_{sp} = [Ag^+][Cl^-] = y \times (0.01 + y) = 1.0 \times 10^{-10}$

共通イオン効果より，$y < x = 1.0 \times 10^{-5}$ なので，$0.01 + y \fallingdotseq 0.01$ としてよい。

そこで，$y \times 0.01 = 1.0 \times 10^{-10}$

よって，$y = 1.0 \times 10^{-8}$　…②

①，②より，$\dfrac{x}{y} = \dfrac{1.0 \times 10^{-5}}{1.0 \times 10^{-8}} = \underline{1000}$

157 Ⓐ

解説 $K_1 = \dfrac{[H^+][HS^-]}{[H_2S]}$, $K_2 = \dfrac{[H^+][S^{2-}]}{[HS^-]}$ より，

$$K_1K_2 = \frac{[H^+]^2[S^{2-}]}{[H_2S]}$$

よって，$[S^{2-}] = \dfrac{K_1K_2[H_2S]}{[H^+]^2}$ …①

$[Cd^{2+}][S^{2-}] > 2.0 \times 10^{-20}$ なら，CdS(黄色)が沈殿し，$[Cd^{2+}] = 2.0 \times 10^{-4}$ なので，

$$[S^{2-}] > \frac{2.0 \times 10^{-20}}{[Cd^{2+}]} = \frac{2.0 \times 10^{-20}}{2.0 \times 10^{-4}} = 1.0 \times 10^{-16}$$

これと①式より，

$$\frac{1.0 \times 10^{-7} \times 1.0 \times 10^{-14} \times 0.1}{[H^+]^2} > 1.0 \times 10^{-16}$$

よって，$[H^+] < 1.0 \times 10^{-3}$，すなわち $pH > 3$ のとき沈殿する。

158 問1 SO_4^{2-}　問2 6.0×10^{-9}mol/L　問3 $4.0 \times 10^{-9} \times a$〔mol/L〕　問4 63%

解説 二クロム酸カリウム水溶液に水酸化カリウム水溶液を加えて塩基性にすると，クロム酸カリウム水溶液となる。

$$K_2Cr_2O_7 + 2KOH \longrightarrow 2K_2CrO_4 + H_2O$$ ➔無P.97

0.30mol/Lの$K_2Cr_2O_7$水溶液と0.60mol/LのKOH水溶液を1Lずつ混ぜて過不足なく反応させるとする。溶液AのK_2CrO_4のモル濃度は，

mol($K_2Cr_2O_7$)　mol(K_2CrO_4)

$$\frac{0.30\text{mol/L} \times 1\text{L} \times 2}{1\text{L} + 1\text{L}} = 0.30\text{mol/L}$$ となる。

溶液Aと0.80mol/L K_2SO_4水溶液を1Lずつ混合して2Lとし，これに蒸留水を加えて10Lとした5倍希釈溶液が溶液Bであり，SO_4^{2-}とCrO_4^{2-}のモル濃度は次のようになる。

$$[SO_4^{2-}] = \frac{0.80\text{mol/L} \times 1\text{L}}{10\text{L}} = 0.080\text{mol/L}$$

$$[CrO_4^{2-}] = \frac{0.30\text{mol/L} \times 1\text{L}}{10\text{L}} = 0.030\text{mol/L}$$

問1 $BaSO_4$と$BaCrO_4$は溶解度積の値が等しいので，最初の溶液中で$[SO_4^{2-}] > [CrO_4^{2-}]$だから，先に $SO_4^{2-} + Ba^{2+} \longrightarrow BaSO_4$ が起こる。

問2 溶液B 1Lに，$BaCl_2$水溶液を1L加えたとする。仮にBa^{2+}がすべて$BaSO_4$として沈殿したとすると，

	SO_4^{2-}	+ Ba^{2+}	$\longrightarrow$ $BaSO_4$	
反応前	0.080	0.040	0	〔mol〕
変化量	−0.040	−0.040	+0.040	〔mol〕
すべて沈殿	0.040	0	0.040	〔mol〕

このとき，濃度は $\begin{cases} [SO_4{}^{2-}]_{仮} = \dfrac{0.040\text{mol}}{1\text{L}+1\text{L}} = 0.020\text{mol/L} \\ [Ba^{2+}]_{仮} = 0\text{mol/L} \end{cases}$

ここに，1Lあたりx〔mol〕の$BaSO_4$が溶解し平衡状態になったとすると，

	$BaSO_4$ $\rightleftarrows$	Ba^{2+} +	$SO_4{}^{2-}$	
はじめ	十分量	0	0.020	〔mol/L〕
溶解量	$-x$	$+x$	$+x$	〔mol/L〕
平衡時	十分量	x	$0.020+x$	〔mol/L〕

$[Ba^{2+}][SO_4{}^{2-}] = K_{sp} = 1.2\times10^{-10}(\text{mol/L})^2$ に代入すると，

$x\times(0.020+x) = 1.2\times10^{-10}$

共通イオン効果から考えて，$x \ll 0.020$ なので，$0.020+x \fallingdotseq 0.020$ と近似できる。

$x\times0.020 = 1.2\times10^{-10}$

よって，$x = 6.0\times10^{-9}\text{mol/L}$

$[Ba^{2+}] = \underline{6.0\times10^{-9}\text{mol/L}}$ 　　$[SO_4{}^{2-}] \fallingdotseq 0.020\text{mol/L}$

問3　溶液B 1Lに$BaCl_2$水溶液$(a-1)$Lを加えて，a〔L〕の溶液になったとする。$BaCrO_4$の沈殿が生じはじめた点は，ちょうど $[Ba^{2+}][CrO_4{}^{2-}] = 1.2\times10^{-10}(\text{mol/L})^2$が成立したときとしてよい。

$$[CrO_4{}^{2-}] = \frac{0.030\text{mol/L}\times1\text{L}}{a\text{〔L〕}} = \frac{0.030}{a}\text{〔mol/L〕}$$ なので，

$$[Ba^{2+}] = \frac{1.2\times10^{-10}}{[CrO_4{}^{2-}]} = \frac{1.2\times10^{-10}}{\dfrac{0.030}{a}} = \underline{4.0\times10^{-9}\times a\text{〔mol/L〕}}$$

問4　先に沈殿した$BaSO_4$は，$BaSO_4 \rightleftarrows Ba^{2+} + SO_4{}^{2-}$ の溶解平衡にある。

$$[SO_4{}^{2-}] = \frac{1.2\times10^{-10}}{[Ba^{2+}]} = \frac{1.2\times10^{-10}}{4.0\times10^{-9}\times a} = \frac{0.030}{a}\text{〔mol/L〕}$$

となり，$BaSO_4$と$BaCrO_4$の溶解度積が同じ値なので$[CrO_4{}^{2-}]$に等しい。

$$沈殿した SO_4{}^{2-}の割合 = \frac{\overbrace{0.080\times1}^{最初の溶液B 1Lに含まれていたmol(SO_4{}^{2-})} - \overbrace{\dfrac{0.030}{a}\text{〔mol/L〕}\times a\text{〔L〕}}^{a〔L〕の溶液中に残ったmol(SO_4{}^{2-})}}{0.080\text{mol/L}\times1\text{L}} \quad \frac{\text{mol}(沈殿したSO_4{}^{2-})}{\text{mol}(すべてのSO_4{}^{2-})}$$

$$= \frac{5}{8} \xrightarrow{\times100} \fallingdotseq \underline{63\%}$$

159 問1　$2Ag^+ + CrO_4{}^{2-} \longrightarrow Ag_2CrO_4$

問2　$4.0\times10^{-12}(\text{mol/L})^3$

問3　(1) $1.2\times10^{-4}\text{mol/L}$　(2) 85%

解説　問1　$CrO_4{}^{2-}$がAg^+と沈殿をつくる。➜無P.77

問2　両対数のグラフ（図1）では軸の目盛りで1.0×10^nの次を2.0×10^n，その次を3.0×10^nと読む。(○)の破線の数値を読みとると，

$[CrO_4{}^{2-}] = 1.0\times10^{-4}$ mol/Lのときに $[Ag^+] = 2.0\times10^{-4}$ mol/L なので，

$K_{sp} = [Ag^+]^2[CrO_4{}^{2-}] = (2.0\times10^{-4})^2\,(\text{mol/L})^2\times1.0\times10^{-4}\,\text{mol/L}$

$= \underline{4.0\times10^{-12}\,(\text{mol/L})^3}$

問3 (1) 同様に(●)の破線を読みとると，$[Cl^-] = 3.0 \times 10^{-5}$ mol/Lのときに
$[Ag^+] = 6.0 \times 10^{-6}$ mol/L なので，

$$K_{sp} = [Ag^+][Cl^-] = 6.0 \times 10^{-6}\ \mathrm{mol/L} \times 3.0 \times 10^{-5}\ \mathrm{mol/L} = 1.8 \times 10^{-10}\ (\mathrm{mol/L})^2$$

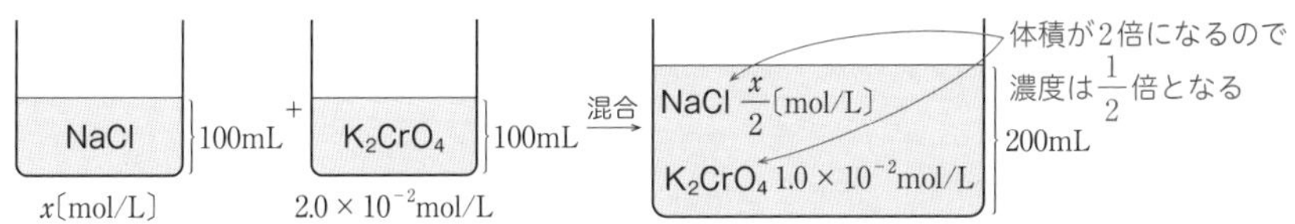

混合前のNaCl水溶液の濃度をx〔mol/L〕とおくと，混合後のそれぞれのイオン濃度は次のようになる。

$$NaCl \longrightarrow Na^+ + Cl^- \qquad \frac{x}{2}\quad \frac{x}{2}\quad \frac{x}{2}\ \text{〔mol/L〕}$$

$$K_2CrO_4 \longrightarrow 2K^+ + CrO_4^{2-} \qquad 1.0 \times 10^{-2}\quad 2.0 \times 10^{-2}\quad 1.0 \times 10^{-2}\ \text{〔mol/L〕}$$

右図のようなAgClが沈殿しはじめるとき，
$K_{sp} = [Ag^+][Cl^-]$ より，

$$1.8 \times 10^{-10} = 3.0 \times 10^{-6} \times \frac{x}{2}$$
〔(mol/L)²〕　〔mol/L〕　〔mol/L〕

よって，$x = 1.2 \times 10^{-4}$ mol/L

$$\left([Cl^-] = \frac{x}{2} = \frac{1.2 \times 10^{-4}}{2} = 6.0 \times 10^{-5}\ \mathrm{mol/L} \quad \cdots (※) \right)$$
（$[Cl^-]$：はじめ(混合後)）

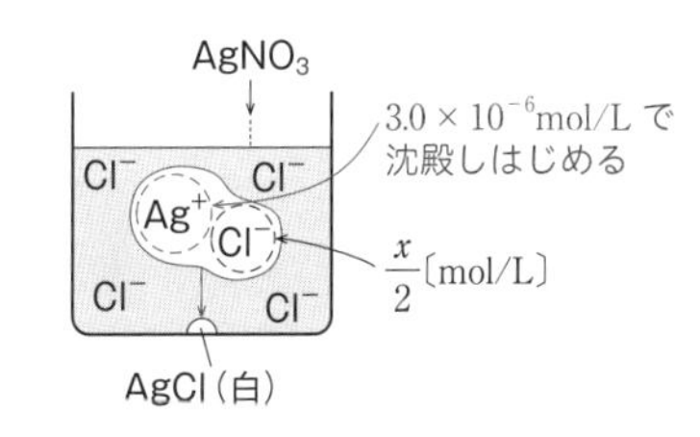

(2) 右図のようなAg_2CrO_4の暗赤色沈殿が生じはじめるときの$[Ag^+]$を求める。

$K_{sp} = [Ag^+]^2[CrO_4^{2-}]$ より，

$$4.0 \times 10^{-12} = [Ag^+]^2 \times 1.0 \times 10^{-2}$$
〔(mol/L)³〕　〔mol/L〕

よって，$[Ag^+] = 2.0 \times 10^{-5}$ mol/L

このとき溶液中に残っているCl^-の濃度は，

$K_{sp} = [Ag^+][Cl^-]$ より，

$$1.8 \times 10^{-10} = 2.0 \times 10^{-5} \times [Cl^-]$$
〔(mol/L)²〕　〔mol/L〕

よって，$[Cl^-] = 9.0 \times 10^{-6}$ mol/L

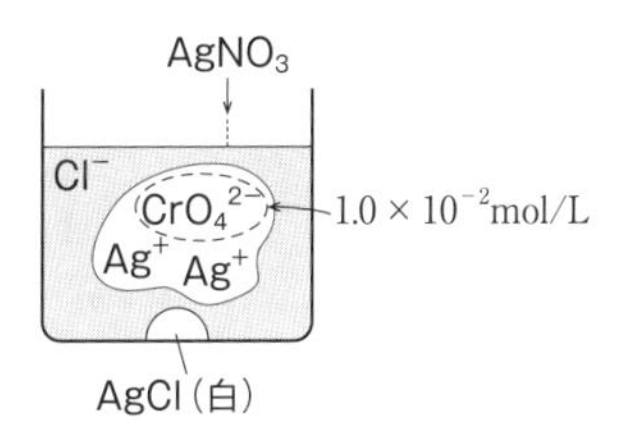

$AgNO_3$水溶液の滴下による体積変化は無視できると問題文に指示があるので，滴定前後で溶液の体積は一定としてよい。(1)の(※)より，

$$\frac{[Cl^-]_{沈殿}}{[Cl^-]_{はじめ}} \times 100 = \frac{\overbrace{6.0 \times 10^{-5}}^{はじめ} - \overbrace{9.0 \times 10^{-6}}^{溶液中に残っている}}{\underbrace{6.0 \times 10^{-5}}_{はじめ}} \times 100 = 85\ \%$$

第7章 無機化合物の分類・各種反応・イオン分析・気体の製法と性質

15 無機化合物の分類・各種反応

160 問1 ㋑　問2 ㋔

解説 問1 A：オゾンO_3は単体，残りは混合物

B：すべて混合物

C：すべて化合物

D：黒鉛Cは単体，残りは化合物

E：スクロース(ショ糖)$C_{12}H_{22}O_{11}$は化合物，残りは混合物

物質 { 純物質 { 単体 / 化合物 ; 混合物 }

問2 元素は特定の原子番号をもつ原子によって代表される性質を表す概念であり，単体は1種類の元素の原子のみでできた物質を指す。A，Eは元素の意味で，B，C，Dは単体の意味で使われている。

161 問1 (i) ③，④，⑥　(ii) ①，⑤　(iii) ②

問2 SO_3　化学反応式：$SO_3 + H_2O \longrightarrow H_2SO_4$

問3 MgO　化学反応式：$MgO + 2HCl \longrightarrow MgCl_2 + H_2O$

問4 ア：3　イ：1　ウ：2　問5 A：Fe_3O_4　B：Fe_2O_3　C：Fe_2O_3

解説 問1 一般に金属元素の酸化物は塩基性酸化物，非金属元素の酸化物は酸性酸化物である。→無P.33, 35 ただし，Al，Zn，Sn，Pb →無P.83, 134などの金属酸化物は，酸やNaOHなどの強塩基と反応するので両性酸化物という。

問2 ③ SO_3は水と反応してH_2SO_4(2価の強酸)を生じる。

④ P_4O_{10}に水を加えて加熱するとH_3PO_4が生じるが，H_3PO_4は3価の弱酸である。

⑥ SiO_2は水には溶けないが，高温では塩基と反応するので酸性酸化物に分類される。→無P.27, 35

問3 ①のMgOは水に溶けにくいが，塩酸に溶解し，塩化マグネシウムが生じる。

⑤のNa_2Oは水と反応し，NaOHが生じるので該当しない。

$$Na_2O + H_2O \longrightarrow 2NaOH$$ →無P.32

問4, 5 Aは磁鉄鉱などの主成分である四酸化三鉄$\underset{A}{Fe_3O_4}$(＝$\overset{II}{Fe}O \cdot \overset{III}{Fe_2}O_3$)で，

$Fe^{2+} : Fe^{3+} : O^{2-} = \underset{イ}{1} : \underset{ウ}{2} : 4$ の組成をもつ。→無P.142, 143

BとCは，Aに対し同じ割合で質量が変化することから，同じ組成式で表されるので，$\underset{B,\ C}{Fe_2O_3}$と考えられる。

$$4Fe_3O_4 + O_2 \longrightarrow 6Fe_2O_3$$

同じFe_2O_3でも，赤褐色のBと黒褐色のCは結晶構造が異なり，前者をα態，後者をγ態という。α態は赤鉄鉱の主成分であり，γ態は強磁性である。

162 問1　$Cl_2 + H_2O \rightleftarrows HCl + HClO$

問2　(1) $Cl_2O_7 + H_2O \longrightarrow 2HClO_4$

(2) 過塩素酸　(理由) 塩素の酸化数が大きいほど電子を強く引きつけて，水素イオンが電離しやすいから。

解説 問1　自己酸化還元反応によってClの酸化数が+1と−1に変化する。

$$\underset{0}{\underline{Cl}_2} + H_2O \rightleftarrows H\underset{-1}{\underline{Cl}} + H\underset{+1}{\underline{Cl}}O$$

問2 (1)

$$O{=}\overset{\overset{O}{\|}}{\underset{\underset{O}{\|}}{Cl}}{-}O{-}\overset{\overset{O}{\|}}{\underset{\underset{O}{\|}}{Cl}}{=}O + H{-}O{-}H \longrightarrow 2\ O{=}\overset{\overset{O}{\|}}{\underset{\underset{O}{\|}}{Cl}}{-}O{-}H$$

→無P.28

のようにCl−O−Cl結合の加水分解が起こる。

(2) 一般に化学式H_nXO_m(n, mは整数)のオキソ酸は，Xの電気陰性度が大きく，酸化数が大きい(mが多い)ほど，X−O−H結合の電子をXが強く引きつけるので，−O−HからH^+が電離しやすく，酸として強い。そこで，$H\underset{+7}{\underline{Cl}}O_4 > H\underset{+1}{\underline{Cl}}O$となる。

163 ア：Na　イ：Mg　ウ：Al　エ：Zn　オ：Ag　カ：Cu　キ：Fe

解説 一般にアルカリ金属→無P.116，アルカリ土類金属→無P.126，Al→無P.134，Ti，スカンジウムScの単体は，密度が小さく軽金属とよばれる。これら以外の金属は密度が大きく，重金属という。

ア：冷水と反応してH_2が発生するのはNaである。

$$2Na + 2H_2O \longrightarrow H_2 + 2NaOH$$

イ：冷水とは反応せず，熱水と反応するのはMgである。

$$Mg + 2H_2O \longrightarrow H_2 + Mg(OH)_2$$

ウ：軽金属で濃硝酸には不動態を形成して溶けないのはAlである。

エ：両性金属であり，NaOH水溶液にも濃硝酸にも溶けるのはZnである。→無P.83

オ：Agは金属の単体のうち，電気や熱の伝導性が最大である。→無P.148

カ：赤味を帯びた金属なのでCuである。

キ：Feは重金属であり→無P.142，濃硝酸には不動態を形成して溶けない。

164 問1　A：1　E：2

問2　C：$CaCO_3$　D：CaO　G：MgO

問3　B→C：一酸化炭素　C→D：二酸化炭素

解説 問1　Aを$(COO)_2Ca\cdot xH_2O$，Eを$(COO)_2Mg\cdot yH_2O$とする。100℃から250℃の間はH_2Oの脱離が起こったので，Bは$(COO)_2Ca$，Fは$(COO)_2Mg$となる。よって質量の変化と式量の変化が一致するので，

$$\frac{(COO)_2Ca}{(COO)_2Ca\cdot xH_2O} = \frac{0.88\ g}{1.00\ g} = \frac{128}{128+18x} \quad \cdots(1)$$

式量の比

$$\frac{(COO)_2Mg}{(COO)_2Mg\cdot yH_2O} = \frac{0.76\ g}{1.00\ g} = \frac{112}{112+18y} \quad \cdots(2)$$

(1)式より$x \fallingdotseq 1$，

(2)式より$y \fallingdotseq 2$

問2, 3　B→C→D の質量変化より，

$$\begin{cases} \text{Cの式量} = 128 \times \dfrac{0.68}{0.88} \fallingdotseq 99 \\ \text{Dの式量} = 128 \times \dfrac{0.38}{0.88} \fallingdotseq 55 \end{cases}$$

（128：Bの式量）

$CaCO_3$の式量＝100，CaOの式量＝56 なので，計算結果とほぼ一致する。よって，

$$\begin{cases} (COO)_2Ca \longrightarrow \underline{CaCO_3}_{\,C} + \underline{CO}\uparrow_{\text{問3}} \\ CaCO_3 \longrightarrow \underline{CaO}_{\,D} + \underline{CO_2}\uparrow_{\text{問3}} \end{cases}$$

が起こったと判断できる。

F→Gの質量変化より，

$$\text{Gの式量} = 112 \times \frac{0.27}{0.76} \fallingdotseq 40$$

（112：Fの式量）

MgOの式量＝40 に一致する。よって，

$(COO)_2Mg \longrightarrow \underline{MgO}_{\,G} + CO\uparrow + CO_2\uparrow$　が起こったと判断できる。

165 7

解説　$Al(OH)_3$(固)と平衡状態にある溶液中のAl^{3+}が$[Al(H_2O)_m(OH)_n]^{(3-n)+}$として存在している。図より$[Al(H_2O)_3(OH)_3]$の濃度は$10^{-4}$mol/Lで一定であるから，$[Al(H_2O)_6]^{3+}$，$[Al(H_2O)_5(OH)]^{2+}$，$[Al(H_2O)_4(OH)_2]^{+}$，$[Al(H_2O)_2(OH)_4]^{-}$の濃度の和が最も小さくなるpHを図から探せばよい。pH7で錯イオンの合計濃度が最も低くなっている。

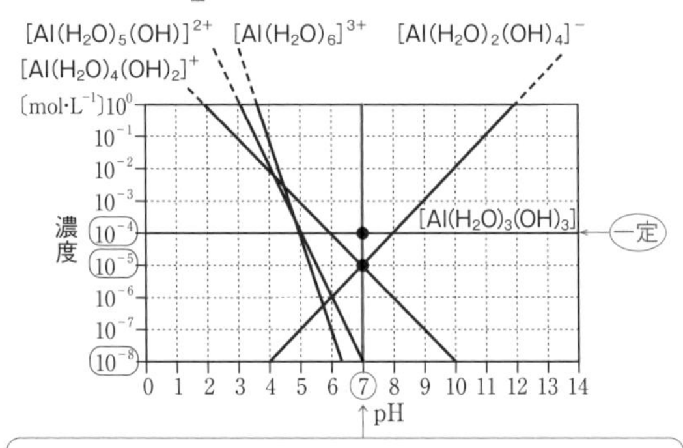

16 イオンの反応と分析・気体の製法と性質

166 問1　(a) ○　(b) ×　(c) ○　(d) ×　(e) ○
問2　(a) ×　(b) ○　(c) ○　(d) ×　(e) ×

解説　問1, 2　代表的な金属イオンと塩基の反応を次ページに示す。

	NaOH水溶液		アンモニア水	
	少量	過剰	少量	過剰
Ag^+	Ag_2O↓褐色	Ag_2O↓	Ag_2O↓	$[Ag(NH_3)_2]^+$
(a) Al^{3+}	$Al(OH)_3$↓白色	$[Al(OH)_4]^-$	$Al(OH)_3$↓	$Al(OH)_3$↓
(b) Cu^{2+}青色	$Cu(OH)_2$↓青白色	$Cu(OH)_2$↓	$Cu(OH)_2$↓	$[Cu(NH_3)_4]^{2+}$深青色
(c) Zn^{2+}	$Zn(OH)_2$↓白色	$[Zn(OH)_4]^{2-}$	$Zn(OH)_2$↓	$[Zn(NH_3)_4]^{2+}$
(d) Fe^{3+}黄褐色	*水酸化鉄(Ⅲ)↓赤褐色	*水酸化鉄(Ⅲ)↓	*水酸化鉄(Ⅲ)↓	*水酸化鉄(Ⅲ)↓
(e) Pb^{2+}	$Pb(OH)_2$↓白色	$[Pb(OH)_4]^{2-}$	$Pb(OH)_2$↓	$Pb(OH)_2$↓

＊水酸化鉄(Ⅲ)は組成が複雑で，単純な組成式では表せない。

167 a：非共有　b：錯イオン　c：4　d：$[Cu(NH_3)_4]^{2+}$
ア：1.7×10^{-5}　イ：6.9×10^{-2}

解説　a～d：間違えた人は，錯イオンの基本事項を復習しておくこと。➔無P.80～83

ア：飽和水溶液1LあたりAgClがx〔mol〕溶けているとすると，

$[Ag^+]=[Cl^-]=x$ なので，(3)式より，➔理P.356～359

$x^2=2.8\times10^{-10}$

よって，$x=\sqrt{2.8}\times10^{-5}\fallingdotseq\underline{1.7\times10^{-5}}$

イ：1.0mol/LのNH₃水1LあたりAgClがy〔mol〕溶けているとする。AgCl由来のAg^+は，Ag^+あるいは$[Ag(NH_3)_2]^+$として溶液中に存在するから，

y〔mol〕　合計y〔mol〕
Cl^-　Ag^+　NH_3　$[Ag(NH_3)_2]^+$
AgCl

$$\begin{cases} y=[Ag^+]+[[Ag(NH_3)_2]^+] & \cdots① \\ y=[Cl^-] & \cdots② \end{cases}$$

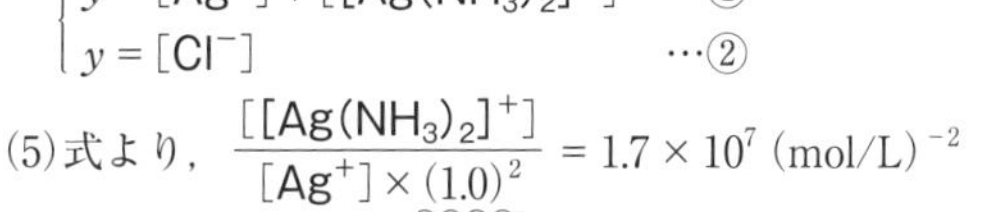

(5)式より，$\dfrac{[[Ag(NH_3)_2]^+]}{[Ag^+]\times\underset{[NH_3]=1.0\mathrm{mol/L}}{\underbrace{(1.0)^2}}}=1.7\times10^7\ (\mathrm{mol/L})^{-2}$

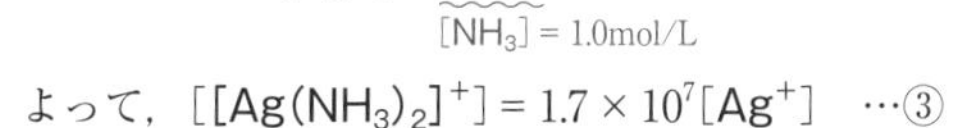

よって，$[[Ag(NH_3)_2]^+]=1.7\times10^7[Ag^+]$　…③

③式を①式に代入すると，

$y=[Ag^+]+1.7\times10^7[Ag^+]=(\underset{\text{無視してよい}}{1}+1.7\times10^7)[Ag^+]\fallingdotseq1.7\times10^7[Ag^+]$

よって，$[Ag^+]=\dfrac{y}{1.7\times10^7}$　…④

②式，④式を(3)式に代入すると，

$$\frac{y}{1.7\times10^7}\times y=2.8\times10^{-10}$$

よって，$y=\sqrt{2.8\times10^{-10}\times1.7\times10^7}=\sqrt{2.8}\times10^{-5}\times\sqrt{17}\times10^3\fallingdotseq\underline{6.9\times10^{-2}}$

168 (1) $Mg(OH)_2$　(2) $PbSO_4$　(3) $BaSO_4$　(4) CrO_4^{2-}　(5) $[Al(OH)_4]^-$
(6) $[Zn(NH_3)_4]^{2+}$

解説　(1)　水に溶けにくい白色の水酸化物は，$Zn(OH)_2$，$Al(OH)_3$，$Mg(OH)_2$，$Pb(OH)_2$である。➔無P.74, 75 過剰の水酸化ナトリウム水溶液に溶けないので両性水酸化物ではないことから$\underline{Mg(OH)_2}$と決まる。

(2)　$Pb(OH)_2$は両性水酸化物で，強塩基性水溶液に溶ける。$\underline{PbSO_4}$は水に難溶である。

(3)　SO_4^{2-}はCa^{2+}，Sr^{2+}，Ba^{2+}，Pb^{2+}と沈殿をつくる。(2)がPb^{2+}なので，$\underline{BaSO_4}$と決まる。

(4)　水酸化物の色から$Cr(OH)_3$と決まる。両性水酸化物なので，強塩基性では溶解する。

$$Cr(OH)_3(\text{灰緑色}) + OH^- \longrightarrow [Cr(OH)_4]^-(\text{濃緑})$$

過酸化水素を加えると酸化され，黄色の$\underline{CrO_4^{2-}}$が生じる。

$$\begin{cases} [Cr(OH)_4]^- \longrightarrow CrO_4^{2-} + 3e^- + 4H^+ & \cdots① \\ H_2O_2 + 2H^+ + 2e^- \longrightarrow 2H_2O & \cdots② \end{cases}$$

①×2＋②×3でe^-を消去する。

$$2[Cr(OH)_4]^- + 3H_2O_2 \longrightarrow 2CrO_4^{2-} + 6H_2O + 2H^+$$

H^+は塩基性では中和され水になることを考慮して，両辺に$2OH^-$を加えて整理する。

$$2[Cr(OH)_4]^- + 3H_2O_2 + 2OH^- \longrightarrow 2CrO_4^{2-} + 8H_2O$$

(5)　両性水酸化物$Zn(OH)_2$，$Al(OH)_3$のうち，NH_3水に溶解しないのは，$Al(OH)_3$である。NaOH水溶液には，次のような反応が起こり，溶解する。➔無P.82, 83

$$Al(OH)_3 + OH^- \longrightarrow \underline{[Al(OH)_4]^-}$$

(6)　$Zn(OH)_2$は，NaOH水溶液，NH_3水ともに溶解する。

$$\begin{cases} Zn(OH)_2 + 2OH^- \longrightarrow [Zn(OH)_4]^{2-} \\ Zn(OH)_2 + 4NH_3 \longrightarrow \underline{[Zn(NH_3)_4]^{2+}} + 2OH^- \end{cases}$$

169　問1　a：2　b：2　c：8　d：2　e：2　A：$[CoCl(NH_3)_5]Cl_2$

問2　2価　構造

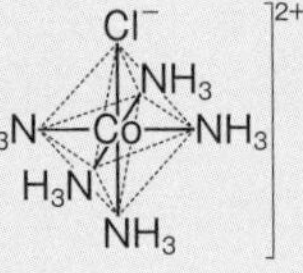

問3　化合物名：塩化銀　質量：2.9g

問4

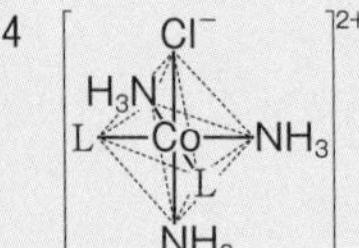

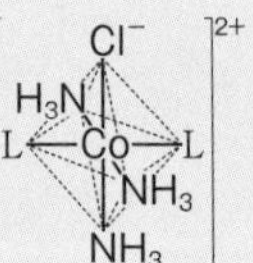

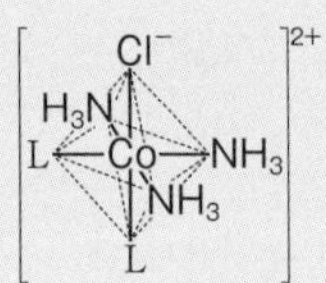

解説　塩化物イオンCl^-は非共有電子対をもち，配位子になりうる。➔無P.80　Co 1つに対してNH_3 5分子とCl^- 3つの組成で化合物をつくっていて，Coの配位数が6であることから，3つのCl^-のうち，1つが配位子，残り2つが2価の正電荷をもつ錯イオンとイオン結合を形成しているとわかる。

問1　NH_3＋NH_4Cl水溶液中で，Co^{2+}にNH_3やCl^-を配位結合させ，H_2O_2によって，錯イオンの中心のCo^{2+}をCo^{3+}へと酸化している。

$$\begin{cases} \text{酸化剤}\quad H_2O_2 + 2H^+ + 2e^- \longrightarrow 2H_2O & \cdots(1) \\ \text{還元剤}\quad Co^{2+} \longrightarrow Co^{3+} + e^- & \cdots(2) \end{cases}$$

(1)式＋(2)式×2より，e^-を消去する。

$$2Co^{2+} + 2H^+ + H_2O_2 \longrightarrow 2Co^{3+} + 2H_2O$$

両辺に$10NH_3$，$6Cl^-$を加えて整理する。

$$2CoCl_2 + 2HCl + 10NH_3 + H_2O_2 \longrightarrow 2[CoCl(NH_3)_5]Cl_2 + 2H_2O$$

⇓　$2HCl + 2NH_3 \longrightarrow 2NH_4Cl$　とする

$$\underset{a}{\underline{2}}CoCl_2 + \underset{b}{\underline{2}}NH_4Cl + \underset{c}{\underline{8}}NH_3 + H_2O_2 \longrightarrow \underset{d}{\underline{2}}\underset{A}{\underline{[CoCl(NH_3)_5]Cl_2}} + \underset{e}{\underline{2}}H_2O$$

問2　Co^{3+}にNH_3 5分子とCl^-1つが配位結合しているので，$\underline{2価}$である（$[CoCl(NH_3)_5]^{2+}$）。

八面体の中心にCoを配置し，どれか1つの頂点にCl^-をおけば，残り5つの頂点はNH_3の位置となる。

問3　Aの式量は $58.9 + 17.0 \times 5 + 35.5 \times 3 = 250.4$ となる。Aを水に溶かすと，

$$[CoCl(NH_3)_5]Cl_2 \xrightarrow{水} [CoCl(NH_3)_5]^{2+} + 2Cl^-$$

と電離する。このとき生じたCl^-が，Ag^+を加えるとAgClとして沈殿する。

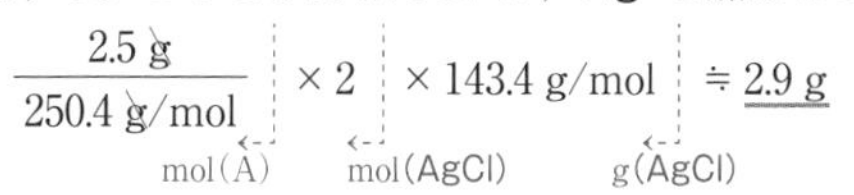

$$\frac{2.5\ \text{g}}{250.4\ \text{g/mol}} \times 2 \times 143.4\ \text{g/mol} \fallingdotseq \underline{2.9\ \text{g}}$$

問4　$[CoCl(NH_3)_3L_2]^{2+}$の配位子の位置は，次のように1個のCl^-および2個のLの位置を先に決めれば，八面体の残り3つの頂点がNH_3の入る位置になる。

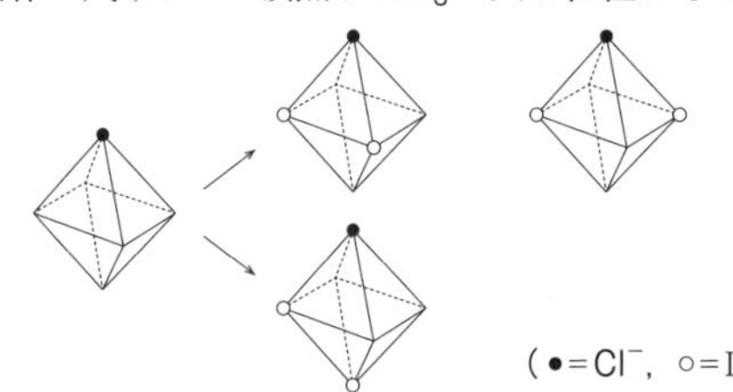

（●＝Cl^-，○＝L）

170　問1　AgCl　問2　1.41×10^{-1}g
問3　色：黒　化学反応式：$2AgCl \longrightarrow 2Ag + Cl_2$
問4　$AgCl + 2Na_2S_2O_3 \longrightarrow Na_3[Ag(S_2O_3)_2] + NaCl$
問5　鉄(Ⅲ)イオンがチオシアン酸イオンと錯イオンを形成したから。

解説　問1　試料水に含まれるCl^-が加えたAg^+と反応し，AgClの沈殿が生じた。➔無P.76

問3　AgClは感光性があるため，光を当てるとAgが生じ黒くなる。➔無P.96

問4　Ag^+はチオ硫酸イオン$S_2O_3{}^{2-}$と錯イオンを形成する。➔無P.83，別冊P.29 120

$$Ag^+ + 2S_2O_3{}^{2-} \longrightarrow [Ag(S_2O_3)_2]^{3-}$$

化学反応式に直す場合は，両辺にNa^+ 4個，Cl^- 1個を足して整理する。

問2, 5　Cl^-に十分量のAg^+を加えてAgClとして沈殿させ，ろ過している。

Fe^{3+}を指示薬とし，ろ液中に残ったAg^+にSCN^-を加えて，

$$Ag^+ + SCN^- \longrightarrow AgSCN\downarrow$$

の当量点をわずかに過ぎると，$[Fe(SCN)]^{2+}$の錯イオンが生じ血赤色を呈す。➔無P.92

この実験での物質量の関係は，Ag^+に注目すると次式が成立しているとしてよい。

n(全Ag^+) ＝ n(AgCl) ＋ n(AgSCN)
＝ n(試料水中のCl^-) ＋ n(滴下したKSCN)

全Ag^+
Cl^- → AgCl↓　　SCN^- → AgSCN↓

AgClの式量 ＝ 143.5,
n(AgCl) ＝ n(全Ag^+) － n(滴下したKSCN)　なので，

$$\left(0.100 \times \frac{15.00}{1000} - 0.100 \times \frac{5.20}{1000}\right) \times 143.5\ \text{g/mol} \fallingdotseq \underline{1.41 \times 10^{-1}\ \text{g}}$$

mol(全Ag^+)　mol(SCN^-)
mol(AgCl)　g(AgCl)

171 問1 ⓑ　化学式：NH_3, NH_4Cl　理由：強塩基性にすると銅(Ⅱ)イオンが水酸化銅(Ⅱ)として沈殿する。強酸性にするとEDTAが遊離してキレート形成能力が低下するので，ⓐとⓒの溶液は不適当である。
問2 6.8×10^{-2}mol/L　問3 0.17g

解説 カニがハサミで餌をつかむように，配位子が複数の部位で金属イオンと結合してできた錯体をキレート錯体という。エチレンジアミン四酢酸イオンとCu^{2+}からなるキレート錯体CuY^{2-}は右のような構造をもつ。

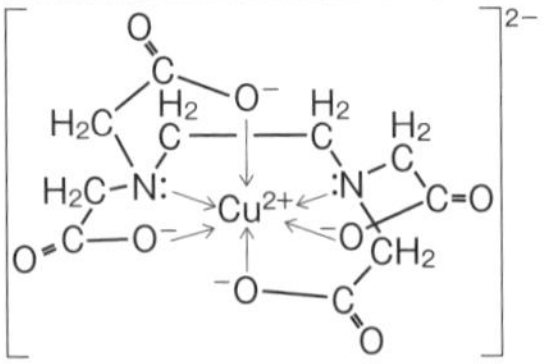

問1 強塩基性では，Cu^{2+}が$Cu(OH)_2$として沈殿する。強酸性では，EDTAが弱酸遊離反応によって，主にH_4Yの形で存在するので，キレート形成能力が低下する。そこで弱塩基性の緩衝液ⓑを選ぶ。

問2 Na_2H_2Y 1molからH_2Y^{2-}が1mol生じ，Cu^{2+} 1molと反応する。

$$[Cu^{2+}]\times\underbrace{\frac{30.0}{1000}}_{mol(Cu^{2+})}=\underbrace{0.040\text{mol/L}\times\frac{51.0}{1000}}_{mol(Na_2H_2Y)=mol(H_2Y^{2-})}$$

よって，$[Cu^{2+}]=\underline{6.8\times10^{-2}\text{mol/L}}$

問3
$$\underbrace{\underbrace{6.8\times10^{-2}\times\frac{40}{1000}}_{mol(Cu^{2+})}\times63.5\text{g/mol}}_{g(Cu^{2+})}\fallingdotseq\underline{0.17\text{g}}$$

172 問1 ㋓　問2 ㋑　問3 ㋒　問4 ㋑　問5 ㋒　問6 ㋐　問7 ㋓
問8 ㋑

解説 問1 Ca^{2+}はアンモニア塩基性では沈殿しにくいが，他のイオンは水酸化物が沈殿する。Zn^{2+}，Cu^{2+}，Ni^{2+}はアンモニア分子の濃度が大きい溶液中では錯イオンを形成するので，水酸化物の沈殿が再溶解する。➔無P.74, 83

問2 SO_4^{2-}と沈殿を生じるイオンはPb^{2+}である。➔無P.76

問3

$$Ag^+\xrightarrow{\text{塩基性}}Ag_2O\downarrow\begin{cases}\xrightarrow[\text{十分}]{NH_3}[Ag(NH_3)_2]^+\\ \xrightarrow[\text{十分}]{NaOH}Ag_2O\downarrow\text{(褐色)}\end{cases}$$

➔無P.74 ➔無P.93

問4 Cl^-と沈殿を生じるイオンはAg^+である。➔無P.76, 93

問5 S^{2-}と中性・塩基性でのみ沈殿を生じるイオンはFe^{2+}である。➔無P.75

問6 $Ag^+\xrightarrow{H_2S}Ag_2S\downarrow\text{(黒)}\xrightarrow[\text{十分}]{KCN}[Ag(CN)_2]^-$ ➔無P.83

問7 Ba^{2+}はOH^-とは沈殿しにくいが，SO_4^{2-}とは沈殿をつくる。
（$Ba(OH)_2$は強塩基）

問8 Ag^+と白色の沈殿を生じるのはCl^-である。➔無P.96, 97

173 ア：② イ：⑤ ウ：⑧ （ア～ウは順不同）

解説 解答群に与えられた金属イオンを次のように6つのグループに整理する。➔無P.94

グループ	操作	起こる現象	対応する金属イオン
(1)	(i)	Cl^-と沈殿	Ag^+, Pb^{2+}
(2)	(ii)	S^{2-}(酸性下)と沈殿	Cu^{2+} ← CuSは黒色
(3)	(iii)	OH^-(アンモニア塩基性)と沈殿	Al^{3+}, Fe^{3+} ← $Al(OH)_3$は白色
(4)	(iv)	S^{2-}(塩基性下)と沈殿	Mn^{2+}, Zn^{2+} ← MnSは淡桃色
(5)	(vi)	CO_3^{2-}と沈殿	Ca^{2+}, Ba^{2+} ← 炎色反応は黄緑色
(6)	(viii)	上記の操作で沈殿しない	Na^+

沈殿や炎色反応の色の情報から，沈殿B＝CuS，沈殿D＝$Al(OH)_3$，沈殿F＝MnS，沈殿I＝$BaCO_3$ とわかる。

174 問1 （ア）NO_2，④ （イ）NH_3，③ （ウ）Cl_2，① （エ）H_2S，⑤ （オ）HCl，②

問2 図1：（イ） 図2：（ア），（エ）

問3 表面にち密な酸化被膜を形成し，溶けない。

解説 問1 （ア） $Cu + 4HNO_3 \longrightarrow 2NO_2 + Cu(NO_3)_2 + 2H_2O$

（イ） $2NH_4Cl + Ca(OH)_2 \longrightarrow 2NH_3 + 2H_2O + CaCl_2$

（ウ） $MnO_2 + 4HCl \longrightarrow Cl_2 + MnCl_2 + 2H_2O$

（エ） $FeS + H_2SO_4 \longrightarrow H_2S + FeSO_4$

（オ） $NaCl + H_2SO_4 \longrightarrow HCl + NaHSO_4$

（ア） NO_2は赤褐色の気体で，水に溶けて次の反応が起こり，水溶液は強い酸性を示す。

$$3NO_2 + H_2O \longrightarrow 2HNO_3 + NO$$

（イ） NH_3は塩基性の気体で，湿った赤色リトマス紙を青変する。

（ウ） Cl_2は黄緑色の気体で，次のような反応によってヨウ化カリウムデンプン紙を青紫色に変える。

$$\begin{cases} Cl_2 + 2I^- \longrightarrow I_2 + 2Cl^- \\ I_2 + \text{デンプン} \longrightarrow \text{青紫色} \end{cases}$$

（エ） H_2Sは酢酸鉛(Ⅱ)水溶液をしみ込ませたろ紙を黒変させる。

$$H_2S + Pb^{2+} \longrightarrow PbS\downarrow(\text{黒}) + 2H^+$$

（オ） HClはNH_3と反応し，NH_4Clの白煙が生じる。

$$HCl + NH_3 \longrightarrow NH_4Cl$$

問2 図1：上方置換で捕集するのはNH_3である。よって，（イ）。

図2：固体と液体を混ぜ，加熱せずに気体が発生するのは（ア）と（エ）である。

問3 アルミニウムは，濃硝酸には不動態を形成するため溶けない。➔無P.57

175 問1　B：塩化水素を水に溶かして除去する。
C：水蒸気を濃硫酸に吸収させて除去する。
問2　㋑　理由：塩素は水によく溶け，空気より密度が大きいから。
問3　反応1では塩化水素に対して酸化剤として働く。反応2では過酸化水素の分解反応の触媒として働く。

解説　問1, 2　$MnO_2 + 4HCl \longrightarrow Cl_2\uparrow + MnCl_2 + 2H_2O$ ➔無P.104 の反応が起こる。ここで発生する気体にはCl_2以外に濃塩酸から揮発したHClやH_2Oも含まれる。HClは水によく溶けるのでBで取り除かれる。なお，Cl_2は共存するHClによって，次の平衡が左へ移動するので，Bでは溶けにくい。

$$Cl_2 + H_2O \rightleftarrows HCl + HClO$$ ➔無P.110

（左へ）

H_2OはCで濃硫酸に吸収させ，乾燥したCl_2を下方置換（問2）で捕集する。➔無P.113

問3　MnO_2は，（反応1）では酸化剤，（反応2）$2H_2O_2 \longrightarrow O_2 + 2H_2O$ では触媒として働いている。➔無P.103

第8章 金属元素

17 1族・2族・13族

176 1つ

解説 ① 塩化物の溶融塩電解によってつくられる。正しい。

② 水に溶かすと次のような反応が起こり，溶液は塩基性を示す。正しい。

$$Na_2O + H_2O \longrightarrow 2NaOH$$

③ NaOHの固体は潮解性をもつ。正しい。

④ $NaHCO_3$は酸性塩に分類されるが，水溶液は弱塩基性を示す。誤り。➔理P.146

⑤ アルカリ金属の単体は水や空気中の酸素と反応するため，灯油(石油)中に保存する。正しい。

よって，④のみが誤りである。

177 1：ⓐ　2：ⓕ　3：ⓕ　4：ⓐ　5：ⓓ

解説 1, 2：アルカリ金属の単体の結晶は，すべて体心立方格子をとる。➔理P.97

原子番号が大きいほど，原子半径が増大し，単位体積あたりの自由電子数が低下して金属結合が弱くなるため，反応性は高く，融点は低くなる。

そこで，反応性は Li＜Na＜K (1) の順に，融点は K＜Na＜Li (2) の順に高くなる。

3：第一イオン化エネルギーは，原子番号が大きいほど最外電子殻の電子を引きつける力が弱くなるため，K＜Na＜Li の順に大きくなる。➔理P.46

4：陽イオンの半径は，最外電子殻がより外側にあるほうが大きいので，Li＜Na＜K の順に大きくなる。

5：金属のイオン化傾向は，単体が水溶液中で陽イオンになろうとする性質である。➔無P.57
標準電極電位の値をもとに序列を決めていて➔理P.215, 216，Na＜K＜Li の順にイオン化傾向は大きくなる。➔理P.213, 無P.57

178 イオン半径が小さいほど電荷密度が大きく，より多くの水分子を引きつけた水和イオンになり，水和水を含めたイオンの半径は大きくなるから。

解説 イオン半径㊦⇒表面積㊦⇒電荷密度㊤⇒イオンが引きつける水分子数㊥⇒水和イオンの半径㊤⇒水中での移動速度㊦

179 ②

解説

$$\begin{cases} \text{陰極} \quad 2H_2O + 2e^- \longrightarrow H_2 + 2OH^- & \cdots(1) \\ \text{陽極} \quad 2Cl^- \longrightarrow Cl_2 + 2e^- & \cdots(2) \end{cases}$$

(1)式＋(2)式より，$2Cl^- + 2H_2O \longrightarrow H_2 + Cl_2 + 2OH^-$

両辺に$2Na^+$を加えて整理する。

$$2NaCl + 2H_2O \longrightarrow H_2 + Cl_2 + 2NaOH \quad \cdots(3)$$

(1)式，(2)式，(3)式より，全体ではe^- 2molが流れると，H_2とCl_2が1molずつ生じ，陰極側で2molのNaOHが生成したことがわかる。

よって，流れたe^-の物質量と生成したNaOH(式量40)の物質量は等しいので，流れた電流をi〔A〕とすると，

$$\frac{\overset{C/s}{i} \times \overset{s}{3600}\ 〔C〕}{9.65 \times 10^4\ C/mol}\ (mol(e^-)) = \frac{2.00\ g}{40\ g/mol}\ (mol(NaOH))$$

よって，$i \fallingdotseq$ 1.34 A

180 問1　③　問2　$Ca(OH)_2$

問3　(ア) $NaCl + H_2O + NH_3 + CO_2 \longrightarrow NaHCO_3 + NH_4Cl$

(イ) $2NaHCO_3 \longrightarrow Na_2CO_3 + CO_2 + H_2O$

問4　50%

問5　3.7 × 10L

解説　問1～3

反応(エ)：$CaCO_3 \longrightarrow CaO + CO_2$ …(1)

反応(ア)：$NaCl + H_2O + NH_3 + CO_2 \longrightarrow NaHCO_3 + NH_4Cl$ (問3) …(2)

反応(オ)：$CaO + H_2O \longrightarrow Ca(OH)_2$ (問2) …(3)

反応(イ)：$2NaHCO_3 \longrightarrow Na_2CO_3 + CO_2 + H_2O$ (問3) …(4)

反応(ウ)：$2NH_4Cl + Ca(OH)_2 \longrightarrow 2NH_3 + 2H_2O + CaCl_2$ …(5)

塩化ナトリウム飽和水溶液にアンモニアと二酸化炭素を吹き込むと，生成する塩のうち，相対的に溶解度(問1)が小さい炭酸水素ナトリウムが沈殿する。

問4　(1)式，(2)式，(4)式の化学反応式の係数に注目する。

石灰石$CaCO_3$ →反応(エ)→ (A)CO_2 →反応(ア)→ 炭酸水素ナトリウム$NaHCO_3$ →反応(イ)→ (A)CO_2 (回収→(A)CO_2)

係数：1 →(1)式→ 1；1 →(2)式→ 1；2 →(4)式→ 1

反応(エ)によるCO_2をa〔mol〕，反応(イ)によるCO_2をb〔mol〕とする。このb〔mol〕のCO_2が回収され，定常的に反応(ア)に使用されているから，

$$\underbrace{(a+b)}_{\text{反応(ア)で使用される mol}(CO_2)} \times \frac{1\ mol(NaHCO_3)}{1\ mol(CO_2)} \times \frac{1\ mol(CO_2)}{2\ mol(NaHCO_3)} = \underbrace{b}_{\text{反応(イ)で生じる mol}(CO_2)}$$

よって，$a = b$ (代入)

求める割合は，$\dfrac{a}{a+b} \times 100 =$ 50 %

問5　(1)式＋(2)式×2＋(3)式＋(4)式＋(5)式 より，NH_3とCO_2などを消去すると，全体の化学反応式が得られる。

$2NaCl + CaCO_3 \longrightarrow Na_2CO_3 + CaCl_2$

求める体積をx〔L〕とすると，

$$\frac{x \times 10^3\ \text{cm}^3(\text{溶液}) \times 1.2\ \text{g/cm}^3 \times \frac{26.5}{100}}{58.5\ \text{g/mol}} \times \frac{1\ \text{mol}(Na_2CO_3)}{2\ \text{mol}(NaCl)} = \frac{10.6 \times 10^3\ \text{g}}{106\ \text{g/mol}}$$

（g(溶液)，g(NaCl)，mol(NaCl)，mol(Na_2CO_3)）

よって，$x \fallingdotseq$ 3.7 × 10 L

181 問1　A：マグネシウム　C：ストロンチウム

問2　色：白色　化学式：$BaSO_4$

問3　黄緑色

解説 問1　アルカリ土類金属は，Be，Mg（A），Ca，Sr（C），Ba（B），Ra である。

問2　$Ba(OH)_2 + H_2SO_4 \longrightarrow BaSO_4\downarrow(白) + 2H_2O$　が起こる。

→無P.76

問3　BeとMgを除くアルカリ土類金属が示す炎色反応は次のとおり。

元素	Ca	Sr	Ba	Ra
炎色	橙赤	紅	黄緑	洋紅

182 $2Mg + CO_2 \longrightarrow 2MgO + C$

働き：酸化剤

解説 ドライアイスは二酸化炭素CO_2の固体である。Mgはイオン化傾向が大きく，CO_2を炭素Cへと還元する。このときMgは酸化され，MgO(白色)が生じる。

還元剤：$Mg \longrightarrow Mg^{2+} + 2e^-$　…①

酸化剤：$\underset{+4}{CO_2} + 4e^- \longrightarrow \underset{0}{C} + 2O^{2-}$　…②

①×2＋②より，$2Mg + CO_2 \longrightarrow 2MgO + C$ →無P.128

183 問1　ア：$Ca(OH)_2$　イ：CaO　ウ：$CaCl_2$

問2　(a) $Ca + 2H_2O \longrightarrow Ca(OH)_2 + H_2$

(b) $Ca(OH)_2 + CO_2 \longrightarrow CaCO_3 + H_2O$

(c) $CaCO_3 + H_2O + CO_2 \longrightarrow Ca(HCO_3)_2$

(d) $CaCO_3 \longrightarrow CaO + CO_2$

(e) $CaC_2 + 2H_2O \longrightarrow Ca(OH)_2 + C_2H_2$

解説 問1, 2　(a)　カルシウムは常温の水と次のように反応する。→無P.128

$Ca + 2H_2O \longrightarrow \underset{ア}{Ca(OH)_2} + H_2$

(b), (c)　$Ca(OH)_2 \xrightarrow{CO_2} \underset{(溶解度小)}{CaCO_3\downarrow} \xrightarrow{CO_2} \underset{(溶解度大)}{Ca(HCO_3)_2}$ →無P.129

(d)　炭酸カルシウムを加熱すると，酸化物が生じる。→無P.128

$CaCO_3 \longrightarrow \underset{イ}{CaO} + CO_2$

(e)　炭化カルシウムCaC_2は，生石灰とコークスを高温に加熱すると得られる。

$CaO + 3C \longrightarrow CaC_2 + CO\uparrow$

CaC_2に水を加えるとアセチレンC_2H_5が発生する。→有P.93

184 $\begin{cases} CaCO_3 + CO_2 + H_2O \longrightarrow Ca(HCO_3)_2 \\ Ca(HCO_3)_2 \longrightarrow CaCO_3 + CO_2 + H_2O \end{cases}$

解説 石灰岩質の地層が空気中の二酸化炭素を含んだ雨水や地下水に浸食されることで，鍾乳洞が形成される。

$$CaCO_3 + CO_2 + H_2O \longrightarrow Ca(HCO_3)_2$$

炭酸水素カルシウム水溶液から二酸化炭素が出ていくと，上の逆反応が進んで，再び水に難溶な炭酸カルシウムが生じる。

$$Ca(HCO_3)_2 \longrightarrow CaCO_3 + CO_2 + H_2O$$

これにより，天井からつらら状の鍾乳石や地面からタケノコ状の石筍が形成される。

185 問1 ア：溶融塩電解(融解塩電解)　イ：陰　ウ：陽　エ：一酸化炭素(CO)
オ：二酸化炭素(CO_2)　カ：テルミット　キ：水素(H_2)　ク：両性金属
(エ，オは順不同)

問2 (a) 陽極 $C + O^{2-} \longrightarrow CO + 2e^-$, $C + 2O^{2-} \longrightarrow CO_2 + 4e^-$
陰極 $Al^{3+} + 3e^- \longrightarrow Al$
(b) $2Al + Fe_2O_3 \longrightarrow Al_2O_3 + 2Fe$

問3 $\begin{cases} 2Al + 6HCl \longrightarrow 2AlCl_3 + 3H_2 \\ 2Al + 2NaOH + 6H_2O \longrightarrow 2Na[Al(OH)_4] + 3H_2 \end{cases}$

問4 134時間

解説 問1～3 下線部(a)の記述は溶融塩電解(ア)である。Alはイオン化傾向が大きいので，水溶液の電気分解ではAl^{3+}を還元しにくいため，固体を融解し液体状態とした溶融塩の電気分解を行う必要がある。→無P.139, 140, 理P.234, 235

$\begin{cases} \text{陽極(ウ)} \quad C + O^{2-} \longrightarrow CO\,(\text{エ}) + 2e^-,\ C + 2O^{2-} \longrightarrow CO_2\,(\text{オ}) + 4e^- \\ \text{陰極(イ)} \quad Al^{3+} + 3e^- \longrightarrow Al \end{cases}$

下線部(b)の記述はテルミット(カ)反応である。AlがFe_2O_3を還元する。→無P.138

$$2Al + Fe_2O_3 \longrightarrow Al_2O_3 + 2Fe$$

下線部(c)の記述にあるように，アルミニウムのような両性金属(ク)の単体は，塩酸やNaOHのような強塩基と反応し，水素(キ)を発生しながら溶ける。→無P.136

問4 x〔時間〕必要だとすると，Alを1mol製造するのに，e^-は3mol必要なので(問2(a)の陰極の反応式より)，

$$\underbrace{2.00 \times 10^4}_{A=C/s} \times \underbrace{x\,[h] \times \frac{3600\ s}{1\ h}}_{s} = \underbrace{\frac{900 \times 10^3\ g}{27.0\ g/mol}}_{mol(Al)} \underbrace{\times 3}_{mol(e^-)} \underbrace{\times 96500\ C/mol}_{C}$$

(左辺：C)

よって，$x \fallingdotseq$ 134時間

186 酸性　理由：アルミニウムイオンが加水分解し，オキソニウムイオンが生じるから。

解説 ミョウバンとは1価の陽イオンと3価の金属イオンと硫酸イオンからなる複塩➔無P.135の総称である。単にミョウバンという場合は，硫酸カリウムアルミニウム十二水和物 $AlK(SO_4)_2 \cdot 12H_2O$ を示すことが多い。これはカリウムミョウバンとも呼ばれ，上下水道の凝析剤などに利用されている。

カリウムミョウバンを水に溶かすと，アルミニウムイオンが次のように反応し，酸性を示す。

$$[Al(H_2O)_6]^{3+} + H_2O \rightleftarrows [Al(OH)(H_2O)_5]^{2+} + H_3O^+$$

187 ④と⑦

解説 窒化ガリウムGaNは青色発光ダイオード(青色LED)の材料として用いられる半導体である。➔無P.174

18 遷移元素

188 〔Ⅰ〕 問1 ア：8　イ：銑鉄　ウ：鋼

問2 $Fe_2O_3 + 3CO \longrightarrow 2Fe + 3CO_2$

〔Ⅱ〕 A：$K_3[Fe(CN)_6]$　B：$K_4[Fe(CN)_6]$　C：KSCN

解説 〔Ⅰ〕 問1, 2 赤鉄鉱の主成分は Fe_2O_3(赤褐色)，磁鉄鉱の主成分は Fe_3O_4(黒色)である。➔無P.145, 146

コークス(石炭から得られる多孔質の炭素)を溶鉱炉内で空気酸化して生じる一酸化炭素が鉄の酸化物を還元する。

鉄鉱石中の SiO_2 は石灰石と反応し，スラグとして除かれる。

$$SiO_2 + CaCO_3 \longrightarrow CaSiO_3 + CO_2$$

溶鉱炉から得られる銑鉄(イ)はCを約4%含む。融点が低く鋳物などに利用する。

溶融銑鉄を転炉に移し，酸素を吹き込んでCを0.02～2%程度に減らしたものを鋼(ウ)という。

〔Ⅱ〕

	Fe^{2+}水溶液	Fe^{3+}水溶液
ヘキサシアニド鉄(Ⅱ)酸カリウム(黄血カリ) $K_4[Fe^{II}(CN)_6]$ B	③白↓，徐々に青変	①濃青色↓
ヘキサシアニド鉄(Ⅲ)酸カリウム(赤血カリ) $K_3[Fe^{III}(CN)_6]$ A	②濃青色↓	褐色溶液
チオシアン酸カリウム KSCN C	変化なし	④血赤色溶液

➔無P.91, 92

①は紺青，ベルリン青，プルシアンブルー，②はターンブル青などとよばれているが，同じシアニド架橋鉄錯体である。理想的な組成は $Fe^{III}{}_4[Fe^{II}(CN)_6]_3$ であるが，実際は不純物を含み，一定の組成をもたない。

③ 溶存酸素に Fe^{2+} が酸化されると，Fe^{3+} に変化し青くなる。

④ $[Fe(SCN)_n]^{3-n}$ $(n = 1～6)$ の錯体を形成する。

189 問1　A：トタン　B：ブリキ

問2　亜鉛は鉄よりイオン化傾向が大きいので，トタンは外側の亜鉛が酸化されやすい。スズは鉄よりイオン化傾向が小さいので，ブリキは内側の鉄が酸化されやすい。

解説　問1　FeにZnをめっきしたものをトタン（A），FeにSnをめっきしたものをブリキ（B）という。→無P.144

問2　イオン化傾向は $Zn > Fe > Sn$ で，イオン化傾向が大きいほど酸化されやすい。

190 問1　1：黒　3：橙赤　5：黄　7：赤紫

問2　2：$Cr_2O_7^{2-}$　4：CrO_4^{2-}　6：MnO_4^-

解説　クロム・マンガンの化合物にはさまざまな色をもつものがある※1。

問1

Mn	Cr
MnO_2（黒）1	$Cr_2O_7^{2-}$ 2（橙赤）3
MnO_4^- 6（赤紫）7	CrO_4^{2-} 4（黄）5
Mn^{2+}（淡桃）	Cr_2O_3（緑）
MnS（淡桃）	Cr^{3+}（緑）

※1　Cr^{3+} は共存するイオンで色が異なる。

問2　$Cr_2O_7^{2-}$ は，塩基性下では CrO_4^{2-} に変化する。→無P.97

$$Cr_2O_7^{2-} + 2OH^- \longrightarrow 2CrO_4^{2-} + H_2O$$

CrO_4^{2-} は，酸性下では $Cr_2O_7^{2-}$ に変化する。

$$2CrO_4^{2-} + 2H^+ \longrightarrow Cr_2O_7^{2-} + H_2O$$

191 問1　(1) $CuSO_4 + 2NaOH \longrightarrow Cu(OH)_2 + Na_2SO_4$

(2) $Cu(OH)_2 \longrightarrow CuO + H_2O$　(3) $CuO + H_2 \longrightarrow Cu + H_2O$

問2　0.68

問3　① それぞれを適量とって，蒸留水を加えて，よくかき混ぜる。群青はほとんど溶けないのに対して，硫酸銅(Ⅱ)五水和物は溶けて青色の水溶液になる。

② それぞれを適量とって，希硫酸を加える。群青は気体を発生しながら溶けるのに対し，硫酸銅(Ⅱ)五水和物は気体を発生せずに溶ける。

解説　問1　(1)　$Cu^{2+} + 2OH^- \longrightarrow Cu(OH)_2\downarrow$（青白）　が起こる。→無P.74

(2)　水酸化物が熱分解し，酸化物が生じる。→無P.69

(3)　イオン化傾向が小さな金属の酸化物は，高温では水素に還元されて単体となる。

→無P.59

問2　群青1molあたり，$CuCO_3$ が x〔mol〕，$Cu(OH)_2$ が $1-x$〔mol〕とする。

$$\begin{cases} \underset{(式量123.6)}{CuCO_3} \longrightarrow \underset{(式量79.6)}{CuO} + CO_2\uparrow \\ \underset{(式量97.6)}{Cu(OH)_2} \longrightarrow CuO + H_2O\uparrow \end{cases}$$

加熱すると，CuOが1mol残る。これがもとの質量の $100-31=69\%$ に相当するから，

$$\{\underbrace{123.6x}_{g(CuCO_3)} + \underbrace{97.6(1-x)}_{g(Cu(OH)_2)}\} \times 0.69 = \underbrace{79.6 \times 1}_{g(CuO)}$$

よって，$x \fallingdotseq 0.68$

問3　$CuCO_3$ と $Cu(OH)_2$ を主成分とする群青は，$CuSO_4 \cdot 5H_2O$ と異なり，水に溶けにくい。群青に希硫酸などの強酸を加えると弱酸遊離反応が起こり，CO_2 が発生する。

$$CO_3^{2-} + 2H^+ \longrightarrow CO_2\uparrow + H_2O$$

192 1：192　2：3.00

解説 電解精錬で起こった変化は次のように表される。➔無P.150,151, 理P.235

陰極　$Cu^{2+} + 2e^- \longrightarrow Cu$

陽極
$$\begin{cases} Zn \longrightarrow Zn^{2+} + 2e^- \\ Cu \longrightarrow Cu^{2+} + 2e^- \\ Ag \longrightarrow Ag\downarrow \\ Au \longrightarrow Au\downarrow \end{cases}$$
（Ag↓, Au↓ ← 陽極泥 0.970g）

流れたe^-の物質量は，

$$\frac{\underset{A=C/s}{19.3} \times (\underset{s}{8 \times 3600 + 20 \times 60})}{\underset{C/mol}{9.65 \times 10^4}} = 6.00\ \text{mol}$$

1：$\underset{mol(e^-)}{6.00} \times \dfrac{1\ mol(Cu)}{2\ mol(e^-)} \times \overset{g/mol}{64} = \underline{192}\ g$

（mol(e⁻) → mol(Cu) → g(Cu)）

2：陽極の粗銅193gに含まれるZnをx〔mol〕，Cuをy〔mol〕とする。流れたe^-の物質量より，

$$\underset{mol(e^-)}{x \times 2} + \underset{mol(e^-)}{y \times 2} = 6.00 \qquad よって，x + y = 3.00 \quad \cdots(1)$$

粗銅の質量より，

$$\underset{g(Zn)}{x \times 65} + \underset{g(Cu)}{y \times 64} + \underset{g(Ag)+g(Au)}{0.970} = 193 \quad \cdots(2)$$

Zn，Ag，Auのうち，金属イオンとして溶出したものはZnだけなので，xを求めればよい。

(2)式－(1)式×64より，$x = 0.0300 = \underline{3.00} \times 10^{-2}$ mol

193 問1　硫化銀，Ag_2S

問2　アルミニウムは銀よりイオン化傾向が大きく，局部電池が形成され，

負極：$Al \longrightarrow Al^{3+} + 3e^-$

正極：$Ag_2S + 2e^- \longrightarrow 2Ag + S^{2-}$

の反応が進み，黒色の硫化銀が還元されて銀の単体に戻る。

解説 問1　次のような反応が起こり，黒色の硫化銀が生成する。

$4Ag + O_2 + 2H_2S \longrightarrow 2\underline{Ag_2S} + 2H_2O$

問2　黒くなった銀の指輪を，アルミホイルにくるんで食塩や重曹(炭酸水素ナトリウム)のような電解質水溶液と一緒に加熱すると，Alを負極活物質，Ag_2Sを正極活物質とする一種の電池(局部電池という)が形成されて硫化銀が還元される。

194 問1　乾電池の負極，トタン，黄銅，白色顔料　などから3つ。

問2
$$\begin{cases} Zn + 2HCl \longrightarrow H_2 + ZnCl_2 \\ Zn + 2NaOH + 2H_2O \longrightarrow Na_2[Zn(OH)_4] + H_2 \end{cases}$$

問3　$Zn(OH)_2 + 4NH_3 \longrightarrow [Zn(NH_3)_4](OH)_2$

解説 問1　単体は乾電池の負極，トタン(FeにZnをめっきしたもの)，黄銅(CuとZnの合金)➔無P.153に，酸化亜鉛は白色顔料➔無P.135に用いられる。

問2　亜鉛は両性金属で，酸や強塩基と反応する。➔無P.136, 137

問3　Zn^{2+}はNH_3と錯イオンを形成するので，$Zn(OH)_2$は過剰なアンモニア水に溶解する。

➔無P.84

195 問1　$3Hg + 8HNO_3 \longrightarrow 3Hg(NO_3)_2 + 2NO + 4H_2O$
問2　31.2%　問3　HgS

解説　問1　銅に希硝酸を加えたときと同様の反応である。

問2　Ag，AuはHgに溶け出してアマルガムとなり，Feが残る。よってFeの質量が0.050gである。

Hgから回収したAg，Auのうち希硝酸に溶けたのはAgであり，溶解後のAg^+を含む溶液にCl^-を加えると，AgClが沈殿する。Agの質量は，

$$\frac{0.025\text{g}}{143.5\text{g/mol}} \times 108 \fallingdotseq 0.01881\text{g}$$

mol(AgCl) = mol(Ag)　g(Ag)

よって，Auの含有率は，

$$\frac{\overset{\text{M}}{0.100\text{g}} - (\overset{\text{Fe}}{0.050\text{g}} + \overset{\text{Ag}}{0.01881\text{g}})\ (\text{Au})}{0.100\text{g}\ (\text{M})} \times 100 \fallingdotseq \underline{31.2\%}$$

問3　Hg^{2+}を含む水溶液にH_2Sを通じると黒色の<u>HgS</u>が沈殿する。

$$Hg^{2+} + H_2S \longrightarrow HgS\downarrow + 2H^+$$

この沈殿を加熱して再び冷却すると，結晶構造が変わり，赤色のHgSが得られる。天然では辰砂とよばれるHgSからなる赤色の鉱物が産出し，朱色の顔料に使用されてきた。

196 ⑤

解説　①　金属の電気や熱の伝導性は　Ag＞Cu＞Au＞…　の順。正しい。

②　$AgNO_3$に光を当てるとAgが遊離し，徐々に灰色～灰黒色に変化する。正しい。

③　5円は黄銅，50円と100円は白銅の硬貨である。正しい。

④　AgIは水に対する溶解度がハロゲン化銀の中で最も小さい。NH_3水に対しては$[Ag(NH_3)_2]^+$を形成し，溶解度は大きくなるものの，水に対するAgClの溶解度と同程度なのでAgIはNH_3水に溶けにくいといえる。

ただし，CN^-はAg^+に対して，NH_3よりも錯イオンをつくりやすいので，AgIはKCN水溶液には$[Ag(CN)_2]^-$を形成して溶ける。正しい。

⑤　Fe^{2+}ではなくFe^{3+}ならSCN^-と錯イオンを形成し，血赤色を呈す。<u>誤り</u>。

⑥　Fe，Ni，Al，Co，Crは濃硝酸には不動態を形成して溶けない。正しい。➔無P.57

197 ア：ニッケル　イ：形状記憶　ウ：水素吸蔵　エ：超伝導　オ：ケイ酸
カ：ファイン（あるいは ニュー）

解説　ア～ウ：ニッケルNiやチタンTiが使われている合金には次のようなものがある。

名称	成分	用途
白銅	Cu—Ni	硬貨
ニクロム	Ni—Cr	電熱線
形状記憶合金（イ）	Ni—Ti（ア）	温度センサー，ワイヤー
水素吸蔵合金（ウ）	Ti—Fe	ニッケル水素電池の負極

➔理P.224

エ：超伝導とよばれる現象である。超伝導を示す物質を超伝導体という。
オ：セラミックスをつくる工業は主原料がケイ酸塩であることからケイ酸塩工業，または窯(かま)を用いることから窯(よう)業という。
カ：ファインセラミックス(あるいはニューセラミックス)は人工的に合成された物質や高純度に精製された物質を原料に用いて，精密に制御してつくられる。窒化アルミニウム AlN，アルミナ Al_2O_3，炭化ケイ素 SiC，窒化ケイ素 Si_3N_4，ヒドロキシアパタイト $Ca_5(PO_4)_3(OH)$ などがある。

第1編 理論化学
第2編 無機化学
第3編 有機化学

第9章 非金属元素

19 17族・16族・15族・14族・18族

198 問1 ア：酸素　イ：下方　ウ：平衡

問2 臭素⇒色：赤褐色，状態：液体　ヨウ素⇒色：黒紫色，状態：固体

問3 (2) $Cl_2 + H_2O \rightleftarrows HCl + HClO$

(3) $CaF_2 + H_2SO_4 \longrightarrow CaSO_4 + 2HF$　(4) $SiO_2 + 6HF \longrightarrow H_2SiF_6 + 2H_2O$

問4 分子間で水素結合を形成するから。

解説 問1 ア：$2F_2 + 2H_2O \longrightarrow O_2\uparrow + 4HF$ ➔無P.161

イ：塩化水素は水によく溶け，空気より重いので下方置換で捕集する。➔無P.113

ウ：正反応と逆反応の速度がつり合い，見かけ上，反応が止まって見える状態を平衡状態という。➔理P.322

問2 常温・常圧で，塩素は黄緑色の気体，臭素は赤褐色の液体，ヨウ素は黒紫色の固体である。➔無P.159

問3 (2) 塩素は水に溶け，一部が水と反応し自己酸化還元反応によって塩化水素と次亜塩素酸が生じる。➔無P.161

(3) ホタル石の主成分はフッ化カルシウムCaF_2である。➔無P.106

(4) フッ化水素の水溶液であるフッ化水素酸は，ガラスの主成分である二酸化ケイ素を溶かす。➔無P.162

問4 フッ化水素は分子間で水素結合を形成するため，分子間を引き離すのに，大きなエネルギーが必要になる。➔理P.91

199 ㋕

解説 ハロゲン化水素HXは，ハロゲンXの原子半径が小さいほど，H−Xの結合エネルギーが強いため，解離しにくく，酸として弱くなる。➔無P.158, 159

200 $NaClO + 2HCl \longrightarrow Cl_2 + H_2O + NaCl$ の反応が起こってCl_2が発生するから。

解説

$NaClO + HCl \longrightarrow HClO + NaCl$ （弱酸遊離反応）

$HClO + HCl \rightleftarrows Cl_2 + H_2O$ （平衡が右へ移動）

$NaClO + 2HCl \longrightarrow Cl_2\uparrow + H_2O + NaCl$

発生するCl_2は有毒な気体である。

201 ア：過酸化水素　イ：塩素酸カリウム　ウ：触媒　エ：電気分解　オ：同素

カ：無声放電　キ：酸化　ク：デンプン　ケ：青紫　コ：紫外線　サ：酸性

シ：共有　ス：酸　セ：イオン　ソ：水酸化　タ：塩基　(ア，イは順不同)

反応式：$O_3 + 2KI + H_2O \longrightarrow I_2 + O_2 + 2KOH$

解説　ア，イ，ウ：
$$\begin{cases} 2\underline{H_2O_2}_{ア} \longrightarrow O_2 + 2H_2O & (触媒\underline{MnO_2}_{ウ}) \\ 2\underline{KClO_3}_{イ} \longrightarrow 3O_2 + 2KCl & (触媒MnO_2) \end{cases}$$
→無P.103

キ：オゾンは強い酸化剤であり，ヨウ化物イオンI^-を酸化してヨウ素I_2にする。→無P.111

サ～タ：非金属元素の酸化物は酸性酸化物(サ)で，水と反応するとオキソ酸となり酸性(ス)を示す。金属元素の酸化物は水と反応すると水酸化物(ソ)となり塩基性(タ)を示す。→無P.31～36

202 問1　8　問2　ⓒ　問3　(1) +4　(2) +6　(3) −2

問4　(a) $2SO_2 + O_2 \longrightarrow 2SO_3$

(b) $Cu + 2H_2SO_4 \longrightarrow CuSO_4 + 2H_2O + SO_2$

(c) $CuO + H_2SO_4 \longrightarrow CuSO_4 + H_2O$

問5　ⓑ，ⓓ　問6　ⓑ，ⓒ，ⓔ

解説　問1, 2　斜方硫黄と単斜硫黄は分子式S_8(ア)で表される環状(イ)分子がファンデルワールス力で集まった分子結晶である。→無P.169

問3　(1) $\underset{+4}{\underline{S}}O_2$　(2) $H_2\underset{+6}{\underline{S}}O_4$　(3) $H_2\underset{-2}{\underline{S}}$　→理P.161～166, 無P.45

問4　(a)　V_2O_5は触媒である。→無P.170

(b)　銅と熱濃硫酸が反応すると二酸化硫黄を発生する。→無P.66 問1

(c)　金属酸化物は酸と反応し，塩が生じる。→無 別冊P.4⓭

問5　ⓐ　濃硫酸は不揮発性の酸であり，揮発しやすいHClが追い出される。→無P.67

ⓑ　$C_{12}H_{22}O_{11} \longrightarrow 12C + 11H_2O$　脱水作用である。→無P.169

ⓒ　濃硫酸は水蒸気を吸収し，乾燥剤として働いている。→無P.112

ⓓ　エタノールの分子内脱水反応によりエチレンが生成する。→有P.105

問6　ⓑ　濃硫酸に水を加えると，液面に浮いた水が希釈による発熱により蒸発して飛び散って危険なので，水に少しずつ濃硫酸を加える。

ⓒ　体積測定用のガラス器具であるホールピペットを加熱乾燥してはいけない。→理 別冊P.12

ⓔ　酸性が強い物質は，NaOHなどで中和してから廃棄する。

203 物質名：硫酸カルシウム　用途：セッコウボード

解説　次のような一連の反応によって，SO_2が除去される。

$$\begin{cases} CaCO_3 + CO_2 + H_2O \longrightarrow Ca(HCO_3)_2 \\ Ca(HCO_3)_2 + SO_2 \longrightarrow CaSO_3 \cdot H_2O\downarrow + 2CO_2 \\ CaSO_3 \cdot H_2O + \frac{1}{2}O_2 \longrightarrow CaSO_4 + H_2O \end{cases}$$

（1行目 →無P.110，2行目：(弱酸遊離反応 →無P.42)　亜硫酸は炭酸より強い酸，3行目：(酸化)）

最終的に得られる$CaSO_4$はセッコウの主成分である。→無P.126

204 問1　ア：分留　イ：三重　ウ：触媒　エ：三角すい　オ：二酸化炭素

問2　アンモニアの生成方向へ平衡移動させるために高圧にし，反応速度を上げるために高温にする。

問3　$2NH_3 + CO_2 \longrightarrow CO(NH_2)_2 + H_2O$

解説　問1　ア：複数の成分からなる液体物質を沸点の違いを利用して蒸留することを分留(分別蒸留)という。

イ：　:N≡N:
窒素分子(三重結合)

エ：NH₃の電子式
NH_3分子(三角錐形)　→理P.65

問2　N_2とH_2を原料にし，NH_3を合成する工業的製法をハーバー法(ハーバー・ボッシュ法)という。

$$N_2 + 3H_2 \rightleftarrows 2NH_3 \quad \Delta H = -92\text{kJ}$$

→無P.176

ルシャトリエの原理より，低温，高圧にすると平衡が右へ移動する。ただし，低温にすると反応速度が減少するため，工業的にはある程度，高温にする。

問3　尿素はアンモニアと二酸化炭素を高温・高圧下で反応させて合成する。→無P.178, 有P.331

205〔Ⅰ〕問1　ア：多　イ：+5　ウ：+3　エ：価(最外殻)
問2　生成物の熱を利用して原料の温度を上げる役割。
〔Ⅱ〕6.2kg

解説〔Ⅰ〕問1　オキソ酸(化学式H_nXO_m)は一般にXの電気陰性度が大きく，酸素原子数mが多いほど(このときXの酸化数が大きい)，酸として強くなる。

(例)　$\underset{+1}{HClO} < \underset{+3}{HClO_2} < \underset{+5}{HClO_3} < \underset{+7}{HClO_4}$　→無P.27, 160

問2　$4NH_3 + 5O_2 \longrightarrow 4NO + 6H_2O$　…(1)
$2NO + O_2 \longrightarrow 2NO_2$　…(2)

(1)式の反応は高温かつPt触媒が必要。
(2)式の反応は温度を下げると，発熱方向である右方向へ自発的に進む。

図1より，原料を酸化器で約800℃に加熱すると(1)式の反応が起こる。生成物は装置Xを通過することによって原料に熱を与えて，自らは冷却される。冷却されたNOにO_2を加えると(2)式の反応が起こる。

〔Ⅱ〕
$$\begin{cases} 4NH_3 + 5O_2 \longrightarrow 4NO + 6H_2O & \cdots(a) \\ 2NO + O_2 \longrightarrow 2NO_2 & \cdots(b) \\ 3NO_2 + H_2O \longrightarrow NO + 2HNO_3 & \cdots(c) \end{cases}$$

(c)で生じたNOを回収し，NH_3がすべてHNO_3になるとすると，$\dfrac{(a)+(b)\times 3+(c)\times 2}{4}$より，

全体では，

$$NH_3 + 2O_2 \longrightarrow HNO_3 + H_2O$$

NH_3 1molからHNO_3は1mol得られるので，求める量をx〔kg〕とすると，

$$\frac{1.0\times 10^3\text{g}}{17\text{g/mol}} \times 63 = x \times 10^3 \times \frac{60}{100}$$

mol(NH_3) = mol(HNO_3)　g(HNO_3)　g(濃硝酸)

よって，$x \fallingdotseq$ 6.2kg

206 1：82　2：$Ca_3(PO_4)_2 + 2H_2SO_4 \longrightarrow Ca(H_2PO_4)_2 + 2CaSO_4$

解説
1：
$$\begin{cases} Ca_3(PO_4)_2 + 3SiO_2 + 5C \longrightarrow 3CaSiO_3 + 5CO + 2P & \cdots① \\ 4P \longrightarrow P_4 & \cdots② \end{cases}$$

→無 別冊P.18 ⑯

①式×2+②式より，

$$2Ca_3(PO_4)_2 + 6SiO_2 + 10C \longrightarrow 6CaSiO_3 + 10CO + P_4$$

$Ca_3(PO_4)_2$ 2molからP_4は1mol得られる。
なお，計算するだけなら，反応式をつくらなくてもPの数に注目すればわかる

$$\frac{500 \times \frac{82}{100}\,\text{g}}{310\,\text{g/mol}} \times \frac{1\,\text{mol}(P_4)}{2\,\text{mol}(Ca_3(PO_4)_2)} \times 124 = \underline{82}\,\text{g}$$

mol($Ca_3(PO_4)_2$)　mol(P_4)　g(P_4)

2：窒素N，リンP，カリウムKの3元素は肥料の三要素とよばれ，過リン酸石灰はリン酸肥料の代表例である。➔無P.178

207 問1　ア：同素体　イ：水　ウ：赤リン　エ：P_4O_{10}
問2　A：10　B：4.7　C：10

解説 問1　リンの同素体$_{ア}$には，P_4の分子結晶である黄リン(白リン)とPの無定形高分子である赤リン$_{ウ}$などがある。黄リンは空気中で自然発火するので，水中に保存する。
➔無P.174, 175

問2　A：第1中和点までに必要なNaOH水溶液をx〔mL〕とする。

$$H_3PO_4 + NaOH \longrightarrow NaH_2PO_4 + H_2O$$

$$0.10\,\text{mol/L} \times \frac{10}{1000}\,\text{L} = 0.10\,\text{mol/L} \times \frac{x}{1000}\,\text{L}$$　よって，$x = \underline{10}$ mL

mol(H_3PO_4)　mol(NaOH)

B：(8)式より，$[H^+] = \sqrt{K_1K_2}$ と表せるから，$\text{pH} = -\frac{1}{2}(\log_{10} K_1 + \log_{10} K_2) \fallingdotseq \underline{4.7}$

C：第2中和点までに，さらにNaOH水溶液をy〔mL〕滴下するとする。

$$NaH_2PO_4 + NaOH \longrightarrow Na_2HPO_4 + H_2O$$

$$0.10\,\text{mol/L} \times \frac{10}{1000}\,\text{L} = 0.10\,\text{mol/L} \times \frac{y}{1000}\,\text{L}$$　よって，$y = \underline{10}$ mL

mol(H_3PO_4) = mol(NaH_2PO_4)　mol(NaOH)

なお，点YのpHも点Xと同様に，

$[H^+] = \sqrt{K_2K_3}$ より，$\text{pH} = -\frac{1}{2}(\log_{10}K_2 + \log_{10}K_3) = 9.6$　と求められる。

208 ①，④

解説 14族のすべての元素は+4の酸化状態をとるが，族の下方ほど+2の酸化状態の安定性が増す。

① 炭素は非金属性が大きく，族の下方ほど金属性が増す。正しい。
② 最外殻電子数はすべて4であり，4個の価電子をもつ。誤り。
③ 固体状態で，SiやGeも共有結合からなるダイヤモンド型構造をとる。誤り。
④ SiとGeは非金属と金属の中間的な性質をもち半導体となる。正しい。
⑤ Sn^{2+}が還元作用を示すことからわかるように，+2より+4の酸化状態のほうが安定な場合がある。誤り。➔無P.19，理P.164

還元剤　$\underset{+2}{Sn^{2+}} \longrightarrow \underset{+4}{Sn^{4+}} + 2e^-$

⑥ 鉛蓄電池の正極活物質に酸化鉛(Ⅳ)が使われることからわかるように，+4より+2の

酸化状態のほうが安定である。誤り。➔理P.220

鉛蓄電池の正極　$\underset{+4}{\underline{Pb}}O_2 + 4H^+ + SO_4^{2-} + 2e^- \longrightarrow \underset{+2}{\underline{Pb}}SO_4 + 2H_2O$

209 ダイヤモンド：②　グラファイト：④　フラーレン：①
カーボンナノチューブ：③

炭素原子は4個の価電子をもつ。ダイヤモンドは，4個の価電子すべてを用いて別の4つの炭素原子と共有結合を形成し，これが三次元的にくり返された立体構造をもつ結晶であり，きわめて硬くて電気伝導性をもたない。

グラファイトは，3個の価電子を用いて別の3つの炭素原子と共有結合を形成し，網目状の平面構造をつくり，この平面構造どうしが何層も重なり合った結晶である。炭素原子の残った1個の価電子が平面構造上を動くことができるため，電気伝導性をもつ。また，平面構造どうしを結びつける力は弱いファンデルワールス力なので，薄くはがれやすく軟らかい。

解説　③のカーボンナノチューブは，直径が約1nmの筒状分子であり，1991年に発見された。炭素の同素体には，他にもすすなどの無定形炭素や，④のグラファイトの層状構造から1つの平面構造を単離したグラフェンなどが知られている。

②のダイヤモンドと④のグラファイト(黒鉛)の性質の違いは，炭素原子の4個の価電子の働きの違いによる。➔理P.110, 111, 113

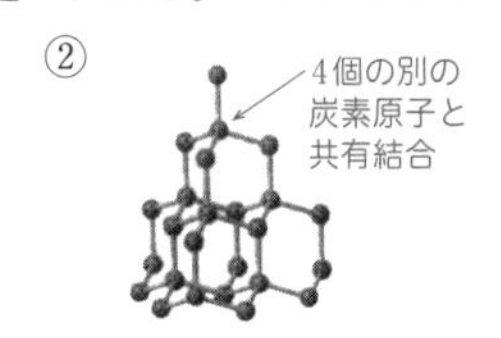

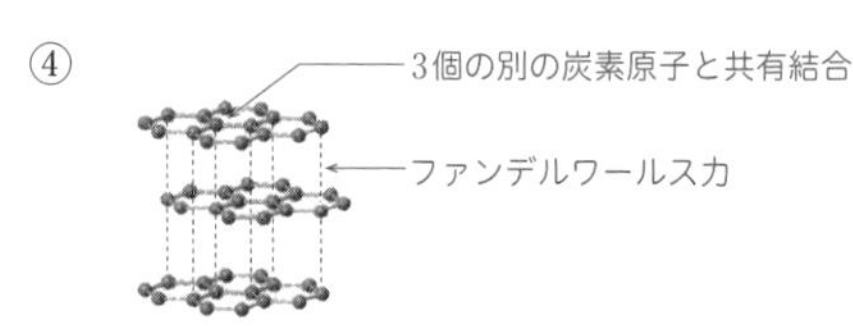

210〔Ⅰ〕問1　ア：酸素　イ：炭化ケイ素　ウ：水ガラス

問2　① $SiO_2 + 2C \longrightarrow Si + 2CO$

② $SiO_2 + 6HF \longrightarrow H_2SiF_6 + 2H_2O$

問3　多孔質で表面積が大きく，多数のヒドロキシ基をもつ。

問4　シリカゲルは親水性のヒドロキシ基をもつので水を吸着するのに対し，シリコーンは疎水性の炭化水素基をもつので水をはじく。

〔Ⅱ〕

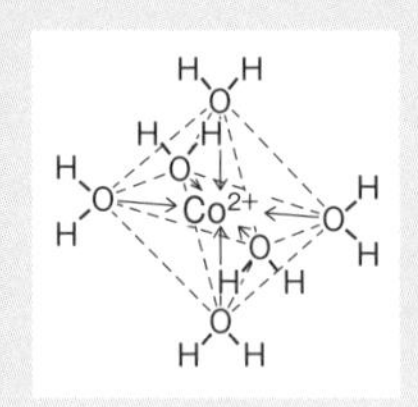

解説　〔Ⅰ〕問1　イ：炭化ケイ素SiCは，カーボランダムともよばれる。➔理P.114

ウ：SiO_2を$NaOH$やNa_2CO_3とともに加熱するとケイ酸ナトリウムが得られる。

$$\begin{cases} SiO_2 + 2NaOH \longrightarrow Na_2SiO_3 + H_2O \\ SiO_2 + Na_2CO_3 \longrightarrow Na_2SiO_3 + CO_2 \end{cases}$$

ケイ酸ナトリウムに水を加えて加熱すると，水ガラスとよばれる粘性の大きな液体ができる

問2　ケイ素の単体は，二酸化ケイ素をコークスで還元して得る。また，二酸化ケイ素はガラスの主成分で，フッ化水素酸と反応して溶ける。➔無P.184

問3　水ガラスに塩酸を加えると，白色ゲル状のケイ酸が沈殿する。

$$Na_2SiO_3 + 2HCl \longrightarrow H_2SiO_3\downarrow + 2NaCl$$

ケイ酸を加熱乾燥するとシリカゲルになる。シリカゲルは，多孔質で表面積が大きいために，体積が小さくても，多数のヒドロキシ基をもつ。➔無P.186

問4　シリコーンは，ジクロロジメチルシランやトリクロロメチルシランなどを加水分解した後，縮合重合させて得られるポリマーである。➔有P.325 ➔有P.301

$$Cl{-}Si(CH_3)_2{-}Cl \xrightarrow[加水分解]{H_2O} HO{-}Si(CH_3)_2{-}OH \xrightarrow[重合]{縮合}$$

ジクロロジメチルシラン

$$Cl{-}Si(CH_3)(Cl){-}Cl \xrightarrow[加水分解]{H_2O} HO{-}Si(CH_3)(OH){-}OH \xrightarrow[重合]{縮合}$$

トリクロロメチルシラン

$$\cdots{-}Si(CH_3)_2{-}O{-}Si(CH_3)(O{-}){-}O{-}Si(CH_3)_2{-}O{-}Si(CH_3)_2{-}O{-}\cdots$$

$$\cdots{-}O{-}Si(CH_3)(O{-}){-}O{-}Si(CH_3)_2{-}O{-}\cdots$$

シリコーン

シリカゲルの$-OH$を，$-CH_3$で置換した構造をもつため疎水性が大きい。

〔Ⅱ〕 Co^{2+}に6分子のH_2Oが配位結合したヘキサアクアコバルト(Ⅱ)イオン$[Co(H_2O)_6]^{2+}$がピンク色を呈した原因と考えられる。配位数6の錯イオンは正八面体形をとる。➔無P.148

211 問1　元素：ヘリウム

用途：風船やアドバルーンの浮揚用ガス

理由：ヘリウムは原子量が非常に小さな気体であり，気体は同温・同圧では分子量の小さいほうが，密度は小さくて軽い。また，同じく分子量が小さい水素とは異なり，化学的に安定なので爆発などの危険が少ない。

元素：ネオン

用途：ネオンサイン

理由：貴ガスをガラス管に封入して放電すると，いろいろな色の発光が見られる。中でもネオンは鮮やかな橙赤色の発光が見られるので，ネオンを封入したガラス管や蛍光管は，看板広告などの照明に使われる。

問2　宇宙が誕生した直後に電子，陽子，中性子が生じ，まず水素やヘリウムといった軽い原子核がつくられたので，宇宙空間には水素やヘリウムが他の元素よりも多く存在している。地球の大気中では軽い気体ほど重力に束縛されにくく，宇宙空間へと拡散し減少していくため，宇宙空間と地球の大気中では存在比率が逆転している。(148字)

解説　問1　ヘリウムは化学的に不活性で，沸点が最も低い物質である。これらの性質を生かした用途を書いてもよいだろう。例えば，光ファイバーや半導体の製造時のガス，MRI(核磁気共鳴画像)検査装置の冷却剤が挙げられる。

問2　宇宙空間では原子番号の小さな水素やヘリウムが他の元素よりも圧倒的に多く存在している。地球の大気中ではヘリウムやネオンのような軽い気体は地球の重力で引き止め続けられないので，宇宙空間に逃げていく。このあたりのことに触れて解答をつくればよいだろう。

第10章 有機化学の基礎

20 有機化合物の分類と分析・有機化合物の構造と異性体

212 問1 (1) ㋐, ㋒, ㋙ (2) ㋐, ㋔, ㋙ (3) ㋑, ㋓, ㋕, ㋖, ㋙
問2 (1) アミノ基 (2) カルボキシ基 (3) ニトロ基 (4) スルホ基

解説 問1 鎖式炭化水素のうちC=C結合を1つもつものをアルケン，C≡C結合を1つもつものをアルキンという。芳香族炭化水素はベンゼンのような環構造をもつ。➔有P.156 ㋒～㋘の構造式は次の通り。

H−C≡C−H
アセチレン

アントラセン

$H_2C{=}CH_2$
エチレン

$C_6H_5{-}CH_3$
トルエン

ナフタレン

$CH_3{-}(CH_2)_4{-}CH_3$
ヘキサン

CH_4
メタン

問2 有機化合物中の水素原子に代わって導入された原子あるいは原子団を基という。基の名称と化学式を正確に記憶しておくこと。➔有P.12

213 問1 ㋓ 問2 ㋐, ㋔

解説 問1 吸収管①は塩化カルシウムでH_2Oを吸収し，吸収管②はソーダ石灰でCO_2を吸収する。(ソーダ石灰はCO_2もH_2Oも両方吸収することに注意！) ➔有P.18, 19
問2 (イ)が空気調節ねじ，(ロ)がガス調節ねじ。(ハ)のコックを開いてガスを流す。ガス調節ねじを回して点火し，さらにガスの量を調節し，炎の大きさを決める。オレンジ色の炎は空気の量が少ないので，次に空気調節ねじを回して，オレンジ色の炎が青い炎になるように空気の量を調節する。

214 問1 a：$2m+2$ b：2 c：$2m$ d：4 e：$2m-2$
問2 ハロゲンと水素は原子価がともに1なので，ハロゲン原子の数と同じ数だけ水素原子は減少する。さらにハロゲン原子がいくつ結合しても，不飽和結合と環の数に影響はないから。
問3 酸素の原子価は2なので，C−C間やC−H間に結合しても，水素原子の数に影響はないから。
問4 窒素の原子価は3なので，C−C間やC−H間に結合するとき，窒素原子の数と同じ数だけ水素原子が増加する。そのため，不飽和結合と環の数を算出する(1)式の第二項ではhからnを差し引く形になるから。
問5 C=C=C　C≡C−C　（C=C−C の三員環）

解説 問1 〈C原子数m個の合〉

$H_2 + (CH_2)_m$

アルカン	のH原子数	$= \boxed{2m+2}$ [a]
シクロアルカン	のH原子数	$= 2m+2-\boxed{2}$ [b] $= \boxed{2m}$ [c]
アルケン	のH原子数	$= 2m+2-\boxed{2} = \boxed{2m}$ [c]
シクロアルケン	のH原子数	$= 2m+2-\boxed{2}\times 2 = 2m+2-\boxed{4}$ [d] $= \boxed{2m-2}$ [e]
アルキン	のH原子数	$= 2m+2-\boxed{2}\times 2 = \boxed{2m-2}$ [e]

不飽和結合か環が1つ生じると，H原子が2個減少する

問2 ハロゲン原子XがH原子と置き換わると，そのぶんH原子数が減少する。

問3 C−C間やC−H間に(O)が入ってもH原子数は変わらない。

問4 C−C間やC−H間に(NH)が入るとN原子の数だけH原子が増える。

鎖状飽和の場合は，

$$\underbrace{H-H + (CH_2)_m}_{\text{アルカン}} + \underbrace{(NH)_n}_{\text{問4}} + \underbrace{(O)_o}_{\text{問3}} + \underbrace{(X)_x - (H)_x}_{\text{問2}}$$

$$\text{H原子数} = 2m+2+n-x$$

$$\text{H原子数}h\text{の分子の不飽和度} = \frac{(2m+2+n-x)-h}{2} = \frac{\{(2m+2)-(h+x-n)\}}{2} \quad \cdots(1)$$

問5 不飽和度＝2 なので，鎖状骨格なら二重結合2つか三重結合1つ。環状骨格なら環が1つに二重結合1つ。なお，炭素数3では環2つはありえない。

215 ③

解説 ①，② 不飽和度がxなら，分子式は $C_nH_{2n+2-2x}O_m$ と表される。

分子量は，$12n + 1\times(2n+2-2x) + 16m = 14n + 16m - 2x + 2$ となり，偶数である。

③，④ 不飽和度がxなら，分子式は $C_nH_{2n+2+l-2x}N_lO_m$ と表される。

分子量は，$12n + 1\times(2n+2+l-2x) + 14l + 16m = 14n + 15l + 16m - 2x + 2$ となる。

lが奇数だと分子量は奇数となり，lが偶数だと分子量は偶数となる。

よって，正しいのは③である。

216

HOOC−CH=CH−CH=CH−COOH の3種の立体異性体（構造式）

解説 1,3-ブタジエンの構造式➔図P.68と問題文の指示から，この分子量142のジカルボン酸(ムコン酸という)の構造式は次のように決まる。

$$\underset{\text{1,3-ブタジエン}}{H_2C{=}CH{-}CH{=}CH_2} \xrightarrow{\text{端のHをCOOHに}} \underset{\text{分子量142のジカルボン酸(ムコン酸)}}{HOOC{-}CH{=}CH{-}CH{=}CH{-}COOH}$$

このジカルボン酸にはC=C結合が2つあり，シス-トランス異性体が存在する。(シス-シス)，(シス-トランス)，(トランス-シス)，(トランス-トランス)のうち，(シス-トランス)と(トランス-シス)は，次のようにひっくり返すと重なるので，同じ立体構造である。

シス／トラ ⟷ ひっくり返すと同じ ⟷ シス／トラ

217 16種類

解説 まずは右端の$-C_3H_7$とまとめて書いてある部分がプロピル基あるいはイソプロピル基のいずれかなので，2つの構造異性体が存在する。

$CH_3-CH=CH-CH(OH)-CH_2-CH=CH-CH_2-CH_2-CH_3$

または

$CH_3-CH=CH-CH(OH)-CH_2-CH=CH-CH(CH_3)-CH_3$

次に，2つの$-CH=CH-$にシス-トランス異性体，$-\overset{*}{C}H(OH)-$に鏡像異性体が存在するので，さらに立体異性体を区別すると，

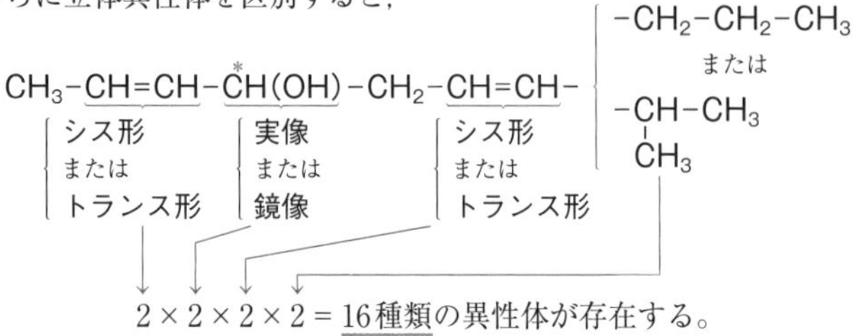

$2 \times 2 \times 2 \times 2 = $ 16種類の異性体が存在する。

218

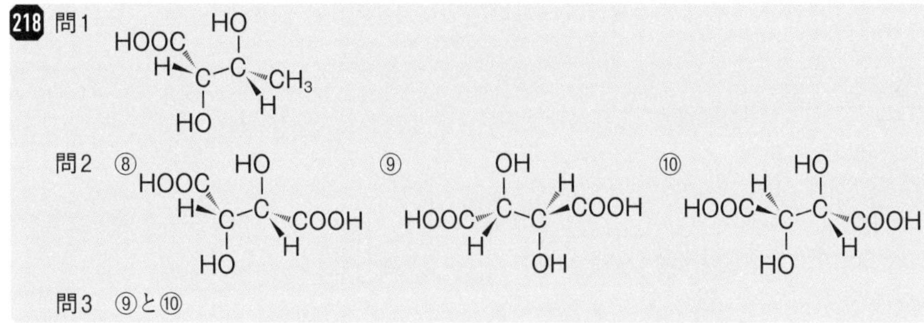

解説 問1 左手と右手を向かい合わせにするような視点で，問題文の図1の①と②，図2の⑤と⑥の置換基の配置を参考にして，構造式を書けばよい。

問2 ③，④，⑤，⑥の$-CH_3$を$-COOH$に換えて，⑧，⑨，⑩の解答欄を完成すればよい。

問3 分子内に対称面あるいは対称心をもつメソ体の酒石酸が⑨と⑩であり，同一である。

⑨と同じ構造式。紙面の裏側から見れば⑩に一致。

分子内に対称面をもつ

HO　OH
HOOC－C－C－COOH
H　H

右側の炭素まわりを回転

C∋C →

対称心

HO　H
HOOC－C－C－COOH
H　OH

219 問1 ③ 問2 ②

解説 BとCには不斉炭素原子(＊)が存在する。DとEは不斉炭素原子をもたず，互いにシス-トランス異性体である。

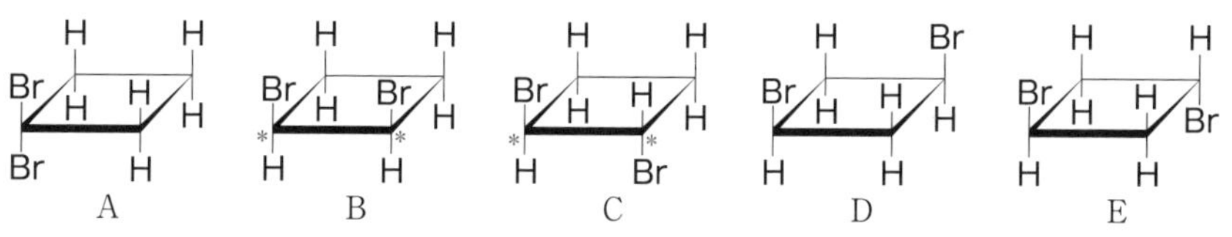

Bは分子内に対称面をもつメソ体で，鏡像異性体をもたない。
問2

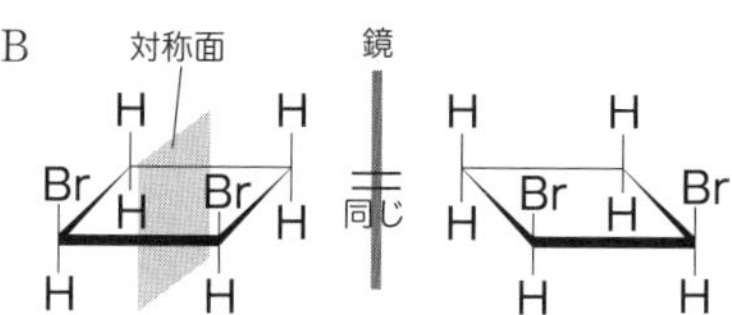

Cは鏡像異性体をもつ。
問1

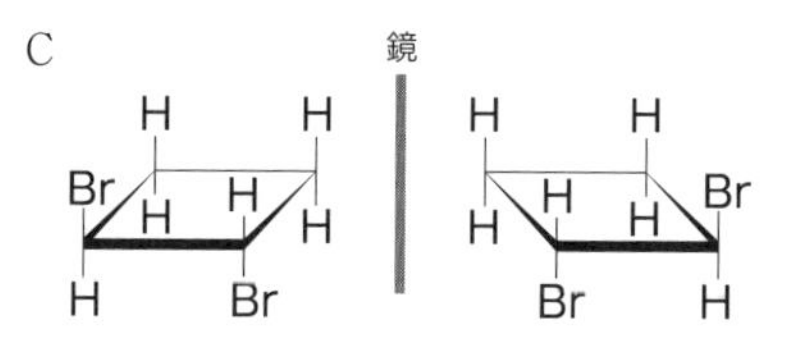

220 ③

解説 メチル基どうしのなす角$\theta = 0°$と$360°$(1周して元に戻る)の重なり形は，立体的に大きな$-CH_3$が最も接近し，反発が最大となるので，エネルギー的に最も高くなる。➔有P.29

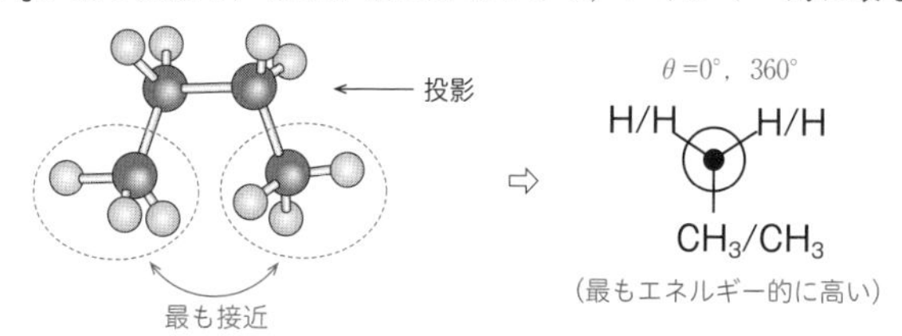

次にエネルギー的に高い状態は，基が接近する$\theta = 120°$と$240°$の重なり形である。

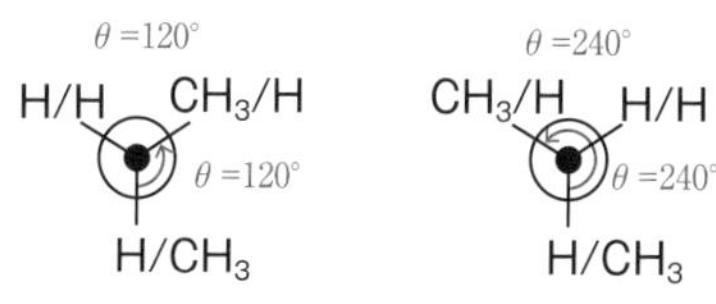

アンチ形とよばれている$\theta = 180°$の配置は$-CH_3$が最も離れているのでエネルギー的に最も低くなる。

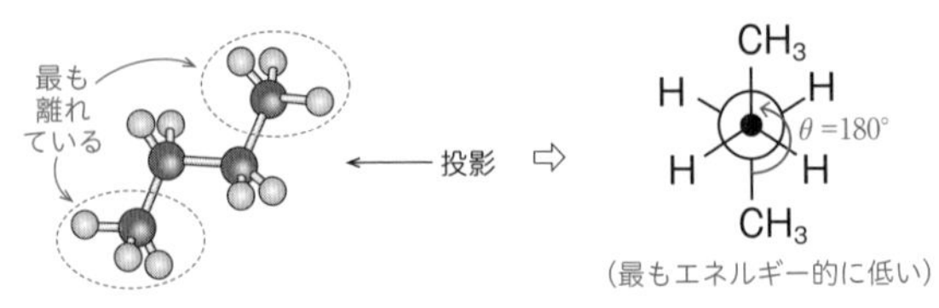

アンチ形の次にエネルギー的に低い配置は$\theta=60°$と$300°$のときで，問題文でゴーシュ形とよばれている。

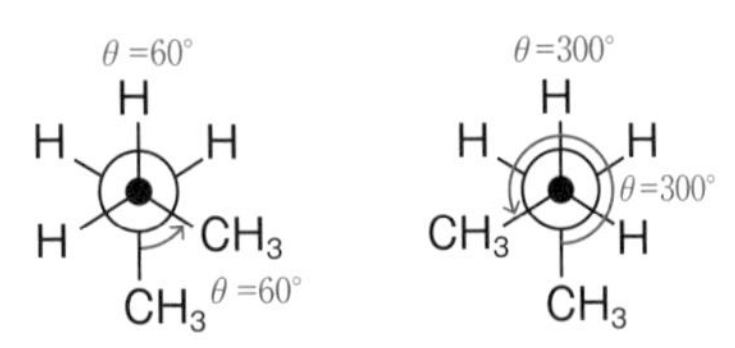

アンチ形と同様に基がねじれて配置されているが，$-CH_3$が接近しているため反発があり，ゴーシュ形のほうがアンチ形よりもエネルギー的には高い。

よって，解答は③。

第11章 脂肪族化合物

21 脂肪族炭化水素

221 ㋒

解説 対称な位置にあるCに注意する。それぞれの構造式で同じマークをつけたCに結合しているHは等価で同じ環境にあり，区別できない。

㋐ $\overset{○}{C}H_3-\overset{×}{C}H_2-\overset{△}{C}H_2-\overset{△}{C}H_2-\overset{×}{C}H_2-\overset{○}{C}H_3$

㋑ $\overset{○}{C}H_3-\overset{×}{C}H(\overset{○}{C}H_3)-\overset{△}{C}H_2-\overset{□}{C}H_2-\overset{☆}{C}H_3$

㋒ $\overset{☆}{C}H_3-\overset{△}{C}H_2-\overset{×}{C}H(\overset{○}{C}H_3)-\overset{△}{C}H_2-\overset{☆}{C}H_3$

㋓ $\overset{○}{C}H_3-\overset{×}{C}H(\overset{○}{C}H_3)-\overset{×}{C}H(\overset{○}{C}H_3)-\overset{○}{C}H_3$

㋔ $\overset{○}{C}H_3-C(\overset{○}{C}H_3)_2-\overset{×}{C}H_2-\overset{△}{C}H_3$

Cl_2と反応して，1つのC−H結合がC−Cl結合に変わると，4種類の構造異性体が生じるのは，異なる環境のHが4種ある㋒のみである。

222 問1 いす形

問2 （いす形） CH_2 CH_2 CH_2 CH_2 CH_2 CH_2 （舟形） CH_2 CH_2-CH_2 CH_2 CH_2——CH_2

解説 いす形は原子ができるだけ離れて配置されているので最も安定で，舟形（⌴）は接近に伴う反発により不安定である。➔有P.31

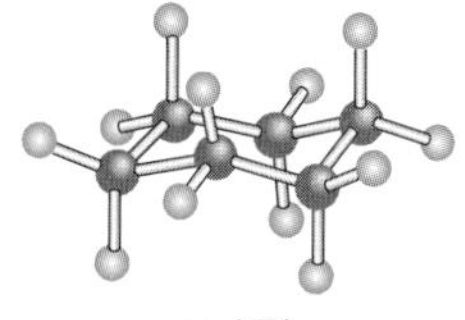
いす形

223 ②

解説 C=C結合の隣のC原子までは常に1つの平面上に存在する。➔有P.32

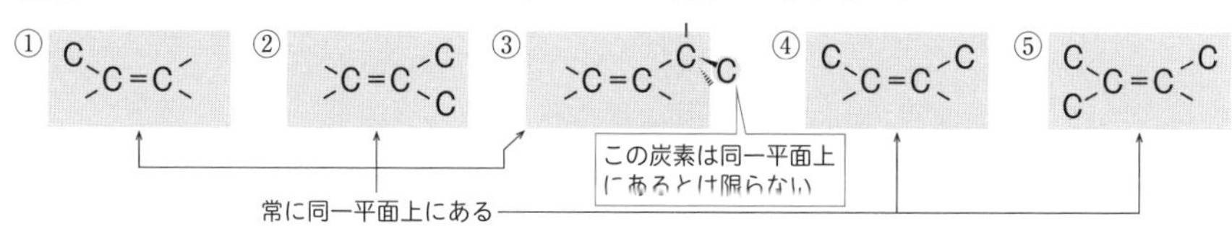

ア 炭素原子が常にすべて同一平面上に並ぶのは①，②，④，⑤である。

イ ①，③，④からは直鎖のアルカン，②，⑤からは枝分かれした炭素鎖のアルカンが得ら

れる。➔有P.74

① + H_2 ⟶ $CH_3-CH_2-CH_3$

② + H_2 ⟶ $CH_3-CH(CH_3)-CH_3$

③④ + H_2 ⟶ $CH_3-CH_2-CH_2-CH_3$

⑤ + H_2 ⟶ $CH_3-CH(CH_3)-CH_2-CH_3$

ウ ①～⑤の分子式は一般に C_nH_{2n}(分子量14n) と表せる。すべてC=Cを1つもつので，1分子に対してBr_2が1分子付加する。➔有P.75

$$C_nH_{2n} + Br_2 \longrightarrow C_nH_{2n}Br_2$$

$$\frac{0.56}{14n} = 1.0\ \text{mol/L} \times \frac{10}{1000}\ \text{L}$$

mol(炭化水素)　mol(Br_2)

よって，$n = 4$ となり，②，③，④のいずれかとなる。

ア～ウのすべてに当てはまるのは②である。

224

A：$H_3C-C(CH_3)(OH)-CH_2-CH_3$　B：$H_3C-CH(CH_3)-CH(OH)-CH_3$　C：$H_3C-CH_2-CH_2-CH(OH)-CH_3$

D：$H_3C-CH_2-CH_2-CH_2-CH_2-OH$　E：$(H_3C)_2C=CH-CH_3$　F：$(H_3C)_2CH-CH=CH_2$

G：$H_3C-CH_2-CH=CH-CH_3$　H：$H_3C-CH_2-CH_2-CH=CH_2$

解説 (1) $(H_3C)_2C=CH-CH_3$　Hの数⇒0個　1個

{主 HO-H　副 H-OH}

(2) $H_3C-CH_2-CH_2-CH=CH_2$　Hの数⇒1個 2個

{主 HO-H　副 H-OH}

(3) $H_3C-C(H)(CH_3)-CH(Br)-CH_3$　Hの数⇒1個　3個

炭化水素基の数{主 3個　副 1個}

(4) $H_3C-CH_2-CH_2-CH(Br)-CH_3$　Hの数⇒2個　3個

炭化水素基の数{主 2個　副 1個}

225 ㋒

解説

➔有P.80

なお、㋒は対称心をもち，メソ体である。

226

問1　1：$CH_3-CH_2-CH_2-CH_2-\overset{O}{\overset{\|}{C}}-OH$

2：$CH_3-\overset{O}{\overset{\|}{C}}-OH$　3：$CH_3-CH_2-CH_2-\overset{O}{\overset{\|}{C}}-OH$　（2，3は順不同）

4：$HO-\overset{O}{\overset{\|}{C}}-CH_2-CH_2-CH_2-CH_2-\overset{O}{\overset{\|}{C}}-OH$

問2　5：1　6：2　7：2

解説　問1　図1の条件ではそれぞれ次のように分解される。

$CH_3-CH_2-CH_2-CH_2-CH=CH_2$
1-ヘキセン

→ $CH_3-CH_2-CH_2-CH_2-\underset{}{C}(-O-H)=O$ ［1］

→ $\left(O=C\begin{matrix}OH\\OH\end{matrix}\right) \rightarrow CO_2+H_2O$

$CH_3-CH_2-CH_2-CH=CH-CH_3$
2-ヘキセン

→ $CH_3-CH_2-CH_2-C=O$（$-O-H$）

→ $O=C\begin{matrix}O-H\\CH_3\end{matrix}$　［2，3］

シクロヘキセン（H_2C，H_2C，$\overset{H_2}{C}$，$\underset{H_2}{C}$，CH，CH）

→ H_2C，H_2C，$\overset{H_2}{C}$，$\underset{H_2}{C}$，$C(=O)OH$，$C(=O)OH$　［4］

問2　図2の条件では次のような2価アルコールが得られる。➔有P.97, 98

$CH_3-CH_2-CH_2-CH_2-CH=CH_2 \rightarrow CH_3-CH_2-CH_2-CH_2-\overset{*}{C}H(OH)-CH_2(OH)$　C^* 1つ ［5］

$CH_3-CH_2-CH_2-CH=CH-CH_3 \longrightarrow CH_3-CH_2-CH_2-\overset{*}{C}H(OH)-\overset{*}{C}H(OH)-CH_3$　C^* 2つ ［6］

シクロヘキセン（H_2C，H_2C，$\overset{H_2}{C}$，$\underset{H_2}{C}$，$CH=CH$）
$\longrightarrow$ H_2C，H_2C，$\overset{H_2}{C}$，$\underset{H_2}{C}$，$\overset{*}{C}H-OH$，$\overset{*}{C}H-OH$　C^* 2つ ［7］

227　問1　$CH_3-CH_2-\underset{OH}{\overset{CH_2-CH_3}{C}}-CH_2-CH_3 \longrightarrow \begin{matrix}CH_3\\H\end{matrix}C=C\begin{matrix}CH_2-CH_3\\CH_2-CH_3\end{matrix} + H_2O$

問2　$\begin{matrix}CH_3\\CH_3-CH_2\end{matrix}C=C\begin{matrix}CH_3\\CH_3\end{matrix}$

問3　$\begin{matrix}CH_3\\CH_3-CH_2\end{matrix}C=C\begin{matrix}H\\CH_2-CH_3\end{matrix}$　　$\begin{matrix}CH_3\\CH_3-CH_2\end{matrix}C=C\begin{matrix}CH_2-CH_3\\H\end{matrix}$

問4 $CH_3-CH_2-CH_2-\underset{\large H}{\underset{|}{C}}=O$　$CH_3-\underset{\large CH_3}{\underset{|}{C}}H-\underset{\large H}{\underset{|}{C}}=O$

問5 ㋛

解説 A～Eは分子式C_7H_{14}のアルケンで，全炭素数が7である点に注意する。

問1 結果1より，アセトアルデヒド(炭素数2)とともに生じたFは炭素数が7－2＝5のケトンでヨードホルム反応➔有P.119, 120を示さない。よって，Aの構造式は次のように決まる。

$$\underset{\text{アセトアルデヒド(炭素数2)}}{\begin{matrix}CH_3\diagdown\\ H\diagup\end{matrix}C=O}\qquad \overset{F}{O=C\begin{matrix}\diagup CH_2-CH_3\\ \diagdown CH_2-CH_3\end{matrix}}\ \underset{O_3}{\overset{\text{元の形}}{\rightleftarrows}}\ \overset{A}{\begin{matrix}CH_3\diagdown\\ H\diagup\end{matrix}C=C\begin{matrix}\diagup CH_2-CH_3\\ \diagdown CH_2-CH_3\end{matrix}}$$

(F：炭素数7－2＝5，$CH_3-\underset{\underset{O}{\|}}{C}-$ なし)

分子内脱水によって，Aが生じる第三級アルコールの構造式は次のとおり。➔有P.99

$$CH_3-\underset{H}{\underset{|}{C}}H-\overset{CH_2-CH_3}{\overset{|}{\underset{OH}{\underset{|}{C}}}}-CH_2-CH_3\ \xrightarrow{-H_2O}\ A$$

問2 結果2～4を整理すると，

$$\begin{cases} B\xrightarrow{O_3}\boxed{G}+\underset{\text{ケトン}}{H}\\ C\xrightarrow{O_3}\boxed{G}+\underset{\text{アルデヒド}}{I}\\ D\xrightarrow{O_3}\underset{\text{ケトン}}{\boxed{G}}+\underset{\text{アルデヒド}}{I}\end{cases}$$

CとDからは同じカルボニル化合物が生じているので，CとDはシス-トランス異性体と予測される。

Bから生じたケトンGとHは炭素原子数が合わせて7になることから，

$$\underset{\text{アセトン}}{\begin{matrix}CH_3\diagdown\\ CH_3\diagup\end{matrix}C=O}\quad \text{と}\quad \underset{\text{2-ブタノン}}{\begin{matrix}CH_3-CH_2\diagdown\\ CH_3\diagup\end{matrix}C=O}$$

の組み合わせになる。仮にGがアセトンならCとDがシス-トランス異性体にならない。そこで，Gは2-ブタノン，Hはアセトンであり，Bの構造式が決まる。

$$\overset{G}{\begin{matrix}CH_3\diagdown\\ CH_3-CH_2\diagup\end{matrix}C=O}\qquad \overset{H}{O=C\begin{matrix}\diagup CH_3\\ \diagdown CH_3\end{matrix}}\ \underset{O_3}{\overset{\text{元の形}}{\rightleftarrows}}\ \overset{B}{\begin{matrix}CH_3\diagdown\\ CH_3-CH_2\diagup\end{matrix}C=C\begin{matrix}\diagup CH_3\\ \diagdown CH_3\end{matrix}}$$

問3 Gは2-ブタノンなので，Iは炭素数7－4＝3のプロピオンアルデヒドとなる。よって，CとDは以下のように決まる。

$$\overset{G}{\begin{matrix}CH_3\diagdown\\ CH_3-CH_2\diagup\end{matrix}C=O}\qquad \overset{I}{O=C\begin{matrix}\diagup CH_2-CH_3\\ \diagdown H\end{matrix}}\ \xrightarrow{\text{元の形}}\ \underset{\text{トランス形}}{\begin{matrix}CH_3\diagdown\\ CH_3-CH_2\diagup\end{matrix}C=C\begin{matrix}\diagup CH_2-CH_3\\ \diagdown H\end{matrix}}$$

$$\overset{G}{\begin{matrix}CH_3\diagdown\\ CH_3-CH_2\diagup\end{matrix}C=O}\qquad \overset{I}{O=C\begin{matrix}\diagup H\\ \diagdown CH_2-CH_3\end{matrix}}\ \xrightarrow{\text{元の形}}\ \underset{\text{シス形}}{\begin{matrix}CH_3\diagdown\\ CH_3-CH_2\diagup\end{matrix}C=C\begin{matrix}\diagup H\\ \diagdown CH_2-CH_3\end{matrix}}$$

(C，D)

問4 Iはプロピオンアルデヒドなので，Jは炭素数7－3＝4のアルデヒドであるから，

① $CH_3-CH_2-CH_2-\underset{\|}{C}-H$ （O）　あるいは　② $CH_3-\underset{|}{\overset{CH_3}{C}}H-C(=O)-H$

炭素数4　　炭素数4

問5　①の直鎖状アルデヒドでは，すべての炭素原子が同一平面上に存在することが可能であるが，②の分枝状アルデヒドでは，すべての炭素原子が同一平面上に存在することはできない。

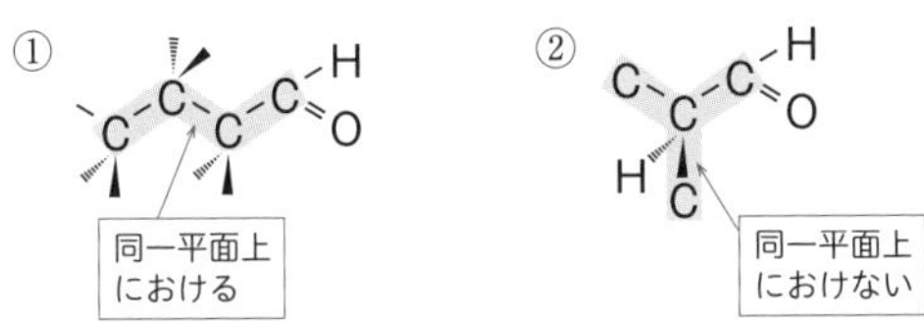

228 12g

解説　エチレン $CH_2=CH_2$ x〔mol〕，アセチレン $CH\equiv CH$ y〔mol〕が含まれるとする。反応によって次のように物質量が変化する。

$$\begin{cases} CH_2=CH_2 + H_2 \longrightarrow CH_3-CH_3 \\ \quad x \qquad\quad x \qquad\qquad x \qquad \text{〔mol〕} \\ CH\equiv CH + 2H_2 \longrightarrow CH_3-CH_3 \\ \quad y \qquad\quad 2y \qquad\qquad y \qquad \text{〔mol〕} \end{cases}$$

$x+y$〔mol〕の混合気体が0℃，1.013×10^5Paの標準状態で2240mL，H_2と反応させ，すべてエタンにするには$x+2y$〔mol〕のH_2が必要であることから，

$$\begin{cases} x+y=\dfrac{2240\times10^{-3}\,\text{L}}{22.4\,\text{L/mol}}=0.10\text{ mol} & \cdots(1) \\ x+2y=\dfrac{3360\times10^{-3}\,\text{L}}{22.4\,\text{L/mol}}=0.15\text{ mol} & \cdots(2) \end{cases}$$

(1)式，(2)式より，$x=0.050$ mol，$y=0.050$ mol となる。

C_2H_2 1molから銀アセチリドは1mol生じるので，

$$C_2H_2 + 2Ag^+ \longrightarrow \underset{(\text{式量}240)}{Ag_2C_2\downarrow} + 2H^+$$

0.050molのC_2H_2から生じる銀アセチリド〔g〕は，

$$0.050\text{ mol}\times240\text{ g/mol}=\underline{12\text{ g}}$$

229 A：$H-C\equiv C-CH_2-CH_3$　B：$CH_3-C(=O)-CH_2-CH_3$　C：$CH_2=CH-CH_2-CH_3$

D：$CH_2(Br)-CH(Br)-CH_2-CH_3$　E：$CH_3-CH(OH)-CH_2-CH_3$

F：$CH_3(H)C=C(H)CH_3$（シス形：CH_3 どうしが同じ側）　G：$CH_3(H)C=C(CH_3)H$（トランス形）

解説　分子式C_4H_6のアルキンは，次の2つの構造異性体がある。

① $H-C\equiv C-CH_2-CH_3$　② $CH_3-C\equiv C-CH_3$

$C\equiv\overset{C}{\underset{}{C}}-C$ は，中心の炭素の原子価が5になるので，ありえない

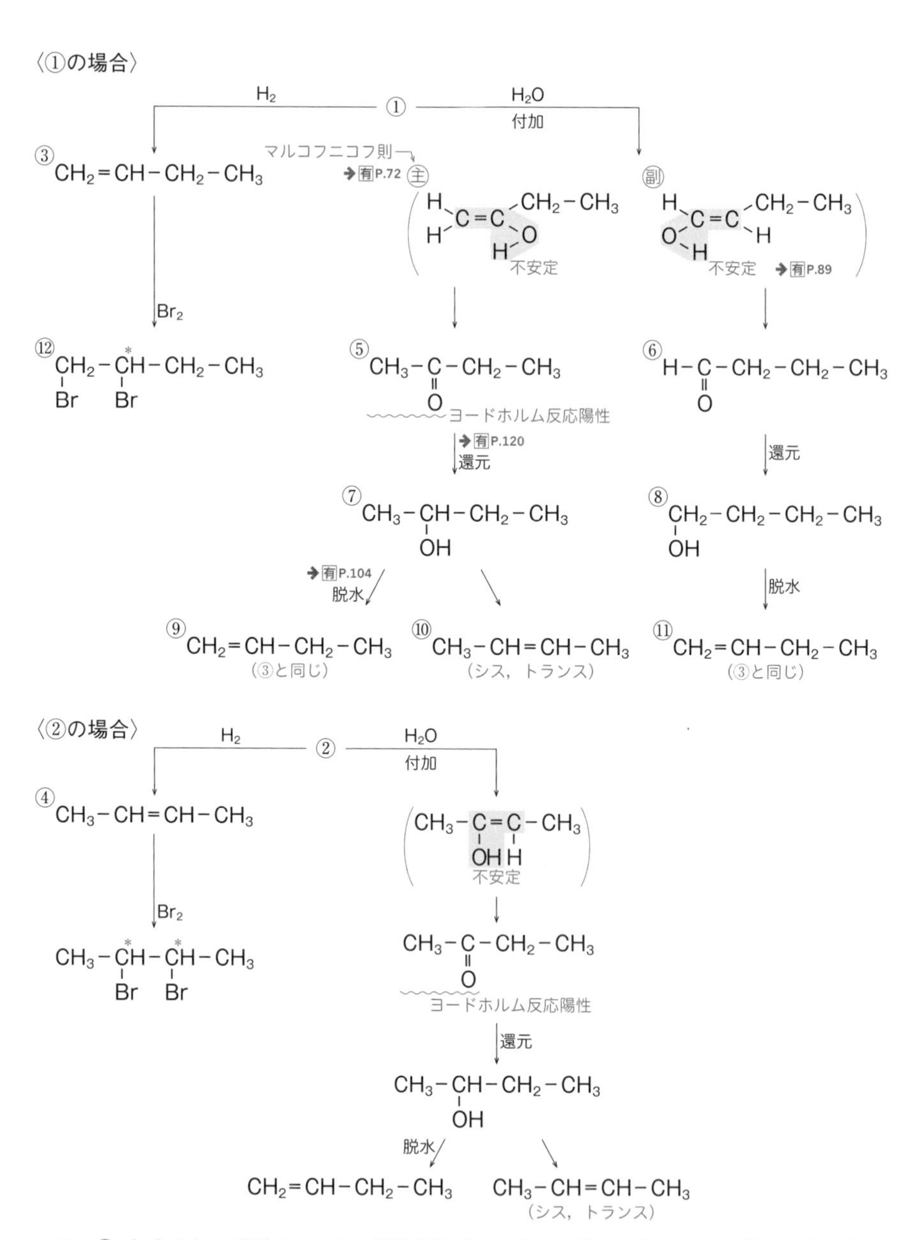

C＝④ とすると，**実験３**で，Cの構造異性体のF(シス形)とG(トランス形)ができたという記述を満たさないので，C＝③ で，A＝①，Bは主生成物でヨードホルム反応陽性の⑤，D＝⑫，E＝⑦，F＝⑩(シス形)，G＝⑩(トランス形) となる。

22 アルコール・カルボニル化合物・カルボン酸・エステルとアミド

230 A：$CH_3-C(CH_3)(OH)-CH_3$ B：$CH_3-CH_2-O-CH_2-CH_3$ C：$CH_3-CH_2-CH(OH)-CH_3$

理由：第二級アルコールで不斉炭素原子をもつから。

解説 $C_4H_{10}O$ は，不飽和度0より鎖状飽和である。

$C_4H_{10}O = C_4H_{10} + \text{(O)}$ と分け，C_4H_{10} に $-O-$ を割り込ませて数えると，次の①～⑦の構造異性体がある。➔有P.100

$H_3C-CH_2-CH_2-CH_3$（⑤，⑥：C–C間，②，①：C–H間） $CH(CH_3)_3$（⑦：C–C間，④，③：C–H間）

←と⇦は，(O)の入る位置
←①～④に入ると，アルコール
⇦⑤～⑦に入ると，エーテル

Aは，金属ナトリウムと反応して水素を発生することからアルコールであり，酸化されにくいことから第三級アルコール(④)とわかる。

Bは，エタノールを分子間脱水して得られるのでジエチルエーテル(⑤)である(金属ナトリウムと反応しない条件も満たす)。

Cは，金属ナトリウムと反応して水素を発生することからアルコールであり，酸化され銀鏡反応を示さない(ケトンが生成)ので，第二級アルコールとわかる。また，鏡像異性体があることより不斉炭素原子をもつ。これらより②と判断できる。

231 1：$3OH^-$ 2，3：$2Ag$，$4NH_3$ 4：$5OH^-$ 5：Cu_2O 6：$4NaOH$
7：CHI_3 8：$3NaI$ 9：$R-O-C(R_1)(R_2)-OH$ 10：$R-O-C(R_1)(R_2)-O-R$ 11：H_2O

解説 (a) 塩基性下でアルデヒドが酸化されるときの変化は，次のようになる。

$$RCHO + 3OH^- \longrightarrow RCOO^- + 2H_2O + 2e^- \quad \cdots(\text{i})$$

[銀鏡反応]では，

$$[Ag(NH_3)_2]^+ + e^- \longrightarrow Ag + 2NH_3 \quad \cdots(\text{ii})$$ ➔有P.118, 119

と組み合わせて(i)+(ii)×2より e^- を消去すると，

$$RCHO + 2[Ag(NH_3)_2]^+ + \underline{3OH^-} \longrightarrow RCOO^- + \underline{2Ag} + 2H_2O + \underline{4NH_3}$$

[フェーリング液の還元]では，

$$2Cu^{2+} + 2e^- + 2OH^- \longrightarrow Cu_2O(\text{赤}) + H_2O \quad \cdots(\text{iii})$$ ➔有P.118, 119

と組み合わせて(i)+(iii)より e^- を消去する。

$$RCHO + 2Cu^{2+} + \underline{5OH^-} \longrightarrow RCOO^- + \underline{Cu_2O} + 3H_2O$$

(b) $$CH_3-\underset{\|\atop O}{C}-R + 3OH^- + 3I_2 \longrightarrow CI_3-\underset{\|\atop O}{C}-R + 3H_2O + 3I^-$$

$$\mathrm{R-\underset{\underset{O}{\|}}{C}-CI_3 + H-O^- \longrightarrow CHI_3\downarrow + R-\overset{\overset{O}{\|}}{C}-O^-}$$

ヨードホルム

$$\mathrm{CH_3-\underset{\underset{O}{\|}}{C}-R + 4OH^- + 3I_2 \longrightarrow CHI_3 + R-\underset{\underset{O}{\|}}{C}-O^- + 3H_2O + 3I^-}$$

両辺にNa^+を4つ加えて整理し，$R = -CH_3$ とすればよい。

(c) $\mathrm{R-\overset{\delta-}{O}-\overset{\delta+}{H}}$ が $\mathrm{R_1-\overset{\delta+}{C}(R_2)=\overset{\delta-}{O}}$ に付加 → $\mathrm{R_1-C(R_2)(O-R)-O-H}$（ヘミアセタール）$\xrightarrow[\text{縮合}]{HO-R}$ $\mathrm{R_1-C(R_2)(O-R)-O-R}$（アセタール）$+ H_2O$ ➔有P.258

232 ②

解説 (a) アセトアルデヒドの工業的製法である。正しい。➔有P.114

$$\mathrm{2CH_2{=}CH_2 + O_2 \xrightarrow[\left[PdCl_2,\ CuCl_2\right]]{} 2CH_3-\underset{\underset{O}{\|}}{C}-H}$$

(b) Agが析出する。誤り。➔有P.118

(c) ギ酸HCOOHは飽和脂肪酸(鎖状飽和モノカルボン酸)の中で，最も酸として強い。正しい。➔有P.128

(d) $\mathrm{C-C-C-C-\underset{\underset{O}{\|}}{C}-H}$　$\mathrm{C-C-\overset{\overset{C}{|}}{C}-\underset{\underset{O}{\|}}{C}-H}$　$\mathrm{C-\underset{\underset{C}{|}}{C}-C-\underset{\underset{O}{\|}}{C}-H}$　$\mathrm{C-\overset{\overset{C}{|}}{\underset{\underset{C}{|}}{C}}-\underset{\underset{O}{\|}}{C}-H}$

の4種類(炭素骨格とホルミル基のみを記す)である。誤り。

233 ⓔ

解説

ⓐ アジピン酸 $\mathrm{HO-\overset{\overset{O}{\|}}{C}-CH_2-CH_2-CH_2-CH_2-\overset{\overset{O}{\|}}{C}-OH}$ には，アミド結合 $\mathrm{-\overset{\overset{O}{\|}}{C}-NH-}$ はない。誤り。

ⓑ 乳酸は不斉炭素原子を1つもつ。誤り。➔有P.130

$$\mathrm{HO-\overset{\overset{O}{\|}}{C}-\overset{*}{C}H(CH_3)-OH}$$

ⓒ 無水酢酸 $\mathrm{CH_3-\overset{\overset{O}{\|}}{C}-O-\overset{\overset{O}{\|}}{C}-CH_3}$ ➔有P.133, 134は，酢酸の分子間脱水によって得られ，純粋な酢酸とは異なる化合物である。純粋な酢酸は，低温で凍結することから，氷酢酸とよばれる。誤り。

ⓓ カルボン酸はフェノールより酸として強い。誤り。➔有P.188

ⓔ カルボン酸は，炭酸(第1電離)より酸として強いので➔有P.132, 133，次の反応が起こり，CO_2が生じる。正しい。

$$\mathrm{\underset{\text{プロピオン酸}}{CH_3CH_2COOH} + NaHCO_3 \longrightarrow CO_2\uparrow + H_2O + CH_3CH_2COONa}$$

234 問1　ア：シス　イ：トランス　ウ：フマル酸　エ：シス-トランス異性体　オ：無水マレイン酸

問2

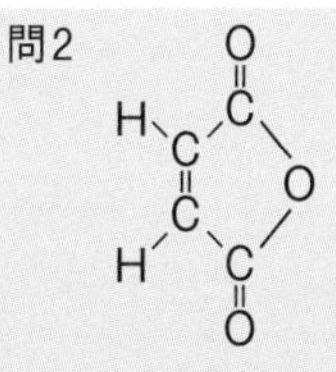

問3　2つのカルボキシ基の位置が近いため脱水しやすく，生じる酸無水物は安定な環構造をとるから。(44字)

問4　マレイン酸は融点に影響しない分子内で水素結合を形成するのに対し，フマル酸は分子間でのみ水素結合を形成するから。(55字)

解説　問1～3　分子式$C_4H_4O_4$の不飽和ジカルボン酸には次のシス-トランス異性体(エ)がある。

マレイン酸(シス形(ア))　　フマル酸(ウ)(トランス形(イ))

マレイン酸は2つのカルボキシ基が近くにあるので分子内で脱水が起こりやすい。また，脱水後に生じる無水マレイン酸は角のひずみが小さい五員環で，安定な環構造をとる。

マレイン酸 —加熱→ 無水マレイン酸(オ) + H_2O

問4　水素結合が形成される位置の違いから説明すればよい。

マレイン酸(分子内水素結合) ⇓ 融点に影響しない　　フマル酸(分子間水素結合) ⇓ 融点に影響する

235 ③

解説　Rの部分はアルキル基なのでC_nH_{2n+1}と表せる。

$$C_nH_{2n+1}COONa + NaOH \longrightarrow C_nH_{2n+2} + Na_2CO_3$$

$$\frac{11\,\text{g}}{12n+2n+1+44+23\,[\text{g/mol}]} = \frac{4.4\,\text{g}}{12n+2n+2\,[\text{g/mol}]}$$

mol(ナトリウム塩)　　mol(炭化水素)　　よって，$n=3$

したがって，③の$CH_3CH_2CH_2COOH$(酪酸)と決まる。

236 ㊁

解説　乾留とは，空気を遮断して熱分解反応を行うことである。酢酸カルシウムを乾留すると，アセトンが生じる。

$$(CH_3COO)_2Ca \xrightarrow{加熱} CH_3\text{-}\underset{\underset{O}{\|}}{C}\text{-}CH_3 + CaCO_3$$

アセトン

A：ケトンであり，銀鏡反応には陰性である。誤り。→有P.118, 119

B：アセトンは水と任意の割合で混ざる。誤り。

C：アセチル基をもち，ヨードホルム反応に陽性である。正しい。→有P.120, 121

D：$CH_3\text{-}\underset{OH}{\underset{|}{CH}}\text{-}CH_3 \xrightarrow[酸化]{-2H} CH_3\text{-}\underset{\underset{O}{\|}}{C}\text{-}CH_3$　正しい。

2-プロパノール　　アセトン

E：ケトンであり，フェーリング液を還元しない。誤り。→有P.118, 119

237

問1 $HO\text{-}\overset{O}{\overset{\|}{C}}\text{-}CH_2\text{-}O\text{-}CH_2\text{-}\overset{O}{\overset{\|}{C}}\text{-}OH$　$HO\text{-}\overset{O}{\overset{\|}{C}}\text{-}\underset{O\text{-}CH_3}{\underset{|}{CH}}\text{-}\overset{O}{\overset{\|}{C}}\text{-}OH$

問2 下線部(b) $HO\text{-}\overset{O}{\overset{\|}{C}}\text{—}\overset{CH_3}{\underset{OH}{\overset{|}{\underset{|}{C}}}}\text{—}\overset{O}{\overset{\|}{C}}\text{-}OH$　下線部(c) $HO\text{-}\overset{O}{\overset{\|}{C}}\text{-}\underset{CH_2\text{-}OH}{\underset{|}{CH}}\text{-}\overset{O}{\overset{\|}{C}}\text{-}OH$

問3 A：$HO\text{-}\overset{O}{\overset{\|}{C}}\text{-}CH_2\text{-}\overset{OH}{\overset{|}{CH}}\text{-}\overset{O}{\overset{\|}{C}}\text{-}OH$　B：$HO\text{-}\overset{O}{\overset{\|}{C}}\text{-}CH_2\text{-}\overset{O}{\overset{\|}{C}}\text{-}\overset{O}{\overset{\|}{C}}\text{-}OH$

問4 （シス形）$HO\text{-}\overset{O}{\overset{\|}{C}}$ と $\overset{O}{\overset{\|}{C}}\text{-}OH$ が C=C の同じ側，H と H が同じ側　（トランス形）$HO\text{-}\overset{O}{\overset{\|}{C}}$ と H が上側，H と $\underset{\underset{O}{\|}}{C}\text{-}OH$ が下側（C=C の反対側）

解説　Aは不飽和度 $=\dfrac{2\times 4+2-6}{2}=2$　で，π結合と環構造を合わせて2つもつ。炭素数4で塩基によって中和できることから，Aはカルボキシ基をもつ。

$0.10\ mol/L \times 10\ mL = 1.0\ mmol$　のAを中和するのに，NaOHが
$0.10\ mol/L \times 20\ mL = 2.0\ mmol$　必要なことから，Aは2価の酸であり，カルボキシ基を2つもつ。不飽和度＝2で，$\text{-}\overset{O}{\overset{\|}{C}}\text{-}OH$　にπ結合を1つもつから，2つのカルボキシ基以外は鎖状飽和である。そこで，

$$C_4H_6O_5 = C_2H_6 + (\text{-}O\text{-}) + \left(\text{-}\overset{O}{\overset{\|}{C}}\text{-}O\text{-}\right) + \left(\text{-}\overset{O}{\overset{\|}{C}}\text{-}O\text{-}\right)$$

のように分解して考える。まずC_2H_6のC-H結合に$\left(\text{-}\overset{O}{\overset{\|}{C}}\text{-}O\text{-}\right)$を2つ入れてジカルボン酸の構造式を書き，C-CあるいはC-Hの間に(-O-)を入れる。ただし問題文の指示より，

$C\text{-}O\text{-}\overset{O}{\overset{\|}{C}}\text{-}OH$　という構造のモノ炭酸エステルは除いて数える。

（↓は−O−を入れる位置　⬇に−O−を入れるとモノ炭酸エステルとなるので除く）

CH_3-CH_3 →（$-\overset{O}{\underset{}{C}}-O-$ を2つ）→ $HOOC-CH_2-CH_2-COOH$（①②）、$HOOC-CH(COOH)-CH_3$（③④⑤）

① $HO-CO-CH_2-O-CH_2-CO-OH$

② $HO-CO-CH_2-CH(OH)-CO-OH$

③ $HO-CO-C(OH)(COOH)-CH_3$

④ $HO-CO-CH(COOH)-O-CH_3$

⑤ $HO-CO-CH(COOH)-CH_2OH$

問1　金属ナトリウムは，ヒドロキシ基，カルボキシ基と次のように反応する。

$$-OH + Na \longrightarrow -ONa + \frac{1}{2}H_2$$

$$-COOH + Na \longrightarrow -COONa + \frac{1}{2}H_2$$

（−OHや−COOH 1molからH_2が0.5mol生じる）

この反応でA 1.0molからH_2が1.5mol反応したことから，Aは−COOH2つ以外に−OHを1つもつことがわかる。よって，−OHをもたない①と④が除かれる。

問2, 3　Aを酸化すると$C_4H_6O_5$から$C_4H_4O_5$に変化するので−2H，すなわち第一級アルコールがアルデヒド，または，第二級アルコールがケトンに変化する反応と考えられる。③は第三級アルコールなので酸化されにくく，これが除かれる。

強酸を加えて分子内脱水が起こり，O_3やBr_2と反応するものが生じたことから，アルコールの分子内脱水によって，アルケンが生じるときと同様の反応と考えられる。

② $HO-CO-CH_2-CH(OH)-CO-OH \xrightarrow[\text{分子内脱水}]{-H_2O} HO-CO-CH=CH-CO-OH$

（マレイン酸とフマル酸のシス-トランス異性体あり）

⑤ $HO-CO-CH(COOH)-CH_2-OH \xrightarrow[\text{分子内脱水}]{-H_2O} (HOOC)_2C=CH_2$

残り②と⑤のうち，分子内脱水によって2種類生じるのは②となる(ちなみに②はリンゴ酸である)。よって，Aは②である。Aを酸化して生じるBは次のようになる。

A $HO-CO-CH_2-CH(OH)-CO-OH \xrightarrow[\text{酸化}]{-2H}$ B $HO-CO-CH_2-CO-CO-OH$

問4　CとDは，マレイン酸とフマル酸である。

238　問1　ア：8　イ：3　ウ：1

問2　CH_3-CH_2(H)C=C(H)CH_3 （シス形：CH_3-CH_2とHが一方の炭素，CH_3とHが他方の炭素），CH_3-CH_2(H)C=C(H)CH_3 （トランス形）

問3　記号：G　構造式：$(CH_3)_2C=C(H)CH_3$

問4　$CH_3-CH(CH_3)-C(H)=O$ と $H_2C=O$

問5　A：$CH_3-C(CH_3)_2-CH_2OH$　B：$HOCH_2-CH(CH_3)-CH_2-CH_3$　C：$CH_3-C(OH)(CH_3)-CH_2-CH_3$

D：$CH_3-CH(CH_3)-CH(OH)-CH_3$　E：$CH_3-CH_2-CH_2-CH(OH)-CH_3$

解説　$C_5H_{12}O$は分子式から鎖状飽和であり，実験1より，A～Eはアルコールであることがわかる。

$C_5H_{12}O$のアルコールには次の①～⑧の位置に$-OH$のついた8（ア）種類の構造異性体が存在する。

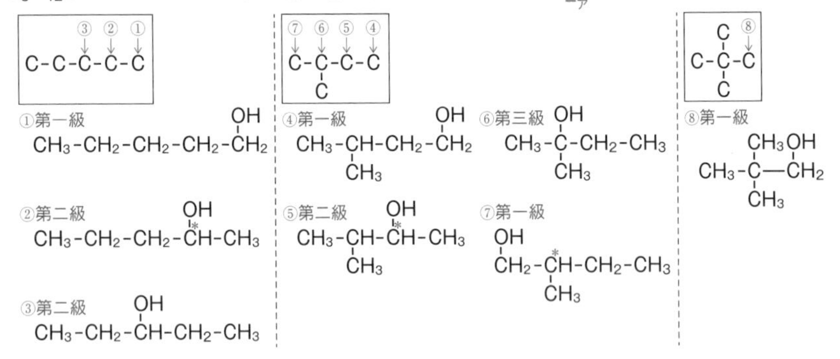

8種類の構造異性体のうち，不斉炭素原子をもつのは②，⑤，⑦の3（イ）種類である。このうち⑦は酸化生成物も不斉炭素原子をもつ。

⑦　$HOCH_2-C^*H(CH_3)-CH_2-CH_3 \xrightarrow{酸化} H-C(=O)-C^*H(CH_3)-CH_2-CH_3$　よって，ウ は1（ウ）となる。

実験2より，A，Bは第一級アルコールなので，①，④，⑦，⑧のいずれかである。

実験3より，Aは分子内脱水によってアルケンが生成しないので，$-OH$の結合したC原子の隣のC原子にH原子が結合していない⑧である➔宿P.106。B，C，D，Eからは次のアルケンが生じる。

B $\xrightarrow{-H_2O}$ F

C $\xrightarrow{-H_2O}$ F，G

D $\xrightarrow{-H_2O}$ G，H

E $\xrightarrow{-H_2O}$ I，J，K（J，K：立体異性体）

分子内脱水によって生じるアルケンに立体異性体が存在するのは，②もしくは③である。

② $CH_3-CH_2-CH(H)-CH(OH)-CH_2(H)$（(i) H・OH，(ii) OH・H）
→ (i) $CH_3-CH_2-CH=CH-CH_3$（シス-トランス異性体あり）
→ (ii) $CH_3-CH_2-CH_2-CH=CH_2$

対称軸

③ $CH_3-CH_2-CH(OH)-CH(H)-CH_3$（(iii) OH・H）→ (iii) $CH_3-CH_2-CH=CH-CH_3$（シス-トランス異性体あり）

シス-トランス異性体を区別して，アルケンが3種類生じる②がEである。

よって，E $CH_3-CH_2-CH_2-CH(OH)-CH_3$

→ I $CH_3-CH_2-CH_2-CH=CH_2$

→ J, K $CH_3-CH_2(H)C=C(H)CH_3$　$CH_3-CH_2(H)C=C(CH_3)H$　問2

Bが仮に①なら分子内脱水によってIが生じるので，残りから考えてBは④か⑦である。また，④～⑦から分子内脱水によって生じるアルケンは次のようになる。

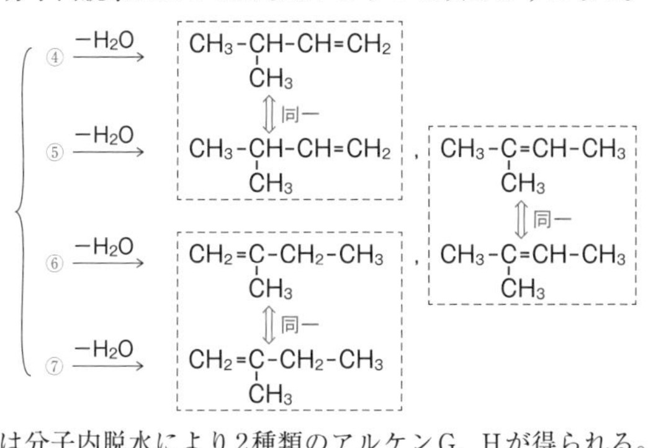

実験3より，Dは分子内脱水により2種類のアルケンG，Hが得られる。また**実験4**より，Hのオゾン分解生成物が2種類のアルデヒドであることから，Hは $-CH=CH-$ のような構造をもつアルケンなので，Dは⑤である。

D $CH_3-CH(CH_3)-CH(OH)-CH_3$

→ H $CH_3-CH(CH_3)-CH=CH_2$ $\xrightarrow[\text{分解}]{O_3}$ $CH_3-CH(CH_3)-C(H)=O$，$O=C(H)H$　問4

→ G $CH_3-C(CH_3)=CH-CH_3$　問3

Gはすべての炭素原子が同一平面上に存在する

$C_2C=CC_2$

分子内脱水でGが生成するCは⑥，Fは $CH_2=C(CH_3)-CH_2-CH_3$ となる。

よって，分子内脱水でFのみが生成するBは⑦と決まる。

239 問1　二酸化炭素が発生して分液ろうとの内圧が上がるから。

問2　$2CH_3COOH + Na_2CO_3 \longrightarrow CO_2 + H_2O + 2CH_3COONa$

問3　上層を三角フラスコに取る。

無水塩化カルシウムを加えて放置する。

ろ過によって塩化カルシウムの水和物を取り除き，ろ液を回収する。

解説

$$CH_3-\overset{\overset{\displaystyle O}{\|}}{C}-OH + CH_3-CH_2-OH \underset{}{\overset{H^+}{\rightleftarrows}} CH_3-\overset{\overset{\displaystyle O}{\|}}{C}-O-CH_2-CH_3 + H_2O$$

触媒として濃硫酸を用いると，平衡は右へ移動する。

手順1　エタノールは酢酸より蒸発しやすいので，エタノールを過剰に用いている。

手順2　図1の還流冷却器をつけておくと，混合溶液から蒸発してくる有機化合物を冷却してフラスコに戻しつつ，容器内の圧力が上がり過ぎないように反応させることができる。

手順3　酢酸エチルの沸点である77℃付近の蒸気を回収する。

手順4　酢酸を次のように反応させてすべて酢酸イオンとし，水層に移して分離する。

$$2CH_3COOH + CO_3{}^{2-} \longrightarrow 2CH_3COO^- + CO_2 + H_2O$$

このときCO_2が発生するので，分液ろうとを振るときにガス抜きをする。➔有P.217

手順5　エタノールをCa^{2+}と結合させて，水層へ移して分離する。

$$CH_3CH_2\ddot{O}H + Ca^{2+} \longrightarrow \left[Ca\left(:\underset{H}{O}CH_2CH_3\right)\right]^{2+}$$

手順6　上層の酢酸エチルを三角フラスコに移し，混入した水分は無水塩化カルシウムで取り除く。

$$CaCl_2 + nH_2O \longrightarrow CaCl_2 \cdot nH_2O$$

しばらく放置してから，塩化カルシウムの水和物をろ過して除く。

240 問1　C：9.60mg，H：1.60mg，O：6.40mg

問2　C_2H_4O

問3　分子量：88.0　分子式：$C_4H_8O_2$

問4　CH_3-OH　CH_3-CH_2-OH　$CH_3-CH_2-CH_2-OH$　$CH_3-\underset{\underset{\displaystyle OH}{|}}{CH}-CH_3$

問5　$H-\overset{\overset{\displaystyle O}{\|}}{C}-O-\overset{\overset{\displaystyle CH_3}{|}}{CH}-CH_3$

解説

問1　$C: 35.2 \times \dfrac{12.0}{44.0} = \underline{9.60\text{mg}}_C$

$H: 14.4 \times \dfrac{2.00}{18.0} = \underline{1.60\text{mg}}_H$

$O: 17.6 - (9.60 + 1.60) = \underline{6.40\text{mg}}_O$

問2　$C : H : O = \dfrac{9.60}{12.0} : \dfrac{1.60}{1.00} : \dfrac{6.40}{16.0} = 2 : 4 : 1$

よって，組成式は$\underline{C_2H_4O}$である。

問3　同温・同圧下で，理想気体は同体積中に同じ物質量の分子を含むので，単位体積あたりの質量である密度の比は，分子量の比に一致する。

空気の平均分子量は約28.8なので，Aの分子量は $28.8 \times 4 = 115.2$以下 となる。Aの式量が44.0であること，Aはエステルなので最低でもO原子を2つもつことから，Aの分子式は$C_4H_8O_2$であり，分子量は88.0となる。

問4　Aの加水分解によって生じるCは炭素原子数が3以下の1価のアルコールであり，Aの分子式からCは鎖状飽和である。そこで，次の4つのアルコールが条件を満たす。

炭素原子数1：CH_3-OH

炭素原子数2：CH_3-CH_2-OH

炭素原子数3：$CH_3-CH_2-CH_2-OH$　$CH_3-CH(OH)-CH_3$

問5　Cを酸化するとケトンが得られるから，Cは第二級アルコールであり，問4の4つのうち2-プロパノールのみが条件を満たす。

したがってBは炭素原子数が 4－3＝1 のカルボン酸なので，ギ酸である。よって，Aは$H-C(=O)-O-CH(CH_3)-CH_3$（ギ酸イソプロピル）と決まる。

241 問1　あ：アセチル　　い：けん

問2　A：$CH_2(OH)-CH_2-CH_2-C(=O)-O-CH_3$

B：$CH_3-C(=O)-O-CH_2-CH_2-CH_2-C(=O)-O-CH_3$

C：$CH_2(OH)-CH_2-CH_2-C(=O)-ONa$

D：（五員環：C(=O)–O–CH_2–CH_2–CH_2–）

解説　問1　あ：ヒドロキシ基やアミノ基が無水酢酸と反応し，酢酸エステルや酢酸アミドになるとき，これらの官能基がアセチル化されたという。

$-O-H \longrightarrow -O-C(=O)-CH_3$

$-N(H)-H \longrightarrow -N(H)-C(=O)-CH_3$

$-C(=O)-CH_3$は酢酸(acetic acid)から$-OH$をとった基でアセチル基という

い：エステルにNaOHのような強塩基を加えて加熱すると不可逆的に加水分解する。これをけん化という。

問2　流れを整理すると，

A：$C_5H_{10}O_3$ ↓アセチル化 B：$C_7H_{12}O_4$ $\xrightarrow{けん化}$ C $C_4H_7O_3Na$ $\xrightarrow{H^+}$ D（五員環）$C_4H_6O_2$

$$\text{Aの不飽和度} = \frac{2 \times 5 + 2 - 10}{2} = 1$$
なので，π結合か環を1つもつ。

Aはアセチル化されて，分子式が$C_7H_{12}O_4$ － $C_5H_{10}O_3$ ＝ C_2H_2O だけ増えたことから，ヒドロキシ基を1つもつことがわかる。

$-O-H \xrightarrow{アセチル化} -O-C(=O)-CH_2-H$

NaOHを加えて加熱し，けん化されていることから，AやBはエステル結合をもつ。Cはカルボキシ基が中和されたナトリウム塩である。

Cに硫酸を加えると弱酸遊離反応により，まず分子式$C_4H_8O_3$のカルボン酸が生じる。この分子の不飽和度$=\dfrac{2\times4+2-8}{2}=1$　なので，カルボキシ基のπ結合以外は鎖状飽和である。また，O原子数が3なので，$-COOH$以外にO原子を1つ含む。

さらに分子式$C_4H_8O_3$のカルボン酸から，H_2O 1分子ぶん減少した分子式$C_4H_6O_2$の五員環化合物Dになったことから，分子内で脱水縮合が起こっている。そこで$C_4H_8O_3$はヒドロキシ酸であり，次のようにH^+を触媒として，分子内でエステル結合を形成し，五員環をもつ環状エステルDになったと考えられる。

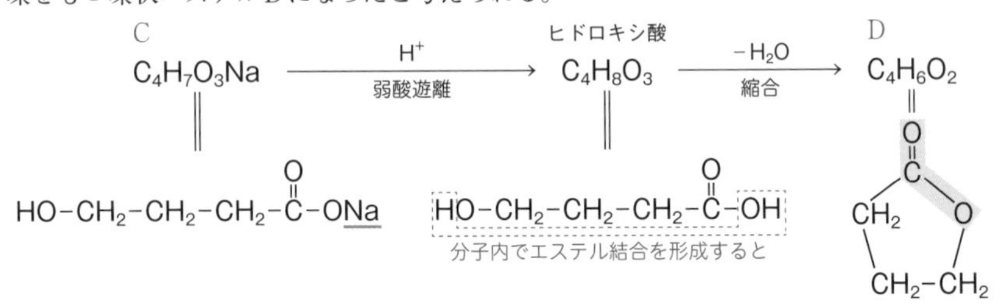

Aは不飽和度が1で炭素原子数5のエステルなので，Cより炭素が1つ多い。そこで，炭素数1のアルコールであるメタノールのヒドロキシ基と$C_4H_8O_3$のヒドロキシ酸のカルボキシ基の間でエステル結合ができるように縮合させたものがAである。以上より，問題全体の流れは次のように表せる。

A
$HO-CH_2-CH_2-CH_2-C(=O)-O-CH_3$
加熱 NaOH
$HO-CH_2-CH_2-CH_2-C(=O)-ONa$ (C) ＋ CH_3OH メタノール
無水酢酸
$CH_3-C(=O)-ONa$ ＋ $HO-CH_2-CH_2-CH_2-C(=O)-ONa$ (C) ＋ CH_3OH メタノール
けん化したら，Bから出てくる
NaOH 加熱
B
$CH_3-C(=O)-O-CH_2-CH_2-CH_2-C(=O)-O-CH_3$
アセチル化

第12章 芳香族化合物

23 ベンゼン・ベンゼンの置換反応・芳香族炭化水素とその誘導体

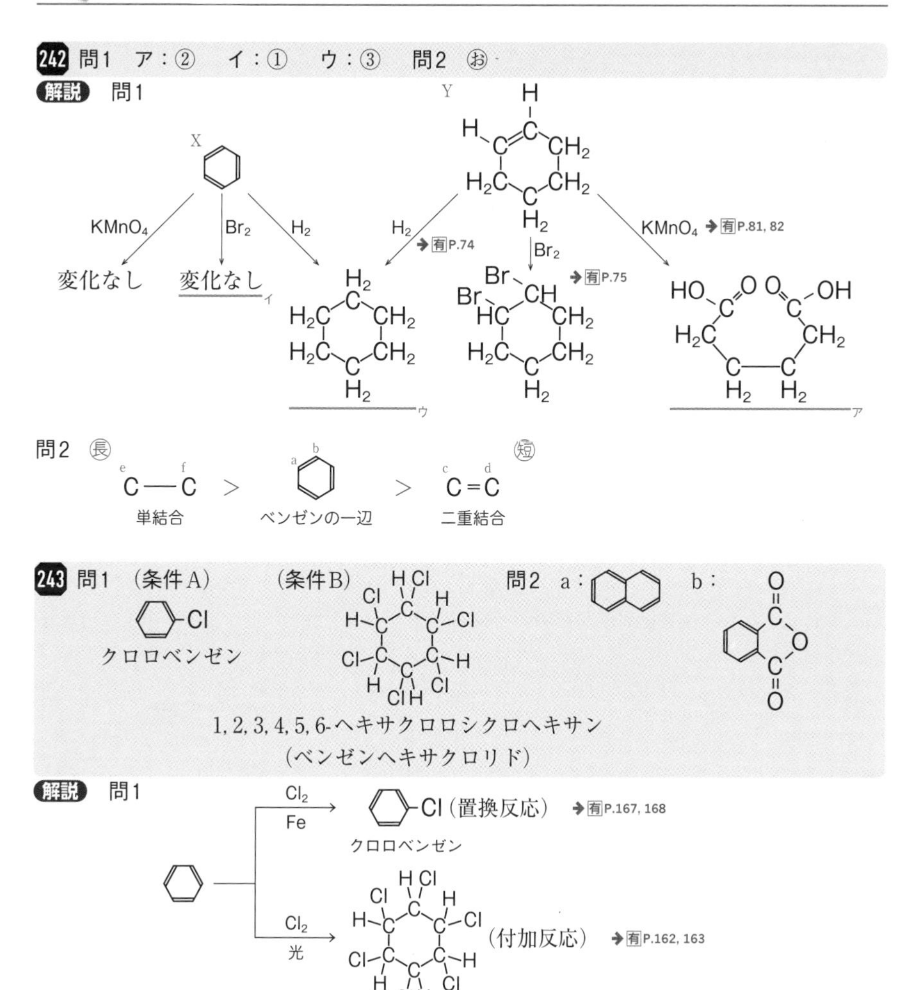

1, 2, 3, 4, 5, 6-ヘキサクロロシクロヘキサン

問2

$$\text{ナフタレン (a)} \xrightarrow[V_2O_5]{O_2} \text{無水フタル酸 (b)}$$

➔有P.162, 163

無水フタル酸は，水溶液中では加水分解されフタル酸となる。塩基性溶液中ではさらに中和されてフタル酸イオンとなり，溶解する。

$$\text{無水フタル酸} \xrightarrow[\text{加水分解}]{H_2O} C_6H_4(C(=O)\text{-}OH)_2 \text{ (フタル酸)} \xrightarrow[\text{中和}]{OH^-} C_6H_4(C(=O)\text{-}O^-)_2$$

244 問1 $C_6H_6 + HNO_3 \longrightarrow C_6H_5\text{-}NO_2 + H_2O$ 問2 NO_2^+

問3 ジニトロ化が進み，*m*-ジニトロベンゼンが主生成物として得られる。

解説 混酸ではH_2SO_4がHNO_3にH^+を与えて，ニトロニウムイオンが生じる。

$$H_2SO_4 + HNO_3 \longrightarrow HSO_4^- + \underline{NO_2^+}_{\text{問2}} + H_2O$$

これがベンゼンを攻撃し，ニトロベンゼンが生じる。

$$C_6H_6 + NO_2^+ \longrightarrow C_6H_5\text{-}NO_2 + H^+$$
$$H^+ + HSO_4^- \longrightarrow H_2SO_4$$

➔有P.165

ニトロ基はベンゼン環の電子を吸引する性質があり，ニトロベンゼンはベンゼンよりニトロ化が起こりにくい。

高温にすると，ジニトロ化が進む。このときニトロ基がメタ配向性なので，*m*-ジニトロベンゼンが主生成物となる。(問3)

➔有P.170, 172, 173

245 a：クロロベンゼン　b：*o*-ニトロトルエン　c：*p*-ニトロトルエン
d：2,4,6-トリニトロトルエン　あ：オルト　い：メタ　う：パラ
ア：付加　イ：置換　(bとc，あとうは順不同)

解説

$$C_6H_6 \xrightarrow[\text{鉄粉}]{Cl_2} C_6H_5\text{-}Cl \text{ (a)} \quad \text{(置換反応}_{イ}\text{)}$$

➔有P.167, 168

$$H_2C{=}CH_2 \xrightarrow{Cl_2} H\text{-}CHCl\text{-}CHCl\text{-}H \quad \text{(付加反応}_{ア}\text{)}$$

➔有P.74

$$C_6H_5CH_3 \xrightarrow[H_2SO_4]{HNO_3} \text{(主) } o\text{-}CH_3C_6H_4NO_2 \text{ と } p\text{-}CH_3C_6H_4NO_2 \text{ (b, c)} \xrightarrow[\text{高温}]{\text{さらに}} 2,4,6\text{-トリニトロトルエン (d)}$$

CH_3：オルト・パラ配向性（あ，う）

➔有P.179

246

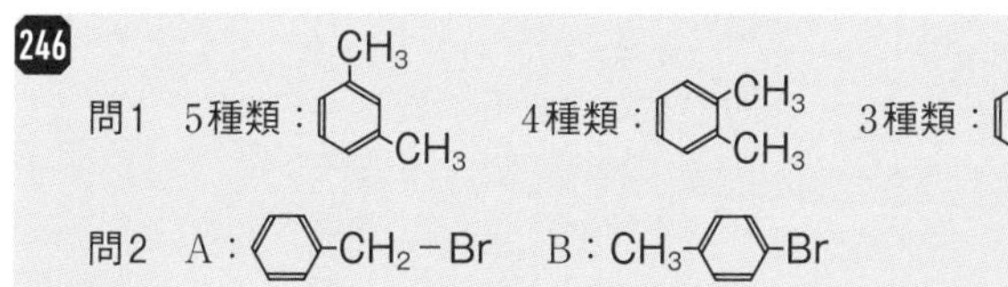

解説　問1　分子式C_8H_{10}で表される芳香族炭化水素には，エチルベンゼン以外に，キシレンの*o*-体，*m*-体，*p*-体が存在し，炭素原子の環境と種類は次のとおり。➔有P.178

構造式	CH_3, CH_3 *o*-キシレン	CH_3, CH_3 *m*-キシレン	CH_3, CH_3 *p*-キシレン
炭素原子の環境	対称軸 a～dの4種類	対称軸 a～eの5種類	対称軸 対称軸 a～cの3種類

問2　Br_2に光を照射すると，共有結合が開裂して臭素原子が生じる。

$$Br_2 \xrightarrow{\text{光}} 2Br^{\cdot}$$

トルエンの側鎖の炭素は酸化されやすく，$Br^{\cdot}$に攻撃されて次のような置換反応が連鎖的に進む。メタンと塩素の反応と同様の反応である。➔有P.62, 63

$$C_6H_5-CH_3 + Br^{\cdot} \longrightarrow C_6H_5-\dot{C}H_2 + HBr \quad \cdots(1)$$

$$C_6H_5-\dot{C}H_2 + Br_2 \longrightarrow C_6H_5-CH_2-Br + Br^{\cdot} \quad \cdots(2)$$

（分子式C_7H_7Br）

(1)式＋(2)式より，$C_6H_5-CH_3 + Br_2 \longrightarrow C_6H_5-CH_2-Br + HBr$

臭化ベンジル　A

鉄粉を加えると，Br^+が生じて置換反応が起こる。➔有P.168

この反応で生じたAの構造異性体は，次の3種類のブロモトルエンである。

CH_3, Br	CH_3, Br	CH_3, Br
o-ブロモトルエン	*m*-ブロモトルエン	*p*-ブロモトルエン

これらのうち，異なった環境の炭素原子がAの臭化ベンジルと同じ5種類となるBは，次ページの図より*p*-ブロモトルエンと決まる。

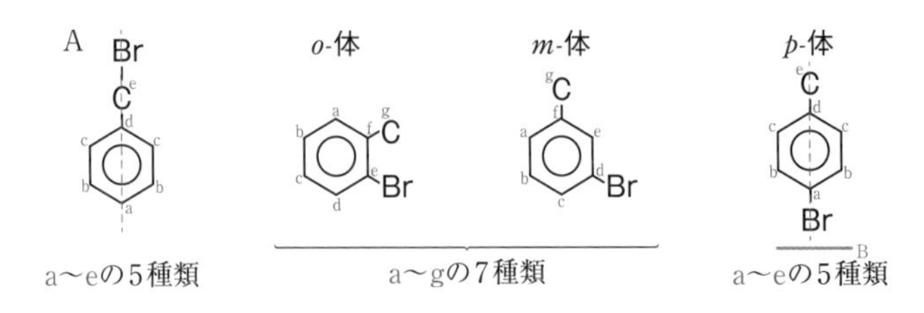

247 ⑤

解説 ①〜⑤の化合物の側鎖のアルキル基を酸化すると次の①′〜⑤′の化合物が得られる。

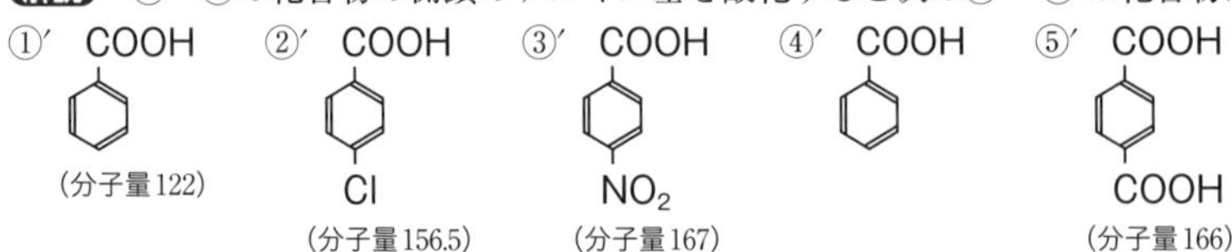

Bをn価のカルボン酸とし，分子量をMとすると，

$$\frac{1.00\ \mathrm{g}}{M\,[\mathrm{g/mol}]}\times n = 1.00\ \mathrm{mol/L}\times\frac{12.0}{1000}\ \mathrm{L}$$

mol(B)　mol(出しうるH^+)　mol(NaOH)

→理 P.140

よって，$M \fallingdotseq 83n$

$n=2$なら$M \fallingdotseq 166$となり，2価のカルボン酸である⑤′のテレフタル酸の分子量に一致する。

したがって，B＝⑤′，A＝⑤

24 フェノール類とその誘導体・アニリンとその誘導体

248

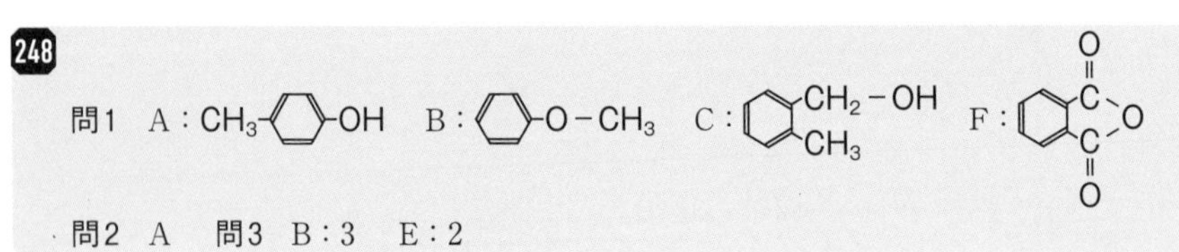

解説 問1 ①，②より， →有 P.191, 192

A，B⇒ C_7H_8O ＝ ⟨ベンゼン環⟩ ＋ $\text{-}(CH_2)\text{-}$ ＋ $\text{-}(O)\text{-}$

C⇒ $C_8H_{10}O$ ＝ ⟨ベンゼン環⟩ ＋ $\text{-}(CH_2)\text{-}$ ＋ $\text{-}(CH_2)\text{-}$ ＋ $\text{-}(O)\text{-}$

③よりAは酸性物質なのでフェノール類であり，⑤より*p*-クレゾールに決まる。

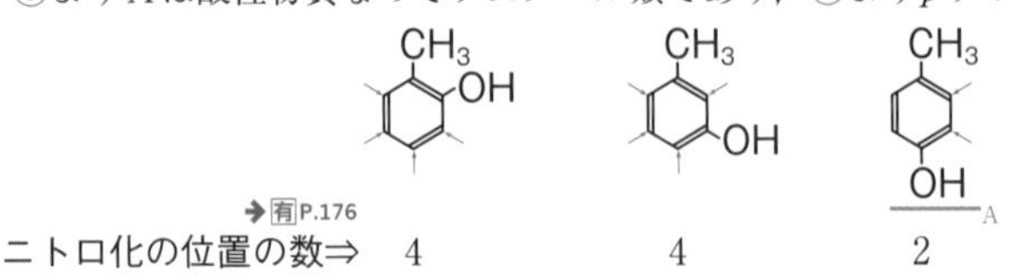

→有 P.176

ニトロ化の位置の数⇒　4　　4　　2

④でAが無水酢酸と反応すると，次ページのような酢酸エステルが生成する。

→有 P.144

CH_3-⟨ベンゼン環⟩-O-C(=O)-CH_3

③より，Bはアルコールかエーテルであり，④で無水酢酸と反応しないことからヒドロキシ基をもたないので，次のメチルフェニルエーテルである。

⟨ベンゼン環⟩-O-CH_3 （B）

③より，Cはアルコールかエーテルであり，④で無水酢酸と反応することからアルコールとわかる。⑥，⑦，⑧の変化より，Cは次の構造と決まる。

C ($C_6H_4(CH_2-OH)(CH_3)$) —酸化（$-2H$）→ D ($C_6H_4(CHO)(CH_3)$) —酸化（$+O$）→ E ($C_6H_4(COOH)_2$) —加熱（$-H_2O$）→ F（無水フタル酸）

有P.108　➔有P.133~135

問2　フェノール性ヒドロキシ基をもつのはAのp-クレゾールのみである。

問3

B OCH_3（ベンゼン環）　E COOH, COOH（ベンゼン環）

➔有P.176

ニトロ化の位置の数⇒　3　　2

249 問1　A：$CH_3-CH=CH_2$　B：$C_6H_5-CH(CH_3)-CH_3$　C：$C_6H_5-C(CH_3)_2-O-O-H$　D：硫酸

E：$CH_3-C(=O)-CH_3$

問2　⑦→③→⑥

解説

問1 ⟨ベンゼン⟩ + $CH_3-CH=CH_2$ (プロペン, A) ⟶ $C_6H_5-CH(CH_3)-CH_3$ (クメン, B)　…(1)

$C_6H_5-CH(CH_3)-CH_3$ + O_2 ⟶ $C_6H_5-C(CH_3)_2-O-O-H$ (クメンヒドロペルオキシド, C)　…(2)

$C_6H_5-C(CH_3)_2-O-O-H$ —硫酸（D）→ C_6H_5-OH + $CH_3-C(=O)-CH_3$ (アセトン, E)　…(3)

問2　ベンゼンスルホン酸からアルカリ融解によってフェノールを合成するには，NaOHの固体が必要となる。これは①～⑧の反応剤にはない。よって，クロロベンゼンから次のような経路で合成する。

⟨ベンゼン⟩ —⑦ Cl_2, Fe→ C_6H_5-Cl —③ NaOH水溶液, 高温・高圧→ C_6H_5-ONa —⑥ CO_2，H_2O, 弱酸遊離→ C_6H_5-OH

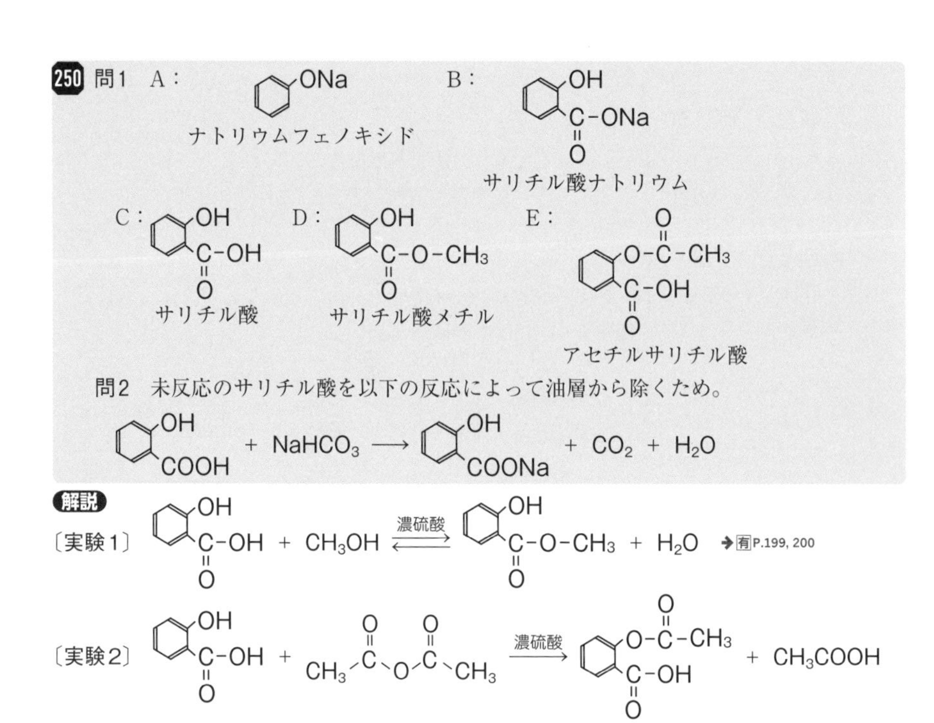

251 サリチル酸＞アセチルサリチル酸＞サリチル酸メチル

解説 サリチル酸は，カルボキシ基が電離すると右のように隣接するヒドロキシ基と分子内水素結合を形成してエネルギー的に安定になるので，カルボン酸としては比較的，強い酸である。➔有P.198

OH / C−OH / O ⇄ O−H（$\delta+$）/ C−O$^-$ / O + H^+

サリチル酸の酸性度を弱めて，アスピリンという解熱鎮痛剤として普及したものがアセチルサリチル酸である。サリチル酸メチルはカルボキシ基をもたないので，この中では最も酸として弱い。

252 ア：1　イ：3　ウ：2　エ：4　オ：1

解説 $C_8H_{11}N$ ＝ C_6H_6 ＋ $\text{-(}CH_2\text{)-}$ ＋ $\text{-(}CH_2\text{)-}$ ＋ $\text{-(}NH\text{)-}$ と分けて考えることができる。

C_6H_6 に＿＿＿を先に入れると，エチルベンゼンと，*o*-キシレン，*m*-キシレン，*p*-キシレンができる➔有P.178。エチルベンゼンとキシレンのベンゼン環に$-NH_2$が結合するように$\text{-(}NH\text{)-}$を入れる位置を↓で表すと，

CH_3-CH_2
エチルベンゼン
⇓
3種類

CH_3 対称軸 CH_3 ① ②
o-キシレン
⇓
2種類 ウ

CH_3 対称軸 ① ② ③ CH_3
m-キシレン
⇓
3種類 イ

CH_3 対称軸 対称軸 ① CH_3
p-キシレン
⇓
1種類 ア

窒素にベンゼン環以外の炭化水素基が1つ結合したアミン(第二級アミンという)は次の4種類である。エ

$C_6H_5-NH-CH_2-CH_3$ 一置換体，o-体，m-体

$H_3C-C_6H_4-NH-CH_3$ p-体

窒素が3つの炭素原子と結合したアミンを第三級アミンという。第三級アミンはN−H結合をもたないため，アミドをつくることができない。$C_8H_{11}N$の芳香族第三級アミンは次の1種類である。オ

$C_6H_5-N(CH_3)-CH_3$ ⟵ $-N-(H\ \ HO-)C(=O)-$ のようにアミドをつくれない

253

問1 $C_6H_5-NO_2 + 7H^+ + 6e^- \longrightarrow C_6H_5-NH_3^+ + 2H_2O$

問2 (1) 混合液，塩酸，ジエチルエーテルを分液ろうとに入れてよく振り混ぜて静置する。水層を三角フラスコに取り出し，水酸化ナトリウム水溶液とジエチルエーテルとともに別の分液ろうとに入れてよく振り混ぜて静置する。エーテル層を取り出して，蒸発皿に移し，エーテルを蒸発させるとアニリンが得られる。

(2) さらし粉水溶液，無色から赤紫色に変化する。

問3 $C_6H_5-NH_2 + NaNO_2 + 2HCl \longrightarrow C_6H_5-{}^+N\equiv NCl^- + NaCl + 2H_2O$

問4 (1) ジアゾカップリング

(2) $C_6H_5-N=N-C_6H_4-OH$

p-ヒドロキシアゾベンゼン(あるいは p-フェニルアゾフェノール)

解説

問1 酸化剤：$C_6H_5-NO_2 + 7H^+ + 6e^- \longrightarrow C_6H_5-NH_3^+ + 2H_2O$ …①

➔有 P.207, 208

還元剤：$Sn \longrightarrow Sn^{4+} + 4e^-$ …②

①×2＋②×3よりe^-を消去し，$14Cl^-$を両辺に加えて整理すると，

$$2C_6H_5-NO_2 + 3Sn + 14HCl \longrightarrow 2C_6H_5-NH_3Cl + 3SnCl_4 + 4H_2O$$

反応後にNaOH水溶液を加えると，弱塩基遊離反応によってアニリンが得られる。

$$C_6H_5-NH_3Cl + NaOH \longrightarrow C_6H_5-NH_2 + NaCl + H_2O$$

アニリンは分子間で水素結合を形成するために，沸点が185℃と高い。そこで，水蒸気を送り込んで，沸点より低い温度で蒸留を行っている。そのため本問では，アニリン，ニトロベンゼン，水が留出物に含まれている。

問2 (1)

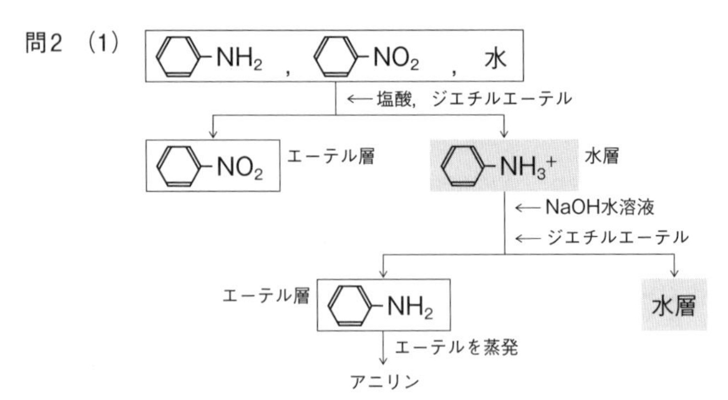

(2) アニリンにさらし粉$CaCl(ClO)\cdot H_2O$の水溶液を加えると，次亜塩素酸イオンによってアニリンが酸化され赤紫色に変化する。硫酸酸性二クロム酸カリウムを加えるとアニリンブラックとよばれる黒色物質が得られる。➔有P.205, 206

問3 ジアゾ化は，➔有P.209, 212, 213

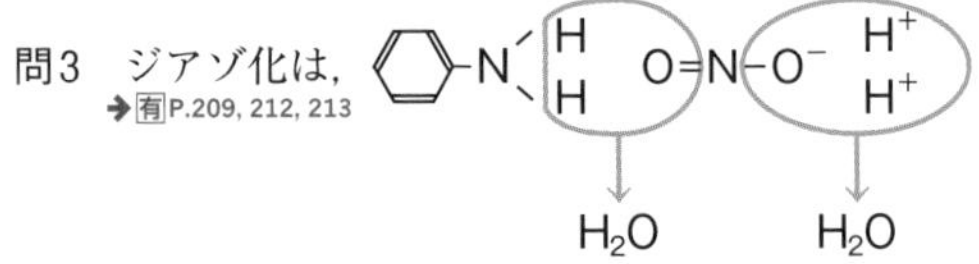

と考えるとよい。イオン反応式で表すと，

$$C_6H_5\text{-}NH_2 + NO_2^- + 2H^+ \longrightarrow C_6H_5\text{-}{}^+N\equiv N + 2H_2O$$

両辺にNa^+と$2Cl^-$を加えて整理すればよい。

問4 ジアゾニウム塩からアゾ化合物をつくる反応をジアゾカップリングといい，(d)では*p*-ヒドロキシアゾベンゼンを生じる。

254 反応1：HNO_3，H_2SO_4，ニトロ化
反応2：Br_2，Fe($FeBr_3$も可)，ブロモ化(臭素化)
反応3：Sn(あるいは Fe)，HCl，還元
反応4：(NaOH)，弱塩基遊離(生成)
反応5：$NaNO_2$，HCl，ジアゾ化
反応6：H_2O，加水分解

A：NO_2　B：NO_2, Br
C：NH_3Cl, Br　D：NH_2, Br
E：${}^+N\equiv NCl^-$, Br　F：OH, Br

解説

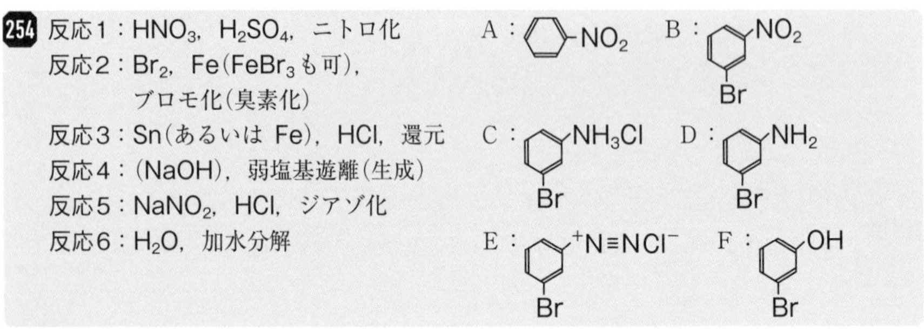

255 問1　ア：色素　イ：染料　ウ：顔料　エ：天然染料　オ：合成染料　カ：アゾ
キ：アゾ染料　ク：イオン　ケ：水素

問2　A：$HO_3S-C_6H_4-NH_2$　B：$NaO_3S-C_6H_4-N_2Cl$　C：NaO-（ナフタレン環）　D：NaCl

解説　スルファニル酸(A)は強酸性の基であるスルホ基$-SO_3H$をもつ。これを炭酸ナトリウム水溶液に溶かし，アミノ基をジアゾ化する。2-ナフトールを水酸化ナトリウム水溶液に溶かし，ジアゾカップリングによってオレンジⅡを合成している。

256 混合物のエーテル溶液と5%$NaHCO_3$水溶液を分液ろうとに入れて，途中ガス抜きをしながらよく振り混ぜる。静置して2層に分離したら水層を三角フラスコに取り出す。そこに6mol/L HClを少しずつ加えると安息香酸が析出するので，ろうとところ紙を用いて沈殿物をろ過する。

解説　塩酸を加えるとアニリンが中和される。水酸化ナトリウム水溶液を加えるとフェノールと安息香酸が中和される。炭酸水素ナトリウム水溶液を使うと，カルボン酸は炭酸より強い酸なので，安息香酸だけが反応して水層へ移る。➔有P.214

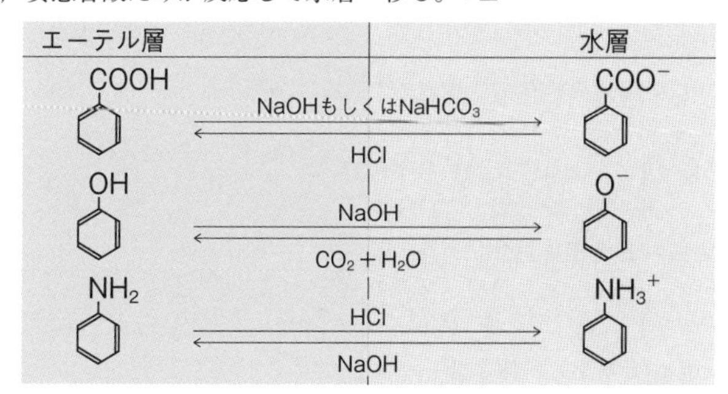

$$C_6H_5COOH + NaHCO_3 \longrightarrow C_6H_5COONa + CO_2 + H_2O$$

257 問1　④，②　問2　12　問3　③

解説　問1　Aをアニリンと考えると，無水酢酸と反応させて生じるアセトアニリドの分子式がC_8H_9NOであることから，問題文の内容と一致する。➔有P.205〜208

A $C_6H_5-NH_2$ $\xrightarrow{\text{アセチル化}}$ $C_6H_5-NH-C(=O)-CH_3$

アニリン：水には溶けにくいが，塩基なので酸性水溶液には塩をつくってよく溶ける。さらし粉で赤紫色を呈す。

アセトアニリド：分子式は C_8H_9NO

アニリンをつくるには，まずベンゼンをニトロ化してニトロベンゼンをつくる。

$C_6H_6 \xrightarrow{④} C_6H_5-NO_2$　➔有P.165

ニトロベンゼンを水素で還元するとアニリンが得られる。

$C_6H_5-NO_2 \xrightarrow{②} C_6H_5-NH_2$ ➔有P.207

問2 B ($C_{11}H_{14}O_3$ 芳香族カルボン酸のエステル) —加水分解→ 炭素数4のアルコール
→ C (芳香族カルボン酸 塩化鉄(Ⅲ)で呈色 ⇒ フェノール性-OHあり)

Bの分子式より，不飽和度$=\dfrac{2\times11+2-14}{2}=5$ であり，これはベンゼン環1つ(不飽和度4)とエステル結合1つ(不飽和度1)に相当する。よって，ベンゼン環とエステル結合以外の部分は鎖状で飽和である。

Cはフェノール性ヒドロキシ基をもち，炭素原子数が $11-4=7$ の芳香族カルボン酸なので，次の3つのいずれかである。

(o-ヒドロキシ安息香酸: $C_6H_4(OH)-C(=O)-OH$) (m-ヒドロキシ安息香酸: $C_6H_4(OH)-C(=O)-OH$) (p-ヒドロキシ安息香酸: $HO-C_6H_4-C(=O)-OH$)

Cとともに生じたアルコールは分子式が $\underset{エステル}{C_{11}H_{14}O_3}+H_2O-\underset{カルボン酸}{C_7H_6O_3}=C_4H_{10}O$ となるので，次の4つの構造異性体のいずれかである。➔有P.100

$CH_3-CH_2-CH_2-CH_2-OH$ $CH_3-CH_2-C^*H(OH)-CH_3$ $CH_3-CH(CH_3)-CH_2-OH$ $CH_3-C(CH_3)(OH)-CH_3$

Bとして考えられる構造異性体は，

3種(カルボン酸) × 4種(アルコール) = 12種(エステル) ← Cのカルボキシ基と$C_4H_{10}O$のアルコールのヒドロキシ基が縮合したエステル

問3 3種のカルボン酸のうち*o*-体がサリチル酸である。これはナトリウムフェノキシドから合成できる。➔有P.198

$C_6H_5-ONa \xrightarrow[高温・高圧]{CO_2} C_6H_4(OH)COONa \xrightarrow{H^+} C_6H_4(OH)COOH$ (サリチル酸)

（ナトリウムフェノキシドからサリチル酸ナトリウムまでの工程：③）

258 問1 $C_{19}H_{20}O_4$

問2 A：$CH_3-CH(COO-CH_2-C_6H_5)-CH_2-COO-CH_2-C_6H_5$　B：$CH_3-CH_2-CH(COO-CH_2-C_6H_5)-COO-C_6H_4-CH_3$

C：$C_6H_5-CH_2-OH$　D：$CH_3-CH(COOH)-CH_2-COOH$

E：$CH_3-C_6H_4-OH$ (p-)　F：$CH_3-CH_2-CH(COOH)-COOH$　G：$CH_3-C_6H_4-SO_3H$ (p-)

解説 問1　分子量と質量組成から分子式を求める。→有P.24

$$\begin{cases} C \Rightarrow (312 \times 0.731) \div 12.0 \fallingdotseq 19 \\ H \Rightarrow (312 \times 0.064) \div 1.0 \fallingdotseq 20 \\ O \Rightarrow (312 \times \underbrace{0.205}_{\text{酸素は } 100-(73.1+6.4)=20.5\%}) \div 16.0 \fallingdotseq 4 \end{cases}$$

よって，Aの分子式は $\underline{C_{19}H_{20}O_4}$

なお，不飽和度 $= \dfrac{2 \times 19 + 2 - 20}{2} = 10$

問2　問題文の流れを図にすると次のとおり。

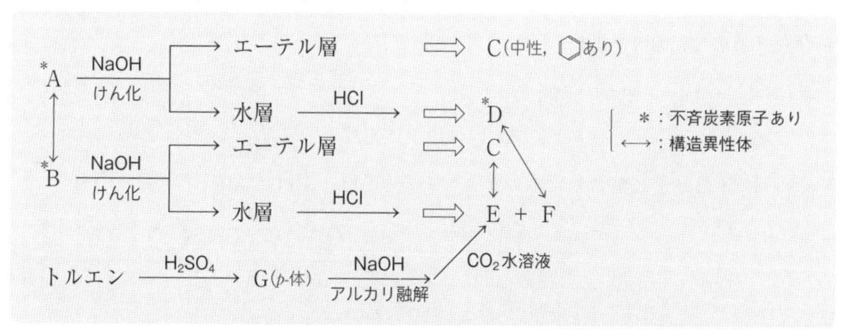

まず，GからEの構造式が決定する。

トルエン（CH_3–⬡）→有P.165, 166 スルホン化（オルト・パラ配向性 →有P.179）→ CH_3–⬡–SO_3H（p-体）$\underline{\quad}_G$ →有P.193～195 NaOH 中和 → CH_3–⬡–SO_3Na →有P.193～195 NaOH アルカリ融解 → CH_3–⬡–ONa →有P.216 CO_2水溶液 → CH_3–⬡–OH $\underline{\quad}_E$

Eは，p-クレゾールで分子式は C_7H_8O である。CはEの構造異性体であり，エステルAから生じた中性加水分解生成物なので，Cはベンジルアルコール $\underline{⬡-CH_2-OH}_C$ である。

C，Eにヒドロキシ基 $-OH$ が1つしかないことから，Fはカルボキシ基 $-COOH$ を2つもつジカルボン酸，BはFがCとEと2ヶ所で縮合したジエステルであり，分子式について次式が成り立つ。

$$\overset{B}{C_{19}H_{20}O_4} = \overset{C}{C_7H_8O} + \overset{E}{C_7H_8O} + F \underbrace{- 2H_2O}_{2ヶ所で縮合}$$

よって，$F = C_5H_8O_4$

Fの不飽和度 $= \dfrac{2 \times 5 + 2 - 8}{2} = 2$ で，2つのカルボキシ基以外は炭素と水素のみで不飽和結合や環構造はない。Fには不斉炭素原子が存在しないことから，Fの候補は，

$CH_3-CH_2-CH(-COOH)-C(=O)-OH$ ，$HO-C(=O)-CH_2-CH_2-CH_2-C(=O)-OH$ ，$(CH_3)_2C(-C(=O)-OH)_2$

である。

Bはp-クレゾールとベンジルアルコールがFと縮合したジエステルで，不斉炭素原子をもつから，

$CH_3-CH_2-\overset{*}{C}H(-COOCH_2C_6H_5)-C(=O)-O-C_6H_4-CH_3$ (B)，Fは $CH_3-CH_2-CH(-COOH)-C(=O)-OH$ (F) と決まる。

DはFの構造異性体で，分子式 $C_5H_8O_4$ であり，不斉炭素原子が存在する。また，Aの加水分解生成物がD以外に分子式 C_7H_8O のCのみなので，炭素原子数から考えて，Dもジカルボン酸で，D 1分子とC 2分子が縮合したジエステルがAである。Dは不斉炭素原子が存在するので，$CH_3-\overset{*}{C}H(-COOH)-CH_2-C(=O)-OH$ (D)

このDがC 2分子と縮合したものがAである。$CH_3-\overset{*}{C}H(-C(=O)-O-CH_2-C_6H_5)-CH_2-C(=O)-O-CH_2-C_6H_5$ (A)

259 問1 A：$C_6H_4(-C(=O)-O-\overset{*}{C}H(CH_3)-C_6H_5)(-C(=O)-OH)$　B：$C_6H_5-\overset{*}{C}H(OH)-CH_3$　C：$C_6H_4(-C(=O)-OH)_2$

D：$C_6H_5-C(=O)-CH_3$　E：$C_6H_5-C(=O)-OH$　F：$C_6H_4(CO)_2O$（無水フタル酸）

問2 C：フタル酸　E：安息香酸

問3 カルボン酸であるAはまず中和されて塩になり溶解し，エステル結合が加水分解されると水に難溶なアルコールが生成したから。

問4 $C_6H_5-CH_2-CH_2-OH$　$C_6H_4(CH_2OH)(CH_3)$（o-）　$C_6H_4(CH_2OH)(CH_3)$（m-）　$C_6H_4(CH_2OH)(CH_3)$（p-）

問5 $C_6H_4(CO)_2O + C_6H_5-NH_2 \longrightarrow C_6H_4(-C(=O)-NH-C_6H_5)(-C(=O)-OH)$

解説 問1～3, 5

A ($C_{16}H_{14}O_4$) —$NaHCO_3$→ 溶

A ($C_{16}H_{14}O_4$) —NaOH→ 溶 —加熱→ エーテル層 → B($C_8H_{10}O$)

　　　　　　　　　　　　　　→ 水層 —HCl→ C($C_8H_6O_4$)

AはHCO_3^-と反応して発泡していることから，カルボン酸とわかる。➔有P.132

$$RCOOH + HCO_3^- \longrightarrow RCOO^- + CO_2 + H_2O$$

カルボン酸なのでAは，NaOH水溶液にも中和されて溶解する。➔有P.214

$$RCOOH + OH^- \longrightarrow RCOO^- + H_2O$$

加熱してBとCに分解したことから，Aはエステル結合ももっている。CはNaOH水溶液でけん化したときに水層に移動したことから，カルボン酸である。Bはアルコールもしくはフェノール類と考えられる。仮に，フェノール類ならばNaOH水溶液で中和されて水層に移動している➔有P.215から，Bはアルコールである。

ここまでは，

A（O=C–O–■，COOH）　NaOHaq／中和　→　（O=C–O–■，COO^-）　加熱（けん化）　→　B　HO–■（アルコール）
　　　　　　　　　　　　　　　　　　　　　　　→　（$C(=O)-O^-$，$C(=O)-O^-$）　HCl　→　C

という変化である。

Bの分子式は$C_8H_{10}O$で，不飽和度$= \dfrac{2 \times 8 + 2 - 10}{2} = 4$である。ベンゼン環1つが不飽和度4に対応するので，ベンゼン環以外は鎖状飽和である。そこで，次のように分解して構造式を考える。

$$C_8H_{10}O = C_6H_6 + C_2H_4O = \text{(ベンゼン環)} + (CH_2) \times 2 + (O)$$

Bはアルコールであり，不斉炭素原子をもつことから，

$C_6H_5-{}^*C(H)(O-H)-C(H)(H)-H$　すなわち ⟹　$C_6H_5-{}^*CH(OH)-CH_3$　のみ条件を満たす。
問1B

そこで，DとEは，次のように構造式が決まる。

$C_6H_5-CH(OH)-CH_3$　酸化／$-2H$　➔有P.108　→　$C_6H_5-C(=O)-CH_3$
問1D

I_2 + NaOHaq　➔有P.120　→　水層　$C_6H_5-C(=O)-O^-$　+　CHI_3↓（黄）
ヨードホルム

I_2 + NaOHaq
$C_6H_5-C(=O)(O^-\cdots H)-CI_3$
と考えよう
➔有P.121

塩酸（弱酸遊離）➔有P.215

$C_6H_5-C(=O)-OH$　が析出
分子式$C_7H_6O_2$でOK
問1E
安息香酸
問2E

Cの分子式は$C_8H_6O_4$で，ナフタレン$C_{10}H_8$の酸化で合成できるFがCを加熱するだけ

第1編 理論化学　第2編 無機化学　第3編 有機化学

で得られることから，

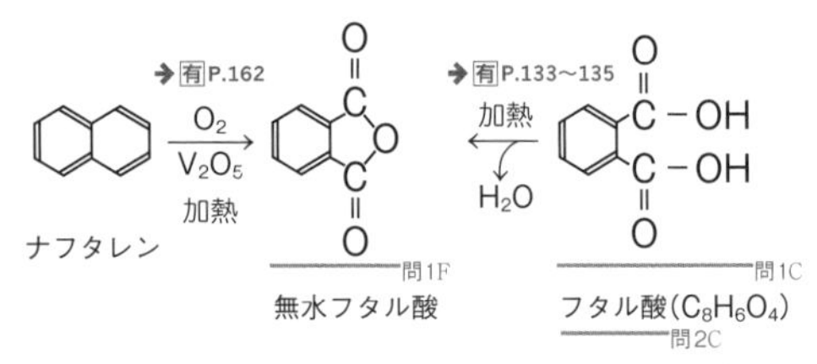

アニリンとFを物質量比1：1で反応させると，次のようなアミドが生成する。➔有P.144

問5

よって，Aはフタル酸CとアルコールBのエステルだから，次のように構造式が決まる。

分子式 $C_{16}H_{14}O_4$ でOK

問1A

問4　HはBの異性体なので，分子式は$C_8H_{10}O$である。NaOH水溶液でけん化しても水層に移動していない。仮にHがフェノール類なら，塩基性では中和されて水層に移動するので，Hはアルコールである。

に－CH_2－をあと1つ入れて構造式を考えると，

$\text{-}(CH_2)\text{-}$の入る位置↓は，①～⑤の5種類

⑤がBに相当するので，①～④がHとして可能な構造式である。

第13章 天然有機化合物と合成高分子化合物

25 アミノ酸とタンパク質

260 問1 ア：カルボキシ　イ：アミノ　ウ：グリシン　エ：不斉
オ：鏡像(あるいは 光学)　カ：必須　キ：アミド　ク：ポリ

問2 $H_2N-CH(R)-C(=O)-OH$

問3 ① グルタミン酸 または アスパラギン酸
② リシン

問4 6種類

解説 問1～3 基本的な用語や化合物なので，間違えた人は記憶し直そう。

問4 トリペプチドのN末端を左，C末端を右に書いて，トリペプチドの配列を表す。➔有P.237

Tyr-Ala-Ser，　Tyr-Ser-Ala，　Ala-Tyr-Ser
Ala-Ser-Tyr，　Ser-Tyr-Ala，　Ser-Ala-Tyr　の6種類。

261 問1 6.0　問2 点ア：2.2×10^{-2} mol/L，pH＝1.7　点ウ：2.0×10^{-2} mol/L
問3 (c)　理由：問1で求めた等電点より緩衝液のpHが小さいので，アラニンは全体として正電荷をもち，電気泳動で陰極側に移動するから。

解説 問1 等電点では，$[A^+]=[A^-]$ なので，➔有P.232

$$K_1\times K_2=\frac{[A^{\pm}][H^+]}{[A^+]}\times\frac{[A^-][H^+]}{[A^{\pm}]}=[H^+]^2$$

よって，$[H^+]=\sqrt{K_1K_2}=\sqrt{5.0\times10^{-3}\times2.0\times10^{-10}}=1.0\times10^{-6}$ mol/L
したがって，pH＝6.0

問2 点ア：(1)式のみ考えて，1価の弱酸と同様に扱って計算すればよい。➔理P.344, 345

$A^+ \rightleftarrows A^{\pm} + H^+$

	A^+	$A^{\pm}$	H^+	
はじめ	0.100	0	0	〔mol/L〕
変化量	$-x$	$+x$	$+x$	〔mol/L〕
平衡時	$0.100-x$	x	x	〔mol/L〕

$[A^+]\fallingdotseq0.100$ mol/Lとしてよいので，電離定数K_1の式に代入すると，

$$5.0\times10^{-3}=\frac{x^2}{0.100}$$　よって，$x=\sqrt{5}\times10^{-2}\fallingdotseq2.2\times10^{-2}$ mol/L

$$\text{pH}=-\log_{10}(\sqrt{5}\times10^{-2})=2-\frac{1}{2}(1-\log_{10}2)\fallingdotseq1.7$$

（$\log_{10}5=\log_{10}\frac{10}{2}$）

点ウ：滴定は次の2段階で起こったと考えられる。

第1段階　$A^+ + OH^- \longrightarrow A^{\pm} + H_2O$　…(a)
第2段階　$A^{\pm} + OH^- \longrightarrow A^- + H_2O$　…(b)

(a)式の当量点が図2の点イ(等電点)で，0.100mol/LのNaOH水溶液が10mL必要である。15mL加えた点ウは(b)式が50%完了した点と見なせるので，$[A^{\pm}]=[A^-]$ としてよい。※1

※1 $K_2=\frac{[A^-][H^+]}{[A^{\pm}]}$
⇓←$[A^{\pm}]=[A^-]$なら
$[H^+]=K_2=2.0\times10^{-10}$
これは
$\text{pH}=10-\log_{10}2=9.7$
であり，点ウのpHに一致する。

そこで，最初A^+が

$0.100\ \mathrm{mol/\cancel{L}} \times \dfrac{10.0}{1000}\ \mathrm{\cancel{L}} = 1.00 \times 10^{-3}\ \mathrm{mol}$ あったので，点ウでは$A^{\pm}$とA^-が $5.00 \times 10^{-4}\ \mathrm{mol}$ずつ存在している。溶液の体積は $10.0 + 15.0 = 25.0\ \mathrm{mL}$ となるから，

$$[A^{\pm}] = [A^-] = \frac{5.00 \times 10^{-4}\ \mathrm{mol}}{25.0 \times 10^{-3}\ \ \mathrm{L}} = \underline{2.0 \times 10^{-2}\ \mathrm{mol/L}}$$

問3　ニンヒドリンを加えて加熱すると，赤紫色に呈色した位置にアミノ酸が存在する。

➔有P.246

pH＝9.7(点ウ)では，アラニン全体としては負電荷をもつので，電気泳動すると陽極へ移動する。よって，図4(a)のようになる。

pH＝6.0(点イ)はアラニンの等電点に等しく，アラニン全体としては電荷をもたないので，電圧をかけても動かない。よって，(b)。

pH＝4.3 は，図2から考えて等電点(点イ)よりpHが小さいので，アラニン全体としては正電荷をもつ。よって，電気泳動で陰極へ移動するので，<u>(c)</u>。

262

問1　$H_3N^+-CH_2-C(=O)-OH$

問2　A：②　B：③　C：①

理由：等電点は，酸性アミノ酸②が酸性側，中性アミノ酸③が中性付近，塩基性アミノ酸①が塩基性側にある。アミノ酸は正電荷をもつときは陽イオン交換樹脂に吸着しており，等電点よりも大きいpHの緩衝液を流すと正電荷を失って流出する。

解説　①リシン，②グルタミン酸，③グリシンである。等電点はそれぞれ①が10，②が3，③が6付近である。➔有P.229

問1　pH2.0の緩衝液に溶かすと，①～③すべて等電点よりも小さいpHなので正電荷をもつ。③は$H_3N^+-CH_2-COOH$となっている。➔有P.231

陽イオン交換樹脂➔有P.334, 335にこの溶液を通すと，正電荷をもつアミノ酸が吸着する。

$$R-SO_3H + (\text{アミノ酸})^+ \longrightarrow R-SO_3^-(\text{アミノ酸})^+ + H^+$$

問2　pH4.0の緩衝液では，②のグルタミン酸が正電荷を失うので，流出する。

pH7.0の緩衝液では，③のグリシンが正電荷を失うので，流出する。

pH11.0の緩衝液では，①のリシンが正電荷を失うので，流出する。

263　a：⑤　b：②　c：①と②　d：①と④

解説　本問の滴定では，アスパラギン酸は次のように構造が変化していく。➔有P.232～235

⑤ $H_3N^+-CH(CH_2-COOH)-COOH$ (a点) $\xrightarrow{-H^+}$ ② $H_3N^+-CH(CH_2-COOH)-COO^-$ (双性イオン) $\xrightarrow{-H^+}$ ① $H_3N^+-CH(CH_2-COO^-)-COO^-$ $\xrightarrow{-H^+}$ ④ $H_2N-CH(CH_2-COO^-)-COO^-$

まず，pH1のa点では陽イオン⑤であり，NaOHを加えると⑤→②と変化する。pH3.0のb点でほぼすべてが双性イオン②となり，等電点である。

さらにNaOHを加えると，側鎖のカルボキシ基が中和されて，②→①と変化する。c点はこの反応が50%終了した点で，②と①がほぼ1：1で存在している。

pH7でほぼすべて①となり，さらにNaOHを加えると，

$$-NH_3^+ + OH^- \longrightarrow -NH_2 + H_2O$$

と反応し，①→④と変化する。d点はこの反応が50%終了した点で，①と④がほぼ1：1で存在している。

264 1.1×10^3

解説 グリシンとフェニルアラニンの物質量はそれぞれ，

グリシン…$\dfrac{15.0}{75} = 0.20\ \text{mol}$　　フェニルアラニン…$\dfrac{49.5}{165} = 0.30\ \text{mol}$

ポリペプチドXはグリシンとフェニルアラニンが物質量比で2：3の割合で含まれていることがわかる。グリシンとフェニルアラニンは物質量比で2：3の割合で存在するので，n個のうち，グリシンが$2x$個，フェニルアラニンは$3x$個とおく。

H_2N-○-○-○-○-○-○-…-○-COOH　{ ○…グリシン　$2x$〔個〕 ○…フェニルアラニン　$3x$〔個〕 }

n個のアミノ酸がつながっているとする

加水分解される前のポリペプチドXの質量は，質量の保存則より，

$$(15.0 + 49.5) - 8.1 = 56.4\ \text{g}$$

15.0：g(グリシン)　49.5：g(フェニルアラニン)　8.1：g(消費した水)

ポリペプチドXの分子量をMとおくと，グリシンの物質量について次式が成り立つ。

$$\frac{56.4}{M} \times 2x = 0.20\ \text{mol} \quad \cdots①$$

$\frac{56.4}{M}$：mol(ポリペプチドX)　$2x$：mol(グリシン)

さらに，ポリペプチドXをすべて加水分解するために以下の関係が成り立つ。

H_2O　H_2O

H_2N-○-○-○-○-…　…-○-COOH

n個のアミノ酸の縮合体を加水分解するために$n-1$個の水が必要

ポリペプチドX 1 molを加水分解するのに，H_2Oは$n-1$〔mol〕必要であり，消費した水の物質量は，$\dfrac{8.1\ \text{g}}{18\ \text{g/mol}} = 0.45\ \text{mol}$ なので，次式が成り立つ。

$5x$(グリシンとフェニルアラニンの合計)を代入

$$\frac{56.4}{M} \times (n-1) = 0.45\ \text{mol}$$

$\frac{56.4}{M}$：mol(ポリペプチドX)　$(n-1)$：mol(加水分解に必要な水)

したがって，

$$\frac{56.4}{M} \times (5x-1) = 0.45\ \text{mol} \quad \cdots②$$

第1編 理論化学　第2編 無機化学　第3編 有機化学

①式，②式より，$M = 1128 \fallingdotseq \underline{1.1 \times 10^3}$

265 ア：α-アミノ酸　イ：ペプチド　ウ：一次構造　エ：α-ヘリックス
オ：β-シート　カ：二次構造　キ：水素　ク：イオン　ケ：ジスルフィド
コ：三次構造

解説　ク：構成アミノ酸の側鎖$-NH_3^+$と$-COO^-$の間に働く力は“静電気的な引力”である。多数のNa^+とCl^-が結びついた$NaCl$を構成する結合と様子は異なるが，問題文の流れからイオン結合としておく。

266 問1　ア：単純　イ：複合　ウ：水素
問2　(1)（i）ⓐ　（ii）ⓑ　（iii）ⓔ　(2)（i）ⓖ　（ii）ⓗ　（iii）ⓚ

解説　問1　ア，イ：アミノ酸のみで構成されるタンパク質が単純タンパク質である。→有P.239

ウ：α-ヘリックスは，ペプチド結合間の水素結合で固定された右回りのらせん構造である。→有P.238

問2　（i）は硫黄の検出反応，（ii）はキサントプロテイン反応，（iii）はビウレット反応である。→有P.246, 247

267 問1　ア：ⓒち　イ：ⓐあ　ウ：ⓒく
エ：ⓒさ　オ：ⓒす　カ：ⓒこ
キ：ⓒせ　ク：ⓒた

問2

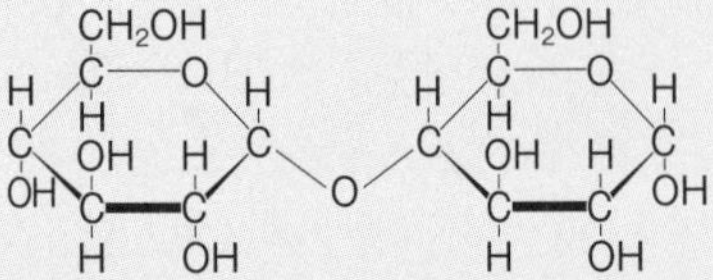

問3　(1) ⓐあ　(2) ⓘい　理由：最適pHは，ペプシンが胃液の強酸性，アミラーゼがだ液の中性付近にあるから。

問4　(1) ⓘい　(2) ⓐあ　理由：反応速度は一般に高温ほど大きいが，酵素反応は最大となる温度があるから。

解説　問1 ア～キ，問2　酵素が触媒として働く反応と所在→有P.241，アルコール発酵→有P.261，二糖類の構造と構成単糖・加水分解酵素→有P.263は，確認しておくこと。

問1　ク：基質とよく似た構造をもち，酵素の活性を低下させる物質を阻害剤という。

問3　胃液は強酸性，だ液はほぼ中性であることから最適pHがわかる。

問4　一般に化学反応は高温ほど反応速度が大きくなるが，酵素反応では，反応速度が最大となる最適温度がある。→有P.242, 理P.313, 314

268 (b) $k_1[E][S] = k_{-1}[ES] + k_2[ES]$　(c) $\dfrac{k_1[E_0][S]}{k_{-1} + k_2 + k_1[S]}$　(d) $\dfrac{k_2[E_0][S]}{K_m + [S]}$

(e) $k_2[E_0]$　(f) $\dfrac{k_2[E_0]}{2}$

解説

$$E + S \underset{v_{-1}}{\overset{v_1}{\rightleftarrows}} ES \xrightarrow{v_2} E + P$$ →有P.243～245

$v_1 = k_1[E][S]$，$v_{-1} = k_{-1}[ES]$，$v_2 = k_2[ES]$

$$\begin{cases} \text{ESの形成速度} = v_1 = k_1[E][S] \\ \text{ESの分解速度} = v_{-1} + v_2 = k_{-1}[ES] + k_2[ES] \end{cases}$$

ESの形成と分解の速度が等しいときは,

$$\underline{k_1[\mathrm{E}][\mathrm{S}] = k_{-1}[\mathrm{ES}] + k_2[\mathrm{ES}]}_{(\mathrm{b})}$$

酵素は，基質が結合していないか，しているかのどちらかなので，

$[\mathrm{E_0}] = [\mathrm{E}] + [\mathrm{ES}]$　よって，$[\mathrm{E}] = [\mathrm{E_0}] - [\mathrm{ES}]$

これを(b)に代入すると，

$$k_1([\mathrm{E_0}] - [\mathrm{ES}])[\mathrm{S}] = k_{-1}[\mathrm{ES}] + k_2[\mathrm{ES}] \qquad \text{よって，} [\mathrm{ES}] = \underline{\frac{k_1[\mathrm{E_0}][\mathrm{S}]}{k_{-1} + k_2 + k_1[\mathrm{S}]}}_{(\mathrm{c})}$$

$$[\mathrm{ES}] = \frac{[\mathrm{E_0}][\mathrm{S}]}{\dfrac{k_{-1} + k_2}{k_1} + [\mathrm{S}]} = \frac{[\mathrm{E_0}][\mathrm{S}]}{K_\mathrm{m} + [\mathrm{S}]}$$

$\left(K_\mathrm{m} = \dfrac{k_{-1} + k_2}{k_1}\right.$ とした。K_mはミカエリス定数という。$\left.\right)$

$$v_0 = k_2[\mathrm{ES}] = \underline{\frac{k_2[\mathrm{E_0}][\mathrm{S}]}{K_\mathrm{m} + [\mathrm{S}]}}_{(\mathrm{d})}$$

(d)で，$[\mathrm{S}] \gg K_\mathrm{m}$のとき，$K_\mathrm{m} + [\mathrm{S}] \fallingdotseq [\mathrm{S}]$ と近似できるので，

$$v_0 = \underline{k_2[\mathrm{E_0}]}_{(\mathrm{e})}$$

$[\mathrm{E_0}]$は一定なので，$v_0 = k_2[\mathrm{E_0}] =$ 一定 で最大速度$v_{\max}$となる。

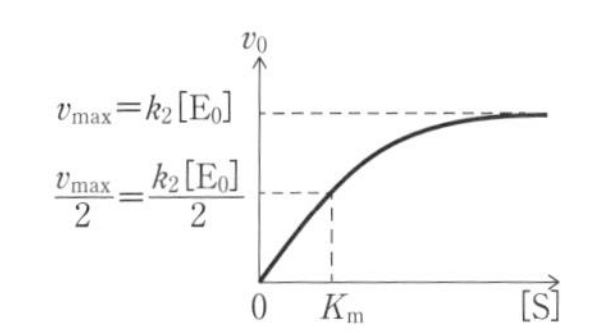

$[\mathrm{S}] = K_\mathrm{m}$ のときは，(d)より，

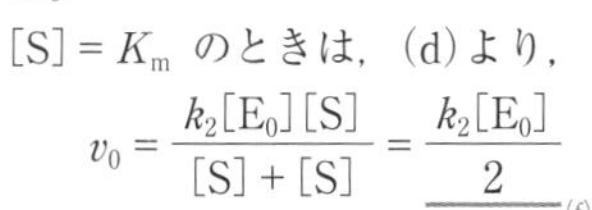

$$v_0 = \frac{k_2[\mathrm{E_0}][\mathrm{S}]}{[\mathrm{S}] + [\mathrm{S}]} = \underline{\frac{k_2[\mathrm{E_0}]}{2}}_{(\mathrm{f})}$$

となり，最大速度$v_{\max}$の半分の速度になる。

269 G-Y-K-S-G-G-D-A-D

解説 実験1：塩基性アミノ酸であるリシン(略号K)のカルボキシ基側で加水分解する。

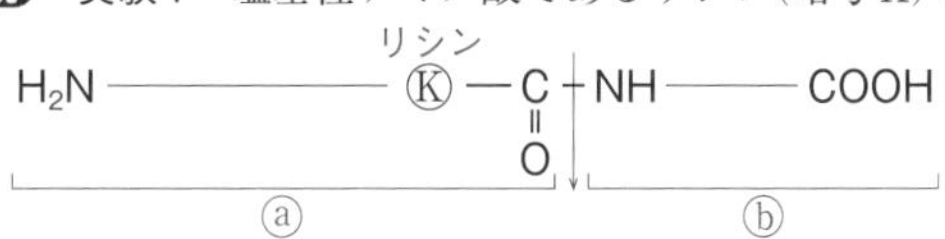

実験2：ペプチド断片(イ)にはKが含まれていないので，(イ)は上のⓑに相当する。(イ)はカルボキシ末端が酸性アミノ酸であるアスパラギン酸(略号D)であり，アミノ末端から1個ずつ分解したときの増加速度と物質量から，(イ)の配列は次のように決まる。

Ⓢ－G－G－D－A－Ⓓ

アミノ末端　2つ　カルボキシ末端

実験3：ペプチド断片(ロ)はⓐに相当し，もとのペプチドがα-アミノ酸9個から構成されていることから，(ロ)はα-アミノ酸3個から構成される。カルボキシ末端はKである。アミノ末端は不斉炭素原子をもたないアミノ酸なのでグリシン(略号G)であり，GとKの間がキサントプロテイン反応に対して陽性のチロシン(略号Y)が入る。

➔有P.247

Ⓖ－Y－Ⓚ

アミノ末端　カルボキシ末端

そこで，全アミノ酸配列は　G－Y－K(ⓐ)－S－G－G－D－A－D(ⓑ)　と決まる。

26 糖類

270 問1 ①，②

問2 平衡混合物中でホルミル基をもつ鎖状分子の割合が小さいから。

問3

解説 問1 α-D-グルコースを水に溶かすと，ホルミル基をもつ鎖状分子を経由し，β-D-グルコースに変化して，3種類の平衡混合物となる。①～⑥のうち，β-D-グルコースの構造式を探せばよい。

まず，環のHが上下交互に配列したものを探すと①，②，⑤である。このうち，①と②はβ-D-グルコースであり，⑤はβ-D-グルコースの鏡像異性体のβ-L-グルコースである。

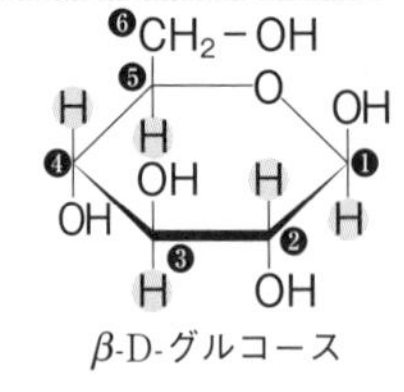
β-D-グルコース

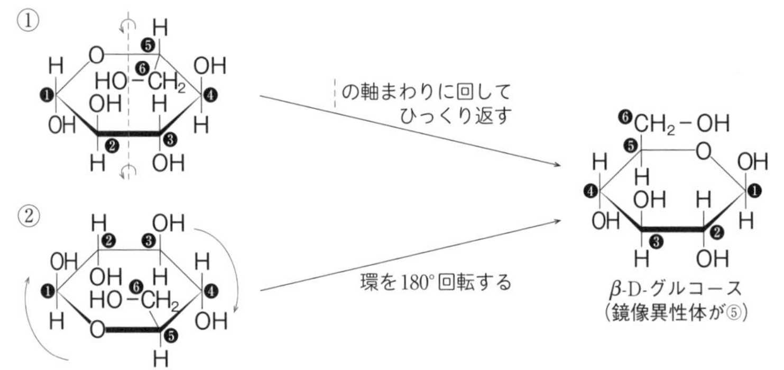

問2 平衡状態ではホルミル基をもつ鎖状分子の割合は非常に小さい。鎖状分子が反応するとこれを補う方向へ平衡が移動し，最終的にはすべてのグルコースが反応するが，反応中の鎖状分子の濃度は小さいので，反応速度が遅い。

問3 銀鏡反応の反応式は一般に次のように表される。

$$RCHO + 2[Ag(NH_3)_2]^+ + 3OH^- \longrightarrow RCOO^- + 2Ag + 4NH_3 + 2H_2O$$

➔有 P.118, 119

鎖状分子のホルミル基は酸化されてカルボキシ基に変化する。アンモニア性硝酸銀水溶液は塩基性なのでカルボン酸は中和される点に注意すること。

271 問1 ③　問2 ⑥

解説 問1 ➔有 P.255

矢印の方向に回転　縦に　③

問2　C2〜C5の4つが不斉炭素原子なので，立体異性体は2^4 = 16種類である。⑥

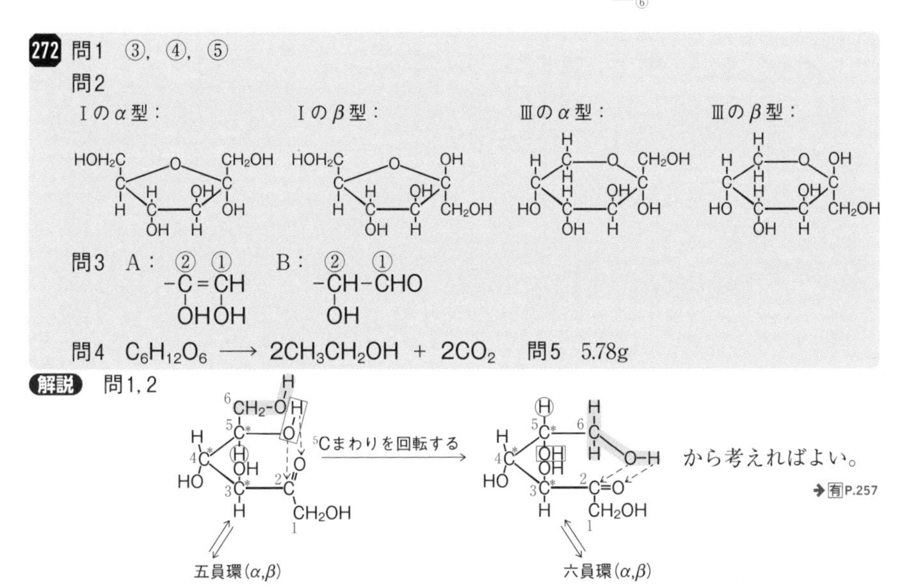

問3　次のように，塩基性下でエンジオール形を経由して，ホルミル基をもつ構造と平衡状態となる。

$$-\underset{\|}{\underset{O}{C}}-\overset{H}{C}(H)-O-H \underset{}{\overset{OH^-}{\rightleftarrows}} -\underset{|}{C}(OH)=\underset{|}{C}(OH)-H \overset{OH^-}{\rightleftarrows} -\overset{H}{\underset{OH}{C}}-\underset{\|}{\underset{O}{C}}-H$$

エンジオール形　　ホルミル基

問4，5　$C_6H_{12}O_6 \longrightarrow 2CH_3CH_2OH + 2CO_2$

$$\frac{11.3\,\text{g}}{180\,\text{g/mol}} \times 2 \times 46.0\,\text{g/mol} \fallingdotseq \underline{5.775\,\text{g}}$$ ⑧

mol ($C_6H_{12}O_6$)　mol (CH_3CH_2OH)　g (CH_3CH_2OH)

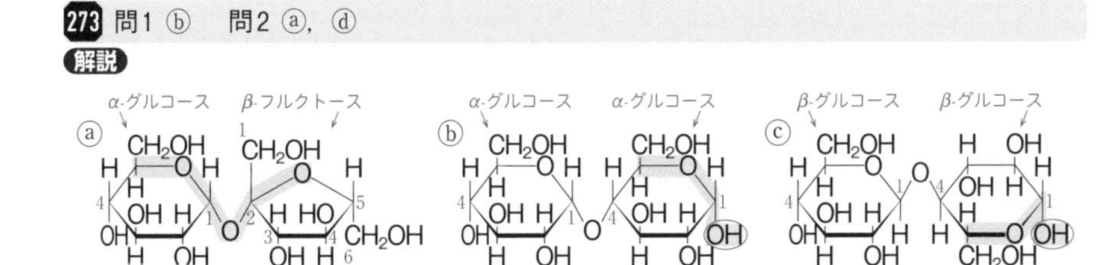

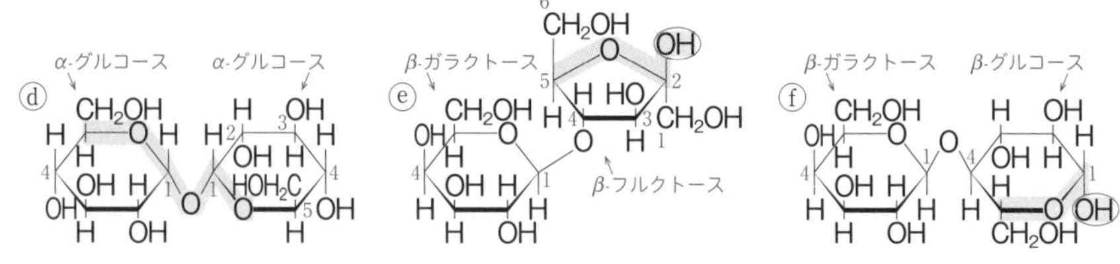

問1 ⓐ スクロース(α-1, β-2)　ⓑ マルトース(α-1,4)　ⓒ セロビオース(β-1,4)
ⓓ トレハロース(α-1,1)　ⓔ ラクツロース(β-1,4)　ⓕ ラクトース(β-1,4)
ガラクトースとフルクトースからなる二糖類

問2 C−O−C−OH 構造が水溶液中で開環して還元性を示す。ⓐとⓓは，このOHどうしで脱水縮合してグリコシド結合を形成しているため，開環できず還元性を示さない。

274 問1 ア：アミロース　イ：アミロペクチン
問2 ア　理由：らせん構造が長いとヨウ素デンプン反応は青色になるから。
問3 Y

解説 問1,2 デンプンはアミロースやアミロペクチンの混合物であり，多数のα-グルコースが脱水縮合したらせん構造をもつ。らせん内部にI_2分子が取り込まれると呈色する。

	グリコシド結合	形状	ヨウ素デンプン反応
アミロース	α-1,4	直鎖らせん	青色
アミロペクチン	α-1,4とα-1,6	枝分かれらせん	赤紫色

問3 末端から2単位ずつ加水分解する酵素Yのほうが，アミロースのらせん構造を速く短くするため，先に色が消失する。

275 デンプン分子のらせん構造内部にヨウ素分子が取り込まれて呈色する。呈色した状態で加熱すると，らせん構造が乱れて，ヨウ素分子が抜けて色が消失する。冷却すると，らせん構造が戻り，ヨウ素分子が再び取り込まれて呈色する。

解説 アミロースやアミロペクチンのらせん構造は分子内の水素結合によって保たれている。加熱すると，熱運動により水素結合の一部が切れて，らせん構造が乱れる点を考慮して解答すればよい。

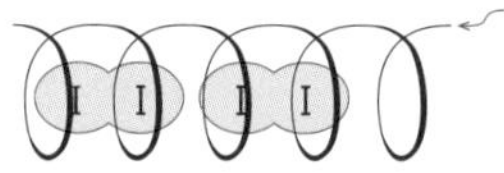

デンプンのらせん構造にI_2分子が取り込まれると呈色する

276 50

解説 アミロペクチンの−OHを$-OCH_3$に変換してから，糖単位を結びつけているグリコシド結合(C−O−C−O−C)を加水分解する。縮合に使われていない−OHは$-OCH_3$になっている(ただし，C1に結合している−OHは$-OCH_3$となっても加水分解されて−OHとなる)。※1 ➔有P.270, 271

Aは，C1, C4, C6に−OHが結合しているから，

※1
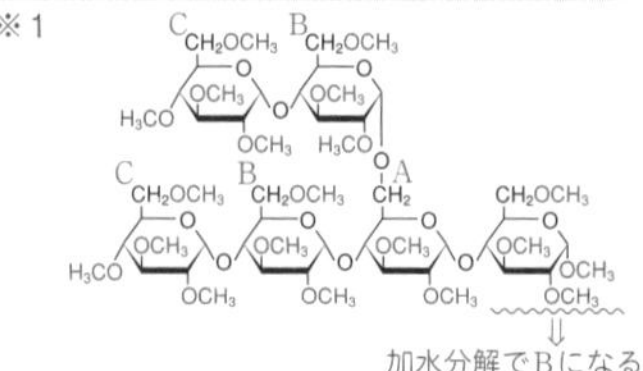

この部位が縮合に使われているので，枝分かれ単位である。アミロペクチン1分子に，枝分かれ単位がx〔個〕あるとすれば，メチル化アミロペクチン1molを加水分解すると，A(枝分かれ単位)がx〔mol〕生じる。

$$\frac{2.24\ \text{g}}{2.24\times10^5\ \text{g/mol}}\times\frac{x}{1}=\frac{104\times10^{-3}\ \text{g}}{208\ \text{g/mol}}$$

mol(アミロペクチン) = mol(メチル化アミロペクチン)　　x : mol(A)/mol(アミロペクチン)　　mol(A)

よって，$x = \underline{50}$

277 問1　分子全体に対して還元性を示す末端の割合が非常に小さく，還元性があらわれないから。(40字)

問2　a：4.50×10^3　b：アミラーゼ

c：$(C_6H_{10}O_5)_n + \frac{n}{2}H_2O \longrightarrow \frac{n}{2}C_{12}H_{22}O_{11}$

d：42.8　e：糖尿病　f：14.3　g：20.0

解説 問1　デンプンは，構成する多数のグルコース単位のうち末端にある1つだけがヘミアセタール構造をもつが，分子全体に対する割合が小さすぎて還元性を確認できない。

問2　a：デンプン$(C_6H_{10}O_5)_n$の重合度nは，$162n = 7.29\times10^5$　よって，$n = 4.50\times10^3$

デンプン1molからは$\underline{4.50\times10^3}$molのグルコースが得られる。

d：$(C_6H_{10}O_5)_n + \frac{n}{2}H_2O \longrightarrow \frac{n}{2}C_{12}H_{22}O_{11}$ (分子量342)

$$\frac{40.5}{162n}\times\frac{n}{2}\times342 \fallingdotseq \underline{42.8}\ \text{g}$$

mol(デンプン)　mol(マルトース)　g(マルトース)

f：$C_{12}H_{22}O_{11} + H_2O \longrightarrow 2C_6H_{12}O_6$ ➔有P.263

$$\frac{17.1}{342}\times2\times143 = \underline{14.3}\ \text{g}$$

mol(マルトース) = 0.05mol　mol(グルコース) = mol(還元性を示す糖) = mol(Cu_2O)　Cu_2Oの式量 143　g(Cu_2O)

g：加水分解を受けるマルトースをx〔mol〕とおくと，物質量は次のように変化する。

	$C_{12}H_{22}O_{11}$	+ H_2O	⟶ $2C_6H_{12}O_6$	
はじめ	0.05	大量	0	〔mol〕
変化量	$-x$	$-x$	$+2x$	〔mol〕
加水分解後	$0.05-x$	大量	$2x$	〔mol〕

還元性を示す糖〔mol〕$= 0.05 - x + 2x = x + 0.05$〔mol〕

注 マルトースも還元性あり

得られた酸化銅(Ⅰ)Cu_2Oの質量は8.58gなので，

$$x + 0.05 = \frac{8.58\ \text{g}}{143\ \text{g/mol}}$$

mol(Cu_2O)

よって，$x = 0.01$ mol

$$加水分解率 = \frac{0.01\ \text{mol}(分解したマルトース)}{0.05\ \text{mol}(はじめのマルトース)} \times 100 = \underline{20.0}\ \%$$

278 問1　ア：ⓐ　イ：ⓒ　ウ：ⓑ　エ：ⓑ

問2　A：セロビオース　B：二硫化炭素　C：ビスコース

D：銅アンモニアレーヨン(あるいは キュプラ)

問3　x：6　y：10　z：5

問4　シュワイツァー試薬(あるいは シュバイツァー試薬)

解説　問1　セルロースは，グルコースがβ-1,4-グリコシド結合で結びついた直鎖状(ア)のポリマーである。分子内だけでなく分子間でも水素結合(イ)が形成され，剛直な束となる。水にも有機溶媒にも溶けにくく(ウ)，ヨウ素デンプン反応を示さない(エ)。酵素セルラーゼで加水分解すると，二糖のセロビオースが生成する。

問2　セルロースの再生繊維は，レーヨンとよばれ，ビスコースレーヨンや銅アンモニアレーヨン(キュプラ)(D)などがある。

セルロースを濃いNaOH水溶液に浸してアルカリセルロースとし，二硫化炭素(B)CS_2と反応させ，薄いNaOH水溶液に溶かすと，赤橙色のコロイド溶液(ビスコース(C))になる。

問3　セルロースは分子式で$(C_6H_{10}O_5)_n$と表す。

問4　水酸化銅(Ⅱ)にアンモニア水を十分に加えた溶液をシュワイツァー試薬という。

279 問1　$[C_6H_7O_2(OH)_3]_n + 3n(CH_3CO)_2O \longrightarrow [C_6H_7O_2(OCOCH_3)_3]_n + 3nCH_3COOH$

問2　405g

解説　問2

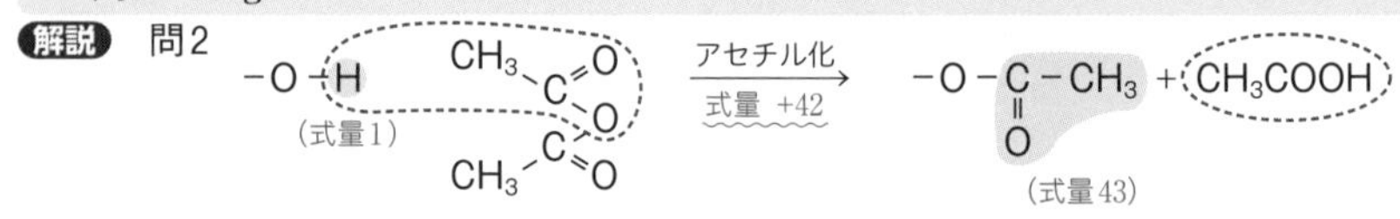

ヒドロキシ基が1個アセチル化されると，式量が42増加する。

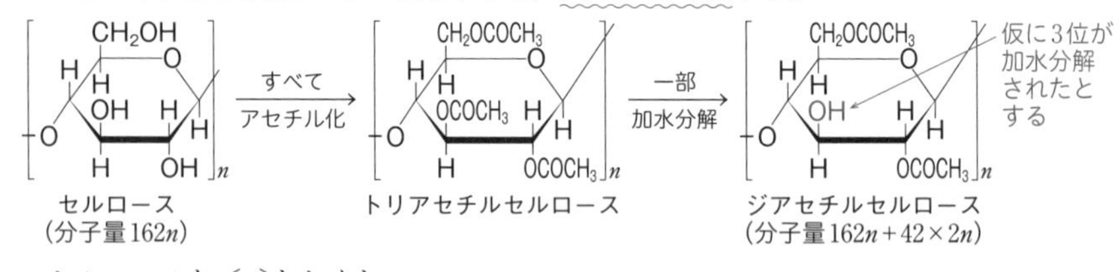

セルロースをx〔g〕とおくと，

$$\underbrace{\frac{x\,[\text{g}]}{162n\,[\text{g/mol}]}}_{\text{mol(セルロース)}} = \underbrace{\frac{615\ \text{g}}{162n + 42 \times 2n\,[\text{g/mol}]}}_{\text{mol(ジアセチルセルロース)}}$$

よって，$x = \underline{405\ \text{g}}$

280 33%

解説　セルロースを $[C_6H_7O_2(OH)_3]_n$ と表す。セルロース1分子あたり，$3n$〔個〕の−OHが存在し，このうちx〔%〕がエステル化されたとする。

式量1　式量46

$-O-\boxed{H} \xrightarrow[\text{濃硫酸}]{\text{濃硝酸}} -O-\boxed{N(\to O)=O}$

式量+45

硝酸エステル化で$-OH$ 1つあたり式量が45増加するので，生じるニトロセルロースの分子量は，

$$162n + 3n \times \frac{x}{100} \times 45 \quad \text{と表せる。}$$

$$\frac{9.0\text{ g}}{162n\text{〔g/mol〕}} = \frac{14.0\text{ g}}{162n + 3n \times \frac{x}{100} \times 45\text{〔g/mol〕}} \qquad \text{よって，} x = \frac{200}{3}\ \%$$

mol(セルロース)　mol(ニトロセルロース)

そこで，エステル化されなかったヒドロキシ基の割合〔%〕は，

$$100 - \frac{200}{3} = \frac{100}{3} \fallingdotseq \underline{33\ \%}$$

27 油脂

281 問1　A：飽和　B：固体　C：飽和　D：不飽和　E：液体

F：ペンキ，油絵の具，ワニスの溶剤など。

問2　不飽和結合の周辺が空気中の酸素と反応して分子間が架橋される。

問3　890

解説　問2　一般にヨウ素価が130以上の脂肪油を乾性油という➜有P.284。不飽和脂肪酸の炭化水素基中のC=C結合の周辺が空気中のO_2と反応し，重合反応が進み，固まっていく。顔料の溶剤としてペンキや油絵の具，木材などの表面を保護するためのワニス(いわゆるニス)に用いられる。

問3　$92 + 284 \times 3 - 18 \times 3 = \underline{890}$

92：グリセリン $C_3H_8O_3$　284：ステアリン酸 $C_{17}H_{35}COOH$　18：H_2O

282 問1　オレイン酸：(a) $C_{17}H_{33}COOH$　(b) 不飽和　(c) 1個

ステアリン酸：(a) $C_{17}H_{35}COOH$　(b) 飽和　(c) 0個

パルミチン酸：(a) $C_{15}H_{31}COOH$　(b) 飽和　(c) 0個

リノール酸：(a) $C_{17}H_{31}COOH$　(b) 不飽和　(c) 2個

リノレン酸：(a) $C_{17}H_{29}COOH$　(b) 不飽和　(c) 3個

問2　不飽和脂肪酸を多く含む脂肪油に水素を付加すると，飽和脂肪酸の割合が増えて融点が上がり，常温で固体となる。これを硬化油という。

問3　174

解説　問2　硬化油は，マーガリンなどに利用されている。➜有P.284

問3　A 1molにH_2がn〔mol〕付加するとする。

$$n = \frac{134.4\text{L}}{22.4\text{L/mol}} = 6\text{ mol}$$

よって，A 1molにはI_2は6mol付加できるので，

$$\text{ヨウ素価} = \underbrace{\frac{100\text{g}}{878\text{g/mol}}}_{\text{mol(A)}} \times \underbrace{6}_{\text{mol}(I_2)} \times \underbrace{254\text{g/mol}}_{\text{g}(I_2)} = 173.5 \fallingdotseq \underline{174}$$

→有P.283

283 ア：1.04　イ：1.15×10^{-1}

解説　油脂 + 3 KOH ⟶ $C_3H_8O_3$（グリセリン） + 3 RCOOK

油脂の分子量をMとおくと，KOHの式量＝56.0なので，

$$\underset{\text{けん化価}}{2.10 \times 10^2} = \underbrace{\frac{1}{M}}_{\text{mol(油脂)}} \times \underbrace{3}_{\text{mol(KOH)}} \times \underbrace{56.0\text{g/mol}}_{\text{g(KOH)}} \times \underbrace{10^3}_{\text{mg(KOH)}}$$

→有P.283

よって，$M = 800$

油脂 + 3 NaOH ⟶ $C_3H_8O_3$ + 3 RCOONa（セッケン）

→有P.288

〈今回の反応によって生じるグリセリン（分子量92.0）の質量〉

$$\underbrace{\frac{1.00\text{kg}}{800\text{g/mol}}}_{\text{kmol(油脂)}=\text{kmol(グリセリン)}} \times \underbrace{92.0\text{g/mol}}_{\text{kg(グリセリン)}} = 0.115 = \underline{1.15 \times 10^{-1}}\text{kg}_{\text{イ}}$$

〈今回の反応によって生じるセッケンの質量〉

反応の前後で質量の総和は一定なので，

生じるセッケンの質量＝油脂の質量＋反応に必要なNaOHの質量－グリセリンの質量

$$= \underbrace{1.00}_{\text{kg(油脂)}} + \left(\underbrace{\frac{1.00}{800}}_{\text{kmol(油脂)}} \times \underbrace{3}_{\text{kmol(NaOH)}} \times \underbrace{40.0}_{\text{kg(NaOH)}} \right) - \underbrace{0.115}_{\text{kg(グリセリン)}}$$

$$= 1.035\text{kg} \fallingdotseq \underline{1.04}\text{kg}_{\text{ア}}$$

284 7つ

解説　グリセリンは，分子式$C_3H_8O_3$で表される3価のアルコールである。

$^{1}CH_2-OH$
$^{2}CH-OH$
$^{3}CH_2-OH$

パルミチン酸$C_{15}H_{31}COOH$は直鎖飽和脂肪酸であり，これをRCOOHと表すことにする。グリセリンとパルミチン酸から生じるエステルは，

モノエステル		ジエステル		トリエステル
㋐	㋑	㋒	㋓	㋔
CH_2OCOR *CHOH CH_2OH	CH_2OH CHOCOR CH_2OH	CH_2OCOR *CHOCOR CH_2OH	CH_2OCOR CHOH CH_2OCOR	CH_2OCOR CHOCOR CH_2OCOR

と，5種類の構造異性体が存在する。グリセリンの2位の炭素原子が不斉炭素原子になる㋐と㋒の2つの鏡像異性体を区別すると，全部で7種となる。

285 問1　830　問2　2　問3　$C_{53}H_{98}O_6$

問4

$$\begin{array}{l} CH_2-O-\overset{\displaystyle O}{\overset{\|}{C}}-(CH_2)_7-CH=CH-(CH_2)_5-CH_3 \\ | \\ CH-O-\overset{\displaystyle O}{\overset{\|}{C}}-(CH_2)_7-CH=CH-(CH_2)_5-CH_3 \\ | \\ CH_2-O-\overset{\displaystyle O}{\overset{\|}{C}}-(CH_2)_{16}-CH_3 \end{array}$$

問5　セッケンの疎水基を内側，親水基を外側に向けて油汚れをとり囲み，水中に分散して乳濁液となる。

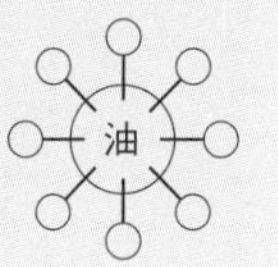

解説　問1　油脂Xの分子量をMとする。油脂1molをけん化するのにNaOH(式量40)は3mol必要なので，

$$\frac{415\times10^{-3}\,\mathrm{g}}{M\,[\mathrm{g/mol}]}\times3=\frac{60\times10^{-3}\,\mathrm{g}}{40\,\mathrm{g/mol}}$$

（左辺の分数：mol(X)，右辺：mol(NaOH)）

よって，$M=\underline{830}$

問2　X 1分子にC=C結合がx〔個〕あるとすれば，X 1molにH_2がx〔mol〕付加する。

$$\frac{415\times10^{-3}\,\mathrm{g}}{830\,\mathrm{g/mol}}\times x=\frac{22.4\times10^{-3}\,\mathrm{L}}{22.4\,\mathrm{L/mol}}$$

（左辺の分数：mol(X)，右辺：mol(H_2)）

よって，$x=\underline{2}$

問3, 4

油脂X（不斉炭素原子あり） —加水分解→ グリセリン ＋ A，B（枝分かれのない脂肪酸）　…①

A —$KMnO_4$ 酸化開裂→ $CH_3-(CH_2)_5-COOH$ ＋ $HOOC-(CH_2)_7-COOH$　…②

不飽和脂肪酸を$KMnO_4$を用いて酸化すると，モノカルボン酸とジカルボン酸が生じる。

$CH_3-CH_2-\cdots\cdots CH_2-CH=CH-CH_2-\cdots\cdots COOH$

↓ $KMnO_4$ ➔ 有 P.81

$CH_3-CH_2-\cdots\cdots CH_2-C(-O-H)=O$（モノカルボン酸）　$O=C(-O-H)-CH_2-\cdots\cdots COOH$（ジカルボン酸）

そこで，②よりAの構造式が決まる。

A ⇒ $CH_3-(CH_2)_5-CH=CH-(CH_2)_7-COOH$

（分子式：$C_{16}H_{30}O_2$，分子量：254，名称：パルミトレイン酸）

XはC=C結合を2つもち，AとBの2種類の脂肪酸で構成されている。AにC=C結合が1つあることから，XはAが2分子とBが1分子からなるトリグリセリドである。

Bは飽和脂肪酸であり，示性式を$C_nH_{2n+1}COOH$（分子量：$14n+46$）とおくと，分子量の関係から次式が成り立つ。

分子量 ⇒ $\underset{X}{830}=\underset{グリセリン}{92}+\underset{A\,2分子}{254\times2}+\underset{B\,1分子}{(14n+46)}-\underset{脱離したH_2O\,3分子}{18\times3}$

よって，$n = 17$

したがって，Bはステアリン酸 $CH_3-(CH_2)_{16}-COOH$ で，分子式は $C_{18}H_{36}O_2$ となる。

以上より油脂Xの分子式は，

$$
\begin{array}{ll}
\quad C_3H_8O_3 & （グリセリン） \\
+C_{16}H_{30}O_2 \times 2 & （脂肪酸A\quad 2分子） \\
+C_{18}H_{36}O_2 & （脂肪酸B） \\
-H_2O \times 3 & （脱離した水\quad 3分子） \\
\hline
\quad C_{53}H_{98}O_6 &
\end{array}
$$
問3

また，Xは不斉炭素原子をもつので，構造式は次の左側のほうである。

$$
\begin{array}{l}
CH_2-O-C(=O)-A \\
|\\
\overset{*}{C}H-O-C(=O)-A \\
|\\
CH_2-O-C(=O)-B
\end{array}
\quad または \quad
\begin{array}{l}
CH_2-O-C(=O)-A \\
|\\
CH-O-C(=O)-B \\
|\\
CH_2-O-C(=O)-A
\end{array}
$$
問4

問5　セッケンは，疎水基である炭化水素基と，親水基であるカルボキシ基のイオン部分からなる。セッケン水に油を入れて振り混ぜると，疎水基で油をとり囲み，親水基を水のほうへ向けた微粒子を形成する。この微粒子が水中に分散し，乳濁液となる。このような作用を乳化作用という。

286 問1　水に難溶な塩をつくり沈殿する。
問2　強酸のナトリウム塩で水溶液は中性である。

解説

$$C_{12}H_{25}-OH \xrightarrow[エステル化]{H_2SO_4} C_{12}H_{25}-O-SO_2-OH \xrightarrow[中和]{NaOH} C_{12}H_{25}-O-SO_2-O^-Na^+$$

1-ドデカノール（高級アルコール）　硫酸水素ドデシル　硫酸ドデシルナトリウム（ラウリル硫酸ナトリウム）

$$C_nH_{2n+1}-C_6H_5 \xrightarrow[スルホン化]{H_2SO_4} C_nH_{2n+1}-C_6H_4-SO_2-OH \xrightarrow[中和]{NaOH} C_nH_{2n+1}-C_6H_4-SO_2-O^-Na^+$$

アルキルベンゼン　アルキルベンゼンスルホン酸　アルキルベンゼンスルホン酸ナトリウム

これらは強酸と強塩基からなる塩であり，セッケンと同様に疎水基と親水基をバランスよくもち，界面活性作用をもつ。セッケンと異なり，加水分解しにくいので，水溶液は中性を示す➔理P.145。セッケンを硬水や海水の中で使用すると，水に難溶なカルシウム塩やマグネシウム塩が沈殿して洗浄力が低下するが，合成洗剤は硬水や海水中でも使用することができる。➔有P.286

28 核酸

287 問1 ヌクレオチド 問2 問3

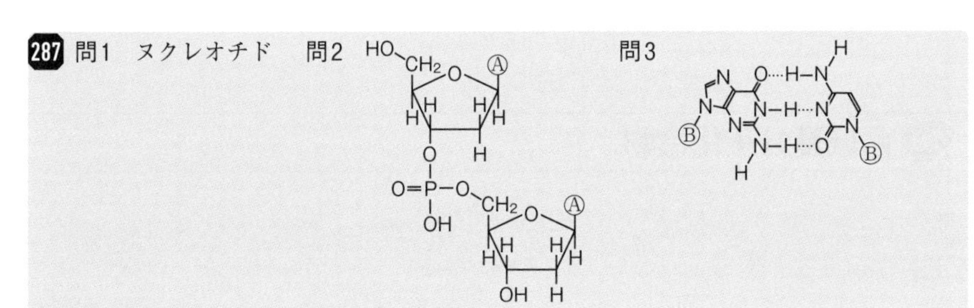

解説 問2 DNAのポリヌクレオチド鎖は，デオキシリボースのC3とC5のヒドロキシ基がリン酸とホスホジエステル結合を形成している。

問3

グアニンの $\begin{bmatrix} \overset{\delta-}{\text{O}} & \overset{\delta+}{\text{H}} & \overset{\delta+}{\text{H}} \\ \| & | & | \\ \text{C}, & \text{N}, & \text{N} \end{bmatrix}$ とシトシンの $\begin{bmatrix} \overset{\delta+}{\text{H}} & & \overset{\delta-}{\text{O}} \\ | & & \| \\ \text{N}, & \overset{\delta-}{\ddot{\text{N}}}, & \text{C} \end{bmatrix}$ の間を，3つの$\delta-$と$\delta+$を向かい合わせにして水素結合(…)でつなげばよい。➔有P.294

288 ④，⑤

解説 ①ヌクレオチドの五炭糖の−OHとリン酸の−OHが脱水縮合したポリマーが核酸である。誤り。➔有P.292

② アデニン(A)はDNAではチミン(T)，RNAではウラシル(U)と2本の水素結合を形成する。誤り。➔有P.293, 294

③ ウラシル(U)と相補的に対を形成する塩基はアデニン(A)である。誤り。

④ DNAを構成する五炭糖であるデオキシリボースよりも，RNAを構成するリボースのほうが不斉炭素原子が1つ多いので，正しい。

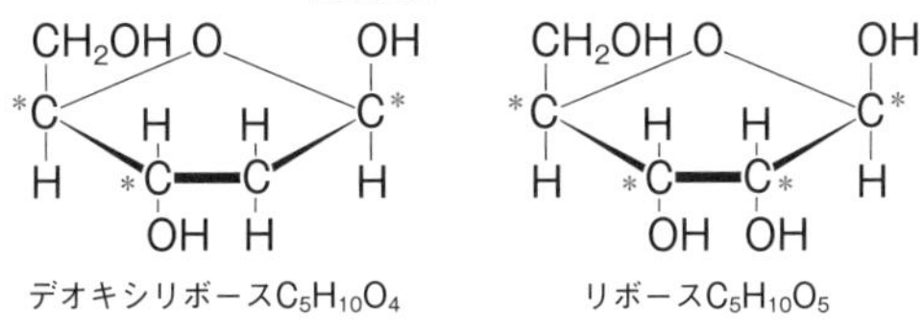

デオキシリボース$C_5H_{10}O_4$　　リボース$C_5H_{10}O_5$

⑤ DNAが二重らせん構造をとっているとき，［アデニン(A)とチミン(T)］［グアニン(G)とシトシン(C)］がそれぞれ相補的な塩基対をつくる。Cの割合が23%なら，対となるGの割合は同じ23%である。残り 100 − 23 − 23 = 54%の塩基は，対となるA 27%，T 27%となる。正しい。

⑥ 核酸はビウレット反応➔有P.246を示さない。誤り。

⑦ 中性では核酸のリン酸部分P−OHが電離してP−O⁻と負電荷をもつ。よって電気泳動すると，核酸は陽極側へ移動する。誤り。

29 合成高分子化合物

289 あ：結晶　い：非結晶(あるいは 無定形)　う：強い(あるいは 大きい)　え：軟化

解説 固体状態の鎖状高分子の多くは，明確な融点を示さず，加熱するとある温度で軟化し，粘性の大きな液体となる。これはポリマー鎖が規則正しく配列した結晶部分(分子間力が強く働く)と不規則に配列した非結晶部分が混在した構造をとるからである。

290 問1　不飽和結合をもつ分子の間で次々と付加反応が起こり，高分子化合物が生成すること。

問2　加熱すると軟化し，形を変えることができるようになる性質。

解説 問1　C=Cのような不飽和結合をもつ単量体は，適当な条件下で付加反応によって重合体をつくる。➔有P.301

問2　粘土のように，物体に力を加えて変形させるとそのままの形を保つ性質を塑性という。

291 問1　ア：天然　イ：化学　ウ：植物　エ：動物　オ：フィブロイン
カ：セリシン　キ：合成　ク：再生

問2　ウ：セルロース　エ：タンパク質　問3　53g

問4　レーヨンは結晶部分の割合が小さいセルロースからなり，親水基であるヒドロキシ基が多数存在するから。(48字)

解説 問1, 2　天然に得られる繊維(綿，麻(セルロース)，毛，絹(タンパク質))を天然繊維(ア)という。絹は約75%がフィブロイン(オ)，約25%がセリシン(カ)で構成されており，塩基性の溶液でセリシンをとり除くと絹糸ができる。

化学(イ)繊維には再生(ク)繊維(レーヨン)➔有P.274，半合成繊維(アセテート)➔有P.275，合成(キ)繊維(ポリエステル，ナイロン，ビニロン，アクリル)がある。

問3

$$n\ \mathrm{CH_2{=}CH(C{\equiv}N)} \xrightarrow{\text{付加重合}} \mathrm{-\!\!\left[CH_2{-}CH(C{\equiv}N)\right]\!\!-}_n$$

アクリロニトリル　　ポリアクリロニトリル(分子量53*n*)

アクリロニトリル*n*個でポリアクリロニトリル1分子ができるので，

$$1 \times \frac{1}{n} \times 53n = \underline{53\ \mathrm{g}}$$

mol(アクリロニトリル)　mol(ポリアクリロニトリル)　g(ポリアクリロニトリル)

問4　レーヨンの成分はセルロースである。分子量は綿や麻よりも小さく，結晶部分の割合が小さいので，*β*-グルコース単位の−OHを利用して，内部に多くの水を取り込むことができる。

292 問1 ② 問2 ⓐ

解説 共重合体の構造式は次のとおり。

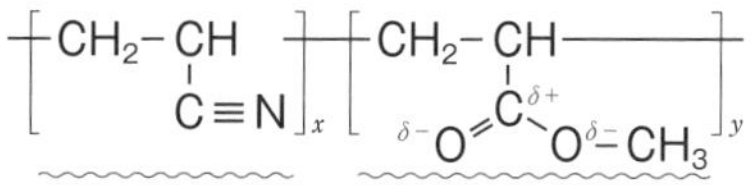

$$\left[\mathrm{CH_2-CH(C{\equiv}N)}\right]_x\left[\mathrm{CH_2-CH(C^{\delta+}(={}^{\delta-}O)-O^{\delta-}-CH_3)}\right]_y$$

アクリロニトリル単位（式量53.0） アクリル酸メチル単位（式量86.0）

問1 アクリル酸メチルを混ぜて共重合すると，極性の大きな基が導入され染料と結びつきやすくなり，アクリル繊維の染色性が向上する。② ➔有P.306

問2 $\begin{cases} x + y = 1000 & \text{（平均重合度）} \cdots ① \\ 53.0x + 86.0y = 59600 & \text{（平均分子量）} \cdots ② \end{cases}$

①，②より $x = 800$，$y = 200$

よって $x : y = 800 : 200 = 4 : 1$ ⓐ

293 問1 ア：熱可塑性樹脂 イ：熱硬化性樹脂 ウ：低密度 エ：高密度 問2 $\mathrm{F_2C{=}CF_2}$

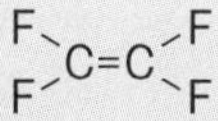

問3 (C)，(D)

解説 問1 フェノール樹脂，尿素樹脂，メラミン樹脂，グリプタル樹脂➔有P.303, 314は立体的な網目構造をもち，熱硬化性樹脂 イ である。

問3 ポリメタクリル酸メチルやポリ酢酸ビニルは鎖状のポリマー鎖をもち，熱可塑性樹脂である。

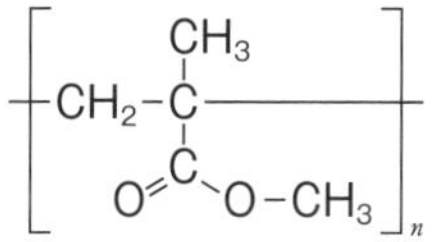

$$\left[\mathrm{CH_2-C(CH_3)(C(=O)-O-CH_3)}\right]_n \qquad \left[\mathrm{CH_2-CH(O-C(=O)-CH_3)}\right]_n$$

ポリメタクリル酸メチル 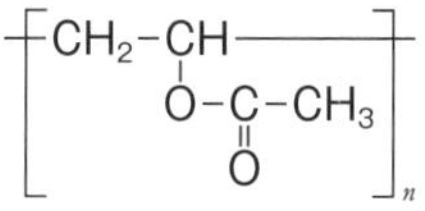　　ポリ酢酸ビニル

294 問1 ア：単量体(あるいは モノマー) イ：付加 ウ：縮合 エ：熱可塑性

問2 E：ⓓ F：ⓒ G：ⓐ 問3 X：$\mathrm{-O-CH_2-CH_2-}$ Y：$\mathrm{-O-C(=O)-C_6H_4-C(=O)-}$

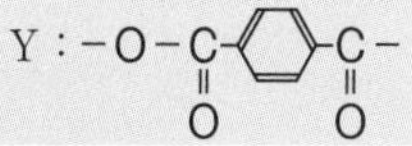

解説 問1 単量体 ア が多数つながって重合体となる。付加 イ 重合はC=C結合のような不飽和結合をもつ単量体が次々と付加反応でつながり，縮合 ウ 重合は単量体の間で簡単な分子がとれて縮合が起こり次々とつながっていく反応である。➔有P.300〜304

問2 塩化ビニルや酢酸ビニルはアセチレンに塩化水素や酢酸を付加することで得られるが，工業的にはエチレンを原料にして合成する。➔有P.94

エチレンに塩素を付加して得た1,2-ジクロロエタンを熱分解すると，塩化ビニルと塩化水素となる。

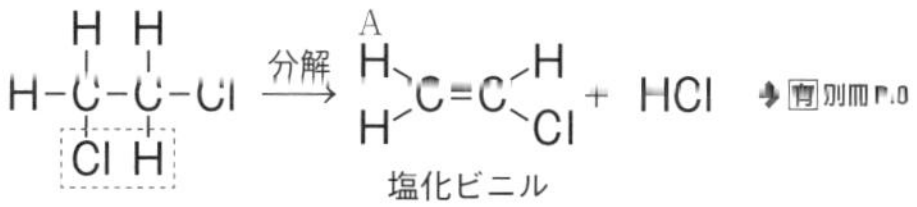

$$\mathrm{H-CH(Cl)-CH(H)-Cl} \xrightarrow{\text{分解}} \mathrm{H_2C{=}CHCl} + \mathrm{HCl}$$

A 塩化ビニル ➔有別冊P.0

塩化ビニルを付加重合させると，ポリ塩化ビニル(E)が得られる。ポリ塩化ビニルは難燃性のポリマーでパイプや電線の被覆に利用される。よってEに該当する選択肢はⓓである。

酢酸パラジウム(Ⅱ)と酢酸銅(Ⅱ)の触媒下で，エチレンに酸素と酢酸を作用させると酢酸ビニルが得られる。

$$CH_2{=}CH_2 + \frac{1}{2}O_2 + CH_3{-}\overset{\displaystyle O}{\overset{\|}{C}}{-}OH \longrightarrow \underset{\text{酢酸ビニル (B)}}{CH_2{=}CH{-}O{-}\underset{\displaystyle O}{\underset{\|}{C}}{-}CH_3} + H_2O$$

酢酸ビニルを付加重合させると，ポリ酢酸ビニル(F)が得られる。ポリ酢酸ビニルは塗料や接着剤に利用される。よってFに該当する選択肢はⓒである。

チーグラー・ナッタ触媒を用いてエチレンを付加重合すると，枝分かれが少なく結晶部分の多い高密度ポリエチレン(HDPE)(G)が得られる。よってGに該当する選択肢はⓐである。

なお，ⓑはポリスチレンの性質を述べたものである。

問3　Cはエチレングリコール，Dはテレフタル酸，Hはポリエチレンテレフタラートである。エチレングリコールの物質量がテレフタル酸より多い条件で縮合重合をさせたときは，ポリエチレンテレフタラートの両端がエチレングリコール由来のヒドロキシ基となる。

$$\underbrace{H{-}O{-}CH_2{-}CH_2{-}}_{X}\underbrace{O{-}\overset{\displaystyle O}{\overset{\|}{C}}{-}C_6H_4{-}\overset{\displaystyle O}{\overset{\|}{C}}}_{Y}{-}\cdots\cdots\underbrace{{-}O{-}CH_2{-}CH_2{-}OH}_{X}$$

295 ポリエチレン：最初に軟化し，ほとんどすすを出さずに燃焼する。
（理由）分子間力が弱く，炭素含有率は低い。
ポリ塩化ビニル：燃焼すると刺激臭をもつ気体が発生する。
（理由）熱分解によって塩化水素が発生する。
ポリスチレン：すすを出しながら燃焼する。
（理由）ベンゼン環が存在し，炭素含有率が高い。

解説

ポリエチレン $\left[CH_2{-}CH_2\right]_n$　ポリ塩化ビニル $\left[CH_2{-}CH(Cl)\right]_n$　ポリスチレン $\left[CH_2{-}CH(C_6H_5)\right]_n$

ポリ塩化ビニルを加熱すると，ポリマー鎖からHClが脱離する。炭素含有率が高いポリスチレンは，燃焼時に，すす(炭素原子からなる無定形固体)が出やすい。

296 ④，⑦
理由：エステル結合が加水分解(けん化 でも可)されるから。

解説 ① $\left[CH_2{-}CH(CH_3)\right]_n$　② $\left[CH_2{-}CH(C_6H_5)\right]_n$　③ $\left[CH_2{-}CH_2\right]_n$

④ $\left[O{-}(CH_2)_2{-}O{-}\overset{\displaystyle O}{\overset{\|}{C}}{-}C_6H_4{-}\overset{\displaystyle O}{\overset{\|}{C}}\right]_n$　⑤ $\left[CF_2{-}CF_2\right]_n$　⑥ $\left[CH_2{-}CH(Cl)\right]_n$

⑦ $\left[-CH_2-C(CH_3)(COOCH_3)- \right]_n$ (C の置換基: CH_3, $C(=O)-O-CH_3$)

エステル結合をもつ④と⑦は，強塩基性では加水分解（けん化）される。

$$R-O-C(=O)-R' + OH^- \longrightarrow R-OH + R'-C(=O)-O^-$$

297 問1 縮合　問2 $\left[-O-C_6H_4-C(CH_3)_2-C_6H_4-O-C(=O)- \right]_n$

解説 ホスゲンのClとビスフェノールAのHからHClが脱離して縮合重合する。➔有P.315

$$Cl-C(=O)-Cl \quad H-O-C_6H_4-C(CH_3)_2-C_6H_4-O-H \quad Cl-C(=O)-Cl$$

（ClとHが結合して HCl，HCl が脱離）

298 問1 ア：シス　イ：硫黄　ウ：加硫　エ：エボナイト

問2 空気を遮断して強く加熱し，熱分解する。

問3 (b) $CH_2=C(Cl)-CH=CH_2$ 　(c) $CH_2=CH-C_6H_5$ 　問4 3.60g

問5 $H-C(=O)-H$ 　$H-C(=O)-CH_2-CH_2-C(=O)-H$ 　$H-C(=O)-CH_2-CH_2-CH(C(=O)-H)-CH_2-C(=O)-H$

解説 問4 スチレン-ブタジエンゴム中のスチレン単位が25.0%なので，ブタジエン単位が75.0%となるから，次のような構造式で表せる。

$$\left[CH_2-CH=CH-CH_2 \right]_{0.75x} \left[CH_2-CH(C_6H_5) \right]_{0.25x}$$

ブタジエン単位（式量54.0）　スチレン単位（式量104）

ブタジエン単位の炭素原子間二重結合とBr_2が1：1の物質量比で反応するので，付加するBr_2の質量をy〔g〕とおくと，

$$\frac{2.00}{54.0 \times 0.75x + 104 \times 0.25x} \times 0.75x = \frac{y}{159.8}$$

mol（スチレン-ブタジエンゴム）　mol（ブタジエン単位）　← Br_2の分子量

よって，$y \fallingdotseq$ 3.60 g

問5

題意より，試料のポリブタジエンは {1,4-1,4-⋯ or 1,4-1,2-1,4-⋯} の配列をもつ。試料のポリマー鎖の炭素骨格だけ記し，オゾン分解を行うと，次ページのようになる。

$$\cdots\cdots C-C\downarrow C-C-C-C\downarrow C-C\cdots \longrightarrow O=CH-C-C-CH=O$$

1,4-付加単位　1,4-付加単位

$$\cdots\cdots C-C\downarrow C-C-C-C(-C\downarrow C-)-C-C\downarrow C-C\cdots \longrightarrow O=CH-C-C-C(-CH=O)-C-CH=O \;+\; H_2C=O$$

1,4-付加単位　1,2-付加単位　1,4-付加単位

↓：オゾン分解される箇所

299 問1　ア：開環　イ：水　ウ：縮合　エ：ベンゼン環　オ：アラミド

問2　ナイロン6：$\left[\!-\mathrm{C}(=\mathrm{O})-(\mathrm{CH_2})_5-\mathrm{N}(\mathrm{H})-\right]_n$

ナイロン66：$\left[\!-\mathrm{C}(=\mathrm{O})-(\mathrm{CH_2})_4-\mathrm{C}(=\mathrm{O})-\mathrm{N}(\mathrm{H})-(\mathrm{CH_2})_6-\mathrm{N}(\mathrm{H})-\right]_n$

問3　X：構造式　$CH_2-CH_2-C(=O)-NH-CH_2-CH_2-CH_2$（環状）　Y：構造式 $H_2N-(CH_2)_6-NH_2$

名称 ε-カプロラクタム　名称 ヘキサメチレンジアミン

問4　A：⑤　B：④

解説　問1～3

$$n\ \underset{\text{X}}{\text{ε-カプロラクタム}} \xrightarrow{\text{開環重合}} \left[\!-\mathrm{C}(=\mathrm{O})-(\mathrm{CH_2})_5-\mathrm{N}(\mathrm{H})-\right]_n$$

ε-カプロラクタム（問3）　→（開環重合（ア））　ナイロン6（問2）

$$n\ HO-C(=O)-(CH_2)_4-C(=O)-OH + n\ H_2N-(CH_2)_6-NH_2$$

アジピン酸　Y ヘキサメチレンジアミン（問3）

$$\xrightarrow{\text{縮合重合}} \left[\!-\mathrm{C}(=\mathrm{O})-(\mathrm{CH_2})_4-\mathrm{C}(=\mathrm{O})-\mathrm{N}(\mathrm{H})-(\mathrm{CH_2})_6-\mathrm{N}(\mathrm{H})-\right]_n + 2nH_2O$$

縮合重合（ウ）　ナイロン66（問2）　水（イ）

$$n\ Cl-C(=O)-C_6H_4-C(=O)-Cl + n\ H_2N-C_6H_4-NH_2 \xrightarrow{\text{縮合重合}} \left[\!-\mathrm{C}(=\mathrm{O})-\mathrm{C_6H_4}-\mathrm{C}(=\mathrm{O})-\mathrm{N}(\mathrm{H})-\mathrm{C_6H_4}-\mathrm{N}(\mathrm{H})-\right]_n + 2nHCl$$

テレフタル酸ジクロリド　*p*-フェニレンジアミン　ポリ-*p*-フェニレンテレフタルアミド（アラミド繊維の代表例）

（ベンゼン環：エ、アラミド：オ）

問4

$$n\ \mathrm{Cl{-}\overset{\overset{\displaystyle O}{\|}}{C}{-}(CH_2)_4{-}\overset{\overset{\displaystyle O}{\|}}{C}{-}Cl} + n\ \mathrm{H_2N{-}(CH_2)_6{-}NH_2}$$

アジピン酸ジクロリド　ヘキサメチレンジアミン

水と混ざり合わない有機溶媒(今回は④のヘキサン)に溶かす。[B]

⑤水に溶かす。[A]

$$\longrightarrow \left[\mathrm{\overset{\overset{\displaystyle O}{\|}}{C}{-}(CH_2)_4{-}\overset{\overset{\displaystyle O}{\|}}{C}{-}\overset{\overset{\displaystyle H}{|}}{N}{-}(CH_2)_6{-}\overset{\overset{\displaystyle H}{|}}{N}}\right]_n + 2n\mathrm{HCl}$$

ナイロン66

界面に生じる。

アミド結合を分解し，縮合速度を低下させるので，Na_2CO_3($NaOH$を用いることも多い)と反応させる。
$Na_2CO_3 + HCl \longrightarrow NaHCO_3 + NaCl$

300 問1　61　　問2　121

解説 問1　平均重合度をnとすると，ナイロン66は次のように表せる。

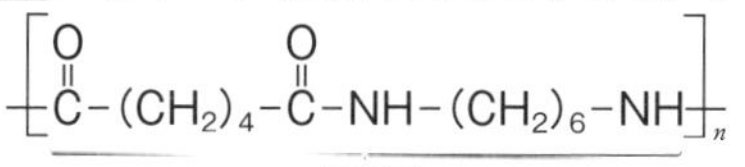

$226n = 1.38 \times 10^4$　　よって，$n \fallingdotseq \underline{61}$

問2

HO─[○─●]─[○─●]─[○─●]─…　…─[○─●]─H (問1のナイロン66 1分子)

1番目　2番目　3番目　61番目
1 2　3 4　5 6　121 122

[　]:くり返し単位　○:アジピン酸単位　●:ヘキサメチレンジアミン単位

問1のナイロン66は1分子が61分子のアジピン酸と61分子のヘキサメチレンジアミンの縮合重合からできるので，

アミド結合の数 $= 61 \times 2 - 1 = \underline{121}$

(61×2：○と●の数，−1：○と●の間(―)は1つ少ない)

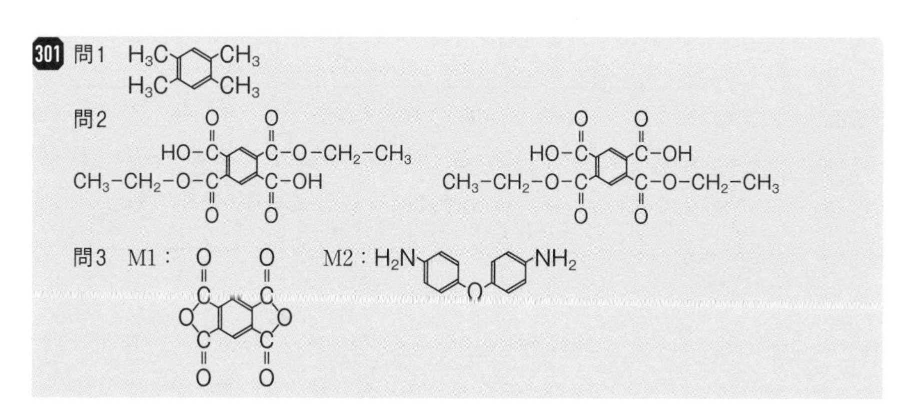

問4

$$\left[-N\begin{matrix}C(=O)\\C(=O)\end{matrix}C_6H_2\begin{matrix}C(=O)\\C(=O)\end{matrix}N-C_6H_4-O-C_6H_4- \right]_n$$

解説 実験1　ベンゼン環にメチル基が結合していない部位に注目すると，テトラ(4)メチル($-CH_3$)ベンゼンには，次の3つの位置異性体(置換基の位置が異なる構造異性体のこと)がある。

① H, H_3C, H, H_3C, CH_3, CH_3
② H, H_3C, CH_3, H_3C, H, CH_3
③ H, H_3C, CH_3, H_3C, CH_3, H

①～③を$KMnO_4$で酸化して得られるBの候補は次の3つ。このうち，加熱して，水が2分子脱離するのは，$-COOH$が隣接している場所が2ヶ所存在する①′か③′である。

→有P.179～181　→有P.134

①′ HOOC, HOOC, COOH, COOH
②′ HOOC, COOH, HOOC, COOH
③′ HOOC, COOH, HOOC, COOH

①′ → $2H_2O$ 脱離 → ①″
②′ → H_2O 脱離 → COOH, COOH（隣接していない）
③′ → $2H_2O$ 脱離 → ③″

酸無水物①″と③″1分子をエタノール2分子と反応させたときに，2種類の生成物が得られるのは，③″である。

→有P.144, 145

③″ $\xrightarrow[\text{エステル化}]{C_2H_5OH\ 2分子}$

HOOC, $C-O-C_2H_5$ (=O), C_2H_5-O-C (=O), COOH　と　HOOC, COOH, C_2H_5-O-C (=O), $C-O-C_2H_5$ (=O)

C, D

補足　①″とC_2H_5OH 2分子を反応させると，3種類の生成物が得られる。

C_2H_5-O-C (=O), HOOC, $C-O-C_2H_5$ (=O), COOH
C_2H_5-O-C (=O), HOOC, COOH, $C-O-C_2H_5$ (=O)
HOOC, C_2H_5-O-C (=O), COOH, $C-O-C_2H_5$ (=O)

以上より，Bは③′，M1は③″，Aは③である。

実験2　$C_6H_5-NO_2 \xrightarrow[HCl]{Fe} C_6H_5-NH_3^+$ →有P.207の反応でHClの代わりにNH_4Clを用いている。

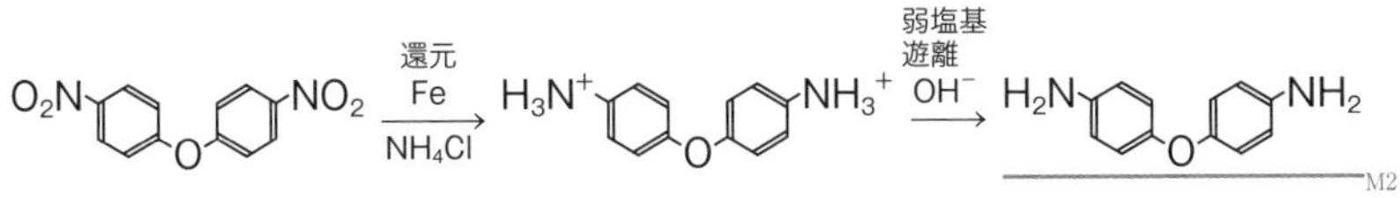

O_2N–(C₆H₄)–O–(C₆H₄)–NO_2 —(還元 Fe, NH_4Cl)→ H_3N^+–(C₆H₄)–O–(C₆H₄)–NH_3^+ —(弱塩基遊離 OH^-)→ H_2N–(C₆H₄)–O–(C₆H₄)–NH_2 (M2)

実験３　M1とM2を同じ物質量で反応させると，

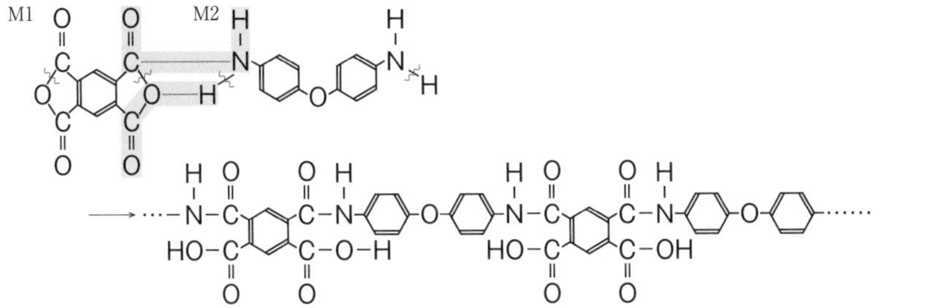

M1　M2

ポリマーQ

➔有P.144

ポリマーQを加熱すると脱水が起こり，N原子にH原子が結合していないポリマーPが得られるとあるので，ポリマーPの構造式は次のように決まる。

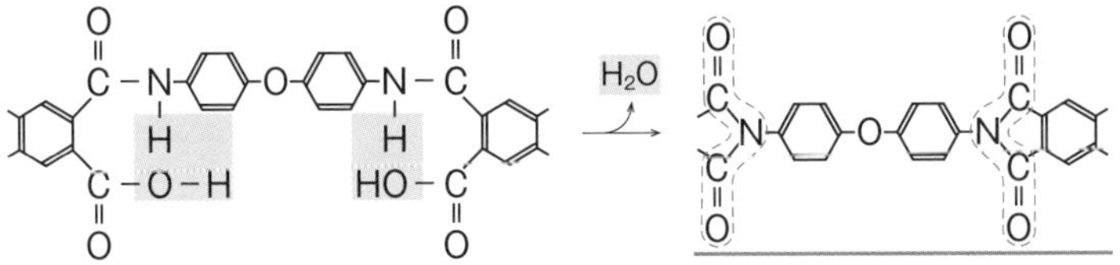

ポリマーQ　—(H_2O)→　ポリマーP

Pはイミド結合（–C(=O)–N(R)–C(=O)–）をくり返し単位の一部に含み，ベンゼン環をもつ芳香族ポリイミド樹脂である。強度が大きく，耐熱性が高いという特徴をもつ。

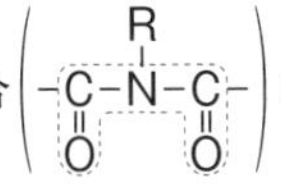

302 ⓐ，ⓔ

解説　ⓐ　発明したアメリカのベークランドの名前にちなんで，ベークライトともよばれる。正しい。

ⓑ　酸触媒を用いてフェノールとホルムアルデヒドを付加縮合させると生じる軟らかい固体の中間生成物がノボラック，塩基触媒を用いて同様の反応で生じる液体の中間生成物がレゾールである。誤り。

ⓒ　レゾールは加熱するだけでフェノール樹脂となる。ノボラックはヘキサメチレンテトラミンなどの硬化剤を加えて加熱するとフェノール樹脂となる。誤り。

ⓓ　フェノールはオルト・パラ配向性なので，*o*-位や*p*-位で起こりやすい。誤り。

➔有P.169

ⓔ　電気絶縁性，耐熱性が高く，電気部品やプリント配線基板などに用いられている。正しい。

303 問1 ホルムアルデヒド，HCHO

問2

$$H_2N-\underset{\underset{O}{\|}}{C}-NH-CH_2-NH-\underset{\underset{O}{\|}}{C}-NH-CH_2-NH-\underset{\underset{O}{\|}}{C}-NH_2$$

$$H_2N-\underset{\underset{O}{\|}}{C}-N\begin{matrix}\diagup CH_2-NH-\overset{\overset{O}{\|}}{C}-NH_2 \\ \diagdown CH_2-NH-\underset{\underset{O}{\|}}{C}-NH_2\end{matrix}$$

解説 問1 ホルムアルデヒド(示性式HCHO)は刺激臭のある無色の気体で，シックハウス症候群の原因物質のひとつである。尿素とホルムアルデヒドを付加縮合させると尿素樹脂が得られる。

〈付加反応〉

$$H_2N-\underset{\underset{O}{\|}}{C}-\underset{\underset{H}{|}}{\overset{\overset{H}{|}}{N}}\cdots\underset{\underset{O}{\|}}{\overset{\overset{H}{|}}{C}}-H \longrightarrow H_2N-\underset{\underset{O}{\|}}{C}-\overset{\overset{H}{|}}{N}-\underset{\underset{H-O}{|}}{\overset{\overset{H}{|}}{C}}-H$$

尿素　ホルムアルデヒド(A)　メチロール尿素

〈縮合反応〉

$$H_2N-\underset{\underset{O}{\|}}{C}-\overset{\overset{H}{|}}{N}-CH_2(-OH\ \ H)-\underset{\underset{H}{|}}{N}-\overset{\overset{O}{\|}}{C}-\underset{\underset{H}{|}}{N}-H \longrightarrow H_2N-\underset{\underset{O}{\|}}{C}-\overset{\overset{H}{|}}{N}-CH_2-\underset{\underset{H}{|}}{N}-\overset{\overset{O}{\|}}{C}-NH_2 + H_2O$$

(生成物：B)

問2 Cは，3つの尿素分子のN原子間が2つのメチレン基$-CH_2-$で結びついた構造をもつから，次の2種類の異性体が考えられる。

① 1つの尿素分子の両側にメチレン基

$$H_2N-\underset{\underset{O}{\|}}{C}-\underset{\underset{H}{|}}{N}-(CH_2)-\underset{\underset{H}{|}}{N}-\underset{\underset{O}{\|}}{C}-\underset{\underset{H}{|}}{N}-(CH_2)-\underset{\underset{H}{|}}{N}-\underset{\underset{O}{\|}}{C}-NH_2$$

メチレン基　尿素分子

② 1つの尿素分子の同じ側にメチレン基

$$H_2N-\underset{\underset{O}{\|}}{C}-N\begin{matrix}\diagup (CH_2)-NH-\overset{\overset{O}{\|}}{C}-NH_2 \\ \diagdown (CH_2)-NH-\underset{\underset{O}{\|}}{C}-NH_2\end{matrix}$$

304 問1 1：ホルムアルデヒド　2：熱硬化性樹脂　3：網目　4：熱可塑性樹脂
5：マテリアルリサイクル　6：ケミカルリサイクル

問2 $6CH_4N_2O \longrightarrow C_3H_6N_6 + 3CO_2 + 6NH_3$

解説 尿素樹脂やメラミン樹脂は，立体網目[3]構造をもち，熱硬化性樹脂[2]である。➔有P.303, 331

尿素樹脂は衣服のボタンやコンセント，メラミン樹脂は食器やスポンジに用いられている。

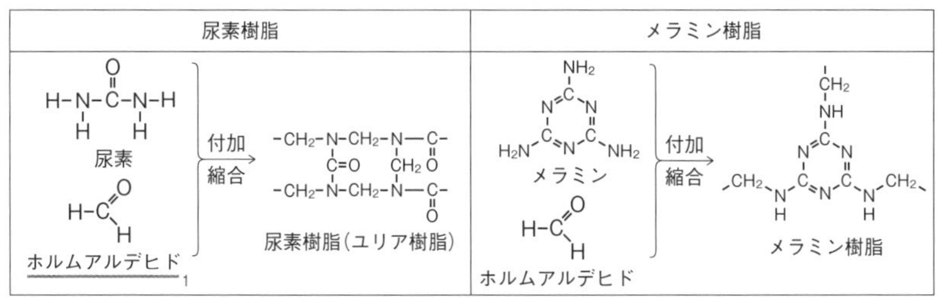

プラスチックの代表的なリサイクル方法には次のようなものがある。

- マテリアルリサイクル：異物を除いて粉砕後，融解して成型加工し素材を再利用
- ケミカルリサイクル：化学反応によって分解し，単量体や有用な物質に変換
- サーマルリサイクル：燃焼して，発生した熱をエネルギーとして利用

問2　尿素(分子式CH_4N_2O)からメラミン$C_3H_6N_6$，CO_2，NH_3が生じる。
　CO_2とNH_3は回収し，次のように尿素を合成し再利用する。

$$CO_2 + 2NH_3 \xrightarrow{\text{高温, 高圧}} H_2N-\underset{\underset{O}{\|}}{C}-NH_2 + H_2O$$

尿素

305 問1　500　問2　⑤

解説　問1　ポリ酢酸ビニル$\{CH_2-CHOCOCH_3\}_n$の分子量は$86n$である。

$86n = 4.30 \times 10^4$　　よって，$n = \underline{500}$

問2　x〔%〕のヒドロキシ基がアセタール化されているとすると，重合度nのビニロンの分子量Mは，➜有P.310

$$M = 44n + n \times \frac{x}{100} \times 6^{※1}$$

（1分子中の全OHの数：n，アセタール化されたOHの数：$n \times \frac{x}{100}$，C原子半分の式量：6）

問1より，$n = 500$ なので，

$$44 \times 500 + 500 \times \frac{x}{100} \times 6 = 2.35 \times 10^4$$

よって，$x = \underline{50\ \%}$

※1　$\{CH_2-CHOCOCH_3\}_n$ (分子量$86n$) $\xrightarrow{\text{けん化}}$ $\{CH_2-CHOH\}_n$ (分子量$44n$) $\xrightarrow{\text{アセタール化}}$ ビニロン

アセタール化すると，1つの$-OH$あたりC原子半分(式量6)だけ増える。

$-CH_2-CH(OH)-CH_2-CH(OH)-$ $\xrightarrow{HCHO}$ $-CH_2-CH-CH_2-CH-$（2つのOが$-O-CH_2-O-$で結ばれる）

306 問1　274g　問2　$2R-SO_3H + CaCl_2 \longrightarrow (R-SO_3)_2Ca + 2HCl$
問3　20.0mL

解説　問1　スチレンの分子量＝104，p-ジビニルベンゼンの分子量＝130

スチレン：p-ジビニルベンゼンの物質量比が 9：1 なので，p-ジビニルベンゼンの質量をx〔g〕とおくと，

$$\frac{180\ \text{g}}{104\ \text{g/mol}} : \frac{x\text{〔g〕}}{130\ \text{g/mol}} = 9 : 1$$　よって，$x = 25$ g

ポリスチレンがスルホン化されると，1ヶ所につき式量が80増える。

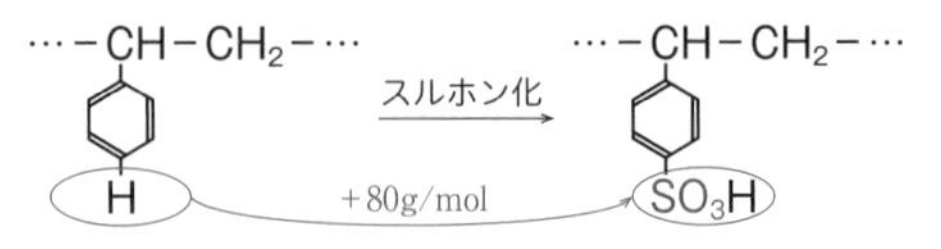

50%のスルホン化によって増えたぶんの質量は，

$$\frac{180\ \text{g}}{104\ \text{g/mol}} \times \frac{50}{100} \times 80\ \text{g/mol} = 69.2\cdots\ \text{g}$$

(全スチレン単位〔mol〕，50%スチレン単位〔mol〕)

よって，ポリスチレンスルホン酸樹脂の質量は，

$$180 + 25 + 69.2 \fallingdotseq \underline{274\ \text{g}}$$

(180：スチレン，25：*p*-ジビニルベンゼン，69.2：スルホン化された分の増加量)

問3　$2R-SO_3H + Ca^{2+} \longrightarrow (R-SO_3)_2Ca + 2H^+$　が起こる。

流出液に含まれるH^+を中和するのに必要な水酸化ナトリウム水溶液をy〔mL〕とおくと，

$$0.100\ \text{mol/L} \times \frac{10.0}{1000}\ \text{L} \times 2 = 0.100\ \text{mol/L} \times \frac{y}{1000}\ \text{〔L〕}$$

(mol($CaCl_2$) = mol(Ca^{2+})，mol(H^+)，mol(NaOH) = mol(OH^-))

よって，y = 20.0 mL

307 (イ)，(エ)

解説　(ア)～(オ)の高分子化合物の名称は以下の通り。

(ア) ポリテトラフルオロエチレン　(イ) ポリアセチレン　(ウ) ポリイソプレン

(エ) ポリフェニレンビニレン　(オ) ポリエチレンテレフタラート

−C=C−C=C−C=C−のようにC=C結合が連続したポリマーは電気伝導性を示す。➔有P.340

よって(イ)と(エ)が導電性高分子である。(エ)のポリフェニレンビニレンは有機ELディスプレイなどに使われていて，電気を通すと発光する。

308 C

解説　(ア)　$-SO_3H$を導入したものは陽イオン交換樹脂である。誤り。➔有P.334

陰イオン交換樹脂には$-CH_2-\overset{+}{N}(CH_3)_3{}^-OH$などを導入する。

(イ)　ラテックスを凝集させるには酸を加える。誤り。➔有P.321

ラテックス中の生ゴム粒子はタンパク質で覆われる形で分散していて，酸を加えてpHを小さくし，等電点になったところで表面の電荷を失って凝集する。

(ウ)　シリコーンゴムはC=Cをもたず，C−Cよりも安定なSi−O−Si構造でできているので，耐久性・耐薬品性が高い。正しい。➔有P.325

(エ)　ポリアクリル酸ナトリウム架橋体が吸水によって−COONaが電離すると，$-COO^-$どうしの反発で網目が拡大し，水が流れる。正しい。➔有P.339

(オ)　光硬化性樹脂は歯科治療の充てん剤，基板やパネルの製造に利用されている。光学写真フィルムは光学カメラで写真を撮るときに使うフィルムで，光硬化性樹脂ではなく，トリアセチルセルロースが用いられている。誤り。

309 問1 (1) $CH_3CH(OH)COOH + 3O_2 \longrightarrow 3CO_2 + 3H_2O$

(2) $2CH_2(OH)COOH + 3O_2 \longrightarrow 4CO_2 + 4H_2O$

問2 (1)（ラクチドの構造式） (2)（グリコリドの構造式） (3) $\left[O-CH(CH_3)-C(=O) \right]_m \left[O-CH_2-C(=O) \right]_n$

立体異性体の数：3

問3 8.0×10^2個 問4 7.1×10^2g

解説 問1 (1) 乳酸 $HO-\overset{*}{C}H(CH_3)-C(=O)-OH$，(2) グリコール酸 $HO-CH_2-C(=O)-OH$

がO_2に酸化され，最終的にCO_2とH_2Oに変化する。

問2 (1) 乳酸2分子 —縮合→ ラクチド(二量体) ➔有P.337

ラクチドは不斉炭素原子を2つもち，メソ体が存在するので，$2^2 - 1 =$ 3種類の立体異性体が存在する。

① ② ③ メソ体（環の中心が対称心となる）

（▶ 手前，┅┅ 奥） ➔有P.52

④ 時計まわりに180°回転すると ③ と同じ

(2) グリコール酸2分子を次のように縮合すると，環状二量体グリコリドが得られる。

$-2H_2O$

問3 PLGA(3：1)は，

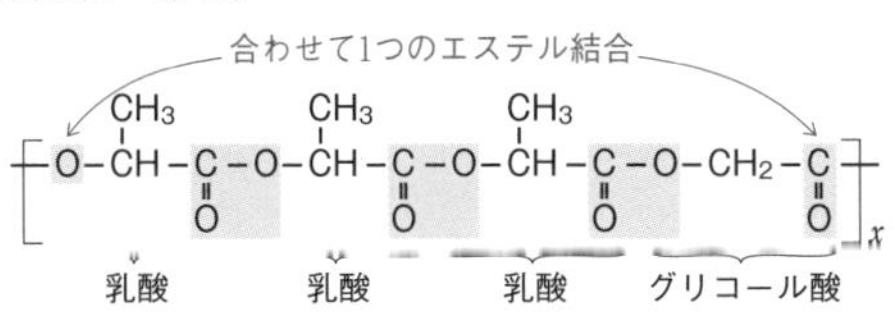

のように表せる。[ ]内の式量は274で，[ ]単位1つあたり4つのエステル結合を

もつので,

$$\underbrace{\frac{5.5 \times 10^4}{274}}_{x} \times 4 \fallingdotseq \underline{8.02 \times 10^2}\text{個}$$

問4　デンプンの分子式を$(C_6H_{10}O_5)_n$(分子量$162n$)とする。

$$\begin{cases} (C_6H_{10}O_5)_n + nH_2O \longrightarrow nC_6H_{12}O_6 & \text{(加水分解)} \\ C_6H_{12}O_6 \longrightarrow 2CH_3CH(OH)COOH & \text{(乳酸発酵)} \end{cases}$$ ➔有P.261

と反応が起こると，デンプン1 molからグルコースがn〔mol〕得られ，グルコース1 molから乳酸は2 mol生じる。

乳酸3分子から問3のPLGAの[　　](式量274)の単位は1つでき，[　　]の質量の合計はPLGAの質量に等しいので,

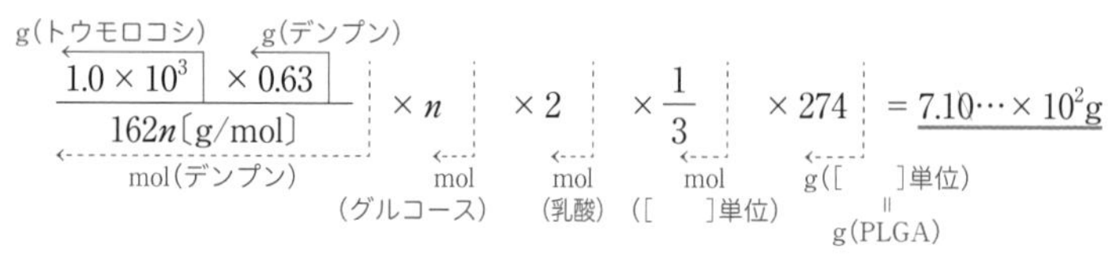